AF253046

COURS

D'HISTOIRE NATURELLE

DE L'IMPRIMERIE DE CRAPELET
RUE DE VAUGIRARD, N° 9

COURS

D'HISTOIRE NATURELLE

FAIT EN 1772

PAR MICHEL ADANSON

DE L'INSTITUT

PUBLIÉ SOUS LES AUSPICES DE M. ADANSON, SON NEVEU

AVEC UNE INTRODUCTION ET DES NOTES

PAR M. J. PAYER

AVOCAT, DOCTEUR ÈS SCIENCES ET MAÎTRE EN PHARMACIE, AGRÉGÉ DES FACULTÉS DES SCIENCES,
MAÎTRE DE CONFÉRENCE A L'ÉCOLE NORMALE

Ex fructibus eorum cognoscetis eos

TOME SECOND

PARIS

FORTIN, MASSON ET Cᴵᴱ, LIBRAIRES

PLACE DE L'ÉCOLE-DE-MÉDECINE, 1

1845

COURS
D'HISTOIRE NATURELLE

DOUZIÈME SÉANCE.

TROISIÈME CLASSE. LES REPTILES, *REPTILIA.*

Après avoir fini l'histoire entière des oiseaux, disons deux mots de leur liaison avec les autres êtres. Nous avons vu qu'ils touchent d'un côté aux quadrupèdes, surtout au chameau par l'autruche, et quoiqu'ils n'aient aucun rapport avec les insectes par l'oiseau-mouche ou le colibri comme le disent quelques écrivains, on ne peut disconvenir qu'ils ne touchent non pas aux poissons, mais aux reptiles comme la tortue par les oiseaux aquatiques, tels que les plongeons et les uries qui, comme le manchot, ont des écailles aux ailes et aux pieds.

Il n'est pas douteux que tous les êtres ont entre eux des rapports, soit dans leur forme, soit dans leurs qualités accidentelles, et qu'il n'y en a pas un qui, considéré par quelque côté, n'ait avec quelque autre être une convenance, une ressemblance même qui paraît les rapprocher et en faire l'union. Mais lorsqu'on veut comparer ces êtres en les considérant sous plusieurs points de vue en même temps, soit qu'on les compare deux à deux, soit qu'on les compare après les avoir réunis par classes ou par familles, on voit partout qu'ils sont séparés les uns des autres, qu'il faut nécessairement admettre une distinction entre les espèces, qu'il existe même des genres, et qu'il n'y a aucun raisonnement, aucun effort de l'esprit humain qui ait encore pu prouver cette liaison intime qui, selon quelques auteurs, réunit sans interruption les genres et les espèces. Nous avons fait voir, contre l'opinion de ces auteurs modernes qui prétendent que tout est lié dans la nature, que tous les êtres s'unissent en passant par des nuances, par une dégradation insensible, que cette liaison n'existe pas entre les trois règnes. Nous avons démontré qu'il existe une ligne de séparation bien marquée entre la classe des quadrupèdes ou celle des mamellés, et celle des oiseaux qui en sont comme des branches. Il nous reste à prouver actuellement que la classe des REPTILES qui, comme nous l'avons dit, semble être une troisième branche dérivée des mamellés par les tatous, doit suivre immédiatement celle des oiseaux, parce qu'elle a plus de rapports avec elle quoiqu'au premier abord elle paraisse en être beaucoup plus éloignée.

En effet, les reptiles qui ont le corps couvert d'écailles ressemblent en cela à la famille des tatous parmi les mamellés dont ils diffèrent, parce qu'ils ne *sont pas vivipares;* et en ce qu'ils n'ont *point de poils, point de mamelles, point d'oreilles, point d'ouverture pour cet organe,* en ce qu'ils *muent ou changent de peau,* en ce qu'ils n'ont qu'un *ventricule au cœur,* et que *leur sang est froid;* ils ont donc un point de ressemblance avec ceux des mamellés qui en approchent le plus, et *huit* points de différence. Si on leur compare actuellement les oiseaux, on voit que ceux-ci sont *comme eux ovipares,* qu'ils ont *des écailles* au moins à leurs pattes, et qu'ils n'en diffèrent qu'en trois points, qui sont d'avoir 1° *deux ventricules au cœur,* 2° *des plumes,* 3° *le sang chaud.* Les reptiles ont donc *un* degré de plus de ressemblance avec les oiseaux qu'avec les mamellés, et comme ils ont *cinq* degrés de moins qu'eux de ressemblance avec les mamellés, ils doivent suivre immédiatement les oiseaux.

Le nom de REPTILE indique, à proprement parler, un animal qui rampe, c'est-à-dire dont le corps en marchant traîne sur la terre, et tous ceux dont nous allons parler ont en général ce caractère, à l'exception du caméléon et peut-être du dragon volant. La marche de ces animaux, si l'on en excepte certains lézards, est donc extrêmement lente.

Tous ces animaux ont, comme nous l'avons dit, le corps nu de poils et de plumes, mais couvert d'une peau qui est écailleuse dans le plus grand nombre, ou relevée de tubercules écailleux au moins dans quelque partie de leur corps, comme le dos, le ventre, la queue, la tête, les pattes.

Tous sont ovipares sans exception ; leurs œufs sont ronds dans ceux qui ont le corps rond comme la tortue, ils sont longs, au contraire, ou ovoïdes, dans ceux qui ont le corps allongé comme les lézards.

Ces œufs sont enchaînés en chapelet de substance gélatineuse, c'est-à-dire semblable à une gelée, sans jaune apparent comme ceux des coquillages ou des poissons, dans quelques genres comme le crapaud, la grenouille ; dans d'autres ils sont couverts d'une membrane semblable à celle des œufs hardés, comme les tortues et quelques lézards ; enfin ils sont couverts d'une coque dure et solide dans quelques autres comme le crocodile. Ces derniers œufs à coque ou à membrane sont en général entièrement ou presque entièrement pleins de jaune sans aucun blanc au moins sensible.

Aucun de ces animaux ne couve ses œufs. Néanmoins le crapaud appelé *crapaud accoucheur* les porte à ses pattes et sur son dos jusqu'à ce qu'ils éclosent. Le pipa de Surinam les porte de même dans des fossettes ou cellules creusées sur son dos, et fait, pour ainsi dire, une sorte d'incubation hors de son corps; les autres, comme la tortue et les lézards, les enterrent dans le sable en un lieu exposé, soit à l'ombre, soit au soleil, à une température suffisante pour les faire éclore, c'est-à-dire de 20 à 30 degrés.

Le nombre de ces œufs est fort petit dans les uns et très-considérable dans d'autres. Les lézards, ordinairement, n'en font que cinq ou six à chaque ponte, le crocodile une cinquantaine, les tortues deux à trois cents, les crapauds et les grenouilles environ un millier.

Tous ces animaux ont, comme nous l'avons dit, un seul ventricule au cœur avec deux soupapes. Les mâles ont deux verges hérissées de pointes et les femelles deux ovaires. Leur squelette est plus osseux que cartilagineux dans les grenouilles et les tortues, et plus cartilagineux qu'osseux dans les lézards. Dans les tortues, il forme le test ou la couverture extérieure du corps; au lieu que dans les grenouilles et les lézards, il est couvert par la peau et non pas par les chairs, qui sont plus rassemblées dans les parties postérieures. Les grenouilles n'ont pas de queue; les tortues et les lézards, au contraire, en ont une souvent même assez longue.

Ces animaux ont pour la plupart quatre pieds; néanmoins on connaît un genre de lézard qui n'en a que deux, placés vers les parties antérieures du corps, c'est le *seps* d'Aristote, qui se trouve dans les parties méridionales de l'Europe. Chaque pied a depuis trois jusqu'à six doigts, dont la plupart ont des ongles. Le genre du dragon a les hypocondres si étendus entre les jambes qu'ils lui forment deux espèces d'ailes à cinq côtes ou rayons, au moyen desquelles il vole comme le polatouche ou l'écureuil volant, ce qui établit un certain rapport entre lui et les quadrupèdes, à cet égard seulement.

Les reptiles, en général, sont regardés comme amphibies, c'est-à-dire comme vivant également sur la terre ou dans l'eau ; néanmoins il y en a un très-grand nombre, surtout parmi les lézards, qui n'approchent jamais de l'eau.

Tous ces animaux muent, c'est-à-dire changent de peau au moins une fois dans l'année. Cette mue se fait en entier ; la peau part d'une seule pièce, au lieu que la mue des poils des quadrupèdes et des plumes des oiseaux se fait par parties.

Il y en a quelques-uns qui, comme le crapaud et la grenouille, subissent une métamorphose et commencent par être pour ainsi dire poissons, ayant une queue verticale qui doit se couper et se séparer par la suite, peu après l'apparition des quatre pattes qui doivent se montrer aux côtés du corps. Ces espèces de masques du crapaud et de la grenouille s'appellent *têtards,* parce que leur tête est la partie dominante de leur corps. Cette métamorphose, ainsi que la mue, a quelques rapports avec celle des insectes.

Ces têtards, ainsi que les jeunes salamandres, ont derrière chaque oreille une ouïe en peigne qui leur sert pour la respiration conjointement avec leurs poumons, car ils ont ces deux parties comme certains poissons appelés *coffres à deux dents, diodontes,* ce qui établit une analogie à cet égard entre les grenouilles et les poissons coffres. Néanmoins, ces bronches n'ont que la forme extérieure des bronches des poissons ; elles n'ont pas de rayons osseux ou cartilagineux, et ne paraissent être qu'une ramification d'un tube cylindrique qui communique avec les poumons. Ce qui doit étonner, c'est de voir que ces ouïes s'oblitèrent et s'effacent lorsque l'animal devient adulte, au point qu'il n'en reste pas la moindre apparence, et qu'il commence d'abord par respirer comme les poissons et finit par respirer comme les mamellés, ayant comme eux deux poumons qui sont plus vésiculeux, et qui tiennent lieu de la vessie des poissons.

Les oreilles ne forment aucune espèce de cavité, elles ne sont sensibles que par une membrane plus ou moins épaisse qui en bouche l'ouverture comme la peau d'un tambour. L'ouïe paraît être le sens le plus obtus de ceux de ces animaux.

La plupart sont muets, mais ceux qui ont de la voix, comme les grenouilles, l'ont rauque et très-désagréable.

Quoique l'on voie des couleurs très-vives et très-belles, comme du bleu, du rouge, sur la peau de ces animaux, néanmoins leurs couleurs les plus ordinaires sont tristes, livides, et semblent annoncer que ces animaux sont à craindre.

Ils ont la vue fixe, le regard perçant et perfide ; c'est, à ce qu'il paraît, le premier et le plus fort de leurs sens. Leurs yeux sont petits et sans cils, ils n'ont pas de paupières supérieures. Vient ensuite celui de l'odorat : tous ont deux narines ouvertes au bout de la mâchoire supérieure, comme deux petits trous dans la plupart, et comme deux cornets dans quelques autres. Tous répandent, en général, une assez mauvaise odeur. Le sens du goût est encore assez obtus dans ces animaux. Ils avalent en général sans mâcher.

Leur nourriture ordinaire sont les insectes, et ils broutent quelquefois des végétaux. Ils peuvent supporter une diète de quelques jours et même de plusieurs mois. On sait que le lézard, la salamandre terrestre se cachent pendant l'hiver dans des trous où ils ne trouvent pas la moindre subsistance ; on a tiré des crapauds du cœur de certains arbres où ils paraissaient avoir été enfermés depuis nombre d'années [1]. Les mâchoires, dans la plupart, n'ont ni lèvres

(1) Les expériences de quelques savants, et en particulier celles de

ni dents; elles sont souvent composées d'un seul os ou de deux os réunis. Ils ont la vie extrêmement dure.

Quelques-uns, comme le sourd ou le gecko, la salamandre, le crapaud, répandent à l'extérieur, sous la forme d'une liqueur blanchâtre, un venin, acide en apparence et caustique, dont les effets se dissipent avec des substances huileuses et alcalines. On sait que les Indiens ont pour remède contre ces animaux venimeux, contre les serpents et contre leur poison, l'ichneumon et l'ophioriza; que les Américains ont le cochon et le polygala seneka; que l'Europe a la cigogne et l'olivier; les habitants de l'Arabie et les prophètes de l'Amérique enchantent les serpents venimeux avec de l'aristoloche.

On sait : 1° que les grenouilles ou les animaux mâles de la première famille des reptiles n'ont pas de génitoires et s'accouplent par équitation sans introduction, en répandant leur sperme sur le frai de la femelle, à mesure qu'il sort; 2° que ceux de la deuxième famille ou les tortues s'accouplent ventre à terre; les lézards, de côté, leurs queues mêlées ensemble, et les serpents, leurs corps entrelacés ou tortillés, n'en faisant qu'un seul à deux têtes, qui se regardent en dardant leurs langues fourchues.

Lorsqu'on considère la lenteur de la marche de la plupart des reptiles et la fécondité de ceux qui, comme la tortue, produisent deux ou trois cents œufs par an, ou un millier, comme les crapauds et les grenouilles, on ne peut s'empêcher de reconnaître que l'intention de la nature a

M. Hérissaut, nous apprennent que ces animaux vivent enfermés dans des pierres scellées hermétiquement, comme privées d'air, au moins de l'air grossier, et sans nourriture pendant deux ans entiers. Ce qui tend à donner quelques degrés de vraisemblance à l'assertion des observateurs qui assurent avoir trouvé de ces animaux enfermés dans des murs et dans des troncs d'arbres qui paraissaient avoir cinquante à soixante ans, et même davantage.

été non-seulement de multiplier les moyens de conservation à ces espèces, mais encore de les faire servir à la nourriture de nombre d'autres animaux. Si la tortue et le crapaud avaient en partage la célérité du lièvre, combien d'animaux manqueraient leurs repas?

On ne voit aucun ouvrage particulier sur les reptiles, mais seulement quelques figures éparses çà et là dans Rondelet, dans Seba et dans Rœsel; aussi l'histoire de ces animaux est-elle encore fort peu connue.

Linné n'en distingue que quatre-vingt-une espèces, dont il forme seulement quatre genres; savoir : 1° *la tortue;* 2° *le dragon;* 3° *le lézard;* 4° *la grenouille.*

Cette classe peut se diviser en trois familles, dont la première contient les reptiles qui ont le corps court et sans queue, comme les GRENOUILLES, *ranæ;* la deuxième, les TORTUES, c'est-à-dire les reptiles à corps court, recouvert d'un test osseux et avec une queue; la troisième, les LÉZARDS, c'est-à-dire les reptiles à corps allongé et à queue; j'en connais environ deux cents espèces que je divise en vingt-six genres.

1re FAMILLE. LES GRENOUILLES, RANÆ.

Les reptiles de cette famille se reconnaissent, comme nous venons de le dire, à ce que leurs corps est court et sans queue. — J'en distingue quatre genres qui sont :

1° Le crapaud, *bufo* :	{ 4 doigts antérieurs distincts, { 6 doigts postérieurs distincts.
2° La grenouille, *rana* :	{ 4 doigts antérieurs distincts, { 6 doigts postérieurs palmés.
3° Le pipa :	{ 4 doigts antérieurs distincts, { 5 doigts postérieurs palmés.
4° Le musica de Surinam :	{ 5 doigts antérieurs distincts, { 5 doigts postérieurs palmés.

Tous ces animaux ont quatre pieds dont les postérieurs sont beaucoup plus longs et tous partagés en quatre à six doigts, tous sans ongles. Leur peau est nue ou lisse, sans écailles. Elle n'a que quelques verrues dans le crapaud, *bufo*. Leurs œufs sont sphériques, petits, glaireux, et contenus dans deux ovaires qui forment une espèce de glaire qui les réunit en chapelet; et la femelle pond ordinairement ces deux ovaires sous la forme de deux grappes sphériques, dont le développement est composé de mille à douze cents œufs sphériques, d'une ligne environ de diamètre, glaireux, réunis en chapelet, et portant chacun à leur centre un petit embryon qui grossit peu à peu.

Leurs yeux ou au moins ceux de la grenouille ont une membrane clignotante. Ces animaux n'ont aucune partie sexuelle extérieure ni intérieure, la femelle n'a point de vagin, le mâle n'a point de verge, l'anus sert à l'un et à l'autre sexe à rendre au dehors les excréments, les urines et les œufs. Le mâle a deux testicules intérieurs gros comme des pois; les parties sexuelles de la femelle sont des cordons entortillés.

Tous ces animaux muent ou changent de peau presque tous les huit jours, sous la forme d'une mucosité liquide.

Dans le temps du rut ou de l'accouplement qui se fait au printemps, le pouce des bras des mâles s'enfle ou reçoit un accroissement d'une molette de chair noire, papillaire, semblable à une éponge ou à un suçoir qui sert à les appliquer à la poitrine des femelles avec une telle force, qu'ils se laissent plutôt arracher le bras que de lâcher prise. C'est sans fondement que Linné a soupçonné que ces deux pouces pouvaient bien être les parties génitales du mâle, puisqu'il n'y a point d'introduction d'aucune espèce dans ces animaux.

Le mouvement du sang est inégal dans ces animaux et poussé goutte à goutte par diverses reprises. Leur cœur conserve encore son mouvement de systole et de diastole pendant sept à huit minutes après son extraction du corps. Les poumons sont grands, à deux lobes, attachés aux deux côtés du cœur, et celluleux comme les rayons à miel. Ces animaux les emplissent d'air à volonté par les narines, sans ouvrir la gueule; ils renvoient cet air dans les deux vessies voisines des oreilles pour le faire raréfier. Ces poumons sont sujets à avoir cinq à six vers en filets roulés sur eux-mêmes, c'est-à-dire des ascarides qui les rongent.

Le genre du CRAPAUD se reconnaît à ce qu'il a quatre doigts aux pieds de devant et six à ceux de derrière, tous distincts entre eux, sans aucune membrane, et en ce que sa peau est semée de quelques tubercules imitant des écailles. Il y en a trois espèces, savoir : 1° le crapaud terrestre, gros et gris; 2° le crapaud accoucheur terrestre, petit, cendré noir, court; 3° le crapaud aquatique, allongé, noir, à ventre marbré de jaune d'or.

Le *crapaud* proprement dit, *bufo*, ou le grand crapaud terrestre, est un animal qui a communément trois ou même quatre pouces de longueur sur une largeur presque une fois moindre à son corps, qui est cendré dessus, tout couvert de tubercules, et livide en dessous.

Sa forme le distingue assez des autres espèces : il a la tête relevée en dessus, le corps assez rétréci en devant et extrêmement renflé par-derrière. Les doigts de ses pieds antérieurs ont depuis trois jusqu'à quatre articulations, et ceux des pieds de derrière en ont depuis deux jusqu'à cinq.

Cet animal est particulier à l'Europe, il se trouve plus communément dans les terres argileuses, fraîches, humides, à l'ombre des haies, des bois et des tas de pierres. On sait qu'il se creuse un trou égal à sa grandeur, dans lequel il se cache au niveau de la terre dont il se couvre légèrement lorsqu'il ne trouve pas une pierre ou des feuillages sous lesquels il puisse être à couvert le jour.

Il ne sort d'ordinaire que le soir et la nuit pour chercher sa nourriture. Elle consiste en insectes, en vers, en limaçons et en quelques portions de plantes.

Linné dit (*Syn. nat.*, éd. 12, 1766, p. 355), que la femelle est vivipare; l'Encyclopédie, au contraire, assure qu'elle pond des œufs comme les grenouilles; ce dernier sentiment est plus vraisemblable; néanmoins on n'est pas encore certain qu'elle les ponde dans l'eau. Ceux qu'on a trouvés jusqu'ici dans l'eau appartenaient, ainsi que leurs têtards, à des crapauds aquatiques. Il est probable qu'elle les dépose dans la terre bien humide, et à l'ombre, le long des lisières des buissons et des bois, au mois d'avril ou de mai, où les pluies et les rosées abondantes favorisent leur accroissement et leur développement.

Le cri de cet animal est un bruit sourd et rauque, assez court, et différent du coassement de la grenouille.

Il marche lentement et se traîne souvent à pieds alternes, surtout pendant le jour où il voit moins clair, et où il est comme endormi. Il saute aussi à pieds joints, mais plus rarement que les autres espèces.

Lorsqu'on le touche, il se met en colère, ce qui se reconnaît à sa peau qu'il gonfle et tend comme un ballon, au point qu'on peut lui porter de grands coups de pied, et marcher dessus de tout le poids du corps sans qu'il paraisse en souffrir. Quelquefois quand il se sent inquiété, il lance par le derrière une liqueur limpide, que l'on appelle mal à propos urine, laquelle est contenue dans une vessie analogue à celle des quadrupèdes. Cette urine passe pour venimeuse, ainsi que la bave qui sort de sa bouche, et la liqueur laiteuse qui sort des tubercules voisins de ses oreilles et même de tous les pores de sa peau.

Il est dit dans les *Éphémérides de la nature* (Cent. 4) qu'une petite quantité de cette urine avalée par un charlatan le fit mourir une demi-heure après, quoiqu'il eût pris du contre-poison; qu'un autre éprouva de très-fâcheux accidents pour avoir tenu la tête d'un crapaud dans sa bouche, et qu'une goutte de cette urine jaillissant dans les yeux les incommode beaucoup. On dit que l'eau dans laquelle ces animaux vivent et l'air qui les environne sont un poison pour les personnes qui se baignent dans cette eau ou qui respirent cet air. On prétend encore que les champignons, les salades, les fraises, et autres fruits de terre qui causent des nausées et des indigestions, ne proviennent souvent que de la bave que ces animaux répandent dessus, et qu'il faut conséquemment ne jamais manger de ces herbes ou de ces fruits de terre sans les avoir auparavant bien lavés.

Nous remarquerons à cet égard que l'on a beaucoup outré les effets pernicieux du venin prétendu du crapaud, et que la bave est aussi peu abondante qu'il est peu prouvé qu'il en répande sur les plantes près desquelles il passe ou sous lesquelles il se cache. L'effet de toutes ces liqueurs dont on se fait mal à propos un fantôme, se réduit à une légère causticité qui même est très-salutaire lorsqu'on sait l'employer à propos.

Le crapaud terrestre du Sénégal, appelé *mbott*, vit dans les sables sous lesquels il se cache au pied des buissons; les nègres, lorsqu'ils sont attaqués d'une migraine, n'ont pas de meilleur remède que cet animal; ils le prennent d'une main par les quatre pattes, de manière à ce que son ventre se gonfle, ils s'en frottent le front pendant quelques instants; la liqueur laiteuse qui suinte alors de cet animal fait, sur le front, l'effet d'un caustique qui y excite une transpiration sensible ou même une sorte de sueur qui est bientôt suivie de la dissipation entière de la migraine. Convenons donc que c'est souvent par pusillanimité autant que par ignorance que nous avons de la répugnance pour nombre d'animaux qui, comme le crapaud, pourraient être tournés à notre avantage.

Le crapaud loin d'être mis au rang des animaux nuisibles et dangereux peut être compté parmi ceux qui nous sont utiles. On sait que la médecine tire par infusion et décoction, de ces animaux vivants, une huile anodine et détersive, qu'ils entrent dans la composition du baume tranquille. On sait par expériences, rapportées comme les précédentes dans les *Éphémérides de la nature* (3 déc. an 7), que l'urine du crapaud, soit qu'on l'avale ou qu'on l'applique à l'extérieur, n'a aucune qualité venimeuse ni mortelle; qu'au lieu d'être nuisible aux yeux, elle leur est bonne dans certains cas où il faut en ronger les taies, et que ses excréments sont diurétiques comme sont tous les caustiques modérés. Enfin il n'est peut-être personne qui n'ait été exposé à en manger dans les pays où on en sert les cuisses avec celles de grenouilles, et cela sans y trouver une grande différence pour le goût ou au moins sans en ressentir aucun mal.

Ajoutons à ces bonnes qualités du crapaud que s'il mange quelquefois, comme les lézards, la pointe des jeunes herbes ou même quelques fruits, comme les fraises, il fait beaucoup plus de bien que de mal dans un jardin en détruisant une grande quantité de limaçons et d'insectes plus nuisibles qu'eux aux potagers.

On dit que les jardiniers les éloignent ou les chassent de leurs jardins en y faisant brûler de vieux cuirs.

Cet animal a la vie très-dure.

Lorsqu'il saisit quelque chose entre ses mâchoires il ne le quitte point, à moins qu'on ne l'expose au soleil dont la chaleur l'affaiblit extrêmement.

Les ennemis du crapaud sont le hérisson, la buse, la grue et les grands serpents.

II.   2

On sait que le crapaud mange beaucoup à la fois, qu'il digère lentement, qu'il transpire peu et qu'il peut, pour ces différentes raisons, rester longtemps sans manger. On sait encore qu'il passe cinq à six mois, depuis octobre jusqu'en mars et avril, enfoui sous terre et sous les pierres, une grande quantité de feuilles et de broussailles, engourdi et sans manger; ainsi cela doit rendre moins difficiles à croire tant de faits que l'on raconte sur ceux que l'on dit avoir trouvés dans le milieu de la maçonnerie de murs très-épais, dans des troncs d'arbres et même dans des blocs de pierre où l'on prétend qu'ils doivent avoir vécu, non pas seulement des années, mais des siècles entiers sans autre aliment que l'eau ou les sucs qui pouvaient suinter à travers la pierre. Néanmoins dans tous ces récits il y a bien du fabuleux à écarter, et il faut toujours se méfier de ces excès qui exigent des vérifications et des expériences qui n'ont pas encore été faites ou au moins qui n'ont pas été suivies assez longtemps.

Le *crapaud accoucheur terrestre* diffère du crapaud commun en ce qu'il est plus petit.

Cette espèce se trouve plus communément sur les coteaux élevés et glaiseux, au pied des buissons; je ne l'ai encore rencontré, auprès de Paris, que sur les collines de Belleville. Son nom lui vient de ce que la femelle ne pouvant faire sortir ses œufs de son corps sans un secours étranger, le mâle lui sert à cette opération. Le mois de mai est la saison de cet accouchement; pour le faciliter le mâle s'étend sur le dos de sa femelle, et comme ces œufs forment une espèce de chapelet, lorsque la femelle a fait sortir le premier, le mâle le tire, et avec lui tout le cordon du chapelet, en le passant entre les deux doigts, tantôt du pied droit, tantôt du pied gauche de derrière, en les allongeant successivement vis-à-vis le fondement de la femelle qui demeure tranquille jusqu'à ce qu'il ait tout fait sortir.

Il est des femelles qui portent des œufs sur leur dos, d'autres dont le mâle les garde attachés, c'est-à-dire collés à ses pattes, il les féconde non pas dans le ventre de la femelle, mais en répandant la liqueur séminale sur eux après qu'ils sont entièrement sortis.

On ignore encore si les petits embryons contenus dans ces œufs restent toujours attachés à l'animal jusqu'à ce qu'ils deviennent des crapauds parfaits à quatre pattes, ou s'ils sont déposés peu après l'accouchement dans l'eau pour y devenir têtards, ensuite crapauds.

Le *crapaud aquatique*, *rubeta* (Plin., liv. VIII, c. 31), diffère des deux précédents en ce qu'il a le corps beaucoup plus allongé, ovoïde, plus d'une fois plus long que large, cendré gris dessus et taché de grandes marques orangé dessous. Il n'est pas plus grand qu'une moyenne grenouille.

Il ne se trouve que dans les fossés qui conservent, pendant toute l'année, au moins deux ou trois pouces d'eau. Je n'avais pas encore vu cette espèce plus proche de Paris que dans les fossés du haut des collines de la forêt de Montmorency, au delà du château de la Chasse, en remontant pour gagner le village de Saint-Prix.

Cette espèce fait sa ponte comme la grenouille dans l'eau ; elle consiste en deux paquets glaireux, c'est-à-dire en deux ovaires contenant chacun quatre à cinq cents œufs que la femelle pond dans l'eau, le mâle étendu et couché tout de son long sur son dos, l'embrassant par-dessous les aisselles, et répandant sa liqueur séminale sur ses œufs pendant qu'ils sortent de son corps.

Ce double ovaire glaireux ou cette glaire grossit dans l'eau et parvient en quinze jours à une grosseur cinq à six fois plus considérable que celle qu'il avait au moment de sa ponte, et les petits têtards en sortent au temps marqué pour vivre dans l'eau jusqu'à ce qu'ils deviennent crapauds parfaits.

On dit qu'on a vu en Italie, aux environs d'Aquapendente, un crapaud qui était plus gros que la tête d'un homme, et qui avait même un pied et demi de largeur (*Éphém. cur.*, déc. 2, ann. 2.)

Le crapaud de Virginie est aussi monstrueux, armé de cornes et d'épines; il a les pieds frangés.

On voit encore en Virginie un autre crapaud nommé *acéphale* parce que sa tête est confondue avec son corps. Il passe pour dangereux.

L'*aquaqua* du Brésil n'est point différent de la femelle du pipa.

La *raine* ou *rainette, ranetta, ranula, rana arborea*, grenouille d'arbre, grenouille de Saint-Martin, est la plus petite de tous les crapauds, elle n'a guère plus d'un pouce et demi de longueur.

Elle est d'un beau vert clair en dessus avec une tache dorée de chaque côté sur les oreilles et blanchâtre en dessous. Le mâle à la gorge brune.

Elle se trouve communément appliquée en été sur les feuilles des arbres et des plantes voisines des eaux, surtout au bord des marais; en hiver elle va se cacher dans le limon des marais, elle ne va dans l'eau que dans cette saison, non pas pour nager, mais pour se mettre à l'abri des gelées et dans le temps de l'accouplement pour y déposer ses œufs.

Ce qui la distingue de tous les autres crapauds, c'est que ses doigts au lieu d'être pointus à l'extrémité, sont larges, arrondis et formant un empâtement visqueux ainsi que son ventre, au point que quand ils s'appliquent sur une feuille ou sur les surfaces les plus unies, comme sur une glace, ils s'y fixent de manière à soutenir le poids du corps;

quand même la feuille se retournerait sens dessus dessous, il lui suffit même de toucher du doigt une feuille ou une branche pour s'y coller et s'aider par là à aller plus loin.

Cette espèce est la meilleure sauteuse de toutes.

Elle vit de cousins, de tipules et autres insectes qui voltigent autour des arbres où elles se sont fixées.

Ce n'est qu'à quatre ans que ce reptile a pris tout son accroissement et qu'il est propre à la propagation, et ce n'est qu'à cet âge que le mâle commence à coasser et à brunir sous la gorge.

Son coassement commence ordinairement dans le temps de ses amours, c'est-à-dire dès le printemps ; il gonfle alors son gosier si fortement qu'il ressemble à un sac rempli d'air. Son coassement est plus fort que celui de la plus grosse grenouille aquatique, et quand un mâle commence à coasser, tous les autres l'accompagnent de manière que leur bruit, qui imite assez celui d'une meute de chiens, se fait entendre de plus d'une lieue et demie, surtout pendant la nuit et sous le vent. Leur coassement annonce ordinairement la pluie.

Ces animaux ne s'accouplent comme les crapauds et les grenouilles qu'une fois l'année. Cet accouplement se fait dans l'eau vers la fin d'avril, la femelle jette ordinairement tout son frai dans l'espace de deux heures lorsque le mâle ne la quitte pas et qu'il a l'attention de seconder les mouvements qu'elle se donne en ajustant à chaque effort qu'elle fait sa partie postérieure à la sienne pour féconder les œufs, en répandant sur eux sa liqueur séminale à mesure qu'ils sortent. Lorsque le mâle abandonne sa femelle, elle est quelquefois un, deux et même trois jours à se débarrasser de ses œufs, ce qui l'oblige de descendre souvent sous l'eau et d'y rester longtemps à chaque fois, alors ses œufs sont stériles.

Il se passe deux mois entiers et quelquefois davantage

entre la ponte des œufs et la métamorphose des petits en crapauds à quatre pattes. Dès ce moment, ils sont en état de sauter et de marcher, ils abandonnent l'eau pour aller se fixer sur les feuilles du roseau le plus voisin, où ils prennent leur première nourriture en attendant que, devenus plus forts, ils puissent percher sur les feuilles des arbres.

Le crapaud terrestre du Sénégal, appelé *mbott* par les nègres, ne diffère du crapaud de la grande espèce de France qu'en ce qu'il est moins renflé du derrière et plus large du devant, c'est-à-dire plus ovoïde, moins couvert de tubercules, d'un gris jaune marbré de taches cendrées, et marqué d'une tache rouge sur chaque fesse.

Il vit dans les sables sous lesquels il se cache au pied des buissons.

La femelle pond ses œufs dans l'eau des puits, c'est-à-dire des fontaines qui sont à deux ou trois pieds au-dessous de la surface de la terre. Ils y sont disposés en chapelet et croisés en rayons et même en cercles à peu près comme les fils des toiles de l'araignée de jardin qui porte une croix blanche sur le dos.

J'ai parlé ci-dessus de l'usage que les nègres font de cet animal pour la migraine.

Il n'y a qu'une petite différence entre le genre du crapaud et celui de la GRENOUILLE : elle consiste en ce que *les doigts des pieds postérieurs* de la grenouille sont *palmés*, c'est-à-dire réunis par une membrane qui leur sert à nager. On connaît environ huit à dix espèces de grenouilles dont les principales sont :

1° La grenouille verte commune aquatique ; 2° la grenouille aquatique verte tachée de noir ; 3° la grenouille terrestre brune ; 4° la mugissante du Canada ; 5° le simi de Cayenne ; 6° la grenouille de Lemnos ; 7° la géante ; 8° la pisseuse.

La grenouille verte, rana esculenta (Lin., *s. n.* 12, p. 357), est entièrement verte, à l'exception de trois lignes jaunes qui s'étendent sur toute la longueur de son dos et blanchâtres sous le ventre ; elle a deux pouces et demi de longueur, un pouce de largeur, la mâchoire supérieure dentelée finement, deux grandes dents aux côtés du palais, la langue longue et peu de cervelle. C'est la plus grande de toutes les espèces de l'Europe et une des plus communes.

Son séjour ordinaire est l'eau des marais, des étangs et des rivières dont les bords sont riches en plantes flottantes comme le potamogeton, la persicaire, la renoncule, etc. Elle sort de l'eau sur les feuilles flottantes ou même sur la terre des bords lorsqu'il fait un beau soleil ; mais elle y rentre souvent d'un seul bond pour y plonger et s'y cacher dès qu'elle aperçoit quelqu'un ou qu'elle entend du bruit.

La voix des mâles est beaucoup plus forte dans le temps des amours et de l'accouplement. Quand ils coassent, ils font sortir des deux coins de la bouche deux vessies blanches sphériques qui augmentent de beaucoup leur coassement. Les femelles, qui n'ont pas ces deux vésicules, et qui ne peuvent qu'enfler leur gorge, ne font que grogner au lieu de coasser.

Leur accouplement ne se fait que dans l'eau et une seule fois l'an, au mois de juin. Il dure communément trois ou quatre jours, pendant lesquels le mâle reste couché tout de son long sur le dos de la femelle en l'embrassant avec ses deux bras par-dessous les aisselles. Tous deux ont dans ce temps le ventre gros ; la femelle par les œufs qui la remplissent, et le mâle par la mucosité transparente ou la liqueur séminale qui est contenue entre la chair et la peau et qu'il répand sur ces œufs pour les féconder. Quelques écrivains disent que la femelle ne commence à pondre, c'est-à-dire à jeter son frai, que seize jours après l'accouplement ; mais on sait que ce prétendu accouplement n'est suivi d'aucune intromission réelle de la part du mâle, et que la liqueur séminale, devant être répandue pendant que la femelle rend son frai, il ne peut y avoir aucun intervalle entre l'accouplement apparent et la ponte des œufs.

Il y a des femelles qui ne sont pas plus d'une minute à les rendre tous ; ils sont au nombre de mille à douze cents, c'est-à-dire de cinq à six cents dans chaque ovaire, et cette espèce est la plus féconde de toutes.

Ces œufs sont réunis en chapelet et fortement collés ensemble par une mucosité blanchâtre qui les environne, et dont la masse forme ce qu'on appelle communément le *frai*. Ce frai tombe au fond de l'eau dès qu'il est pondu ; mais au bout de quatre heures, il se gonfle et remonte à la surface ; au dix-septième jour, toute cette masse gélatineuse est augmentée considérablement, les œufs ont pris la forme d'un rognon et laissent apercevoir une petite cicatrice. Au vingt-deuxième jour, on voit les premiers linéaments de la queue ; au trente-neuvième, l'embryon, ou le petit têtard commence à se mouvoir ; du quarante-deuxième au cinquantième, le petit têtard est parfait et sort de l'œuf.

Alors il se nourrit de lentilles d'eau jusqu'à ce qu'il soit parvenu à la forme d'une grenouille parfaite ; ce n'est qu'au quatre-vingtième jour que les pieds de derrière paraissent, et au quatre-vingt-dix-septième jour, leur dernière métamorphose arrive ; ils renoncent à la nourriture jusqu'à ce que leurs quatre pattes soient sorties, et que la queue soit entièrement séparée et effacée : ce terme de quatre-vingt-dix-sept jours, ou de trois mois un quart, est celui de l'accroissement de la grosse grenouille brune terrestre ; mais la grenouille verte, qui est plus grande, demeure cinq mois, ou cent cinquante jours, à parvenir au même point de grenouille parfaite.

Elle croît pendant dix ans et peut vivre jusqu'à seize.

La grenouille verte est très-vorace; elle se nourrit non-seulement de plantes comme la lentille d'eau, mais encore d'insectes, de salamandres. Elle avale aussi les canards nouvellement éclos, les petits oiseaux et les jeunes souris qu'elle surprend en faisant des sauts de quatre ou cinq pieds. La langue est si gluante que tout ce qu'elle touche y reste attaché. Cette espèce est la meilleure à manger. Ce sont les cuisses seulement qu'on prépare en fricassée de poulets. La pêche se fait au flambeau avec des filets, comme les poissons, ou à la ligne avec des hameçons garnis d'insectes ou de morceaux de drap rouge, ou de laine couleur de chair.

La deuxième espèce de grenouille, qui est *verte tachée de noir,* ne diffère presque que par la couleur de la grenouille verte.

La *grenouille terrestre brune, rana temperaria* (Lin., *s. n.* 12, 357) est d'un brun grisâtre dans le mâle et jaune ta-cheté de brun dans la femelle. Elle est petite et très-allon-gée de corps. Cette espèce vit dans l'eau en hiver et au printemps, et sur les prairies herbeuses des coteaux en été.

Ce n'est qu'à la fin de la quatrième année qu'elle a acquis toute sa grandeur, et qu'elle prend les couleurs qui dis-tinguent son sexe.

Elle s'accouple une fois l'an comme les autres espèces, mais bien avant elles et dès le mois de mars, dans l'eau, lorsque les glaces commencent à se fondre.

Ses œufs et ses petits ont à peu près les mêmes degrés d'accroissement que ceux de la grenouille verte et croissent de même dans l'eau.

Lorsque le petit têtard s'est métamorphosé et a pris ses quatre pieds pour devenir grenouille parfaite, ce qui arrive au bout de trois mois et huit jours, alors il passe de l'eau sur la terre pour y faire la chasse aux insectes. Ils se ras-semblent souvent dans l'herbe des prairies hautes, dans les trous ou les fentes de la terre et sous les pierres. Mais lorsqu'il tombe de la pluie, toutes ces petites grenouilles sortent de leurs cachettes et s'éparpillent en sautillant de tous côtés. Ce sont ces apparitions imprévues qui ont donné lieu au peuple de dire et de croire que *la pluie engendre et donne des grenouilles*.

La durée de l'accroissement de ces grenouilles doit faire conjecturer qu'elles vivent au moins une douzaine d'années ; elles ont la vie si dure qu'elles sautent encore après qu'on leur a arraché le cœur.

Le coassement de cette espèce est peu sensible, on l'entend à peine à cinq ou six toises de distance.

La *grenouille mugissante*, *rana boans* (Linn., *s. n.* 12, p. 318) a un coassement épouvantable qui dépend des deux vessies latérales de la mâchoire inférieure qui sont toujours pleines d'air pendant l'été. Elle ne coasse que vers le coucher du soleil. Sa mélodie plaît aux habitants parce qu'elle leur annonce de la sérénité nécessaire dans un pays aquatique. Comme ses pieds antérieurs sont palmés ainsi que ses postérieurs, cette espèce doit faire un genre.

Le *cimi cimi*, ou plutôt le *simi de Cayenne*, est une grenouille toute bleue et méchante.

La *grenouille de Lemnos* est grande et devient la pâture du serpent laphiati.

La *grenouille géante* des bois de la Martinique, à raies jaunes et noires, longue d'un pied et à chair blanchâtre tendre et délicate, se mange en fricassée de poulets. On lui donne le nom de crapaud dans le pays. Les nègres en font la chasse la nuit, au flambeau, en imitant leur coassement auquel elles répondent en accourant à la lueur du flambeau.

On voit encore à la Martinique des grenouilles qui, comme la grenouille pisseuse de nos vergers, pissent à chaque saut qu'elles font (*n'est-ce pas notre crapaud rainette ?*).

Le PIPA forme un genre différent de celui de la grenouille, en ce qu'au lieu de six doigts, ses pieds postérieurs n'en ont que cinq, réunis de même par une membrane.

On ne connaît encore qu'une seule espèce de ce genre.

Le pipa, ainsi nommé à Surinam, porte un nom différent au Brésil : le mâle s'appelle *cucuru* ou *curucu*, et la femelle *aquaqua*. Celle-ci se distingue du mâle, qui est jaune cendré à peau lisse, en ce qu'elle est cendrée sur le dos, et à tête bordée d'une membrane dentelée, et à doigts des mains étoilés, c'est-à-dire terminés chacun par quatre petites dents.

Cet animal est commun à Surinam et au Brésil, dans les marais.

Ce qu'il a de singulier, c'est la manière dont il porte ses œufs sur son dos et dont ils y sont placés et fécondés.

Quelques écrivains ont dit que c'était le mâle qui les portait. D'autres ont supposé qu'ils étaient procréés dans la propre peau du dos de la femelle; et d'après cette supposition ils ont jugé qu'il était impossible d'expliquer comment la liqueur prolifique du mâle pouvait percer le dos osseux de la femelle pour la féconder.

M. Fermin, qui a vu et suivi de près ces animaux à Surinam dans le dessein d'y découvrir ce mystère, dit avoir observé la femelle pondre au bord de l'eau sur le sable un tas d'œufs que le mâle, en s'approchant avec vivacité, saisit de ses pattes postérieures, transporte sur le dos de la femelle, et, après s'être renversé sur elle dos contre dos, il se rejette dans le bassin à la nage. La femelle restant à sa place, il revient et monte sur son dos une seconde fois, mais dans une attitude différente, en soutenant son corps en l'air sur ses quatre pattes, et l'agitant vivement pour y répandre la liqueur séminale, puis il s'en sépare, et ils se jettent tous deux à l'eau avec une agilité surprenante.

Ces œufs ayant été examinés quelque temps après, avaient pris racine et s'étaient incorporés avec la peau en grandissant.

Trois mois après cette première ponte, la femelle en fit une deuxième, tout à fait semblable, de soixante-douze petits dans l'espace de cinq jours; mais cette deuxième ponte fut perdue comme toutes les suivantes.

Cet animal est constitué, selon M. Fermin, de manière que lorsque les cellules de son dos ont une fois produit, elles se durcissent au point qu'elles ne sont plus capables de faire éclore les petits; ainsi la femelle ne fait éclore qu'une fois en sa vie, quoiqu'elle soit capable de pondre plusieurs fois.

L'ordre établi par la nature pour la propagation du pipa, s'il a été bien observé par M. Fermin, doit paraître bien étrange, étant totalement opposé à celui qui est ordinaire à la procréation de tous les êtres connus.

2e Famille. LES TORTUES, *TESTUDINES*.

Les animaux de cette famille se distinguent de ceux de la famille dés grenouilles par leur corps qui est court, mais avec une queue, et recouvert d'un test semblable à un coffre. On peut les partager en cinq genres, savoir :

1° Le kaouanne du Sénégal et de Narbonne :	{ sans écailles sur le test, { doigts serrés sans ongles.
2° Le ley ou tortue d'eau douce :	{ sans écailles sur le test, { doigts membraneux, { trois ongles à chaque pied.
3° Le caret :	{ avec écailles sur le test, { doigts membraneux, { trois ongles à chaque pied.
4° La tortue :	{ avec écailles sur le test, { doigts serrés, { cinq ongles à tous les pieds.
5° Le bonatt du Sénégal :	{ avec écailles sur le test, { doigts serrés, { quatre ongles aux pieds antérieurs, { cinq ongles aux pieds postérieurs.

Tous ces animaux ont le squelette osseux creusé de manière qu'il forme une espèce de test enveloppant entièrement tous les viscères, et qui les renferme comme dans une boîte. Dans quelques-uns, cette boîte est recouverte d'une peau lisse, et dans d'autres, d'écailles assez minces, de substance de corne, distribuées par compartiments réguliers.

Leurs mâchoires sont formées chacune d'un seul os sans dents, quoique quelquefois sinueux. De tous les animaux la tortue est celui qui a le plus de force aux mâchoires, au point qu'elles coupent tout ce qu'elles pincent.

La vie de ces animaux doit être de très-longue durée, car leur accroissement est très-lent, et on a élevé des tortues de terre pendant plus de quatre-vingts ans.

La dureté de la vie de ces animaux passe toute croyance. Redi ayant fait une grande ouverture au crâne d'une tortue de terre, lui enleva tout le cerveau, et la laissa vivre ainsi sans le couvrir; elle ne parut pas souffrir beaucoup; elle marchait, mais à tâtons, car dès le moment que le cerveau fut enlevé, elle ferma les yeux et ne les rouvrit jamais; elle vécut ainsi six mois marchant et conservant tous ses mouvements; et la partie de l'os du crâne qui avait été enlevée fut remplacée en trois jours par une membrane charnue. Les tortues d'eau douce, soumises à cette même épreuve, y résistent bien moins de temps.

Les tortues auxquelles on a coupé la tête vivent encore vingt-trois jours après cette mutilation; une demi-heure après avoir été coupées les mâchoires claquent encore avec un bruit pareil à celui des castagnettes.

On dit que les habitants des îles Maldives dépouillent les tortues de mer écailleuses comme le caret en les mettant sur le feu, et qu'après cette opération ils les rejettent à la mer, et qu'elles vivent très-bien ainsi dépouillées de leurs écailles.

La marche de la tortue est si lente qu'elle a passé en proverbe. Elle s'exécute si singulièrement qu'elle doit user tous ses ongles également, car elle les porte tous contre terre séparément et l'un après l'autre, en appuyant d'abord sur l'ongle extérieur, ensuite sur celui qui l'avoisine et finissant par l'ongle le plus intérieur.

La vessie urinaire est si grande dans ces animaux qu'elle recouvre les intestins et tous les autres viscères du bas-ventre.

La verge d'une tortue moyenne, c'est-à-dire de trois pieds de test, a neuf pouces de longueur.

Ces animaux sont muets, néanmoins on les entend quelquefois rendre un petit sifflement entrecoupé; leurs poumons sont si vésiculeux qu'ils peuvent leur tenir lieu de la vessie d'air des poissons.

Le genre de tortue appelé KAOUANNE au Sénégal ou Caouanne, se reconnaît aisément à son test qui est couvert d'une peau nue sans écailles, et dont les pieds ont chacun cinq doigts sans ongles, et réunis ensemble par une membrane fort serrée. J'en connais deux espèces : 1° celle du Sénégal appelée *Kaouanne*; 2° celle de la Méditerranée, *testudo*.

La *Kaouanne*, ainsi nommée au Sénégal, est vraisemblablement l'*asapapa* de Cayenne, a le test ovoïde long de huit pieds, large de quatre pieds et demi, profond ou épais de deux pieds, formé en entier d'un cartilage souple, huileux, recouvert d'une peau ou plutôt d'une seule pièce de corne faisant corps avec lui, et qui, exposé au soleil, rend environ quatre pintes d'huile. Ce test est plat en dessous, et relevé en dessus de cinq côtes aiguës qui forment entre elles quatre cannelures longitudinales assez profondes. Sa tête est plus grosse que celle d'un homme, et pèse plus de trente livres.

Cette tortue pèse environ mille à douze cents livres.

Son foie seul suffirait pour rassasier cent personnes.

Elle est commune à l'entrée de la rivière de Joal, dont les eaux sont toujours salées.

Sa chair est noire, filamenteuse, et de mauvais goût, sentant beaucoup le musc et l'huile.

On tire seulement de cet animal une huile qui n'est bonne qu'à brûler, sa graisse a la consistance du beurre.

On dit que les nègres se servent de leur test comme de canot pour naviguer sur les rivières, et que les habitants de l'île Kaprehane en font couvrir le toit de leurs maisons.

La *kaouanne de la Méditerranée* n'est pas aussi grande ni aussi épaisse que celle du Sénégal : elle en diffère en ce qu'elle a sept côtes élevées d'un pouce, comme dentées.

Sa mâchoire inférieure forme un bec crochu, dont la pointe remonte dans une échancrure pareille de la mâchoire supérieure.

Celle qui fut prise à Narbonne, et montrée à Paris, au boulevard, en 1766, avait cinq pieds de longueur et moitié de largeur au test qui était pointu par-derrière et très-arrondi par-devant.

Le LEÏ, ou la tortue d'eau douce, forme un genre différent de celui de la kaouanne, en ce que les trois doigts de ses pieds ont des ongles. On en connaît deux espèces : 1° le *leï* du Sénégal; 2° le *latama* du Sénégal; 3° la *tortue d'eau douce* de France.

Le *leï du Sénégal* a le test vert noirâtre, long de trois pieds, de moitié moins large, haut de huit pouces, elliptique assez régulièrement, et mou, comme cartilagineux dans son contour. Sa tête a sept pouces de longueur. Elle pèse cent livres. Son nez est allongé en cylindre.

Cette tortue est commune dans les eaux douces du Niger, où elle vit d'herbes et de coquillages.

Elle se mange et est beaucoup plus délicate que la tortue de terre appelée *bonatt* au Sénégal.

Le *latama de la Caroline* a le nez allongé en cylindre,

le cou très-long, comme le leï du Sénégal, mais son test est sillonné en forme de selle. Elle pèse soixante livres.

La tortue des eaux douces et marécageuses de France, surtout du Languedoc, pousse un sifflement entrecoupé et très-petit.

On l'élève facilement dans les jardins qui ont un bassin. Elle est plus souvent dans l'eau que sur terre. Elle vit d'insectes et d'herbages. En hiver elle se cache sous terre. Elle ne multiplie pas dans les pays plus froids. Dans les maisons on la nourrit avec du son et des limaçons.

Le CARET forme un genre de tortue qui ne diffère de celui du leï qu'en ce que son test est couvert d'écailles.

On en connaît six espèces, savoir : 1° le caret à écailles verdâtres d'Amérique ; 2° le caret à écailles blondes des Indes ; 3° le caret à écailles rougeâtres des Canaries ; 4° la tortue de mer.

Le *caret* a le test figuré comme un cœur, c'est-à-dire presque arrondi, de manière que sa partie postérieure est pointue.

Les plus grands n'ont que quatre pieds de longueur.

On le trouve dans la mer des climats chauds, surtout autour des îles Canaries. Sa chair est peu délicate.

Son écaille est très-recherchée pour faire des boîtes, des peignes, des étuis, des manches de couteaux, et beaucoup d'autres ouvrages. La dépouille d'un caret consiste en quinze feuilles, tant grandes que petites, dont dix sont plates et cinq un peu courbes. Celle des tortues ordinaires pèse trois ou quatre livres. Mais les grandes ont ces feuilles si épaisses et si grandes qu'elles pèsent tout ensemble environ six ou sept livres. On sait que ces feuilles s'amollissent dans l'eau chaude et se façonnent comme l'on veut, en les mettant, ainsi amollies, dans un moule dont on leur fait prendre la figure à l'aide d'une bonne presse de fer ; on les polit ensuite en y ajoutant des ciselures et d'autres ornements qui en augmentent beaucoup le prix.

La *tortue de mer* des tropiques ou la *tortue franche* pèse communément cent à deux cents livres et davantage.

Elle est commune surtout autour des îles désertes dont le rivage est bas, sablonneux, et dont le fond est très-fertile en fucus, varecs, et autres plantes marines.

Sa nourriture ordinaire sont les coquillages et surtout les plantes marines, qu'elle broute et paît sous l'eau, où on la voit se promener. Elle va jusqu'à l'embouchure des rivières chercher l'eau douce.

Comme elle ne peut rester longtemps sous l'eau sans respirer, elle vient de temps en temps à la surface comme les poissons pour rendre l'ancien air et en reprendre du nouveau. Aussi lorsqu'elle ne mange point ou qu'elle veut s'endormir, comme il leur est ordinaire pendant la grande chaleur du jour, on les voit flotter en grand nombre à la surface de la mer la tête hors de l'eau, mais dès qu'elle entend du bruit ou qu'elle voit remuer un oiseau de proie ou un chasseur, elle s'enfonce et plonge pour se cacher.

Tous les ans elle va à terre pour pondre depuis la fin d'avril jusqu'en septembre, un peu au-dessus de l'endroit où les vagues de la mer cessent de s'étendre. Elle y fait avec ses ailerons ou ses pieds dans le sable un trou d'environ un pied de diamètre sur un pied et demi de profondeur; elle y va pondre en quinze jours, pendant un mois à chaque fois, quatre-vingt-dix œufs, et lorsque la ponte, qui est d'environ trois cents œufs, est finie, elle les recouvre d'une couche légère de sable, afin que le soleil échauffe les œufs; ils sont ronds, gros comme une balle.

Au bout de vingt-quatre ou vingt-cinq jours, on en voit sortir de petites tortues qui s'en vont tout doucement gagner l'eau.

Si la lame est forte, elle les rejette les premiers jours sur la terre ; alors les fous, les frégates et autres oiseaux de proie les enlèvent la plupart avant qu'elles soient en état de résister aux flots et de plonger au fond ; aussi de trois cents œufs il n'en échappe quelquefois pas dix.

Les tortues font souvent cent lieues pour aller déposer leurs œufs sur des côtes sablonneuses et basses. C'est alors qu'on peut les prendre en abondance. Comme c'est la nuit qu'elles vont à terre, on les guette au bord de la mer, et dès qu'elles sont un peu avancées sur la terre, on les attrape aisément, parce qu'elles se traînent fort doucement et pesamment ; on les chavire aussitôt, c'est-à-dire on les renverse sur le dos les unes après les autres, ce qui se doit faire d'un coup de main sans leur donner le temps de se défendre avec leurs nageoires, ni de jeter du sable dans les yeux. Un homme peut en tourner ainsi une centaine en une nuit de cinq ou six heures. Les tortues ainsi renversées sur le dos ne peuvent se retourner et sont faciles à tuer.

On pêche aussi les tortues au harpon comme les baleines, pendant la nuit, ce qui se pratique ainsi : trois hommes montent sur un petit canot, l'un d'eux tient l'aviron qu'il meut avec tant de vitesse et de dextérité qu'il fait avancer le canot sans bruit aussi vite que s'il était poussé à force de rames ; le maître pêcheur, qui est debout sur l'avant du canot, montre du bout de son harpon l'endroit où il faut gouverner, et dès qu'il aperçoit qu'une tortue fait écumer la mer en sortant par intervalle, et qu'il est à sa portée, il lui lance son harpon avec une telle force qu'il en perce le test et pénètre bien avant dans les entrailles ; la tortue blessée plonge au fond, et le troisième homme qui est au milieu du canot file la ficelle à laquelle est attaché le harpon et la retire lorsqu'après s'être bien débattue et avoir perdu tout son sang, elle reste sans force et sans mouvement.

On dit que dans la mer du Sud les pêcheurs voyant les tortues dormir à la surface de l'eau, en plein jour, voguent lentement autour d'elles et qu'un bon plongeur posté sur l'avant de la chaloupe plonge à quelques toises de celle qu'il veut prendre ; et qu'arrivé au-dessous d'elle il remonte aussitôt à la surface de l'eau, et la saisissant par l'écaille vers la queue la tient pendant qu'elle se débat jusqu'à ce que le canot soit venu pour les enlever tous deux.

Aristote et Pline avaient remarqué que quand leur écaille reste ainsi longtemps au soleil au-dessus de l'eau elle se dessèche.

Lorsqu'on a pris beaucoup de tortues on en sale la plus grande partie pour la nourriture du menu peuple et des esclaves. Les autres se mangent sur le lieu. On leur cerne d'abord l'écaille du ventre qu'on enlève, puis on fait cuire le foie bien assaisonné de poivre, de girofle, de sel et de citron, dans l'écaille supérieure qui sert de plat. Les œufs se mangent aussi, mais ils sont un peu moins bons que ceux de la poule. Le foie est la partie la plus considérable et presque la seule qu'il y ait à manger dans la tortue, car sa chair est en petite quantité et beaucoup moins délicate. Ce foie tourne presque tout en huile lorsqu'on ne le coupe pas par petits morceaux pour les cuire à la brochette, comme on cuit les alouettes ou les mauviettes. Une tortue de mer du poids de vingt livres rend communément une trentaine de pintes d'huile qui, lorsqu'elle est fraîche et jaune, est propre à être employée dans les aliments, et qui en vieillissant n'est bonne que pour brûler. Ses œufs sont fort gros et de garde.

La *tortue verte* est une troisième espèce de tortue de mer, ainsi nommée parce que son écaille est plus verte que celle des autres. Elle est aussi beaucoup plus mince. On l'emploie en marqueterie pour les pièces de rapport qu'on colore en mettant des feuilles dessous.

Sa chair fraîche est aussi délicate que le meilleur veau.

Le genre de la TORTUE, *testudo*, comprend toutes les tortues terrestres. Il se distingue des précédents en ce que les doigts de ses pieds sont au nombre de cinq, tous très-serrés et réunis en une main sans membrane, et armés de cinq ongles. On en connaît plus de dix espèces qui sont : 1° la tortue vraie de l'Archipel, demi-ovoïde, aussi profonde que large, noire et jaunâtre; 2° la tortue de Provence, plus large que profonde, vert noir; 3° la tortue jubate du Brésil et des Moluques (Séba, 2, tab. 80, fig. 3) presque aussi profonde que large, brun avec des rayons jaunes.

La *tortue proprement dite*, la tortue de terre, *testudo*, a le test plus arrondi et plus élevé, plus dur que celui des tortues d'eau. Une voiture bien chargée pourrait passer dessus sans la faire plier, et comme l'animal peut y rentrer la tête, ses pattes et sa queue, il se trouve ainsi à l'abri comme dans une maison voûtée.

Cette espèce qui se trouve dans les climats méridionaux de la France et qui paraît être la même que celle des Canaries qui diffère peu de celle du Sénégal, se plaît également sur les montagnes, dans les forêts, dans les plaines et dans les jardins.

L'hiver elle se cache dans les cavernes où elle passe cette saison sans manger comme les lézards et autres animaux.

Elle vit de fruits, d'herbages, de limaçons, de vers et d'insectes.

On peut la nourrir à la maison avec du son et de la farine.

Son test porte sur le dos treize grandes écailles sillonnées concentriquement et distribuées sur trois rangs, dont cinq sur le rang du milieu et quatre sur les deux rangs; en quoi elles diffèrent de celles du caret qui sont au nombre de quinze, lisses, sans sillons et disposées au nombre de cinq sur chaque rang. Le mâle se distingue de la femelle en ce que le dessous de son test est creux, au lieu que celui de la femelle est plat.

On dit que ces animaux muent et se dépouillent de leurs écailles ; mais ce fait n'est pas bien constaté, il n'est encore que vraisemblable.

Lorsqu'une tortue est renversée sur le dos, elle ne peut pas se retourner avec ses pieds parce qu'ils ne peuvent se plier que vers le ventre. Elle ne se sert pour cela que de son cou et de sa tête, qui en appuyant contre la terre, peut la faire pencher d'un côté et l'aider à se servir des pieds de ce côté pour achever de la retourner.

Parmi toutes les espèces de tortues il n'y en a pas qui ait la chair si délicate ni si saine que la tortue de l'Archipel. Ses œufs sont ronds, elle en pond peu.

Les Grecs et les Turcs n'en usent point à cause de la défense faite par leur roi.

On sait que les tortues contiennent beaucoup d'huile et de sel volatil.

La médecine en prescrit les bouillons pour les maladies de poitrine et de consomption. Pour cet effet on rejette les parties charnues comme la tête, les pattes et la queue. On scie la carapace, c'est-à-dire le test de la tortue par les côtés, on en recueille le sang que l'on met avec le foie, la chair de l'animal. On la fait bouillir pendant deux heures dans une décoction de chicorée blanche. On prend une portion de ce bouillon le matin à jeun et l'autre quatre heures après le dîner.

Son usage est recommandé aussi pour purifier le sang dans les maladies de la peau, comme la gale, la lèpre, les dartres sur lesquelles on en applique le sang avec succès. Une petite tortue de Provence suffit pour faire un bouillon. On la vend trois ou quatre livres. Une moyenne de l'Archipel, qui coûte vingt-quatre livres, fait trois ou quatre bouillons et est plus estimée.

L'hiver elle s'enfonce de un pied dans la terre.

La *tortue de terre de la côte de Coromandel* à trois pieds de longueur au test, sur deux de largeur.

Sa couleur est d'un gris fort brun.

La tortue des îles Moluques et du Brésil, où on l'appelle *jubati*, est presque ronde, c'est-à-dire hémisphérique. On la distingue facilement par la couleur de ses écailles qui sont brunes, octogones et marquées chacune de huit rayons blanchâtres correspondant à chacun de ses angles.

Le BONATT DU SÉNÉGAL forme un genre de tortue de terre différent de l'ordinaire en ce qu'il a quatre ongles aux pieds antérieurs et cinq aux pieds postérieurs, qui tous ont les doigts réunis en une main fort serrée et sans membranes.

L'espèce de M. de Beost que j'appelle le *cavalier* parce qu'elle a le test élevé et formé comme une selle de cheval, a près de trois pieds de longueur sur près de deux pieds de largeur et autant de hauteur.

Ses écailles au nombre de treize sont hexagones, lisses, sans sillons, brun noir, de six à neuf pouces de diamètre.

La peau de ses jambes est noire, rude comme celle de l'éléphant et semée de quelques écailles grossières. Ses ongles sont noirs, cylindriques, pleins, longs de près de deux pouces, larges de neuf lignes et sans doigts attachés à une main, qui est comme cylindrique et très-grossière.

3e FAMILLE. LES LÉZARDS, *LACERTÆ*.

Le corps allongé, recouvert d'une peau écailleuse et non d'un test osseux, et une queue longue, distinguent assez les animaux de cette famille d'avec ceux de la famille des tortues et de celle de grenouilles. J'y ai reconnu quatorze genres dont les plus remarquables sont :

1º Le caméléon, *chamæleo* ;
2º Le dragon, *draco* ou *jacare* du Brésil ;

3° Lé ïál du Sénégal, *scinc* ou *mabouia* des Antilles;

4° Le cordyle, *cordylus*;

5° Le scinc, *scincus*;

6° Le gecko, *gecko*, Ind.;

7° L'iguane, Sénégal, ou le lézard à goître sous le cou;

8° Le caudiverbera, fouette-queue;

9° Le Geltabé, Sénégal;

10° Le mbott, Sénégal;

11° Le lézard, *lacerta, stellio, anoli, calotes*, Linné;

12° La salamandre, *salamandra*;

13° Le crocodile, *crocodilus*, caïman;

14° Le chalcites, Plin., ou *seps*.

Le CAMÉLÉON, *chamæleo*, a le corps très-comprimé par les côtés, tranchant sur le dos et sous le ventre, à langue en massue avec cinq doigts à chaque pied tous onguiculés, mais réunis en deux mains dont l'extérieure n'a que deux doigts pendant que l'intérieure en a trois. J'en connais quatre espèces qui sont : 1° le *caméléon du Sénégal* à tête creuse en dessus; 2° le *caméléon* d'*Égypte* à tête avec trois tubercules; 3° le *barotso de Madagascar* à tête à deux cornes en devant; 4° un autre *barotso* du même pays à nez charnu avancé en corne conique.

Le caméléon appelé *koketar* au Sénégal, a six pouces de longueur du bout du nez à l'anus et autant de l'anus au bout de la queue, ce qui fait en tout un pied : il est donc d'un pouce plus grand que celui d'Égypte, dont on dit que les plus grands n'ont que onze pouce de longueur.

Il est très-commun dans tout le pays du Sénégal, où on le trouve non pas à terre ni sur les rochers où il ne peut marcher, mais perché sur les arbrisseaux à la hauteur de trois ou quatre pieds, la queue roulée autour d'une branche horizontale qui lui sert de soutien.

Cette posture lui est si naturelle et si familière qu'il n'en à jamais d'autres, ni pour veiller, ni pour dormir, ni pour manger. Lorsqu'il marche il n'y a que la queue qui change de position en se déroulant, car dès qu'il est posé dans un endroit il la roule de nouveau autour d'une branche pour s'y fixer. Sa marche est aussi lente au moins que celle de la tortue.

Les jeunes caméléons sont d'un jaune vert, les adultes sont d'un jaune gris, et les vieux d'un brun noir. Il est bien étonnant que l'on ait dit jusqu'ici que cet animal change de couleur à chaque instant et que son corps prend toutes les teintes de celles qu'on lui présente, au point que le public le regarde comme le symbole des flatteurs et des courtisans auxquels il a coutume d'appliquer son nom. Si les naturalistes avaient bien observé cet animal ils auraient remarqué que ce changement si célébré et attribué à ses passions intérieures, à la crainte, à la colère, à la joie, à ses gentillesses même, ne dépendent que de la tension ou du relâchement de sa peau dont la structure, bien connue et mieux examinée, aurait donné le dénoûment de cette prétendue merveille ; voici en quoi il consiste : sa peau est chagrinée ou composée de petits tubercules assez égaux et semblables à des écailles qui, dans l'état naturel de tranquillité, se touchent les uns les autres, et qui, au contraire, lorsque la peau s'enfle et s'étend, se trouvent écartés et séparés les uns des autres par un intervalle qui est brun plus clair dans les jeunes que dans les vieux. Or, les tubercules ou écailles qui forment le chagrin des jeunes étant jaune vert, ceux des adultes, jaune gris, et ceux des vieux étant brun noir, ces derniers en enflant ou désenflant leur peau lorsqu'ils se mettent en colère ne changent pas sensiblement de couleur ; les adultes sont mêlés de brun et de jaune gris, pendant que les jeunes passent du jaune vert au brun ou au cendré clair. Tous les raisonnements qui ont été faits pour expliquer ce changement et qui n'ont pas eu cette observation pour base, ont mené à des conclusions aussi singulières que peu satisfaisantes.

On a dit et pensé longtemps que le caméléon vivait de l'air, mais il est certain qu'il vit de mouches, de sauterelles, de fourmis et autres insectes qui grimpent et se reposent sur les branches des arbrisseaux.

Ce qu'il y a de plus merveilleux et de plus singulier dans cet animal, c'est la manière dont il prend ces insectes. Sa langue est conformée de façon qu'elle ressemble à un filet aussi long que son corps, c'est-à-dire de six pouces environ, terminé au bout par une massue cylindrique longue d'un bon pouce et d'une substance jaunâtre si visqueuse qu'elle ressemble à de la gelée. Il peut, au moyen d'un os fourchu et terminé par une branche, la lancer comme un trait sur un insecte, et la ramener aussi promptement dans sa gueule chargée de sa proie. Mais il n'est pas vrai, comme le disent quelques écrivains, qu'il la replie autour des branches en attendant que les insectes s'y prennent, elle serait bientôt desséchée dans un pays où les chaleurs sont excessives.

Le caméléon peut, comme la plupart des autres reptiles, rester quatre à cinq mois sans prendre aucune nourriture.

En général, cet animal paraît toujours maigre, au point qu'on peut lui compter les côtes; il en a dix-huit et son épine a soixante-quatorze vertèbres, dont vingt-quatre au corps et cinquante à la queue; ses mâchoires ont chacune un rang de dix-huit dents. Son dos et son ventre, qui sont tranchants, ont sur ce tranchant une rangée de denticules ou tubercules saillants ou plus sensibles que les autres.

Ses yeux, dont l'orbite est très-grand et semblable à un hémisphère, sont recouverts d'une peau percée seulement d'un petit trou, de manière qu'il peut, par un mouvement demi-circulaire, les porter, soit ensemble, soit séparément, en devant ou en arrière, en haut ou en bas, et voir sans remuer la tête tout ce qui se passe autour de lui.

Cet animal est muet, et jamais je ne lui ai entendu souffler le moindre bruit ; néanmoins il est dit dans quelques ouvrages que lorsqu'on l'irrite il ouvre la gueule et siffle comme une couleuvre.

Le DRAGON, *draco*, est un genre de lézard différent de tous les autres, en ce qu'il a aux deux côtés du ventre deux ailes horizontales membraneuses, soutenues par cinq côtes du corps qui imitent les rayons des nageoires des poissons, et qui peuvent se plier ou s'étendre à volonté ; il a aussi sous le cou deux espèces de vessies jaunâtres qui s'enflent quand il vole. Il ne fait point de mal.

On en connaît deux espèces.

La première espèce est assez rare aux îles Moluques et en Afrique. Ses ailes ne sont attachées aucunement ni aux bras ni aux cuisses (Seba, II, t. 86, f. 3).

Cet animal vit également dans l'eau et dans l'air, où il s'aide de ses ailes comme le poisson volant, tantôt pour nager, tantôt pour voler.

Il perche, dit-on, sur les arbres, où il vit d'insectes, surtout de fourmis, mouches et papillons.

La deuxième espèce de dragon (Seba, I, t. 102, f. 2.) est d'Amérique où on l'appelle *jacare*, et elle a les ailes attachées aux bras, c'est-à-dire aux pieds antérieurs.

On dit qu'il vole d'arbre en arbre et qu'il fait son nid comme les oiseaux dans les trous, et y pond des œufs blancs tiquetés de rouge et gros comme un pois.

Les nègres donnent le nom d'IAL à un genre de lézard à corps cylindrique, lisse, à queue non articulée, qui comprend le *scinc* des boutiques, qui vient d'Italie, et qui n'est pas le vrai scinc d'Égypte.

Le genre du CORDYLE ne diffère de celui du ial qu'en ce que sa queue est articulée ou comme formée de vertèbres, dont les écailles forment autant de couronnes.

Cet animal est particulier à l'Afrique et à l'Asie, et il ne faut pas le confondre, comme font les écrivains modernes , avec le fouette-queue, *caudiverbera,* qui a la queue comprimée par les côtés, dentée en-dessus en crête, et qui est particulière à l'Amérique comme l'iguana , dont il est une espèce.

Le scinc des anciens et des Égyptiens est ce que les nègres du Sénégal appellent *hounk* et qui est un lézard à corps demi-circulaire, à queue articulée, mais moins sensible que celle du cordyle, et à doigts déprimés très-larges, à ongles en-dessus et dont le dessous est comme spongieux ou armé de molettes qui s'attachent aux corps les plus unis. Cet animal a été fort mal décrit par tous les auteurs.

Il y en a deux espèces au Sénégal et en Afrique. La première, ou la plus grande, qui habite les fentes des rochers escarpés des côtes maritimes, surtout à Gorée, a six à neuf pouces de longueur et la queue un peu plus courte que le reste du corps ; elle est noire ou cendrée, tachée de noir et semée comme elle sur le corps de quelques petites écailles coniques saillantes, c'est le geck de Ceylan.

Cet animal passe au Sénégal pour venimeux. Son urine est, dit-on, très-caustique et empoisonne. En Égypte, on en boit le bouillon, qui est aphrodisiaque, c'est-à-dire très-actif pour exciter à l'acte vénérien les tempéraments froids et les vieillards. Au Caire, on éventre ces animaux, on les sale, on les enveloppe d'absinthe, et c'est ainsi qu'on les envoie à Venise et à Marseille pour l'usage des pharmaciens. En Europe, on en prend la poudre en électuaire. Il est diurétique.

Le *maboya* ou *mabouya d'Amérique* paraît être la même espèce. Les Américains en mangent la chair comme sudorifique contre le venin et les blessures des flèches empoisonnées, mais ils en usent modérément ; son grand usage épuise.

Le *honnk du Sénégal* ou le *sourd,* qui habite les chambres au Sénégal, diffère du scinc en ce qu'il a la queue plus longue que le reste du corps, qui est toujours gris et beaucoup plus petit.

Il détruit les araignées et les cacrelats, qui sont très-communs dans les appartements, et dont il fait sa principale nourriture.

Le GECKO DE MADAGASCAR et DU SÉNÉGAL forme un autre genre, différent de celui du scinc en ce que 1° la queue est très-large, déprimée ou aplatie horizontalement ; 2° tout son corps, et même sa tête, ses pattes et sa queue, sont bordés d'une membrane en crête frangée.

Le genre de l'IGUANE a le corps cylindrique, les doigts menus cylindriques, la queue articulée et le dos ainsi que la queue dentelés comme une scie. Le mâle a la gorge ornée d'un fanon ou d'un goître pendant qu'il enfle et désenfle à volonté.

On en connaît deux espèces. L'*iguana,* que quelques écrivains appellent par corruption *leguana, ignona* et *inana,* porte le nom de *senumbi* au Brésil, et d'*aquaquety pallin* au Mexique.

Cet animal a jusqu'à cinq pieds de longueur. La femelle est toute verte, moins variée que le mâle qui est un tiers plus grand.

Il est commun dans toute l'Amérique ; il reste communément sur les arbres qui bordent les rivières.

Il vit de feuilles de mapoue et de fleurs de mahot, qui sont des espèces de plantes malvacées qui croissent au bord des eaux.

L'accouplement de ces animaux se fait en mars ; alors il est dangereux d'en approcher ; le mâle prend une attitude hardie ; il a le regard étincelant ; il s'élance même sur ceux qui l'irritent, et les mord sans lâcher prise, à moins qu'on ne lui frappe vigoureusement sur le bout du nez.

La femelle pond une seule fois en mai, dans le sable, sur

le bord de la mer ou des rivières d'eau salée, treize à vingt-cinq œufs grands comme ceux de pigeon, mais plus longs, blancs, à coque souple comme du parchemin, dont l'intérieur est jaunâtre, sans blanc ni glaire, et qui ne durcissent pas étant bouillis.

Cet animal se tue plus aisément (comme tous les lézards et serpents), avec un coup de bâton sur le nez qu'avec le fusil.

Les Américains en mangent la chair qui est nuisible, dit-on, aux gens attaqués des maladies vénériennes dont elle renouvelle les symptômes.

Ses œufs sont, dit-on, préférés à ceux de poule pour procurer un bon goût aux sauces.

Le LÉZARD appelé FOUETTE-QUEUE, *caudiverbera*, parce qu'il tortille continuellement sa queue en se frottant de côté et d'autre, diffère de l'iguane, en ce qu'il n'y a que sa queue qui porte une crête dentelée; ses doigts sont palmés.

Il est commun en Amérique et au Sénégal, où il vit sur les arbres voisins des eaux comme l'iguane.

Il a sept à huit pieds de longueur sur cinq pouces de diamètre, et la queue trois ou quatre fois plus longue que le corps.

Il mord vigoureusement; on le tue facilement en lui enfonçant une pointe dans les narines.

On le mange.

Le GELTABÉ DU SÉNÉGAL diffère du fouette-queue seulement en ce que sa queue est comprimée par les côtés. C'est un des plus beaux lézards pour les couleurs; il porte des taches dorées sur un fond brun noir. Il se mange.

Le MBOTT DU SÉNÉGAL diffère du geltabé en ce que sa queue est cylindrique, articulée.

Le genre du LÉZARD se distingue de tous les autres en ce que son corps est cylindrique ainsi que sa queue, et couvert d'écailles disposées partout par anneaux. Les principales espèces sont :

1° Le *tejuguacu* du Brésil est le plus grand de tous les vrais lézards; il a jusqu'à neuf pieds de longueur sur six à sept pouces de diamètre, et la queue un peu plus longue que le corps. Il est cendré, marbré de blanc et de rouge.

Il est commun en Amérique et au Sénégal, au bord des eaux où il vit sur les arbres.

On dit qu'il vit également dans l'eau de poissons, et d'insectes et de reptiles sur la terre; qu'il avertit par un cri terrible quand il voit venir un crocodile, et que c'est de là que lui vient son nom de *sauvegarde*.

La femelle pond dans le sable, sur le bord des rivières, des œufs qui sont gros comme ceux de la dinde, mais plus longs.

Les Américains mangent ces œufs et ce lézard.

2° Le *lézard gris commun*, ou *lacerta*, a cinq à six pouces de longueur sur six lignes de largeur, il est particulier à l'Europe et habite communément les carrières coupées à pic et les vieilles murailles, le long desquelles il se plaît souvent à grimper du côté du midi ou du soleil. Il se fait un trou dans leurs fentes horizontales où il se retire et se cache pendant six mois d'hiver, depuis octobre jusqu'en avril.

Il s'accouple en avril; pendant l'accouplement le mâle et la femelle s'entortillent l'un à l'autre de manière à ne présenter qu'un seul corps à deux têtes, comme font alors les serpents.

La femelle pond ensuite cinq à six œufs dans la terre au pied des murs exposés au soleil.

Le lézard se nourrit d'insectes, surtout de mouches, de fourmis, de sauterelles, de grillons.

Il devient familier et suce la salive des enfants qui le tiennent dans la main, parce qu'alors il tire souvent la langue. Les anciens l'appelaient *l'ami de l'homme* pour cette raison.

Sa langue est fourchue et dentelée comme une scie.

Il change de peau deux fois l'an , savoir au printemps et en automne, à la manière des serpents.

Il court très-vite et est très-alerte.

Lorsque sa queue se casse sans se séparer elle produit une nouvelle queue à côté de l'ancienne, qui a ses vertèbres. Lorsque cette queue se sépare et tombe, alors il en repousse deux ou trois nouvelles, mais toutes ces nouvelles produites ne sont pas de vraies queues comme la première : elles n'ont pas de vertèbres osseuses ni cartilagineuses à leur centre, mais seulement un tendon très-molasse.

3° Le *lézard vert* est encore particulier à l'Europe.

Il habite les lisières des forêts et se tient entre les feuillages et broussailles sous lesquelles il fait sa galerie, au pied des arbres sur lesquels il grimpe aussi.

Il diffère du lézard gris des murailles en ce qu'il est deux à trois fois plus grand.

Il vit d'insectes des bois et des œufs des petits oiseaux, qu'il va prendre dans leur nid à peu près comme le coucou.

Cet animal est très-colère. Quand il saisit un chien par le nez il se laisse tuer plutôt que de quitter prise.

La SALAMANDRE se distingue de tous les autres genres de lézards, en ce que 1° elle n'a que quatre doigts aux pieds antérieurs et cinq aux postérieurs sans ongles ; 2° son corps est sans écailles ; 3° sa queue est comprimée verticalement.

On en connaît trois espèces, savoir : 1° la *salamandre noire, aquatique ;* 2° la *salamandre petite, grise, aquatique ;* 3° le *mouron terrestre.*

La *salamandre aquatique noirâtre* est commune en Europe.

Elle a six pouces environ de long et la queue égale au corps, qui est marbré de rouge et de noir en-dessous. Le mâle a une crête le long du dos.

Elle se trouve communément dans les eaux tranquilles, limoneuses et herbeuses des fossés et des étangs.

Elle se retire l'hiver dans des trous de muraille et sous terre, et regagne l'eau au printemps.

Pendant sa jeunesse elle a de chaque côté de la tête, derrière les oreilles, une ouïe à quatre branches barbues, creuses comme celles du têtard de la grenouille.

Elle mue ou change de peau tous les quatre ou cinq jours en été, et tous les quinze jours en hiver. Cette peau quitte d'une seule pièce à l'aide de sa gueule et de ses pattes et flotte dans l'eau. Lorsque ses pattes de devant ne peuvent s'en dépouiller entièrement elles pourrissent et tombent.

Le mâle ne s'accouple point, mais, selon M. Desnoms, féconde les œufs de la femelle en répandant sa liqueur séminale sur les œufs attachés à sa queue.

La femelle pond en avril et mai deux ovaires ou deux frais formant deux colonnes, chacune de dix œufs, dont elle se délivre avec ses pattes et qui se collent sous sa queue.

La nourriture ordinaire des salamandres est la lentille d'eau, les larves des cousins et autres insectes.

Ces animaux ont la vie très-dure. On en trouve souvent en été, ainsi que des grenouilles, enfermés dans des morceaux de glace conservés dans des glacières. On lui coupe les quatre membres sans qu'elle en meure.

Quelques écrivains disent que son cri approche de celui de la grenouille; mais elle est muette.

Lorsqu'on ratisse sa peau ou qu'on la presse elle suinte une liqueur blanche épaisse qui éteint le feu dans lequel on la jette, comme ferait de l'eau; mais il n'est pas vrai qu'elle résiste aux flammes, comme on l'a dit, elle ne résiste pas même au feu le plus léger, pas même aux ardeurs du soleil, qui l'a bientôt desséchée.

La *salamandre cendrée jaune* ou *grise aquatique* est commune dans les mêmes endroits que la noire, mais plus particulièrement dans les eaux moins herbeuses, comme au Petit-Gentilly et dans le bassin des Tuileries.

Elle n'a jamais plus de trois à quatre pouces de longueur.

Le *mouron de Normandie,* appelé aussi le *sourd* au Maine, quoiqu'il ne soit pas sourd, *pluvine* en Dauphiné, *lavorne* en Lyonnais, *blande* en Provence, *suisse* en Bourgogne, est plus grand que la salamandre aquatique. Il a sept pouces environ de longueur.

Il est noirâtre, taché de jaune partout et sans crête à la queue.

Il ne se trouve ni en Suède, ni au nord de l'Europe, ni aux environs de Paris, mais à Fontainebleau sur les platiers; en Normandie sur les coteaux maritimes, dans les broussailles herbeuses où l'eau sourcille, mais non pas dans l'eau. Il se retire sous les pierres et sous les souches d'arbres où on le trouve rassemblé en société.

Il vit de limaçons, de vers de terre, et d'insectes aquatiques.

Sa liqueur laiteuse est fétide et légèrement caustique.

Quelques personnes croient mal à propos que cet animal est venimeux. Plusieurs expériences faites par M. de Maupertuis, par nombre d'autres et par nous, prouvent que ni son lait, ni sa chair avalée ou appliquée, ni sa morsure ne sont venimeux; mais seulement que sa chair est vomie par les animaux qui en mangent parce qu'elle est trop visqueuse et difficile à digérer.

Cet animal marche lentement. Lorsqu'on le bat il redresse la queue comme pour inspirer de la terreur.

M. de Maupertuis dit lui avoir trouvé tantôt quarante à soixante œufs, tantôt autant de petits dans les deux ovaires, et qu'il est vivipare en même temps et ovipare.

Il a la vie extrêmement dure, mais trempé dans le vinaigre ou dans le sel en poudre il y périt en convulsions, comme le lézard commun et les vers, dans l'espace de *trois minutes;*

il ne peut vivre plongé sous l'eau, il faut qu'il élève ses narines au dehors pour respirer.

Le CROCODILE, *crocodilus*, forme un genre de lézard différent de tous les autres en ce qu'il a cinq doigts aux pieds antérieurs distincts, et quatre aux pieds postérieurs palmés, réunis par une membrane lâche, la plupart onguiculés, et la queue comprimée, articulée et dentelée en crête.

On en connaît trois espèces qui sont : 1° le crocodile vert ordinaire, ou le grand, a huit rangs d'écailles sur le dos, la queue un quart plus longue que le reste du corps; 2° le caïman noirâtre; 3° le gavial du Sénégal et du Gange, à bec menu et cylindrique.

Le *crocodile*, *crocodilus*, proprement dit, est cendré vert et il a la queue un quart plus longue que le reste du corps. Sa plus grande longueur totale est de dix-huit pieds sur deux pieds de largeur. Les écrivains qui disent qu'il y en a de trente-six pieds de longueur exagèrent beaucoup. Jamais on n'en a vu de pareils au Sénégal, où ils sont plus communs et plus grands qu'ailleurs.

Cet animal est commun dans les eaux douces du Nil et surtout dans celles du Niger, où on le voit quelquefois par centaines dans les parties inférieures du fleuve, depuis l'île de Sor, dans le Marigot, qui porte son nom de *diasic*, c'est-à-dire Marigot des crocodiles, jusqu'auprès de Podor, dans un espace de trente-cinq lieues environ.

Il se repose communément sur les plateaux exposés au soleil, et ne plonge dans l'eau que quand il voit quelque animal qu'il craint ou qu'il veut surprendre. Lorsqu'il nage sans dessein, le dessus de son corps paraît comme une pièce de bois flottante, et dans cette position ses yeux et son nez sont au-dessus de l'eau pour respirer et pour voir ce qui se passe au bord du rivage.

Comme il se nourrit de quadrupèdes aussi bien que de

poissons et de lézards aquatiques, dès qu'il aperçoit des bœufs ou des moutons buvant sur le rivage, il plonge aussitôt, les gagne entre deux eaux, en prend un par la patte, l'entraîne au milieu de l'eau où il achève de le tuer en le noyant, puis il le mange à son aise.

Comme la mâchoire supérieure est moins épaisse que l'inférieure, elle joue sur elle et est mobile.

La femelle pond en juin, au milieu des plaines sablonneuses exposées au soleil, environnées de bois et désertes, à cinquante ou cent toises environ du rivage, trente-six à soixante œufs ovoïdes, grands comme ceux de l'oie, mais un peu plus longs, blancs, tiquetés de jaune, à coque dure.

Les écailles du dos de cet animal sont osseuses et si dures que la balle du mousquet ne peut y pénétrer; celles de ses côtés sont si unies qu'elle glisse dessus. Il n'y a que le fer des flèches ou du couteau qui puisse y pénétrer. Cet animal nage mieux qu'il ne marche.

Comme il marche en rampant, en traînant son corps sur la terre, les nègres le tuent aisément lorsqu'ils le rencontrent à terre, mais il faut qu'ils soient deux ou trois, parce que cet animal donne de forts coups de queue de côté. Lorsque j'en tuai un avec mes deux nègres, je montai sur le milieu de son corps pour l'assujettir et ralentir sa marche, pendant que l'un des deux nègres tenait sa queue et la coupait à sa racine, et que l'autre, qui avait plongé un bâton dans sa gueule, lui crevait les yeux et plongeait le couteau au défaut du cou.

Les nègres mangent ses œufs et sa chair, qui est noire et grossière comme celle du bœuf; j'en ai goûté plus d'une fois, mais tous deux ont une odeur de musc peu supportable.

Les Égyptiens adoraient autrefois les crocodiles, et les habitants de la ville d'Arsenie, autrement ville des Crocodiles, voisine du lac Mœris qui en était rempli, le craignaient au point qu'ils en faisaient nourrir un qui était attaché par les pattes de devant. On lui attachait des pierres précieuses autour de ses oreilles. On lui donnait à manger des viandes consacrées jusqu'à ce qu'il mourût. Alors on l'embaumait et on le plaçait dans la sépulture des rois.

On lit dans l'histoire ancienne que le crocodile a pour ennemis l'hippopotame et l'ichneumon, espèce de furet ou de rat aquatique qui entre dans sa gueule pendant qu'il dort, qui lui ronge les entrailles et le fait mourir ainsi pour le manger ensuite à son aise, et qui déterre ses œufs dont il est très-friand. En effet, dans les bas-reliefs antiques dont on voit une belle imitation autour du grand bassin des Tuileries, on voit au-dessous de la figure du dieu Nil et de ses quatorze petits enfants, qui sont placés à diverses hauteurs pour indiquer ses diverses crues qui n'annoncent l'abondance que lorsque l'eau monte à quatorze coudées, on voit, dis-je, un lit de marbre blanc autour duquel sont représentés en bas-reliefs les objets particuliers à l'Égypte, tels que le *lotus* ou le *nelumbo,* dont ils font une sorte de pain; l'ibis, qui purge le pays des serpents; l'ichneumon, et l'hippopotame tenant un crocodile dans sa gueule.

Ce qui distingue le *caïman* du crocodile, c'est qu'il est plus petit, jaune roux, marbré de noir, à six rangs d'écailles sur le dos et à queue à peine aussi longue que le corps.

Il se trouve dans les parties supérieures du Niger, vers le pays de Galam, où on l'appelle, *maï-maï.* Il est aussi commun en Amérique autour des îles : peut-être est-ce une autre espèce. Il vit de tortues.

Il ne passe guère douze ou quinze pieds en longueur.

Le SEPS OU CHALCIDES DE PLINE forme un genre de lézard différent de tous les autres, en ce que chacun de ses pieds n'a que trois doigts.

Il est aussi commun dans le Languedoc que peu connu. Columna dit qu'il est vivipare.

Il est même cylindrique, lisse comme un orvet et si glissant que M. Sauvage dit, dans un Mémoire sur les animaux venimeux de la France, couronné par l'Académie de Rouen pour le prix de 1754, qu'une poule en ayant trouvé un l'avala apparemment par la tête sans le mâcher, qu'un moment après on vit le seps sortir par son fondement; que la poule, qui l'aperçut, l'avala de nouveau; qu'il s'échappa encore par la même route, qu'enfin la poule lassée de ce badinage le coupa en deux d'un coup de bec et l'avala pour la troisième et dernière fois.

De là M. Sauvage conclut que cet animal, qu'on a toujours regardé comme un serpent venimeux, n'est point nuisible; et il soupçonne même qu'il pourrait produire dans la passion iliaque un meilleur effet que le mercure et les balles de plomb, par la propriété qu'il a de se glisser le long du canal intestinal et de le parcourir sans causer le moindre mal.

QUATRIÈME CLASSE.

LES SERPENTS, *SERPENTIA.*

Cette classe d'animaux a tant de rapports avec celle des reptiles qu'elle semble n'en être qu'une section ou plutôt qu'une famille.

Ce qui la distingue essentiellement c'est que les animaux qui la composent n'ont absolument aucuns pieds ni aucuns membres, ni aucunes parties qui leur soient analogues; et comme ils ont une queue, le corps allongé et couvert d'écailles, ils semblent tenir d'un côté aux reptiles par la famille des lézards, et de l'autre côté aux poissons par la famille des anguilles.

Quoique le mot *serpent* signifie en général un animal qui traîne son corps en serpentant, et que nombre de vers articulés, sans écailles, aient cette sorte de marche, néanmoins on a jusqu'ici consacré ce nom pour désigner les animaux écailleux dont il est ici question.

Tous ces animaux ont le corps entièrement et également couvert d'écailles, qui dans les uns, comme l'orvet, *cœcilia*, sont disposées non par anneaux, mais sans ordre, ou plutôt en quinconce à la manière des poissons; dans d'autres, en quinconce sur le dos et en demi-anneaux sous le ventre, comme la couleuvre et la vipère; dans d'autres, en quinconce sur le dos et en demi-anneaux sous le ventre et sous la queue, ou en anneaux à la queue, comme le serpent à sonnettes; dans d'autres, en anneaux sur tout le corps, comme l'amphisbène ou double-marcheur.

Leurs yeux sont assez petits et sans paupière supérieure, ils ne clignent que l'inférieure.

Il y en a qui n'ont pas de dents; mais à leur place une

espèce de peau dont ils se dépouillent. D'autres ont à chaque mâchoire des dents qui s'engrènent l'une dans l'autre comme les dents du poisson et du crocodile. D'autres ont, outre ces dents, des canines mobiles placées hors de rang et cachées en partie dans des vésicules.

La langue est simple dans quelques-uns, comme le mambala, et fourchue en deux dans les autres, et non pas en trois ou quatre filets comme quelques-uns le disent de la vipère; elle sort d'une gaîne ouverte au fond du palais inférieur.

Leur cœur est ovoïde, attaché à la grande artère, et très-chaud de son naturel; il porte à ses côtés deux vésicules rouges, ovoïdes, une fois plus courtes que lui.

Leurs poumons sont menus, très-longs, fongueux, contigus au cœur, réunis en un seul.

Le foie est long, à deux lobes allongés, menus.

La vésicule du fiel est aussi grosse que le cœur, posée sous l'intestin.

L'estomac est allongé et l'intestin menu, droit, sans aucun repli.

Les serpents vivent de végétaux, d'insectes, de reptiles, d'oiseaux, de quadrupèdes; ils ne mâchent jamais. Lorsqu'ils avalent des oiseaux ou des quadrupèdes comme rats, mulots, ils en rendent la peau et les os roulés en une boule, à la façon des oiseaux de proie.

Ils sont quelquefois trois mois à digérer un oiseau, un quadrupède. Leur tête et leur cœur conservent leur mouvement pendant quelques heures après leur séparation du corps. On en a vu vivre quatre heures après avoir été submergés dans de l'esprit de vin.

Leurs excréments sont puants dans les uns et d'une odeur de musc dans les autres.

Leur corps a pour l'ordinaire une odeur qui les décèle

partout où ils sont. Celle du serpent à collier, *natrix*, des environs de Paris, est très-fétide. Il y en a dont l'haleine est si fétide, que nombre d'animaux qui sont destinés à devenir leur proie en sont étourdis.

Le mâle a deux testicules et deux verges en massue, ordinairement épineuses comme celles des lézards, et la femelle deux testicules comme le mâle et de plus deux ovaires.

Leur accouplement se fait en s'entortillant dans toute leur longueur comme une corde, de manière qu'ils ne forment ensemble qu'un corps à deux têtes.

Tous sont ovipares, excepté la vipère, qui est ovipare dans les temps chauds de l'été et vivipare dans les temps froids du printemps et de l'automne.

Ils pondent leurs œufs au nombre de huit à quarante, dans des trous faits dans le sable où le soleil les fait éclore. Les petits y sont roulés en cercle, entourés d'une matière gélatineuse semblable à du blanc d'œuf avec un placenta dont le cordon ombilical tient au bas du ventre à un pouce au-dessus de l'anus.

Leur voix n'est qu'une espèce de sifflement.

Ces animaux vivent dans les lieux déserts et solitaires, les uns sur la terre, les autres sur les arbres, d'autres vont dans l'eau. Ils se rassemblent l'hiver en société dans des trous où ils sont ramassés en pelotons.

Ils dorment les yeux ouverts, et roulés en spirale sur eux-mêmes.

Lorsqu'ils marchent, ils se lancent comme un ressort spiral.

Ils muent tous les ans au printemps. Leur peau se retourne tout d'une pièce, comme un bas de soie à l'envers, en commençant par la tête et finissant par la queue ; la peau des yeux mue aussi avec cette peau, dont elle fait partie.

Les serpents ne sont à craindre que par leur morsure ;

lorsqu'elle est venimeuse, par la liqueur que lance la dent, qui est creuse et percée d'un trou pour cet effet, alors la plaie devient d'abord rouge, livide ou noire, l'enflure suit, une chaleur brûlante, et on meurt en une heure, en un ou deux jours, suivant la force et la quantité du venin insinué dans la plaie. L'alcali volatil est, comme l'on sait, le seul remède bien assuré qui ait été découvert de nos jours; nous le devons à M. de Jussieu, et j'étais présent à l'herborisation de Saint-Pierre, lorsqu'il en fit le premier essai sur le nommé Vital, herboriste.

Il est des pays au Sénégal où il meurt beaucoup de nègres de ces morsures; au Sénégal, et dans nombre de pays, on mange la chair des serpents comme celle des lézards.

La médecine l'emploie comme sudorifique, en poudre, en rejetant la tête, la queue et les viscères. Elle sert surtout contre les maladies causées par les morsures venimeuses de quelques-uns.

Il y a des serpents qui n'ont pas un pied de longueur et d'autres qui ont jusqu'à cinquante pieds, et qui mangent ou avalent des bœufs et des cerfs après les avoir tués en les serrant d'un nœud ou en faisant glisser pesamment leur corps sur eux.

Il est des couleuvres, c'est-à-dire des serpents innocents, qui deviennent si familières qu'elles suivent leur maître, soit sur la terre, soit sur l'eau, et qu'elles s'accoutument à monter le long de leurs jambes et de leurs bras, sur leurs épaules, pour venir manger à leur bouche et y sucer la salive.

On a vu des vipères et d'autres serpents monstrueux à deux têtes et deux queues.

M. Linné ne fait qu'une classe de celle-ci avec les reptiles et les poissons cartilagineux, sous le nom commun d'amphibies, comme nous le dirons plus au long en parlant de la classe des poissons.

Quoique nous ayons quelques ouvrages sur les serpents, néanmoins ces ouvrages sont aussi peu méthodiques que peu historiques. Il nous manque de bonnes descriptions sur ces animaux. Seba en a fait graver plus de deux cents; Catesbi, Gronovius et Garden en ont augmenté le nombre, que M. Linné a réduit à cent trente-deux espèces, dont il forme six genres seulement, savoir :

1º Le SERPENT A SONNETTES, *cro-talus;*
2º Le BOA;
3º Le COLUBER ;
4º L'ANGUIS ;
5º L'AMPHISBÈNE;
6º L'ORVET, *cœcilia.*

Au lieu de six genres, on peut partager naturellement cette classe en six familles, considérant la forme de leurs écailles, savoir :

1º Les AMPHISBÈNES à ventre écailleux, en anneaux circulaires et queue en anneaux circul.;
2º Les SONNETTES   *id.*   en demi ann. et queue articulée;
3º Les SCYTALES   *id.*   *id.*   et queue à un rang d'écailles en-dessous;
4º Les COULEUVRES   *id.*   *id.*   et queue à deux rangs d'écailles en-dessous;
5º Les BOAS   *id.*   *id.*   et queue à trois rangs d'écailles en-dessous;
6º Les ORVETS   *id.*   à plusieurs écailles sans ordre et queue à plus de six rangs d'écailles sans ordre.

1re FAMILLE. LES AMPHISBÈNES, *AMPHISBENÆ.*

Cette famille comprend, comme nous venons de le dire, les serpents qui ont le corps et la queue couverts d'écailles disposées en anneaux circulaires ; ils sont tous venimeux. J'en connais deux genres, savoir :

1º Le CÉRASTE à plis latéraux et deux dents relevées en corne sur la mâ-choire supérieure;
2º L'AMPHISBÈNE, sans plis et sans dents en corne.

Le CÉRASTE est un genre de serpent à écailles en anneaux

circulaires sur tout le corps, mais coupés en demi-cercles par un pli qui se voit sur leurs côtés, et à deux dents retroussées en corne sur le bout de la mâchoire supérieure.

On en connaît trois espèces.

Le *céraste de Pline, cerastes,* ainsi nommé parce que sa mâchoire supérieure porte à son extérieur deux dents plus longues que les autres, mobiles, relevées en-dessus comme deux cornes, est commune en Afrique depuis le Sénégal jusqu'en Égypte, où on l'appelle *alp* et *œeq.*

Ce serpent a deux à cinq pieds de long sur deux à trois pouces de diamètre, la tête triangulaire, obtuse, blanche et noire.

Les anneaux du ventre sont au nombre de deux cents et ceux de la queue de quinze.

Cet animal rampe de biais et il siffle en même temps.

Il est très-venimeux par ses deux dents supérieures.

L'*aimorrheus de diose* est commun en Afrique dans les fentes des rochers. Il est couvert d'écailles rougeâtres mouchetées de noir et de blanc, et qui font grand bruit quand il s'agite.

Sa morsure supprime la respiration et fait sortir le sang des gencives, du coin de l'œil, de la racine des ongles, des poumons et par les urines.

L'*ibiara* du Brésil est court, de la grosseur et de la longueur du petit doigt, et blanc chatoyant, comme le cuivre, à yeux presque insensibles.

Il vit sous terre de fourmis et de cloportes; sa blessure est venimeuse, sans remède.

L'AMPHISBÈNE ou serpent à deux têtes, *amphisbœna,* double-marcheur, ainsi nommé parce qu'il a la queue aussi grosse que la tête, et qu'il marche, dit-on, également en avant et en arrière, diffère du céraste en ce que ses anneaux forment des cercles entiers sans plis de séparation, et en ce qu'il n'a point de dents en corne.

On en connaît six espèces, parmi lesquelles on compte le *pétola du Brésil* qui est rouge de corail sur le dos et jaune safrané sous le ventre.

Il vit de fourmis et de vers.

Sa morsure est venimeuse. Elle cause d'abord une douleur semblable à la piqûre d'une abeille, ensuite une inflammation qui est suivie de la mort.

2ᵉ Famille. LES SONNETTES, *CAUDISONA*.

Cette famille diffère de celle des amphisbènes en ce que les animaux qui la composent ont le ventre couvert de demi-anneaux en-dessous, et que la queue est formée d'articulations qui font du bruit.

On ne connaît encore qu'un genre des animaux de cette famille. Il comprend quatre espèces toutes d'Amérique, toutes venimeuses.

Le BOICININGA DU BRÉSIL (*crotalus*, Linn.), ou serpent à sonnettes, appelé *cascarel* par les Portugais, a cinq pieds environ de long sur quatre à cinq pouces de diamètre. On dit qu'on connaît son âge par le nombre des grelots de sa queue, parce qu'il en croît un tous les ans.

Il marche plus facilement sur les rochers que sur la terre, et il nage encore mieux sur l'eau. Il s'élance élastiquement comme un ressort en pliant son corps en demi-cercle. On l'entend de loin parce que les articulations de sa queue servent comme autant de grelots. Il s'entortille autour d'un arbre et se lance de là sur les animaux qui lui servent de nourriture comme l'écureuil.

L'hiver, ces animaux se rassemblent dans des trous sous terre, ou dans des fentes de rochers, pour s'engourdir jusqu'au printemps.

Ils ont quatre grandes dents canines mobiles, dont la

morsure est si dangereuse, que le corps s'enfle considérablement et s'enflamme ainsi que la langue, qui ne peut plus être contenue dans la bouche; le malade est accablé par une soif dévorante, et néanmoins la plus petite goutte d'eau qu'il boit hâte sa mort.

Les Américains n'ont pas de remède plus efficace que la tête même de ce serpent appliquée sur sa morsure en forme d'emplâtre. Mais ceux qui échappent à la mort ressentent pendant quelques années de violentes douleurs ou restent jaunes toute leur vie.

On a remarqué que partout où croissent les plantes aromatiques analogues au pouliot, comme le collinsona, le monorda et le dictame de Virginie, on ne voit pas de boicininga. Le cochon marron ou sauvage est son plus cruel ennemi. Comme il le mange avec avidité, on en enferme dans les champs qu'on veut cultiver.

3ᵉ Famille. LES SCYTALES, *SCYTALÆ*.

Ce qui distingue cette famille de celle des *sonnettes*, c'est que les animaux qui la composent ont le dessous de la queue couvert d'un rang d'écailles comme le dessous du ventre, ils ne sont pas malfaisants.

Je n'en connais qu'un genre.

Le SCYTALE OU BOIGNACU, ou le GIBOYA, *jaboya*, ou l'étouffeur, *constrictor* ou *anacaudaia*, est le plus grand des serpents du Brésil, il a vingt pieds de long et les dents petites.

Il est gris tacheté de blanc. Ses narines sont très-élevées.

Il se tient près des sentiers, se jette sur les animaux qui passent, les entortille pour leur casser les os, puis, à force de les mâcher, il les amollit assez pour pouvoir les avaler en entier.

Il n'est point venimeux.

Le *mambala,* ou petit serpent des sables du Sénégal, cendré noir, long de neuf pouces sur trois lignes de diamètre, est de ce genre.

4ᵉ FAMILLE. LES COULEUVRES OU LES VIPÈRES.

Les animaux de cette famille diffèrent de ceux de la famille des scytales en ce que le dessous de leur ventre est couvert d'un rang d'écailles en demi-anneaux, et le dessous de la queue de deux rangs.

On peut les distinguer en quatre genres qui sont :

1º Le SERPENT, *anguis,* à tête aplatie, courte, triangulaire, couverte de grandes écailles ;

2º La VIPÈRE, *vipera,* *id.* couverte de petites écailles.

3º Le SERPENT A LUNETTES, *naja,* *id.* cou renflé en cœur formant un voile ;

4º La COULEUVRE, *coluber,* à tête ovoïde, longue, étroite.

Le SERPENT par excellence, *anguis,* appelé *ungian* au Sénégal, ne diffère de la vipère qu'en ce que 1º les écailles qui couvrent sa tête sont grandes ; 2º il n'est pas vivipare.

Il est plus dangereux, sa morsure est suivie de la mort au bout de deux ou quatre heures.

La VIPÈRE, *vipera,* ainsi nommée comme qui dirait vivipare parce qu'elle met au monde ses petits vivants, a dix-neuf pouces de long sur neuf lignes de largeur.

Le fond de sa couleur varie, suivant l'âge et le temps de la mue, entre le blanc sale et le cendré roux, et elle porte soixante-dix à soixante-douze taches noires disposées en zig-zag sur le dos, et une en forme de V sur la tête.

Sa peau mue ordinairement deux fois l'an, savoir : au printemps et en automne.

Quoique la vipère soit un animal répandu dans toute l'Europe, depuis l'Angleterre jusqu'en Égypte, il n'y en a cependant pas également partout. Elles sont plus communes dans les pays plus méridionaux : comme le Poitou, le Dauphiné, le Lyonnais. On en voit très-rarement auprès de Paris, excepté à Fontainebleau.

On en fait la recherche au printemps et en automne après leur mue, parce que c'est alors qu'elles sont plus grasses et plus vigoureuses. Les paysans les prennent avec des petites pincettes de bois destinées à cela, et les portent vivantes aux apothicaires, dans des sacs pleins de son.

Quoique nous ayons compté cent cinquante-un écussons ou demi-anneaux sous le ventre de cet animal, entre sa tête et l'origine de sa queue, néanmoins M. Derham dit que chaque vipère, soit mâle, soit femelle, n'a dans cet espace que cent quarante-cinq vertèbres et autant de paires de côtes ; cet auteur ne compte de même que vingt-cinq vertèbres à la queue, et nous y avons trouvé constamment trente-huit doubles rangs d'écailles.

La connexion de ces vertèbres est telle que cet animal peut renverser facilement sa tête et la tourner de côté, au lieu qu'il ne peut, comme les autres serpents, lever son corps ni s'entortiller autour du bras ou de la pincette qui le tient.

Elle rampe lentement, ne saute et ne bondit jamais.

Sa nourriture principale est de grenouilles, crapauds, lézards, scorpions, cantharides, souris, taupes et autres animaux semblables qu'elle avale entiers sans les mâcher.

Les vipères s'accouplent deux fois l'an, savoir : en mars et en juillet ou août, et les femelles portent quatre ou cinq mois leurs vipereaux.

L'ovaire droit contient ordinairement un vipereau de plus que le gauche, et tous en donnent à chaque portée depuis treize jusqu'à vingt-cinq. Ces vipereaux sont roulés chacun dans leur œuf, et ont à leur nombril, comme le crocodile, un cordon qu'ils entraînent en naissant, dont la mère les délivre en les léchant ensuite.

Lorsque la vipère est en colère elle siffle.

La mâchoire supérieure de la vipère est armée, outre le rang extérieur de dents ordinaires, de deux grosses dents crochues, creuses et percées à leur extérieur d'un trou par lequel elles lancent le venin qu'elles contiennent.

On sait que les charlatans se laissent mordre sans danger par ces animaux, après avoir bouché avec de la pâte l'ouverture qui donne passage au venin de ces dents.

La chair de la vipère, ainsi que celle des autres serpents venimeux, contient beaucoup de sels volatils alcalins, que cet animal tire des animaux dont il s'est nourri et dont il n'aurait pas été pourvu s'il eût vécu de végétaux comme les autres serpents. Ces sels alcalins lui donnent une qualité sudorifique, la vertu d'accélérer la circulation du sang, et par là, ils la rendent propre à purifier le sang, à chasser le venin, la lèpre, la gale, les dartres, les écrouelles, par les sueurs. Les anciens en faisaient manger au lieu de poissons rôtis sur le gril, ils en ordonnaient les bouillons et le vin, et par un long usage guérissaient les maladies les plus terribles, telles que la lèpre, la gale, la vérole; aujourd'hui la médecine en fait entrer la poudre dans la composition de la thériaque.

On connaît encore huit autres espèces de vipères, savoir :

L'*acontias* ou le *javelot*, ou le *dard d'Égypte* et *de Lybie*, venimeux, long de trois pieds, se tient sur les arbres et s'élance comme un ressort spiral à vingt ou trente pieds de distance.

L'*aspic des modernes* est une couleuvre; celui des anciens, dont Cléopâtre se fit mordre pour se donner la mort, a une morsure peu sensible, son venin cause une lassitude, ensuite le sommeil et une mort sans douleur.

Le *dipsas de Syrie* et *de Lybie* venimeux qui cause la soif.

Le *drycnus* qui se retire dans les trous du chêne et vit

dans les prés humides de sauterelles et de grenouilles; lorsqu'on le touche il jette une liqueur puante, sa morsure est mortelle et la plaie qui en résulte exhale une odeur insupportable.

Le *seps des anciens* est un serpent venimeux; selon les modernes, depuis Columna, c'est une espèce de lézard vivipare très-menu, à quatre pieds très-courts, marqué de lignes noires parallèles sur le dos.

L'*ammodytes des anciens* ou le *cenchrias miliaris,* ainsi nommé parce qu'il reste dans les sables, est commun en Afrique; il ressemble à la vipère et est très-venimeux. Il a sur la tête une éminence qui lui a fait donner le nom de *serpent cornu.*

L'*ibiracoa* du Brésil est bien varié de couleurs; son venin est si violent que celui qui en est mordu rend abondamment le sang par les yeux, les narines, par le gosier, par toutes les parties inférieures du corps, et meurt peu après.

Le *jaraca* du Brésil a cinq pieds de long, sa morsure venimeuse fait mourir en vingt-quatre heures. Le remède consiste à manger sa chair, excepté la tête, la queue et les intestins, cuite avec de la racine de juraba, *juribeba,* du sel, de l'huile, du poireau et de l'anis.

Le NAJA OU SERPENT A LUNETTES, diffère de la vipère en ce que son cou est renflé en cœur et forme souvent une espèce de voile ou de chapeau sous lequel la tête se retire et se cache.

On en connaît neuf espèces toutes particulières aux Indes, parmi lesquelles on compte l'*héritimandel* et le *bojobi.*

Toutes ces espèces sont très-venimeuses et font périr à la longue dans un marasme affreux.

La COULEUVRE, *coluber* forme un genre différent de tous les précédents en ce que sa tête est conique, très-allongée et plus étroite que le cou.

On en connait huit espèces qui sont :

1º La couleuvre ordinaire ;

2º Le natrix ou serpent d'eau, serpent à collier, charbonnier, anguille de haie ;

3º L'amore, *pinima*, du Brésil ;

4º Le boignatra ;

5º Le boignatra d'Amérique ;

6º L'élaphi ;

7º L'esculape ;

8º L'ibiboca ;

La *couleuvre ordinaire*, *coluber*, est le plus grand des serpents de l'Europe, ayant deux pieds de longueur sur un pouce et demi de largeur.

Elle habite les bois et les lieux déserts et pierreux.

Elle change de peau tous les ans dans l'été.

Elle a une odeur désagréable.

Sa nourriture ordinaire consiste en grenouilles, lézards, souris, petits oiseaux. Elle aime le lait si passionnément qu'on la trouve souvent entortillée aux jambes des vaches leur suçant le pis lorsqu'elles sont pleines.

Le *natrix* ou *serpent d'eau*, *serpent à collier*, est comme le précédent particulier à l'Europe.

Il est noirâtre avec un collier jaune blanc sur le cou. On le trouve communément dans les pierres ou les murs qui entourent les étangs ou les pièces d'eau, surtout dans celles de la chaussée de l'étang de Ville-d'Avray. L'été il se retire sous les buissons, pendant l'hiver il reste engourdi dans des trous exposés au soleil.

Il nage facilement sur l'eau, où il est plus souvent que sur terre parce qu'il vit de grenouilles et d'herbe des prés, il mange aussi des lézards, des souris et des insectes.

Le natrix sent très-mauvais, il laisse aux mains qui le touchent une odeur infecte de boue qui n'a pas été remuée depuis longtemps.

La femelle pond environ vingt œufs, grands comme ceux de la pie mais plus longs.

Ce serpent se familiarise et s'élève dans les maisons.

L'épine dorsale est absorbante, sa peau muée se donne dans l'hydropisie et s'applique sur les blessures.

L'*anguis Esculapii* est commun en Italie et en Grèce, il a la grosseur du doigt et un pied et demi de longueur, il est très-familier, vit volontiers avec l'homme et entre jusque dans son lit.

L'*ibiboca* du Brésil est innocent et remarquable par la beauté de ses couleurs, qui sont comme brodées à l'aiguille, il détruit les fourmis et se mange.

On dit qu'il se bâtit un domicile étagé dont chaque étage est fait comme le four d'un boulanger ; l'appartement du milieu est plus grand et destiné pour un ibiboca de la grande espèce, que l'on dit venimeux et dont on se guérit avec la poudre de la plante *nhambu*, empâtée avec le suc des feuilles du *caapeba* qu'on fait distiller dans la plaie.

5ᵉ Famille. LES BOAS OU SERPENTS GÉANTS.

On distingue les animaux de cette famille de tous les autres, en ce que leur ventre est couvert en-dessous de demi-anneaux et le dessous de leur queue de trois rangs d'écailles.

Je n'en connais qu'un genre, le boa de Pline (liv. 5, c. 14) ou *serpent géant*. L'Émeri dit qu'il s'en trouve quelquefois dans la Calabre et que sous le règne de l'empereur Claude on en tua un dans le ventre duquel on trouva un enfant qu'il avait avalé en entier.

Ce fait me paraît d'autant plus difficile à croire que jamais aucun auteur n'en a cité un pareil, ni dit qu'il y eût en Europe des serpents de plus de trois ou quatre à cinq pieds de longueur.

Le serpent géant nous semble un animal particulier à la zone torride et surtout à l'Afrique et aux Indes. Il est commun surtout près de l'embouchure du Niger autour des marais d'eau douce.

Ceux que j'ai vus au Sénégal ont environ quarante à cinquante pieds de longueur sur deux pieds et demi de diamètre.

Ils sont roux brun avec quarante cercles noirâtres sur le dos et autant sur chacun des côtés.

Dans sa jeunesse ce serpent est plus jaunâtre; il vit de souris, de mulots et de sauterelles; quand il est grand il mange des reptiles comme serpents, et des quadrupèdes comme gazelles, et même des bœufs. Pour les prendre il se roule en spirale de cinq à six pieds de diamètre, la tête élevée de sept à huit pieds au-dessus, et il s'élance comme un trait. Il ne mâche point ces animaux, mais se glisse pesamment dessus pour leur briser les os et les réduire comme en une pâte qu'il avale ensuite facilement.

Ce serpent n'est pas venimeux et il ne détruit pas autant d'animaux utiles que de sauterelles dont il débarrasse le pays. Les nègres tuent rarement cet animal par crainte respectueuse, néanmoins lorsqu'ils en tuent ils mangent la chair des jeunes, de vingt-deux pieds de long sur huit pouces de diamètre, tels que ceux que j'ai tués à deux lieues de l'île du Sénégal; ils l'appellent *nkio* et *nkiebi*.

6ᵉ Famille. LES ORVETS.

L'ORVET OU L'AUVOIE OU AVEUGLE, *cœcilia,* est un genre de serpent qui diffère du serpent géant, en ce que son corps entier est couvert de petites écailles sans ordre et non pas disposées en anneaux.

Il est tout brun, cuivré, long de huit pouces environ et gros comme le doigt.

Il vit communément dans les prairies des collines élevées où il se retire sous les pierres et entre les fentes des carrières exposées au midi, surtout à Saint-Cloud et à Meudon.

Dans la prochaine séance nous commencerons l'histoire des POISSONS après avoir exposé le tableau des parties et des qualités qui leur sont communes.

TREIZIÈME SÉANCE.

CINQUIÈME CLASSE. LES POISSONS, *PISCES*.

Nous avons séparé des poissons non-seulement les morses ou les phoques, qui sont de vrais quadrupèdes amphibies à mamelles, mais encore les baleines ou les cétacés, qui sont des vivipares à mamelles, mais à nageoires et aquatiques comme les poissons.

M. Linné, dans son *Sys. nat.*, édit. 12, vol. I, 1766, a réuni les cartilagineux ou les raies et les coffres avec les animaux amphibies, c'est-à-dire avec les reptiles et les serpents, sous le nom *d'amphibies nageants,* parce que, selon lui, ces poissons ont des poumons; mais cette assertion n'est pas parfaitement exacte, comme on le verra ci-après; leur union avec les reptiles n'est pas naturelle.

Ces poissons sont des animaux sans pieds, mais à nageoires; ils respirent par des ouïes, ils ont le sang froid, ils sont ovipares, excepté la raie, le requin, l'anguille qui sont des vivipares, mais sans mamelles; ils vivent toujours dans l'eau et n'ont qu'un seul ventricule, c'est-à-dire une seule cavité au cœur; la plupart sont couverts d'écailles.

L'eau est l'élément des poissons. On en trouve dans toutes les eaux, soit salées, soit douces, mais plus abondamment dans celles qui sont bien peuplées de plantes. La Chine paraît être la partie du monde qui en offre une plus grande quantité. Les rivières, les lacs, les étangs, les canaux et les fossés qu'on trouve au milieu des campagnes, pour conserver l'eau aux riz en sont remplis. On en voit aussi dans des eaux chaudes; c'est ainsi que l'on trouve d'excellents saumons et des truites dans des ruisseaux dont l'eau est tiède en Islande, et des carpes préférées aux autres, dans les ruisseaux des bains de Boinset, près d'Aix-la-Chapelle.

Quoique les poissons meurent ordinairement dès qu'on les tire de l'eau, ou au moins un jour après qu'on les en a tirés, pour ceux qui sont les plus vivaces, comme la carpe, on sait néanmoins qu'on les conserve hors de l'eau, quand on veut, pendant quinze ou vingt jours, c'est-à-dire, pendant un temps suffisant pour les engraisser. En Angleterre et en Hollande on engraisse ainsi avec de la mie de pain et du lait des carpes qu'on suspend en l'air dans un filet, au-dessus de la mousse humide, dans des endroits frais.

Ces animaux ont le sens de la vue très-bon, leur cristallin est presque sphérique, afin que les rayons des objets qui sont dans l'eau, et qui ne souffrent que peu de réfraction en passant par la cornée, puissent se détourner assez à la surface du cristallin, pour se rassembler sur le fond de l'œil. Ils voient presqu'aussi bien la nuit que le jour. La structure du cristallin se reconnaît par la cuisson; alors il se durcit et paraît composé de plusieurs couches concentriques.

On n'aperçoit à l'extérieur aucun organe relatif à l'ouïe dans les poissons; et cependant ils entendent vraisemblablement par le sentiment du tact excité par les vibrations de l'air communiquées à l'eau. On sait que la pêche exige du silence, que le moindre bruit les fait fuir, et que dans certains lieux, où on en nourrit pour l'amusement, on les habitue à accourir au son d'une cloche, à se rassembler à un coup de sifflet, pour recevoir la nourriture qu'on leur présente; enfin qu'ils sont plus sensibles aux sons vifs, aigus et perçants qu'aux sons graves.

Ces animaux sont muets et ne prononcent absolument aucuns sons. Cependant Aristote appelle *vocales*, poissons à voix, poissons parleurs, ceux qui, comme le grondin et la vieille espèce de scare, semblent gronder quand ils renversent leur estomac, et ceux qui, comme l'alose, en nageant par troupes à la surface de l'eau, font entendre un grognement semblable à celui des pourceaux et des marsouins.

Le sens de l'odorat n'est pas bien remarquable chez eux, quoiqu'ils aient pour la plupart quatre trous ou deux narines de chaque côté, au bout de la machoire supérieure. Le *chomptère* n'en a que deux, c'est-à-dire un de chaque côté, selon Artedi, p. 10. La *lamproie* n'en a pas.

Le sens du goût est au moins aussi obtus que celui de l'odorat.

Il y en a qui n'ont point de dents, à moins qu'on ne prenne pour elles l'os de chaque mâchoire, qui en tient lieu, comme dans le genre du silure, appelé *tobal* au Sénégal. Dans les autres elles sont mobiles, assez fines, disposées sur un rang autour des mâchoires, comme dans le maquereau, l'alose, ou sur plusieurs rangs, comme dans le requin; ou bien elles sont plates, rangées par compartiments comme un pavé, dans celles que l'on appelle mâchoires pavées, comme la raie.

Leur estomac et les intestins sont petits.

Le sens du tact est répandu sur toute l'habitude du corps dans ces animaux.

Leur corps affecte toutes sortes de figures, il y en a de parfaitement ronds, de cylindriques, de plats comme une semelle, de triangulaires, de quadrangulaires comme des coffres.

Tous ont au moins une nageoire, et quelques-uns en ont jusqu'à neuf, au moyen desquelles ils font avancer et tourner leur corps. Si on leur coupe ces nageoires, ils montent et descendent, mais toujours couchés sur un côté ou le dos en bas, parce que leur ventre, plus léger, n'est plus en équilibre.

Mais ces nageoires ne suffisent pas pour les faire aller facilement et à volonté tantôt au fond, tantôt à la surface de l'eau ; la nature a pourvu leur intérieur d'une vessie pleine d'air ; néanmoins la lampoie, la raie, la sole et la roussette n'en ont point, leurs poumons s'enflent et se désenflent comme dans les baleines, les tortues, les grenouilles, etc.

Cette vessie varie beaucoup pour la forme et pour la grandeur : dans les uns, comme l'anguille, le brochet, le merlan, la truite, les coffres, elle n'a guère qu'une seule cavité ; dans la carpe, le barbeau elle en a deux ; dans la tanche de mer, la gavotte, elle en a trois ; enfin Redi assure que le poisson doré l'a divisée en quatre cavités.

Rai a observé dans la plupart de ces animaux, un conduit qui va du gosier dans la vessie, et qui sert à en expulser l'air par les narines et la bouche, et à en introduire de nouveau ; ainsi il est probable que celui qui se filtre de l'eau par les bronches, va dans les poumons oblitérés, qui sont appliqués le long du dos, et rafraîchit par là le sang.

Un carpe vivante mise avec son eau dans le vide de la machine pneumatique, enfle d'abord sensiblement, les yeux lui sortent de la tête et la vessie d'air crève bientôt après dans son corps. Elle ne meurt pas pour cela ; rendue à l'air, elle vit encore un mois après, rampant sur le fond où elle se traîne comme un serpent.

Tous les animaux ont besoin d'air pour vivre, et les poissons le tirent de l'eau par les ouïes, qui sont pour eux ce que les poumons sont aux quadrupèdes. Ils avalent l'eau continuellement par la bouche, et la rendent par les ouvertures des ouïes qui, dans ce passage, s'abreuvent d'air en entrant par les orifices des barbes de ces ouïes.

Tous les poissons ont quatre ouïes de chaque côté, c'est-à-dire quatre osselets ramifiés comme des barbes de plumes dans leur partie inférieure, et la lamproie a outre cela des poumons.

L'ouverture des ouïes est simple dans le plus grand nombre des poissons, comme la carpe, le brochet; dans d'autres, comme le renard marin, *vulpecula*, elle consiste en quatre trous, en cinq dans les autres cartilagineux, et en sept dans la lamproie.

Comme il est des oiseaux de passage qui changent de climats et de pays, suivant les saisons, de même aussi les poissons vont des îles ou du centre des mers au continent, et d'un climat chaud au froid, soit pour chercher la nourriture qui leur convient, soit pour éviter la poursuite des gros poissons ou des oiseaux; le temps de ces passages est réglé. C'est ainsi que le maquereau vient de la mer des îles Canaries dans l'océan européen, par bancs, en avril, mai et juin. Le hareng vient, par bancs, des mers du Nord dans nos mers tempérées en automne, pendant que le thon quitte les nôtres, pour aller hiverner dans la Méditerranée, et même jusqu'au Sénégal; les mulets, les poissons volants, les muges volants sont chassés vers les côtes, en été, par les dorades, les souffleurs et autres poissons voraces qui les poursuivent. C'est encore en été que l'alose, le saumon et l'esturgeon quittent l'embouchure des rivières pour remonter vers leurs sources et y déposer leurs œufs. Ce sont donc des poissons d'eau douce, puisqu'ils y fraient.

Les poissons ont été soupçonnés jusqu'ici d'indifférence pour leurs femelles et pour leurs œufs; néanmoins, au printemps, on les voit s'attrouper dans les eaux, et s'égayer par des bonds et des sauts.

Il y en a quelques-uns, comme le requin et certaines espèces de raies, qui sont vivipares; leurs mâles ont deux testicules et deux verges, comme les reptiles, et les femelles deux ovaires. Les autres sont ovipares, et les mâles n'ont pas de verges, mais des laites, c'est-à-dire des testicules, qui sont pleins de liqueurs séminales et aussi longs que le ventre. Ces espèces sont amoureuses, non pas de la femelle, mais des œufs qu'elle répand ; car dès qu'elle cesse d'en jeter il l'abandonne, et suit avec ardeur les œufs que le courant entraîne ; il passe et repasse cent fois dans les endroits où il y a des œufs, et il arrose de ses laites tous ceux qu'il rencontre pour les féconder, souvent même avant d'avoir vu sa femelle ou celle à laquelle ils appartiennent.

Stenon a démontré, dans les *Act. de Copenhague,* que les petits poissons vivipares prennent leur nourriture dans l'oviducte, par la bouche et par les intestins, de même que les oiseaux dans l'œuf.

Il est si vrai et si certain que les femelles des poissons ovipares, tels que le saumon, la carpe, pondent leurs œufs sans qu'ils aient été auparavant fécondés dans leur corps par aucune sorte d'accouplement, par aucune introduction ni communication quelconque de la part de leurs mâles, comme il arrive aux quadrupèdes, aux oiseaux, aux poissons vivipares, aux insectes et à la plupart des autres animaux ; il est si vrai que cette fécondation se fait hors du corps de ces femelles par le contact de la liqueur séminale du mâle, que l'on pratique habituellement cette fécondation artificielle sur les bords du Weser, dans la Suisse, dans le palatinat du Rhin, et dans la plupart des pays montueux ou élevés de l'Allemagne. Pour cet effet on prend par la tête un saumon femelle en novembre ou dé-cembre, ou une truite en décembre ou janvier, c'est le temps où ces poissons fraient, on les tient suspendus au-dessus d'un vase de bois bien net, et foncé d'une pinte d'eau environ ; si les œufs sont bien mûrs, ils tombent d'eux-mêmes dans le vase, sinon, on les y fait tomber en pressant légèrement le ventre de la femelle avec la paume de la main. On prend ensuite de même un saumon mâle dont les laites, qui sont dures et grises avant leur maturité, se liquéfient chaque jour d'une sixième partie de leur volume dans le temps du frai, et sont alors semblables à un liquide laiteux composé entièrement de molécules séminales; lorsqu'il y a sur les œufs assez de cette laitance mûre pour blanchir la surface de l'eau, alors la fécondation des œufs est faite, le petit qui y était contenu a reçu la vie. On répand ces œufs ainsi fécondés dans de petites caisses oblongues, en canal, foncées de petits cailloux auxquels ils s'attachent, et grillées aux deux extrémités pour empêcher les rats d'eau, les poissons et les insectes de les manger, et on enfonce ces caisses dans des courants d'eau qui ne soient pas assez forts pour les détacher. Lorsque l'on couvre ces œufs d'une grande quantité d'ordures ou de limon, ils pourrissent; pour prévenir ce désordre, on les nettoie de temps en temps au moyen d'une plume qu'on agite sur l'eau de côté et d'autre.

L'œuf contient dans son intérieur comme un second œuf, analogue au jaune de l'œuf des oiseaux, qui est enveloppé de même dans une membrane, et séparé de la coque ou peau extérieure, qui est épaisse et très-dure. Le petit poisson est adhérent par un nombril comme le petit poulet à cette membrane, qui ne le renferme pas, qui lui sert d'estomac et d'entrailles, qui contient un mucilage qui le nourrit pendant cinq à six semaines, suivant la chaleur de l'eau et de la saison, c'est-à-dire jusqu'à ce que toutes ses parties soient perfectionnées, ainsi que sa figure extérieure, après quoi cette membrane disparaît, rentrant par le nombril dans son ventre pour former une partie des intestins, à peu près comme dans le poulet. Les petits saumons ainsi formés et remuant dans leurs œufs, vivent de la liqueur contenue dans la peau extérieure de l'œuf. On ne les reconnaît bien qu'à leurs yeux, qui sont noirs, car le reste de leur corps est transparent et sans couleur. Huit jours après qu'on a distingué leurs yeux ils percent la membrane, ou la coque membraneuse de leur œuf et nagent en rampant dans l'eau.

Ces saumons nouvellement éclos, ainsi que les truites, peuvent se conserver vivants jusqu'à deux mois et demi dans des vases de verre pleins d'eau, et on a par conséquent le temps de les transporter dans les réservoirs où on veut les élever jusqu'à la grosseur convenable pour en empoissonner les étangs et les rivières.

Cette pratique, usitée dans nombre de pays pour la multiplication des saumons, des truites, prouve suffisamment que les poissons peuvent être fécondés hors du corps des femelles et même sans la vue du mâle, pourvu que sa liqueur séminale les touche. Actuellement il s'agit de prouver : 1° que ces poissons ne s'accouplent jamais, et que leurs œufs n'ont pas besoin de cet acte pour être féconds ; 2° que leurs œufs, parvenus à leur maturité, peuvent conserver huit à dix jours, c'est-à-dire jusqu'à leur putréfaction, leur faculté fécondante. Plusieurs expériences nous ont appris ces faits qui sont hors de doute.

1° Des œufs très-mûrs, ayant été tirés d'une truite avec beaucoup de soin, et mis dans l'eau sans y répandre la liqueur de laitance des mâles, ces œufs se corrompent en huit ou dix jours. Donc les femelles ne sont pas fécondées par aucun accouplement ; donc leurs œufs ont besoin du contact de la liqueur des laitances pour être fécondés.

2° Une truite femelle pleine d'œufs à leur point de maturité, étant morte depuis quatre à cinq jours, très-puante et pourrie, ses œufs ayant été tirés de son corps et couverts de la laitance d'un mâle vivant, ont éclos aussi bien que ceux des autres truites vivantes. Donc les œufs sont susceptibles d'être fécondés longtemps après leur séparation du corps de la mère, et cela tant qu'ils n'ont pas subi la putréfaction.

3° Une truite mâle étant morte pareillement et putréfiée depuis quelques jours, la liqueur séminale qu'on tira de ses laitances fut répandue sur des œufs d'une truite en état de maturité qui devinrent féconds et donnèrent de petites truites. Donc la liqueur séminale de ces poissons peut être gardée quelques jours hors de leur corps et conserver leur vertu fécondante.

Tous les poissons mâles ont aux deux côtés de l'épine du dos deux testicules ou réservoirs oblongs appelés laitances, qui, comme les testicules intérieurs des oiseaux et les testicules extérieurs de quelques quadrupèdes, se remplissent ou se gonflent considérablement dans la saison de leurs amours, et se désenflent au point de disparaître presque entièrement dans la saison où la matière blanchâtre et prolifique qu'elles contiennent se distribue dans leur corps pour les engraisser. Cette matière augmente ordinairement depuis le mois d'avril jusqu'en novembre dans les saumons, et jusqu'en décembre dans les truites; elle est foncée, d'un gris blanc d'abord, et blanchit dans le temps du frai en se liquéfiant d'une sixième partie de son volume par jour dans chaque mâle, de sorte qu'elle est toute liquide en moins d'une semaine. Dans cet état de liquéfaction, elle ressemble à du lait de vache, et est presque entièrement composée des animalcules séminaux parvenus à leur perfection. Ces deux testicules ont une ouverture commune dans l'anus, par laquelle ils répandent leur liqueur blanche dans l'eau ou sur les œufs qu'ils doivent féconder.

Les femelles de tous ces poissons ont, au lieu des deux laites, deux ovaires contigus, appliqués également le long des deux côtés de l'épine dorsale. Lorsqu'à l'approche du frai ils ont acquis leur dernière grandeur et maturité, les filets qui les unissent se séparent, et par des mouvements d'extension ou de compression, ils sont chassés du corps l'un après l'autre par une ouverture commune qui se rend dans celle de l'anus (*cloaque*).

Le temps du frai est comme un temps de maladie pour tous les poissons, parce que leur corps s'épuise pour fournir des molécules organiques aux parties de la génération; aussi sont-ils très-maigres alors.

Pour convaincre par elles-mêmes les personnes qui douteraient encore que la fécondation des poissons se fait hors du corps de leurs femelles, je vais leur indiquer ici une expérience aussi décisive que facile à pratiquer. Voici en quoi elle consiste. Il faut avoir trois bassins isolés pleins d'une eau favorable aux poissons, et mettre, dans un de ces bassins, dans le temps du frai, c'est-à-dire en mars, avril ou mai, une carpe œuvée prête à frayer, et l'ôter dès qu'elle aura frayée, de peur qu'elle ne mange ses œufs....

On remarque presque autant de sortes de monstruosités dans les poissons que dans les quadrupèdes, surtout dans les truites que l'on fait éclore artificiellement; il y a même des années où on en voit plus que dans les autres. Quelques-uns ont deux têtes sur un corps bien formé. D'autres ont deux têtes et deux queues unies à un ventre commun. D'autres sont unis seulement par la peau sur les flancs. D'autres ont deux corps réunis vers le milieu et terminés par une seule queue. D'autres enfin paraissent formés de deux poissons qui se traversent en croix, n'ayant qu'un seul ventre pour les deux.

Quoique j'aie vu au Sénégal une espèce de bagre à deux têtes âgée de six mois ou un an, et longue de trois pouces, néanmoins la plupart de ces monstres ne se voient que dans les œufs et ils ne vivent jamais plus de six semaines, c'est-à-dire au delà du terme où ils peuvent être nourris par le mucilage contenu dans la deuxième membrane de l'œuf qui leur sert d'estomac.

La cause de ces monstruosités est due sans doute à ce que plusieurs embryons se trouvent renfermés dans le même œuf; ils s'unissent par les intestins qu'ils ont communs, tandis que leurs autres parties végètent entre la membrane qui leur tient lieu d'estomac et d'intestins, et entre la coque extérieure. La même cause subsiste pour les monstres des vivipares, parce que ce sont des embryons déjà formés dans les ovaires de la mère, qui se réunissent avant la fécondation par le mâle, qui ne fait que leur apporter le mouvement qui est le principe de la vie animale.

Quelques auteurs prétendent qu'en conservant des œufs de truites, pondus en décembre, janvier et février, jusqu'en mars, temps ou frayent les brochets, on pourrait essayer si des laitances de brochet jetées sur des œufs de truites, produiraient une troisième sorte d'animal, c'est-à-dire un métis; mais nous croyons pouvoir douter de la réussite à cause du peu d'analogie qui subsiste entre ces deux poissons qui sont de familles différentes. La chose paraîtrait devoir réussir plutôt entre le saumon et la truite, ou le bocard et le tacore, qui sont des espèces très-voisines et du même genre.

On voit souvent des poissons hermaphrodites, c'est-à-dire qui ont réellement une laite et un testicule d'un côté, et un ovaire plein d'œufs de l'autre. M. Morand a fait voir, en 1737, à l'Académie, une carpe qui était dans ce cas. M. de Réaumur avait observé plusieurs fois la même singularité dans le brochet, et M. Marchand dans le merlan.

Nous avons vu que les animaux vivipares qui allaitent leurs petits en produisent un petit nombre, que les ovipares qui couvent et nourrissent en produisent un peu plus. Les poissons qui, comme les reptiles, sont ovipares et ne couvent pas, en produisent encore davantage. On est même étonné de la prodigieuse quantité que contiennent les ovaires de quelques-uns. Un hareng en porte jusqu'à dix mille, une tanche douze mille, une carpe moyenne trois cent cinquante mille, et une morue neuf millions et davantage ; on pourrait donc penser qu'une seule espèce de poisson suffirait pour ainsi dire à peupler les eaux de la terre, si tous les œufs qu'elle jette réussissaient.

Parmi ces œufs il y en a qui sont venimeux ou au moins qui purgent violemment, tels que ceux du brochet, du barbeau, et de plusieurs autres.

Les femelles pondent communément au mois de mai.

Les petits des poissons vivipares sont soignés par leur mère qu'ils suivent partout, et jusqu'à ce qu'ils aient assez de force pour se défendre eux-mêmes.

Les ovipares choisissent le lieu le plus favorable pour faire éclore leurs petits, et le plus abondant en plantes ou en insectes, vers et autres animaux qui doivent leur servir de pâture. Les uns déposent donc leurs œufs près du rivage où l'eau se trouve plus échauffée par les rayons du soleil ; les autres, au contraire, les déposent dans les fucus ou varecs, ces plantes marines qui ont été détachées du fond et qui flottent au milieu des grandes mers ; d'autres enfin, comme le saumon, quittent les côtes maritimes et les eaux salées, pour les déposer au haut des rivières, dans les eaux douces, les plus claires et les plus agitées, en se frottant le ventre sur le gravier et les cailloux pour en faire sortir les œufs.

On sait, par les Mémoires de l'Académie, pour l'année 1742, que la castration des poissons se pratique en Angleterre pour les engraisser. Pour cet effet, on leur enlève les ovaires ou les laites, et on recoud la plaie. Une carpe, ainsi chatrée, nage d'abord avec moins de facilité. Par cette opération, le poisson devient plus gras, plus délicat, et on en diminue la multiplication dans les étangs et dans les viviers, très-abondants en fretin.

Les poissons écailleux engendrent et produisent avant que d'avoir pris le quart même ou la huitième partie de leur accroissement, au lieu que la plupart des autres animaux ne sont féconds qu'après l'avoir pris tout entier.

Ces animaux doivent vieillir moins promptement que les autres, parce que leurs os sont d'une substance plus molle que celle des autres animaux, qu'ils sont plus cartilagineux que pierreux, et qu'ils prennent de l'accroissement sans acquérir de solidité sensible.

On sait qu'il existe, dans nombre d'étangs et de fossés, des carpes qui ont cent cinquante à deux cents ans, et que l'on peut à peu près reconnaître leur âge, en examinant avec une loupe ou un microscope les couches annuelles dont sont composées leurs écailles.

Les poissons ont la vie fort dure. Le cœur de l'anguille, séparé de son corps, et son corps écorché et coupé par rouelles, palpite longtemps. La carpe écaillée, fendue en deux et mise sur le feu, saute encore de dessus le gril.

Il y a des poissons qui n'ont pas d'écailles, mais le plus grand nombre est de ceux qui en ont. Ces écailles sont cartilagineuses, formées, comme celles de la tortue et des limaçons, de couches, appliquées les unes au-dessous des autres, dont les inférieures sont plus grandes et montrent par là autant de cercles concentriques. Elles sont recouvertes en dessus et en dessous de la peau du corps qui est rempli de petites lames argentées qui causent leurs couleurs, et qui s'y rendent, on ne sait par où, d'un réservoir très-long, couché longitudinalement sur les deux laites et les deux ovaires. Ces écailles muent tous les ans.

Les écailles qui tiennent à peu près le milieu de chaque

côté du corps, sont percées, chacune, d'un petit trou relevé en tuyau, qui forme ce qu'on appelle la ligne latérale, d'où sort une mucosité qui donne tout son brillant et son lustre, et même une partie de ses couleurs, et dont le réservoir, inconnu avant moi, se trouve, comme je viens de le dire, couché sur les laites et les ovaires.

Elle semble être une espèce d'excrément analogue à la sueur des animaux terrestres. Les poissons nus ou sans écailles sont plus fournis de cette mucosité que les écailleux. C'est cette mucosité qui est lumineuse dans les poissons de mer, lorsqu'on les a retirés de l'eau.

Les poissons suivent la loi générale par laquelle tous les animaux sont sucés par d'autres qui se nourrissent de leur sang et de leur chair. Ils ont des ennemis non-seulement parmi les gros poissons et les oiseaux qui les dévorent en entier, mais encore parmi les insectes qui les tourmentent à l'extérieur, comme des poux et des vers qui vivent dans leurs entrailles; on en trouve de pareils dans le merlan. La sole est sujette à avoir des espèces de crevettes qui s'attachent à ses ouïes dès sa jeunesse et qui l'incommodent beaucoup.

L'homme retire des poissons les plus grands avantages, soit pour la nourriture, soit pour le commerce et les autres usages de la vie. A la Chine, où l'on vit plus de poisson que de bétail, la multiplication de ces animaux fait un objet très-important. Les canaux qu'on creuse au milieu des champs pour conserver l'eau qui sert aux semailles du riz et qui communiquent aux rivières, se trouvent remplis de frai au mois de mai; alors les propriétaires de ces champs ferment la rivière avec des claies et des nattes pour arrêter le frai dont il remplissent des tonneaux en le mêlant avec de l'eau. Ce frai se transporte ainsi dans diverses provinces où l'abondance est moins grande en poissons, et il rapporte à ses propriétaires un profit qui monte quelquefois au centuple de la dépense, lorsqu'ils le vendent à la mesure aux marchands qui viennent le chercher avec leurs barques.

La manière dont on empoissonne les étangs en Europe est différente; on se sert pour cela non pas du frai, mais de l'alvin, c'est-à-dire de petits poissons qui ont déjà cinq à six pouces de longueur, de l'âge de trois ans environ, car il n'est guère plus grand au troisième été, et on ne pêche ces étangs que de trois ans en trois ans après qu'ils ont été alvinés, c'est-à-dire lorsque le poisson a six ans. En les empoissonnant on a grand soin de n'y mettre que des poissons qui puissent y vivre et y multiplier, et pour cela on a principalement égard à la nature du terrain. Dans les fonds bourbeux et où l'eau est dormante, on met l'anguille, la barbotte, la carpe et la tanche. Le brochet, le barbeau et même la carpe se plaisent dans les fonds sablonneux; le poisson y a meilleur goût que dans les fonds limoneux; enfin la truite, la perche, le goujon, la loche aiment mieux l'eau vive et les pierrailles. Dans un étang de huit arpents, qui est l'étendue qu'on donne ordinairement à une carpière, on met environ cent carpes tant mâles que femelles, d'un pied environ de longueur, qui peuvent jeter un millier d'œufs. Le brochet étant carnassier et destructeur du poisson il n'en faut mettre aucun dans la carpière.

Quoique la règle ordinaire pour les étangs alvinés soit de les pêcher de trois ans en trois ans, néanmoins on est obligé de les pêcher avant ce temps lorsqu'il s'y est introduit une quantité de brochets si grande qu'on a lieu de craindre qu'ils ne fassent trop de désordre. Quelquefois, au contraire, on ne pêche l'étang que quatre ans après son alvinage afin que les carpes et les brochets soient plus gros.

On pêche les étangs en deux saisons seulement, en mars et en octobre. Rien de si facile que cette opération : on lève la bonde pour faire couler l'eau, et lorsque l'étang est à sec, on prend les poissons à la main.

On sait que la pêche du poisson en pleine mer ou dans les rivières se fait à la ligne ou avec des filets le jour, ou plus avantageusement la nuit, à la lumière des flambeaux. Nous avons parlé de la manière de harponner les baleines et les tortues; la même pratique se met en usage pour les gros poissons comme le requin, le thon, la bonite, etc., et nous expliquerons dans l'histoire de chaque poisson la manière dont il se pêche.

Les nègres et tous les habitants de la zone torride, dont le pays produit nombre de plantes capables d'enivrer le poisson, se servent de ce moyen, qui en détruit beaucoup. On sait que la coque du Levant, réduite en pâte avec du pain ou de la farine, produit le même effet, de sorte que le poisson qui en mange s'endort, surnage et se laisse prendre à la main. Le poisson endormi par cette espèce de poison ne prend aucune mauvaise qualité, et se mange tous les jours sans danger; et c'est à tort que quelques-uns prétendent que c'est pour cette raison qu'il est défendu depuis deux siècles en France, sous des peines pécuniaires et même afflictives en cas de récidive, de pêcher soit la nuit, soit avec ces coques; les règlements ont eu en vue d'empêcher la grande destruction qu'entraîne l'usage de cette pêche, qui fait périr indistinctement le petit poisson comme le gros.

Le poisson qui vit dans l'eau la plus claire est regardé comme le plus sain; ainsi on donne le premier rang aux poissons de pleine mer, le second à ceux qui habitent autour des rochers et des sables, et le dernier rang à ceux qui habitent les bords ou les fonds bourbeux. Les poissons de mer qui entrent dans les rivières sont plus agréables au goût lorsqu'ils ont vécu quelque temps dans l'eau douce; mais il n'est pas certain qu'ils soient plus sains. Les meilleurs sont ceux qui se pêchent dans les rivières dont le cours est rapide, et les moins sains sont ceux qui vivent au-dessous des grandes villes, au milieu des immondices.

La manière la plus salutaire d'apprêter le poisson est de le faire frire, soit à l'huile, soit au beurre.

On prétend que les poissons qui mangent des plantes venimeuses comme le mancenillier ont la chair empoisonnée, qu'on les reconnaît à ce que leurs dents sont noires et leur foie amer; mais cela n'est pas bien prouvé; il est plus constant qu'il y a des poissons dont certaines parties des entrailles font réellement l'effet d'un poison très-actif. J'ai vu périr plusieurs fois cinq ou six nègres à la fois par des vomissements et des convulsions terribles trois ou quatre heures après avoir mangé certaines espèces de ces poissons qu'on appelle *coffres*.

Les poissons dont la chair ne se mange pas ne sont pas toujours pour cette raison inutiles. On tire de la graisse des uns, tels que les requins; d'autres, comme l'*ichthyocolle*, espèces d'esturgeons, donnent une colle appelée *colle de poisson;* la peau des autres, comme celle du chien de mer, sert à limer, à polir le bois; les arêtes des autres servent d'aiguilles à coudre, c'est-à-dire de poinçons aux nègres et aux Groenlandais pour coudre les peaux d'ours dont ils font leur coiffure et leurs habits qu'ils assemblent avec des fils faits de boyaux desséchés.

Ruysch avait décrit et figuré, en 1718, neuf cent dix-sept espèces de poissons, dont quatre cent treize d'Amboine, c'est-à-dire des îles Moluques. En 1738, c'est-à-dire vingt ans après, Artedi et M. Linné en ont réduit le nombre à deux cent quatre-vingt-dix espèces, comprises en cinquante-neuf genres. Enfin, en 1754, M. Gronovius les a fixées à deux cent deux espèces, et M. Linné, en 1766, à quatre cent soixante-dix-huit espèces; mais nos voyages au Sénégal depuis l'année 1748, et nos recherches, nous ont procuré de ces animaux, soit en nature, soit en figures, une collection qui passe le nombre de mille, et qui nous fait croire qu'il existe au moins douze cents espèces de poissons, dont nous formons deux cent quatre-vingt-douze genres.

M. Linné divise, en 1766, ses quatre cent soixante-dix-huit espèces de poissons en quatre familles, savoir :

1° Les APODES, c'est-à-dire ceux qui n'ont pas de nageoires ventrales : telle est notre famille des anguilles ;

2° Les JUGULAIRES, *jugulares*, qui ont deux nageoires ventrales placées au-devant des pectorales ;

3° Les PECTORAUX, *thoracici*, qui ont les deux nageoires ventrales placées sous les pectorales ;

4° Les ABDOMINAUX, *abdominales*, qui ont les deux nageoires ventrales placées derrière les pectorales.

Si l'on y joint les POISSONS COFFRES, qui n'ont point de nageoires ventrales, et les CARTILAGINEUX, qui ont cinq à sept trous aux ouïes, et qu'il a réunis avec les reptiles et les serpents, dans la classe des amphibies, on aura six classes de poissons, suivant cette méthode.

Suivant notre nouvelle méthode des familles, la classe des poissons se peut diviser plus naturellement en quinze familles, savoir :

Apodes, Linn.

1° Les ANGUILLES, *anguillœ.* { Corps long, sans nageoires ventrales, et un trou sous les ouïes.

Amphibia, Linn.

2° Les COFFRES, *orbes.* { Corps court, sans nageoires ventrales, et un trou derrière les ouïes.

Thoracici, Linn.

3° Les SOLES, *soleœ.* { Corps aplati, sans nageoires ventrales, ou deux devant les pectorales, un trou sous les ouïes et les deux yeux du même côté.

Jugulares, Linn.

4° Les BARANEOUS, *liparides.* { Deux nageoires ventrales devant les pectorales, et une dorsale.

5° Les MORUES, *moruœ.* { Deux nageoires ventrales devant les pectorales, et deux ou trois dorsales.

Thoracici, Linn.

6° Les scares, *scari*.	Deux nageoires ventrales sous les pectorales et une dorsale, queue arrondie.
7° Les remores, *remoræ*.	Deux nageoires ventrales sous les pectorales et une dorsale, queue tronquée.
8° Les spares, *spari*.	Deux nageoires ventrales sous les pectorales et une dorsale, queue fourchue.
9° Les perches, *percæ*.	Deux nageoires ventrales sous les pectorales et deux dorsales, queue fourchue.
10° Les maquereaux, *scombri*.	Deux nageoires ventrales sous les pectorales et une à douze dorsales, queue à rayons serrés.

Abdominales, Linn.

11° Les carpes, *carpiones*.	Deux nageoires ventrales derrière les pectorales, point ou une dorsale, queue fourchue à rayons lâches.
12° Les muges, *mugiles*.	Deux nageoires ventrales derrière les pectorales, deux dorsales, queue arrond·
13° Les saumons, *salmones*.	Deux nageoires ventrales derrière les pector., deux dorsales dont une charnue.
14° Les silures, *siluri*.	Deux nageoires ventrales derrière les pectorales, une dorsale.

Amphibia, Linn.

15° Les raies, *raiæ*.	Deux nageoires ventrales derrière les pectorales, une ou deux dorsales, cinq à sept trous aux ouïes.

Il n'est pas douteux que la famille des raies contenant des poissons qui s'accouplent, a des rapports à cet égard avec les reptiles, surtout avec les tortues, et il semblerait naturel de faire cette liaison en les mettant à la tête de la classe des poissons ; mais d'un autre côté, les anguilles, qui s'accouplent aussi comme les serpents, qui sont vivipares comme les vipères, ont un rapport de plus avec cette classe d'animaux, de sorte qu'il est plus naturel de commencer par eux ; c'est aussi ce que nous allons faire.

Il existe néanmoins dans cette famille des anguilles, des poissons qui, comme le cheval de mer, *hippocampus*, et l'aiguille, *acus*, semblent avoir assez de rapports avec les crustacés, et indiquer une liaison prochaine entre ces deux classes; ce qui prouve de plus en plus que cette dégradation non interrompue qu'on prétend exister entre les êtres n'existe en effet nulle part, et que tous sont séparés par des intervalles qui forment des classes, des familles et des genres aussi naturels que les espèces.

1re Famille. LES ANGUILLES, *ANGUILLÆ*.

Les poissons de cette famille se reconnaissent facilement à ce qu'ils ont *le corps long, sans nageoires ventrales, et un trou seulement sous les ouïes.* J'en distingue quinze genres qui sont :

1° La murène, *murœna*.	Sans nageoires pectorales.
2° L'anguille, *anguilla*.	A nageoires pectorales et queue unie à la nageoire dorsale.
3° Le zée, *paling*.	A nageoires pectorales et une nageoire dorsale, et queue nue sans nageoires.
4° Le loup marin, *anarrhicas*.	A nageoires pectorales et une nageoire dorsale, et queue distincte des deux nageoires.
5° Le muchu.	A nageoires pectorales, une nageoire dorsale, et queue nue sans rayons et sans nageoire anale.
6° Le lepturus, Artedi.	A nageoires pectorales, point de nageoires dorsale ni anale.
7° Le karapo.	A nageoires pectorales, point de nageoire dorsale ni de queue, mais une nageoire anale.
8° Le pabia, d'Amb.	A nageoires pectorales, point de nageoire dorsale, et queue pointue avec une nageoire anale.
9° Le serpent marin, ou *courachore*.	A nageoires pectorales et une nageoire dorsale longue, queue nulle avec une nageoire anale.
10° Le solenostomus, *ophidion*, Rond.	A nageoires pectorales, une nageoire dorsale longue, queue nulle, sans nageoire anale.
11° Le cheval de mer, *hippocampus*.	A nageoires pectorales, une nageoire dorsale petite, queue nulle, avec une petite nageoire anale.
12° L'aiguille, *acus*.	A nageoires pectorales, une nageoire dorsale petite, une queue sans nageoire anale.

13° La siade, d'Amboine.	A nageoires pectorales, une nageoire dorsale petite, une queue fourchue sans nageoire anale.
14° L'ammodytes.	A nageoires pectorales, une nageoire dorsale longue, une queue fourchue avec une nageoire anale longue.
15° La corbeille, d'Amb.	A nageoires pectorales, une nageoire dorsale longue, une queue tronquée avec une nageoire anale longue.

La MURÈNE, *muræna*, est, avec la lamproie, *lampetra*, le seul poisson qui n'ait point de nageoires pectorales, mais elle en a une très-longue qui règne tout le long de son dos, et une autre derrière l'anus qui vont se réunir toutes deux à celle de la queue, qui est arrondie.

On n'en connaît encore qu'une espèce.

Elle est particulière à la Méditerranée depuis Marseille, où on l'appelle *murène*, jusqu'à Rome et Livourne, où elle porte le nom de *murena*.

Elle habite communément les fonds couverts de rochers dans la haute mer pendant l'été, et gagne pendant l'hiver le rivage, où elle se cache dans les trous de rochers bien exposés au soleil du midi.

Ce poisson a trois pieds environ de longueur sur quatre pouces de diamètre.

Sa peau est brun noir, mouchetée de blanc jaunâtre.

Il vit de poulpes, de sèches, de lièvres de mer, de coquillages et autres animaux marins.

Il y a apparence que ce poisson est vivipare, et s'accouple comme l'anguille et les vipères.

Les pêcheurs craignent beaucoup sa morsure, que l'on dit venimeuse et dangereuse, quoique ses mâchoires n'aient qu'un rang de dents très-fines ; lorsqu'il est pris à l'hameçon, il coupe la ligne avec les dents, ou bien si on ne tire pas la ligne aussitôt, il s'enfonce dans son trou et se cram—

II.   8

ponne avec sa queue au point qu'il se laisse arracher la mâchoire plutôt que de se laisser prendre.

La meilleure manière pour réussir à cette pêche consiste à faire une fosse que l'on entoure de cailloux aux bords de l'eau, on y jette un peu de sang, la murène s'y rend aussitôt, et on la prend avec des pinces. On estime les grosses murènes plus que les petites, leur chair est grasse et presque aussi bonne que celle de l'anguille.

Le genre de l'ANGUILLE ne diffère de celui de la murène qu'en ce qu'il a deux nageoires pectorales.

Quoique les écrivains disent qu'il n'y en a qu'une espèce, et qu'elle va dans la mer, cependant ils ne peuvent disconvenir que le *congre* appartient à ce genre, et nous en connaissons au moins cinq ou six espèces, parmi lesquelles il faut compter le *fiairaise* de Marseille, qui a, comme le congre du Sénégal, la mâchoire supérieure plus longue que l'inférieure.

L'*anguille ordinaire*, *anguilla*, Pline, n'a guère que deux pieds et demi de long sur deux pouces de diamètre.

Elle est cendrée, à ventre rougeâtre, et couverte de petites écailles oblongues qui ne sont sensibles qu'au microscope, et cachées sous un épiderme très-muqueux, ce qui a fait dire jusqu'ici qu'elle n'a point d'écailles.

Ce poisson, quoique particulier à l'Europe, ne se trouve pas partout ; on n'en voit point, par exemple, ni dans le Danube ni dans les rivières qui se jettent dans ce fleuve ; et si l'on y en met, elles languissent et meurent en peu temps, de même que dans la mer : cela vient sans doute de ce que ces eaux sont trop froides ou trop salines. Néanmoins on dit en avoir vu vivre et s'engraisser fort bien dans des étangs d'eau salée et même sulfureuse, où elles s'étaient glissées, ainsi que dans des citernes, des fontaines, dans des puits.

Les eaux qui lui conviennent le plus sont les eaux douces

des rivières et des étangs, pourvu qu'elles soient courantes sur un fond sablonneux, pierreux et fertile en herbes. Elle reste communément au fond de l'eau, et ne s'élève à la surface qu'à l'approche des orages, où elle s'agite sans doute à cause de la pression de l'atmosphère sur l'eau, comme il arrive au misgurn.

Sa nourriture ordinaire sont les limaces, les vers, les grenouilles, les petits poissons, les herbes, les racines. On en a vu quelquefois abandonner l'eau et se traîner dans les prairies pour y chercher les limaces cachées dans l'herbe, et elle peut vivre assez longtemps hors de l'eau.

L'anguille vit sept à huit ans.

Quelques écrivains disent qu'on ne sait si elle multiplie dans l'eau douce, fondés sur ce que Redi assure que les anguilles de la rivière d'Arno descendent tous les ans au mois d'août vers la mer pour y faire leurs petits, et qu'elles remontent cette rivière jusqu'à Pise régulièrement depuis février jusqu'en avril ; mais il y a apparence que ces anguilles sont des congres ou des anguilles de mer : car on sait que nos anguilles de France, par exemple, qui sont dans des étangs qui n'ont aucune communication avec la mer, multiplient sans en sortir.

Ces poissons s'accouplent comme les serpents ; ils sont, comme la vipère, vivipares, c'est-à-dire qu'ils ont comme elle des œufs qui éclosent dans le ventre de la mère, et qui en sortent tout vivants et sans coque.

L'anguille se prend à la ligne, à la nasse, à la claie, dans des bourriches, et encore plus facilement dans des fagots de sarment qu'on laisse pendant deux nuits au fond de l'eau et avec lesquels on les retire.

Sa chair est un mets fort délicat, mais qui ne se digère bien que lorsqu'elle est rôtie.

Le *congre* est l'anguille de mer. On en distingue deux

variétés, l'une blanche de la haute mer, l'autre brune bleuâtre, à tête verte et ventre jaunâtre qui fréquente le rivage.

Il a quatre pieds de longueur sur quatre à cinq pouces de diamètre.

Il vit de poulpes, de sèches et de crabes.

On en pêche environ mille quintaux en Bretagne vers Quimper pendant tout l'été, on les ouvre par le ventre de la tête à la queue, on entaille les chairs, qui sont très-épaisses, afin qu'elles se sèchent plus facilement étant exposées à l'air, et on les suspend en passant un bâton d'une extrémité à l'autre pour le tenir ouvert. Lorsqu'ils sont bien secs, on en fait des paquets de deux cents livres pesant qui vont à Bordeaux pour le temps de la foire, et qui passent de là en Espagne, où on en fait grand cas, quoique sa chair soit coriace. Le quintal se vend quelquefois jusqu'à dix écus.

Le genre du COURACHORE ou du SERPENT MARIN, *serpens marinus*, diffère du congre en ce que, 1° il n'a point de nageoires à la queue; 2° la mâchoire supérieure est plus longue que l'inférieure, au contraire de ce qui se remarque dans l'anguille.

Il a cinq pieds de long, le dos jaune et le ventre cendré.

Il se trouve dans la Méditerranée sur les côtes de l'Italie.

Le CHEVAL DE MER ou *hippocampus*, ainsi nommé parce que sa tête, quand il est sec, se recourbe comme celle d'un cheval; il est assez commun.

Son corps a quatre à cinq pouces au plus de longueur et à peine un pouce de diamètre. Il est quadrangulaire, comme articulé ou composé d'écailles qui forment des espèces d'articulations. Sa tête est allongée en tuyau ou en trompe.

Ses deux nageoires pectorales sont fort petites, et il n'a sur le dos qu'une seule nageoire qui, lorsqu'il a été roulé sur le rivage, se sépare, en des rayons qui paraissent comme des crins, ce qui a donné lieu à quelques écrivains modernes de dire que cet animal avait une crinière.

On ne le mange point.

L'AIGUILLE, *acus*, Arist., ne diffère de l'hippocampe qu'en ce qu'il a une nageoire arrondie à la queue. Il a cinq pouces au plus de longueur sur trois lignes de largeur.

Il ne se plie pas comme l'hippocampe en petit cheval et son ventre est à sept angles pendant que sa queue est à quatre angles.

Il est commun dans les sables maritimes de la Méditerranée et du Sénégal.

2ᵉ FAMILLE. LES COFFRES, *ORBES*.

Cette famille se distingue facilement de celle des anguilles en ce que : 1° le corps des poissons qui la composent est court ; 2° s'il a une nageoire ventrale elle est simple et non pas double.

J'y ai reconnu vingt-trois genres qui sont :

1° L'OSKAS, Adans., *mola* ;	12° Le HANGBUIS, d'Amb.;
2° Le MOLE, *mola*, Salv.;	13° Le BLASER , d'Amb.;
3° Le HÉRISSON DE MER , *atinga* ;	14° Le ROPA , d'Amb. , *centriscus* , Gronov.;
4° L'OBURI, Adans.;	
5° Le CITRENVISCH , Ruysch, t. 6 , fig. 7 ;	15° Le DERNERA , d'Amb.;
6° L'ORBIS, Plin.;	16° Le GUAPERNA , du Brésil ;
7° Le BAQUEWALA, Adans.;	17° L'ÉVAUWE, d'Amb.;
8° Le RAGAIK , Adans.;	18° L'AKARA MUKU , d'Amb.;
9° Le CITRENVISCH , Ruysch, t. 6 , fig. 8 ;	19° Le POUPOU;
	20° Le STROMATEUS ;
10° Le POISSON-COFFRE , *ostracion* ;	21° Le GASTEROPELECUS , Gronov.;
11° Le TRUTOEN , d'Amb.;	22° Le PANTE , d'Amb.;
	23° Le MARNAK , d'Amb.

La LUNE DE MER ou la MOLE, *mola*, Salviani, est un genre de poisson comprimé par les côtés et arrondi comme la lune ou comme un disque, à deux nageoires pectorales, une dorsale et une arrondie à la queue ; il n'a qu'un seul os au lieu de dents à chaque mâchoire.

Il se trouve dans la Méditerranée et dans l'Océan sur les côtes d'Angleterre.

Il est vivipare selon Salvien, il gronde comme un cochon quand on le prend, et il est lumineux pendant la nuit.

Le COFFRE OU POISSON-COFFRE, *ostracion*, Pline, est un genre de poisson ainsi nommé à cause de sa forme et de la solidité de sa peau, qui, soit fraîche, soit sèche, se soutient comme un coffre ; il y en a de triangulaires et de quadrangulaires.

Le triangulaire est commun aux îles de l'Amérique autour des rochers.

Il est aplati en dessous et aigu sur le dos.

Il a deux épines devant les yeux et deux derrière l'anus. Sa peau est chagrinée, bien noirâtre, marquée de compartiments blanchâtres, à cinq ou six angles formés par la réunion de plusieurs os étoilés à trois branches.

Sa chair est blanche, tendre et succulente.

Les Américains et les nègres le font cuire dans sa peau pour le manger. Lorsqu'il est cuit, la manière ordinaire de le vider est de le tirer par la queue, alors toutes les chairs suivent comme lorsqu'on tire un limaçon de sa coquille.

Quelques espèces de ce genre sont venimeuses.

L'ATINGA du Brésil ou le HÉRISSON DE MER a la faculté de s'enfler comme une outre, ou comme un ballon, quand il est poursuivi et de redresser comme un hérisson ses épines qui lui servent de défense.

Il est commun dans les eaux salées des rivières du Brésil. On le mange.

3e Famille. LES SOLES, *SOLEÆ*.

Ces poissons se distinguent de ceux des autres familles en ce que : 1° leur corps est *très-aplati;* 2° leurs nageoires ventrales sont *attachées devant les pectorales;* 3° leurs yeux sont placés *sur le même côté de la tête.*

Je les divise en cinq genres, savoir :

1° Le PLAR du Sénégal, corps long, pas de nag. pect., yeux à gauche, queue réunie ;

2° Le PLEURONECTES de Surin., corps court, *id.* yeux à droite, queue distincte;

3° La SOLE, *solea,* corps long, deux nag. pect., *id.* queue distincte;

4° La LIMANDE, *limanda,* corps court, *id.* *id.* queue distincte;

5° Le TURBOT, *rhombus,* *id.* *id.* yeux à gauche, queue distincte.

Tous ces poissons nagent en restant au fond de l'eau.

Le genre de la SOLE, *solea,* se reconnaît à son corps long, à ses nageoires pectorales, à ses yeux qui sont placés sur le côté droit de la tête.

Il y en a quatre espèces, savoir :

1° La sole, *solea, buglossus,* Rond., la nageoire dorsale a 86 rayons;

2° L'asedia d'Espagne, *id.* 84 rayons;

3° La pola, Belon, *linguatula,* *id.* 67 rayons;

4° La pura double, de Marseille, *id.* 64 rayons.

La SOLE, *solea,* a le corps cendré à droite, blanchâtre à gauche, la ligne latérale et le bout des nageoires pectorales noirs.

Elle se trouve également dans l'Océan et dans la Méditerranée sur les fonds vaseux.

Comme elle n'a point de vessie d'air elle ne s'élève jamais à la surface de l'eau et se trouve pour ainsi dire sur le fond.

Elle y trouve abondamment sa nourriture qui consiste en œufs que les femelles des gros poissons vont déposer dans des trous qu'elles font elles-mêmes. Par là elle détruit beaucoup de ces gros poissons.

La sole, à son tour, devient la pâture des grands crabes qui avalent les jeunes; et les crevettes, les salicoques s'attachent aux plus petites dès leur jeunesse et les incommodent beaucoup.

Ce poisson est très-délicat et très-recherché, et les gens sensuels l'appellent *perdrix de mer*, à cause du bon goût de sa chair.

La LIMANDE ne diffère de la sole qu'en ce que son corps est court et arrondi.

On en connaît six espèces qui sont :

1° La limande, *limanda*, à 73 rayons à la nageoire dorsale ;
2° La plie, *passer*, vulgaire, à 72 *id.*;
3° Le holibret, *hippoglossus*, Rond., à 115 *id.*;
4° Le carrelet ou petite plie, *quadrutulus*.
5° Le flez, *flesus* ou flonde, 60 à 62 *id.*;
6° Le fletelet (plus petit), *fletessa*.

La *limande* vit comme la sole et se trouve avec elle.

La *plie* entre dans les étangs maritimes et salines, et remonte les rivières fangeuses ; on en prend quelquefois dans la Seine, au pont Royal.

On en prend quantité dans l'étang de Montpellier et dans la Loire, alors elles deviennent plus molles et moins noires sur le dos que celles qui restent dans la mer.

Le mâle se distingue facilement de la femelle.

Ce poisson se cache dans le sable et dans le limon où on le prend aisément quand la mer se retire.

Sa chair est blanche, molle, facile à digérer, nourrissante et peu laxative.

En Hollande, en Flandre et surtout à Anvers on voit des magasins de ces poissons desséchés.

Quelques-uns regardent le *carrelet* comme une jeune plie grise tachée de rouge.

La *flonde* ou *flez* remonte au printemps l'embouchure des rivières.

Le genre du TURBOT, *rhombus*, Pline, ne diffère de celui de la limande qu'en ce que ses yeux au lieu d'être à droite sont à gauche de la tête.

On en connaît quatre espèces , savoir :

1° Le turbot, *rhombus,* ou faisan d'eau, à 81 rayons à la nag. dors., cendré de noir ;

2° La pètre de Marseille, à 70 *id.*

3° Le bertonneau, à 70 *id.* dos tu·berculeux ;

4° La barbue , *rhombus aculeatus ,* à 66 *id.* ligne latérale épineuse ;

Le *turbot, rhombus ,* appelé aussi *faisan d'eau* à cause de sa délicatesse, s'appelle *cailletot* dans sa jeunesse.

Il est commun dans l'Océan et dans la Méditerranée , vers l'embouchure des rivières. Rondelet dit en avoir vu de sept à huit pieds de longueur sur un pied d'épaisseur.

Il s'enfonce dans le sable, ne laisse sortir que ses nageoires pectorales et ventrales.

Les petits poissons et les écrevisses, qui font sa nourriture, viennent prendre ses nageoires , comptant prendre leur proie, et il les dévore. Cette race approche un peu de celle du fourmi-lion qui se creuse une trémie pour attraper des fourmis.

Ses œufs sont rouges.

Sa chair est blanche, ferme, succulente et plus recherchée que les autres pour les grandes tables.

4ᵉ FAMILLE. LES BARANEOUS, *LIPARIDES* OU LIMBERTS.

Les poissons de cette famille se distinguent facilement de ceux de la famille des soles en ce qu'ils n'ont pas les deux yeux *placés du même côté*, et de ceux des autres familles en ce que leurs nageoires ventrales sont placées *au-devant des pectorales*, et qu'ils n'ont *qu'une* nageoire dorsale.

On en peut faire onze genres, savoir :

1º Le KAPIRAT, d'Amboine ;
2º Le MAGAL de Flandre ;
3º Le LIPARIS, Rond. ;
4º Le BULCARD, d'Angl., *pholis* ;
5º Le DUYVEL, Scop., d'Amb. ;
6º Le CICLOGASTER, Gronov. ;
7º Le PARADIS, d'Amb., Coyett, 2, f. 83.
8º Le TAJASIKA de Marseille ;
9º Le TAPEÇON, *uranoscopus* ;
10º Le LIMBERT, de Marseille , *dracunculus* ;
11º Le ZEEDRACK , d'Amb., Coyett.

Le TAPEÇON, *uranoscopus*, Rond., Lucerna, est un poisson de la Méditerranée qui dort le jour sur le sable et qui veille la nuit pour butiner.

On dit qu'il se cache dans le limon, et qu'il sort de sa bouche une peau placée entre sa langue et la mâchoire inférieure, qui lui sert pour attirer les autres poissons dont il fait sa proie.

5e FAMILLE. LES MORUES OU GOUJONS, *GOBII* OU LOTES.

Ces poissons ne diffèrent de ceux de la famille des baraneous qu'en ce qu'ils ont *deux ou trois* nageoires sur le dos. Ils forment dix-neuf genres qui sont :

1º La LOTE, *lota* ;
2º Le SAMBITANG , d'Amb. ;
3º Le GOUJON DE MER , *gobius* ;
4º Le LUMPUS, d'Angl., *notidanus* , Grœc. ;
5º La BAVEUSE, *blennus* , opp. ;
6º La GALETA, Venet., *adonis* ;
7º Le COTTUS, Arist., CHABOT, *boudé*, Sénégal ;
8º Le BILANG, d'Amb. ;
9º Le BAUDREIL, *lophius* , Arted. , Rap., Hisp., *rana piscatrix* ;
10º Le SAMBIA , Ad. ;
11º Le PHYCIS, Arist., *sorge*, Venet. ;
12º La MORUE , *morua* ;
13º Le MERLAN, *merlangus* ;
14º Le MERLUS, *gadus, merluccius, pescadilla*, Hisp. ;
15º Le LING , Angl. ;
16º Le KABOS-VISCH., d'Amb., Ruys., t. 11, f. 5 ;
17º L'ATROPTA, Ruysch., d'Amb. ;
18º La VIVE, *trachina*, Jov. ;
19º Le POISSON SAINT-PIERRE, *zeus*, Plin., *faber*.

Le genre de la LOTE, *lota* ou BARBOTTE, a été confondu par Artedi et M. Linné avec celui du merlan, comme ayant trois nageoires au dos ; mais ce poisson en a deux au dos, et celle de la queue lui est réunie ainsi que celle du ventre, il a aussi un barbillon sous le menton.

La lote est un poisson d'eau douce particulier aux lacs et aux rivières des pays les plus élevés et les plus montueux de l'Europe, surtout dans l'Isère et la Saône.

Les écailles sont fines, brunes et roussâtres, glissantes.

Il vit de squilles.

Sa chair est bonne et délicate, son foie est très-estimé.

On ne mange point les œufs parce qu'ils purgent comme ceux du *barbeau* et du *brochet*.

Le CHABOT, *cottus,* Arist., a quatre ou cinq pouces de longueur, et la tête déprimée, si grosse qu'on l'appelle *tête d'âne* en Languedoc. La femelle est plus grande que le mâle, et pond beaucoup d'œufs.

Il est couvert d'écailles, quoique les auteurs disent le contraire.

Il reste caché sous les pierres marneuses, dans les courants rapides des rivières et des ruisseaux bourbeux.

Il vit d'insectes aquatiques.

Sa façon de nager consiste à s'élancer comme un trait d'un lieu dans un autre.

On ne le prend qu'à la nasse, ou avec une fourchette de fer. Il suffit de frapper sur l'eau pour le faire sortir et jeter étourdiment dans la nasse qu'on lui a tendue.

Le BAUDREIL OU la BAUDROIE, OU GRENOUILLE PÊCHEUSE, *rana piscatrix,* diable de mer, appelé improprement *galanga,* par quelques écrivains modernes, a quelquefois trois pieds de longueur, il semble tout tête.

Il reste ordinairement caché dans le sable ou dans le limon, agitant les rayons de sa nageoire supérieure, de manière que les petits poissons qui courent après comme à un appât se laissent avaler.

La MORUE est un genre qui se reconnaît à ce que 1° il a *trois* nageoires au dos ; 2° *un filet* ou un barbillon au menton.

Il y a beaucoup de confusion dans les auteurs au sujet des diverses espèces de ce poisson ; les uns les mêlant indistinctement avec les merlans, et les autres regardant la morue verte, la morue blanche, la morue sèche et la merluche comme diverses préparations du même poisson ; mais nous verrons ci-après que ce sont des espèces différentes, qui toutes sont susceptibles des mêmes préparations.

On connaît sept espèces de morue, savoir :

1° La morue blanche ou jaune de Terre-Neuve, brune variée de jaune ;
2° Le cabliau, de Norwége, queue tronquée ;
3° L'aigrefin, *hadeck*, d'Angl., *œgrifinus*, Bellon, à écailles, queue fourchue ;
4° Le capelan, de Mars., Mol., Venet., Power, queue fourchue ;
5° Le cod ou codfish, d'Angl., queue tronquée ;
6° Le bib ou blinds, d'Angl.,   *id.* ;
7° Le pouting, d'Angl., ou morue molle, grande d'un pied, noire près des ouies ;

La *morue blanche ou jaune de Terre-Neuve* est brune tachetée de jaune, à ventre blanc, elle a le corps cylindrique long de trois à quatre pieds sur neuf à dix pouces de largeur ; ses yeux sont grands, mais assez ternes ou peu clair-voyants, d'où vient le proverbe qui nomme *yeux de morue* les grands yeux à fleur de tête, qui souvent ne voient presque pas.

Cette espèce est rare dans nos mers, et au contraire très-commune au grand banc de Terre-Neuve, dans l'Amérique septentrionale. Il paraît qu'elle y va passer l'été depuis avril, juin, où elle y fraie jusqu'en hiver,

Elle vit principalement de merlans, qui par sa poursuite sont chassés vers nos côtes.

Ce poisson est un des plus féconds qui soit connu ; Leuwenhoeck a trouvé qu'une morue ordinaire porte plus de neuf millions d'œufs.

Quoique le grand banc de Terre-Neuve ait plus de cent lieues de longueur, quoiqu'il soit fréquenté par des pêcheurs qui s'y rassemblent en août, de tous les pays de l'Europe pour faire la pêche de la morue, néanmoins la quantité en est si considérable dans ce lieu que leur nombre ne paraît pas en diminuer. Un seul homme en prend quelquefois jusqu'à trois ou quatre cents en un jour en ne s'occupant, du matin au soir, qu'à jeter la ligne, à retirer la morue prise, à en mettre les entrailles à l'hameçon pour en attraper d'autres. On la sèche sur les rochers ou sur les cailloux, d'où lui vient son nom de *klipfish,* ou poisson de rocher.

La morue fraîche ou nouvelle de Terre-Neuve est un excellent manger ; les mâles valent beaucoup mieux que les femelles.

Le *cabliau,* ou la morue du nord de l'Europe (*gadus* 6. Arted.), est fort peu plus petite que celle de Terre-Neuve.

Elle est commune sur les côtes du Danemark, de la Norwège, de la Suède, de l'Islande, des îles Orcades, de la Moscovie et d'autres pays qui ne produisent point de froment à cause du grand froid.

Le cabliau est carnassier et très-vorace, il se nourrit de toutes sortes de poissons, surtout de harengs et de crabes ; Anderson a remarqué que l'écaille des crabes devient dans son estomac d'abord aussi rouge que celle de l'écrevisse qu'on a fait bouillir dans l'eau, qu'elle se dissout ensuite en bouillie épaisse, enfin qu'elle se digère tout à fait. Ce poisson vorace et insatiable a, comme le grondin et quelques autres poissons, un avantage que beaucoup de gourmands désireraient posséder, c'est que lorsque son avidité lui a fait avaler un morceau de bois ou quelque autre chose d'indigeste, il vomit son estomac, le retourne devant sa bouche, et après l'avoir vidé et lavé dans l'eau de la mer, il le retire à sa place et recommence à manger de nouveau.

9

Le cabliau ainsi que la morue monte toujours contre le courant de l'eau.

La pêche de ce poisson commence au 1er février et dure jusqu'au 1er mai; la saison étant alors trop chaude, il ne pourrait plus se garder. Pendant le jour on le pêche sur la haute mer et dans les golfes profonds de quarante à cinquante brasses, pendant la nuit dans des lieux qui n'ont pas plus de six brasses d'eau, mais ce dernier n'est pas si délicat.

On ne le pêche qu'à l'hameçon de fer et souvent il y mord sans amorce; l'amorce ordinaire est un morceau de moule ou de mâchoire fraîche de cabliau; mais il mord beaucoup mieux sur un morceau de viande crue et chaude et sur le cœur d'un oiseau récemment tué; ce dernier appât est même si puissant qu'on prend par son moyen vingt fois plus de cabliaux qu'avec les autres appâts, et que le roi de Danemark en a interdit l'usage, par un édit, pendant le temps ordinaire de la pêche.

Les Islandais ont deux manières de sécher le cabliau. Dans la première il est comme roulé en bâton et on l'appelle *stocfish*, qui signifie poisson en bâton ou poisson roulé. Dans la seconde il est fendu en deux et on le nomme *flac-fish*, qui veut dire poisson fendu, du mot *flacken*, fendre. Cette préparation est la meilleure de toutes. Lorsque les pêcheurs sont arrivés à terre avec leur poisson, ils le jettent sur le rivage où des femmes appelées *décoleuses*, qui les y attendent, lui coupent aussitôt la tête; les *habilleurs* le fendent du côté du ventre du haut en bas et le vident; ensuite les décoleuses ôtent l'arête du dos depuis la tête jusqu'à la troisième vertèbre près de la queue, parce que c'est principalement sous cette arête que le cabliau commence à se gâter. Cela fait, les femmes emportent sur leur dos les têtes coupées dont elles font leur repas. Elles brûlent les arêtes qui leur servent de bois pour faire cuire leur manger, et les foies leur servent à faire de l'huile; car tout est utile dans ce poisson. Enfin on le fait sécher sur des bancs de cailloux, puis on le charge dans de grands tonneaux.

Le *hangfish* ou poisson suspendu est le cabliau qu'on a fait sécher en le suspendant en l'air après l'avoir fendu par le dos, vidé et décapité.

Le *labberdam* est le même cabliau vidé après lui avoir coupé la tête et encaqué dans des tonneaux avec des couches de gros sel, pour la nourriture des matelots.

La morue ou le cabliau a la chair divisée comme par écailles, si légère, si succulente, si saine qu'elle est du goût de tous les peuples de la terre; aussi les habitants de l'Islande, des îles Orcades, de la Norwège et de la plupart des autres régions boréales qui ne produisent pas de froment, se nourrissent-ils de ce poisson, tant frais que sec; ils le pulvérisent et en font une espèce de pain ; ils en font des récoltes si abondantes qu'ils peuvent en fournir à toute l'Europe.

Ses œufs et ses intestins se mettent en tonneaux et se vendent aux pêcheurs nantais, qui n'ont pas de meilleure amorce pour attirer les sardines dans leurs filets et en rendre la pêche facile et abondante.

Le genre du MERLAN, *merlangus*, Belon, Rond., ne diffère de celui de la morue qu'en ce qu'il n'a pas de filet ou barbillon au menton.

On en distingue quatre espèces qui sont :

1° Le merlan ordinaire, *merlangus*, Belon; *vellus*, Rond.; *gadus* 1. Arted.
2° Le lieu, Bretagne, *nullus vivarus*, Wehhegt; *gadus* 2. Arted.
3° Le pollach ou morue verte, *gadus* 3. Arted.
4° Le kolfish ou morue noire; *gadus* 4. Arted.
5° L'aigrefin, Dunk.

Le *merlan*, *merlangus*, est un poisson écailleux presque rond ou cylindrique, peu comprimé par les côtés, qui a cinquante-quatre vertèbres à l'épine du dos et deux pierres elliptiques blanchâtres dentées aux deux côtés de la cervelle.

Il n'a guère plus d'un pied de longueur et il est blanc.

Il est commun dans l'Océan, depuis l'Angleterre jusqu'à la mer Baltique, où il est chassé vers les côtes par les morues et autres poissons voraces qui le poursuivent.

On le pêche principalement en octobre jusqu'en février à la ligne, et aux filets depuis mars jusqu'en septembre; il fraie en mars.

Sa nourriture ordinaire sont les crevettes, les sardines, les anchois et autres petits poissons qu'il avale tout entiers sans les mâcher, quoiqu'il ait des dents.

On voit souvent de ces poissons qui sont hermaphrodites, c'est-à-dire qui ont des œufs d'un côté du ventre et la laite de l'autre, comme parmi les carpes et les brochets.

La chair du merlan est comme celle de la morue partagée par écailles, mais plus sèche et la plus légère de toutes les chairs de poissons, et si saine qu'on en permet l'usage aux malades et aux convalescents. Elle est meilleure rôtie que bouillie.

En Angleterre, on le vide, on le sale et on le sèche pour le manger dans les temps où il manque.

Selon M. Duhamel la grande morue de Terre-Neuve et le cabliau, ainsi que toutes les autres morues, subissent quatre préparations différentes qui ont chacune un nom particulier. C'est ainsi qu'on nomme *morue fraîche* ou *morue blanche* celle qui se mange dès qu'elle a été pêchée; la *morue verte* est celle qu'on a salée et mise en baril avec du sel ou de la saumure; on appelle *morue sèche* celle qu'on sale et qu'on fait sécher comme la merluche ou le merlus; enfin le *stocfish*, ou la *morue en bâton*, est celle qu'on a fait sécher sans la saler.

Le *pollach des Anglais* ou la *morue verte*, la *morue jaune* se pêche par les Anglais autour de leurs côtes; ils la salent. Elle est plus petite que le cabliau.

Le *kolfish des Anglais* ou la *morue noire*, le *charbonnier* est grand comme le pollach et se pêche dans les mêmes endroits. Elle est si maigre que les Islandais, qui ont le cabliau en abondance, n'en veulent point manger.

Le genre du MERLUS OU MERLUCHE, *merluccius*, Bel., diffère de celui du merlan en ce qu'il n'a que deux nageoires au dos.

On n'en connaît encore qu'une espèce.

Le *merlus* ou la *merluche, merluccius*, Belon, ou la *verga-delle, gadus dorionis*, Bacchus, Pline, Asellus, Ovide, *pesca-dilla*, Hisp., est plus commun dans la Méditerranée que dans l'Océan.

Il est gris cendré et long de deux pieds environ.

Il est très-goulu et vit de petits poissons, ce qui lui a fait donner le nom de *brochet de mer*. On le sèche après l'avoir ouvert en deux, mais il ne s'attendrit jamais autant que la morue ou le cabliau séché. Les Provençaux en préparent beaucoup et en envoient de grandes provisions à Paris tous les ans pour le carême. Quelques écrivains prétendent que les Allemands l'appellent *stocfish* parce qu'après avoir été séché il a besoin d'être battu pour être attendri et de service.

Le LING DES ANGLAIS, appelé aussi grande morue, *gadus*, 9, Arted., diffère du genre du merlus en ce qu'il a un bar-billon sous le menton.

Il a le corps plus menu et plus allongé que le cabliau, c'est-à-dire de quatre pieds au moins de longueur.

Sa peau est extrêmement grasse et de bon goût.

Son foie passe pour un manger excellent.

La VIVE, *trachina*, Roman., *araneus piscis*, Rond., *dracæna* Gram., *draco marinus*, Rond., le dragon de mer, est un genre de poisson, seul de son espèce, qui a le corps presque cylindrique, allongé, la tête relevée en dessus, la queue fourchue et huit nageoires dont la dorsale antérieure est épineuse.

Il est commun dans l'Océan et encore plus dans la Méditerranée, autour des rochers, d'où lui vient son nom hollandais, *pieter mann,* qui signifie *homme de pierre.*

Celui de l'Océan est cendré et plus petit que celui de la Méditerranée, qui est rougeâtre et long de huit à dix pouces.

On en pêche beaucoup en juin et en juillet; lorsqu'on l'a pris, il s'agite beaucoup et cherche à se cacher dans la bourbe.

Les cinq rayons épineux de la première nageoire dorsale de ce poisson sont si venimeux qu'ils sont à craindre, même après sa mort, et il est ordonné par un règlement de police, aux pêcheurs et aux marchands de poisson, de les couper. Sa piqûre même est suivie, après sa mort, d'inflammation, d'enflure, de douleur et de fièvre. Les remèdes convenables à ce mal sont les alcalis volatils, tels que l'oignon mêlé avec le sel, ou le foie de l'animal écrasé dessus. Le venin de ces épines n'est plus à craindre quand elles ont passé par le feu.

Ce poisson est d'un bon suc, facile à digérer. On le sert sur les meilleures tables à Paris; et en Hollande, où il est commun, le peuple en fait une partie de sa nourriture.

La DORÉE, *zeus* Plin., *faber,* Plin., appelée aussi POISSON DE SAINT PIERRE, parce qu'on prétend que saint Pierre ayant pêché ce poisson par le commandement de Jésus-Christ, trouva dans son corps deux pièces de monnaie pour payer le tribut, et que l'empreinte de ses deux doigts resta marquée sur ses côtés par une tache noire, en témoignage de ce miracle. On l'appelle aussi poisson coq, *gallus marinus,* poule de mer à Brest, à cause de sa nageoire dorsale antérieure qui imite une crête.

Ce poisson est commun dans l'Océan et dans la Méditerranée, autour des rochers.

Il vit de coquillages et de vers marins.

Il a environ un pied à un pied et demi de longueur ; son corps est jaune doré, avec une tache ronde noire sur chacun de ses côtés.

Il est extrêmement court, très-comprimé et presque rond ; ses nageoires sont au nombre de huit, dont deux dorsales. L'antérieure est formée de dix rayons épineux très-durs, terminés chacun par une soie très-longue.

Sa chair est très-estimée, surtout à Brest, d'un bon suc, et plus tendre, plus facile à digérer que celle du turbot.

6ᵉ Famille. LES SCARES, *SCARI.*

Les poissons de cette famille se reconnaissent à ce que : 1° leurs nageoires sont placées immédiatement au-dessous des pectorales ; 2° ils n'ont qu'une seule nageoire sur le dos ; 3° leur queue est arrondie.

J'en ai reconnu vingt et un genres, savoir :

1° Le CAMAIL d'Amboine ;
2° Le RASCAS, Plin., scorpion de mer ;
3° Le SCARE, *scarus* ;
4° Le LEM du Sénégal ;
5° Le KIARAT du Sénégal ;
6° Le NAZANI de Marseille, *alphestas* ;
7° Le STREPELING d'Amboine ;
8° L'ORPHE, *orphus*, Ovid.;
9° Le GRAVIUN d'Amboine ;
10° Le DOUWING d'Amboine ;
11° Le RASON, *novacula*, Napol.;
12° Le SIAM-MAMEL, d'Amboine ;
13° L'ANNIKO d'Amboine ;
14° Le TONTELTON d'Amboine ;
15° Le CORACINUS, Arist.; *corvinata*, Hisp. ;
16° L'OMBRE, *sciœna*, le peignet, de Marseille ;
17° Le HARTJE, Amb., le cœur ;
18° La GIRELLE, de Marseille, *iulis*, Arist.;
19° Le BONTE-JAGER d'Amboine ;
20° La CORBEILLE d'Amboine ;
21° Le SPEER-WISCH d'Amboine, *klipvisch.*

Le RASCAS DE MARSEILLE, OU SCORPION DE MER, *scorpœna*, Plin., est un genre de scare qui se reconnaît à ce que son corps est elliptique, court, comprimé par les côtés, pointu aux deux bouts, à nageoire dorsale, épineuse en devant, comme fendue en deux ou plus basse à son milieu, à nageoire de l'anus plus profonde que longue, et à deux filets au menton et sur les yeux.

On en connaît deux espèces, toutes deux communes dans l'Océan et dans la Méditerranée :

1° Le rascas, Massill.;   2° Le scorfano, Napol.

Le *rascas de Marseille* vit sur le rivage et dans la fange; il est brun noir; il a des barbillons sur les narines et sur les yeux et douze rayons épineux à la nageoire dorsale.

Sa chair est dure; mais, gardée quelque temps, elle s'attendrit; elle est meilleure bouillie que rôtie.

La piqûre de ses épines cause de l'inflammation et de grandes douleurs; on les guérit en appliqnant son foie dessus.

Le *scorfano de Naples* est trois ou quatre fois plus grand que le précédent; il est rougeâtre, moucheté de noir. Il a deux barbillons sous le menton, point sur les yeux ni sur les narines, et onze rayons épineux à la nageoire dorsale.

Le genre du SCARE, *scarus*, Ovid., a le corps elliptique, comprimé, médiocrement long, la nageoire dorsale épineuse en devant et plus basse que derrière, et la nageoire de l'anus plus profonde que longue, épineuse.

On peut rapporter à ce genre les neuf espèces suivantes :

1° Le scare d'Ovide;   6° Le tourneunn du Sénégal, *gron-*
2° Le scare blanc de Marseille;   *din*;
3° Le wra ou veirat de Normandie;   7° Le portega de Marseille;
4° Le rossignot de Norm.;   8° Le tourd, *turdus*, Plin.
5° La vieille;   9° Le merle, *merula*, de Salvien.

Le *scare* des modernes, qui a la queue fourchue et qui est bleu noirâtre, à corps long, est une espèce de spare, *sparus*.

Le *scare* d'Aristote et des anciens est ainsi nommé parce qu'il saute ; il y en a de deux espèces : l'*onias* et l'*aiolos* ou ajol, *scarus varius*, Rond., *labrus* 4, Arted.

C'est un poisson solitaire, particulier à la Méditerranée, où il vit dans les rochers autour desquels il paît l'herbe ; il se cache la nuit dans les trous.

Il se nourrit de plantes marines, non de poissons, et quelquefois de lièvre de mer.

Il est le seul des poissons qui ait les dents aplaties non pas en forme de scie, et le seul qui rumine, selon Aristote, liv. II, c. 17.

C'est le meilleur de tous les poissons, selon les anciens ; sa chair est suave, facile à digérer ; elle n'est pas si saine lorsqu'il vit de lièvre de mer.

La *vieille*, ainsi nommée sur les côtes de Guinée et d'Amérique, n'est pas une espèce de morue, comme le disent les écrivains modernes.

C'est une grande espèce de scare grise à petites écailles, qui pèse jusqu'a deux cents et même quatre cents livres, et qui se prend à la ligne, au filet ou à la zagaie. Il se voit sur les côtes vaseuses, à l'embouchure des rivières du Sénégal et de Cayenne.

Ce poisson est si goulu qu'il se jette sur l'hameçon même sans appât, et qu'il fait des efforts pour s'en débarrasser ; alors il renverse son estomac pour rendre tout ce qu'il a avalé ; mais ce mouvement ne sert qu'à l'étouffer plus tôt.

Sa chair est blanche et se divise par écailles comme celle de la morue ; elle est fort bonne, mais plus délicate lorsqu'on l'a salée pendant cinq ou six heures. Sa tête est excellente pour faire de la soupe.

Le *grondin du Sénégal* ne diffère pas beaucoup de la vieille, seulement il est blanc argenté ; il a la tête relevée en dessus. On l'appelle ainsi parce qu'il semble *gronder* ou *grogner* lorsqu'on l'a pris, et qu'il veut renverser son estomac.

Celui de Gambie a cinq à six pieds de longueur.

Le *tourd*, *turdus*, Plin., *Kixle*, Arist., ainsi nommé parce qu'il change de couleur, est un poisson de rocher et des rivages de la mer, qui est noirâtre au printemps et blanchâtre en été.

Sa chair est tendre et de bon goût.

Le genre de l'ALPHESTE, *alphestas*, Athén., ne diffère de celui du scare qu'en ce que la nageoire de l'anus est plus longue que profonde.

On peut y rapporter les sept espèces suivantes :

1° L'alpheste, *alphestas*;
2° Le papagallo;
3° Le verdone, Italie, *lupo*, à Napl.;
4° Le roucau;
5° Le nazani;
6° La lucrèce, de Marseill.:
7° Le chicari de Toulon.

L'*alpheste d'Athénée* est couleur de cire, mêlé de rouge et de jaune dans quelques endroits, à une seule épine.

C'est un poisson saxatile qui va toujours par paire.

Le *paon de mer*, *papagallo*, Rom., est vert, à tête bleuâtre, et moucheté de bleu.

Le *roucau*, *phycis*, Arist., *fuca*, Théoph., poisson de rocher frayant dans les fucus, y couvant son frai.

Il change de couleur, varié au printemps, blanchâtre ensuite; le mâle est plus noir.

Il vit d'algues et de squilles. Sa chair est tendre et se conserve facilement.

L'ORPHE, *orphus*, Arist., *cernua*, Théoph., est un genre de scare qui ne diffère de celui de l'alpheste qu'en ce que chacune de ses mâchoires n'a que deux dents très-grandes, chagrinées.

Selon Athénée, il est du même genre que le *phagras*, le *chromis*, l'*acarna*, le *synodon*, le *synagris* et l'*anthias*.

Il est rougeâtre.

Il habite les rivages vaseux, solitaires, se cache l'hiver, vit de coquillages, ne vit que deux ans, selon Pline.

Sa chair est visqueuse, difficile à cuire, mais de bon goût.

Le RASON, *novacula*, Plin., appelé *roseta* à Naples, *pesce pectine*, Rom., Salv., forme un genre de scare différent des précédents en ce que : 1° sa nageoire dorsale est plus basse devant que derrière; 2° sa nageoire anale est plus longue que profonde; 3° ses dents sont fines; 4° sa tête n'est ni écailleuse, ni dentée; 5° son corps est elliptique, comprimé, médiocrement long.

On n'en connaît qu'une espèce, elle est particulière à la Méditerranée, sa couleur est rougeâtre; Pline dit que ce qui touche ce poisson sent le fer.

Le genre du CORACINUS, Arist., *corvulus graculus*, Théoph., *corvetto*, Rom., *corvinata*, Hisp., *platax*, Alexandr., diffère de celui du raton, *novacula*, en ce que 1° sa nageoire dorsale est plus haute devant que derrière et fendue en deux parties dont il n'y a guère que le quart d'épineux; 2° sa nageoire anale est plus profonde que longue; 3° sa tête est écailleuse et dentée.

On n'en connaît qu'une espèce. Elle se trouve dans la Méditerranée et dans l'Océan autour de Cadix, parmi les fucus, près des rivages et entre les rochers.

Il entre aussi dans les rivières, il aime la chaleur et se cache l'hiver sans quitter son pays natal.

Il vit en société.

Athénée dit qu'il est couleur de cire et semblable au *melanurus*.

Il grossit fort vite, porte longtemps son frai, et le jette en automne dans les fucus au bord de la mer.

Le thon et l'anthias s'en nourrissent; on le sale, il est peu nourrissant et sec.

L'OMBRE, *umbra*, Varron, *sciæna*, Arist., *ombrina*, Rom., le *maigre*, *peignet*, Gall., est un genre de scare différent du *coracinus*, en ce que 1° la tête n'est point dentée; 2° il a un filet au menton.

On n'en connaît qu'une espèce.

Elle est commune dans la Méditerranée autour des rochers.

Le fond de sa couleur est jaunâtre avec des lignes cendré noir, comme ombrées, d'où lui vient son nom. Selon Aristote (liv. VIII, chap. XIX), ce poisson a dans la tête une pierre qui le blesse pendant l'hiver.

Il est léger et nage très-vite; lorsqu'il a peur il cache sa tête et ses yeux comme le lapin, et se croit bien caché. Sa chair est légère, peu succulente et fort estimée en Italie.

Le genre de la GIRELLE, *iulis*, Arist., *iulia*, *ycca*, Hermipp, *donzelle*, diffère de celui de l'ombre, *sciæna*, en ce que 1° la tête n'est point écailleuse; 2° sa nageoire anale est plus longue que profonde, sans épines.

On en connaît deux espèces qui sont :

1° La donzelle de Venise, *iulis* ;   2° La girelle.

La *donzelle*, *iulis*, Arist., appelée *poisson gourmand* parce qu'il mord ceux qui se baignent, est un poisson de rocher fort commun dans la Méditerranée, où il vit en troupes.

Il est petit, vert noir au dos et varié comme l'arc-en-ciel sur les côtés, on ne le pêche qu'à la ligne, les Napolitains l'appellent *manger de roi* parce qu'il est de bon goût et facile à digérer.

On s'en sert aussi pour amorcer les calemus.

La *girelle de Marseille* diffère de la donzelle, en ce que, 1° elle est plus petite; 2° ses nageoires pectorales ont quatorzes rayons, au lieu que celles de la girelle n'en ont que treize ; 3° sa nageoire anale n'en a que neuf pendant que celle de la donzelle en a seize.

7e Famille. LES RÉMORES, *REMORÆ*.

Cette famille ne diffère de celle des scares qu'en ce que les poissons qui la composent ont la queue *tronquée* et non pas arrondie.

Elle comprend vingt-neuf genres qui sont :

1º Le BONTE, *springer*, d'Amb.;
2º Le RÉMORE, *remora* ;
3º Le SNAVELAAR, d'Amb.;
4º Le BORRIQUITE d'Esp., *aspredo*, d'Amb.,
5º Le SNIP d'Amb.;
6º L'IDOMBABI, d'Amb., *juffertje*, d'Amb.;
7º Le KOURKIPAS d'Amb.;
8º Le PARU du Brésil, *cambing*, d'Amb.;
9º Le TAFALVISCH d'Amb.;
10º Le BYOU d'Amb., *gulletic*, d'Amb.;
11º Le KLIPVISCH d'Amb.;
12º Le BROCADE d'Amb.;
13º Le POSTKOP d'Amb.;
14º Le BODRIEGER d'Amb.;
15º Le BONTE-HOEN d'Amb.;
16º Le WABOULANG d'Amb., *zilvern visch*, d'Amb.;
17º L'OUDWYF d'Amb.;
18º Le CAANTIE d'Amb.;
19º Le BANDERA d'Amb.;
20º Le SCHORET d'Amb.;
21º Le JOURDIN d'Amb.;
22º Le TACI d'Amb.;
23º L'ÉVERSE d'Amb.;
24º Le BONGON d'Amb.;
25º Le LANGNEUS d'Amb.;
26º Le BOUSSOUK d'Amb.;
27º Le MORON, BOUSSOUK d'Amb.;
28º L'ACARA du Brés.;
29º Le BOT d'Amb.

Le REMORA, Pline, *Echeneis*, Arist., *sucet, arrête-nef, poisson d'ordures*, parce qu'il mange les excréments des animaux qu'il suit, *iperu quiba*, des Brésil., forme un genre de poisson qui se reconnaît aux stries qu'il a sur la tête.

On en connaît deux espèces.

Le *rémore* proprement dit, *remora* des anciens, est de la Méditerranée, a environ un pied de longueur, il est brun, couvert de petites écailles.

Sa tête porte en dessus vingt-deux stries transversales dentelées, coupées en deux par un filet longitudinal, qui forment une surface elliptique par laquelle il s'attache par succion de ventouse aux poissons et aux vaisseaux avec une telle force qu'on les arrache plutôt que de les en séparer.

Ce poisson vit des excréments des autres poissons et des animaux, comme le pilote, et c'est pour cette raison qu'il suit les gros poissons, surtout le requin dont il mange les restes. Il n'est donc point stable dans un lieu ; il voyage en compagnie comme ces animaux. Lorsqu'un grand nombre de ces poissons s'attache autour d'un vaisseau, il n'est pas douteux qu'ils doivent en retarder la marche, comme on sait que fait le gland de mer, le pousse-pied et que pourrait faire tout autre coquillage capable de s'y attacher.

Pline nous apprend que le vaisseau amiral que montait Antoine dans la bataille d'Actium fut retardé tout à coup quoique le vent ne cessât de souffler et d'enfler les voiles ; et que celui du prince Caïus Caligula, qui revenait d'Asture à Antium, ayant été retardé seul de toute la flotte, quoiqu'il fût aidé de cinq rangs de rames ou de l'effort de quatre cents rameurs, des gens du vaisseau plongèrent et trouvèrent une espèce de petit poisson long d'un demi-pied, collé en grande quantité contre le gouvernail et sous la quille du vaisseau et qui occasionnait ce ralentissement. Mutianus rapporte que des coquillages opérèrent la même merveille en s'attachant en grande quantité sous le vaisseau que Périandre, tyran de Corinthe, envoyait avec ordre de mutiler inhumainement trois cents enfants nobles de Corcyre (Corfou), et que depuis ce temps on honora ce coquillage à Gnide, dans le temple de Vénus.

Pline compare ce coquillage au limaçon; nous ne connaissons que le gland de mer, *balanus,* et le pousse-pied, espèce de bernacle, *anatifera,* qui se colle ainsi aux vaisseaux, non pas d'un moment à l'autre, mais dès leur naissance, car ces animaux une fois fixés sur un endroit ne le quittent plus; leur coquille ou leur empâtement y est si fort adhérent qu'il serait plus facile de le déchirer que de le décoller. Il pourrait se faire aussi que le polype à coquille appelé *nautile* ou *voilier*, se fût attaché d'un moment à l'autre au vaisseau de Mutianus, en supposant qu'au moment de son départ il eût été raclé, et comme il est d'usage aujourd'hui de nettoyer la quille des vaisseaux des balanes ou glands de mer et des pousse-pieds qui s'y attachent lorsqu'ils restent tranquilles cinq ou six mois dans certains ports de mer, surtout dans les pays chauds, qui sont si favorables à la production de ces animaux.

A l'égard du poisson qui arrêta le vaisseau d'Antoine, les anciens ne sont pas bien d'accord sur sa grandeur. Oppien lui donne deux pieds de longueur et la forme de l'anguille. Pline dit qu'il n'avait qu'un demi-pied. Mais dans la même espèce de poisson il y en a de plus grands et de plus petits; et comme parmi les poissons connus il n'y a que le rémore qui ait un suçoir capable de l'attacher ainsi, et que d'ailleurs on en voit tous les jours s'attacher au gouvernail et à la quille des vaisseaux pour se faire transporter au loin, on ne peut guère douter que le poisson auquel nous donnons aujourd'hui ce nom ne soit celui auquel les anciens ont attribué cette faculté.

Le *sucet*, ou la deuxième espèce de rémore, celle des tropiques, diffère de celle de la Méditerranée dont les anciens ont parlé, en ce que : 1° il est plus grand, d'un brun verdâtre sur le dos et blanc sale sous le ventre; 2° les nageoires pectorales ont dix-huit rayons, au lieu que celles du rémore n'en ont que seize; 3° sa nageoire dorsale en a trente-six et l'anale quarante, pendant que le rémore en a trente-sept à la première et trente-neuf à la dernière.

8ᵉ Famille. LES SPARES, *SPARI.*

Les poissons de cette famille ne diffèrent de ceux de la famille des rémores qu'en ce que leur queue est *fourchue.* Nous les divisons en quarante-huit genres, savoir :

1° Le SENOL du Sénégal ;

2° Le BESAAN d'Amb.;

3° Le TOUTETOU d'Amb., *mamel,* d'Amb.;

4° Le PAMPUS d'Amb., *galio ensvisch,* d'Amb.;

5° L'ACARA-PITAMBA du Brés.;

6° L'ACARA-AJA du Brés.;

7° Le GIABAR ou *koroi,* du Sénégal ;

8° Le SWANGI d'Amb.;

9° La CANADELLE, *chane,* Arist., *serrau ;*

10° Le CASTAGNOL, *chromis,* Arist., *smaris,* Arist.;

11° Le DYTER d'Amb.;

12° Le SAAGVISCH d'Amb.;

13° Le DUIVER d'Amb.;

14° Le SPARE, *sparus ;*

15° Le CAFFER d'Amb.;

16° Le BASILISSA, Ruysch ;

17° Le HILA d'Amb.;

18° Le PAGRE, *pagrus ;*

19° Le SCHOL d'Amb.;

20° Le SPITNEUS d'Amb.;

21° Le BUTAM, Sénégal ;

22° Le QUICK d'Amb.;

23° Le RAVENBAK d'Amb.;

24° Le EENHORN d'Amb.;

25° Le SNAVELAAR d'Amb.;

26° Le PENTI de Malte ;

27° Le PHOENIX d'Amb.;

28° Le KESEL du Sénégal ;

29° Le ICAN-SWANGI d'Amb.;

30° Le HONIMO d'Amb.;

31° L'ODON d'Amb.;

32° Le SAALVISCH d'Amb.;

33° Le COJER, LANDT, d'Amb.;

34° La TOUA d'Amb.;

35° Le CHIRURGIEN, *acarauna ;*

36° Le PARRING d'Amb., *chœtodon,* Linn.

37° Le BAZUIN d'Amb.;

38° La BOURGONJÈSE d'Amb.;

39° L'OCCAS, Sénégal, *aipimixira,* du Brés.;

40° Le TANG-BRASSEM d'Amb.;

41° Le KATE, Sénégal, *la kaistie,* d'Amb.;

42° Le CAMBOTO d'Amb., *luçcesje,* d'Amb.;

43° Le SOETACK d'Amb.;

44° Le TERKOEKÉE ;

45° La POSSJE d'Amb.;

46° Le MOUSSON d'Amb.;

47° Le VOORN d'Amb.;

48° Le COURCO d'Amb.

Le genre de la CANADELLE ou du SERRAN, *Chane,* Arist., *hepatus,* Belon, *sachetto,* à Venise, se reconnaît à ce que : 1° sa nageoire dorsale est comme fendue en deux, plus haute devant que derrière, et épineuse dans sa moitié antérieure; 2° la nageoire de l'anus est plus longue que profonde, épineuse au-devant; 3° enfin ses joues sont écailleuses et dentées.

Il y en a quatre espèces, savoir :

1° Le serran ou la canadelle , le cagno de Naples , *chane*, Arist.;

2° La merel des Indes et du Sénégal;

3° La moruc ou kanil du Sénégal ;

4° L'Hépatus ou libas, Arist.

Le *serran* ou la *canadelle*, appelée *cagno* à Naples, *chane*, Arist., *sopracielo* en Ital., ainsi appelé parce qu'il a la bouche béante et la mâchoire inférieure plus avancée que la supérieure, est commun dans la Méditerranée, où il vit autour des rochers.

Il a le corps et la bouche du loup de mer, *lupus*.

Il est rouge mêlé de cendré noir vers le dos.

Aristote dit que tous les individus sont femelles et féconds, mais on sent bien que c'est une erreur.

L'*hepatus* est noir, solitaire, carnivore, sans fiel, deux pierres dans la tête, à dents pectinées, yeux grands, saxatile au fond de la mer, chair médiocrement bonne.

Le genre du CASTAGNOL, *chromis*, Arist., diffère de celui du serran en ce que : 1° les joues ne sont pas dentées; 2° sa bouche n'est pas grande; il y en a deux espèces.

Le *castagnol, chromis*, Arist., *monachelle*, en Sicile, est rouge brun, avec un filet au bout des nageoires ventrales.

Il se plaît dans la Méditerranée, sur les rivages herbeux.

Il a l'ouïe fine et une pierre dans la tête qui le blesse pendant le froid.

Il fraie une fois l'an au milieu des plantes marines comme dans un nid.

C'est le meilleur des poissons au printemps.

Le *gerres, maris*, Arist., *cerrus*, Plin., *gerrulli, giroli*, à Venise, est petit et peu estimé; on le sale.

Il est commun sur les rivages herbeux.

Il est blanc l'hiver et noirâtre l'été.

Le genre du SPARE, *sparus*, se reconnaît à quatre caractères : 1° son corps est court; 2° la nageoire dorsale est plus haute devant que derrière, et épineuse dans sa moitié antérieure; 3° la nageoire anale est plus longue que profonde, et épineuse au-devant; 4° ses joues sont écailleuses.

On en connaît cinq espèces, savoir :

1° Le spare, *sparus,* Arist.;   4° Le canto de Marseill., *cantheno,*
2° Le sargo, *sargus,* Arist.;   *cantharus,* Arist.;
3° Le variato de Naples;   5° L'oureigne, Sénégal, Sarde, Franc.

Le *spare, sparus, rhuas,* Arist., *sparulus,* Ovid., *spariglione,* de Messin., *spergus, caspargue,* ainsi appelé parce qu'il palpite, du mot σπαίρειν, *palpitare.*

Il est cendré, avec une tache cendré noir vers la queue.

C'est un poisson de rivage et de la Méditerranée, qui se plaît dans les lieux herbeux au printemps. En été, il entre avec la dorade dans les étangs herbeux pour y frayer. En hiver, il s'attroupe pour gagner les bas-fonds parce qu'il craint le froid.

Sa chair est tendre, succulente, plus facile à digérer étant bouillie que rôtie.

Le *sargo, sargus,* Arist., est jaune, avec une tache noire près de la queue et au bout des nageoires.

Il fréquente les rochers de la Méditerranée, où il se nourrit des restes du mulet.

Il fraie deux fois l'an, savoir : au printemps et en automne.

Il est très-lubrique et suit beauconp de femelles.

Il est fort rusé, et lorsqu'on l'a pris à l'hameçon, il s'engage dans les rochers pour couper la ligne.

Sa chair est plus sèche, plus dure que celle de la dorade.

Le *canto,* à Marseill., *cantharus,* Arist., l'*enfumé,* Gaz., est semblable au *sargo,* et coloré comme l'orphe.

Il vit sur le rivage de la Méditerranée.

Sa chair n'est pas bien succulente.

Le genre du PAGRE, *pagrus*, Arist., ne diffère de celui du spare, qu'en ce que son corps est médiocrement allongé.

Il y en a treize espèces, savoir :

1° Le pagre, *pagrus;*
2° Le bogue, rarel, *boops;*
3° Le synagris, synodon, dentex, Plin., denton, Ad.;
4° La chouelle, *erythrinus*, Arist., Pagel, en Esp., Rond., Frangolin, Rond.;
5° Le jarel, *mœna*, Arist.;
6° Le marmo ;
7° Le herrara, *mormyrus ;*
8° Le chopaz, en Espagne, *salpa ;*
9° Le bezugo, en Espagne, louverne, de Naples ;
10° Le busongle de Marseill.;
11° La dorade, *aurata, chrysophrys*, Arist.;
12° Le bogue, *boke*, Arist.;
13° Le bogue.

Le *pagre, pageon, pagrus, phagrus*, Arist., est un poisson rouge pâle, commun dans la Méditerranée, qui aime la chaleur, qui fréquente pendant l'été les rivages et même l'entrée des rivières bourbeuses, et qui, pendant l'hiver, gagne le fond des grandes eaux. Il est solitaire.

Il se nourrit de canadelle et autres petits poissons, et de sèches et vermisseaux qui vivent dans la vase.

Il a des pierres dans la tête, et la vessie d'air fort grande.

Sa chair se cuit difficilement, mais elle est très-nourrissante. Elle est meilleure au printemps.

C'est un poisson sacré chez les Égyptiens, habitants de Syène, selon Oppien.

Le *dentex*, Ovid., Plin, *synodon*, Athen., *denton* des Espag., *synagris*, Arist., *bocinigre*, des Espag., est un poisson rouge pâle qui vit en troupe dans la Méditerranée comme le pagre, c'est-à-dire cherchant pendant l'été les rivages et même l'entrée des rivages herbacés et limoneux, et qui, craignant le froid pendant l'hiver, va au fond des eaux.

Il vit de plantes marines, de chair, d'insectes et de poissons, souvent même son ventre en est si ferme qu'il semble crever.

Il a deux pierres dans le cerveau, et le fiel collé sur les intestins.

La *chouelle, erythrinus*, Arist., *rubellio*, Théod., *fragolino*, à Rome, *arbore*, à Venise, appelé improprement *pagel* par Rondelet, est rouge de sang autour de chaque écaille qui est jaunâtre.

Il est particulier à la Méditerranée, dont il habite le fond en hiver. En été, il approche du rivage où on le prend.

Il a des pierres dans la tête.

Comme on trouve plus de femelles que de mâles, Aristote dit que cette espèce n'a pas de mâles.

Sa chair est blanche, de bon suc, mais laxative.

Le *jarel, Mæna*, Arist., Pline, Haler, Gaz, *jusele*, Narton, est un petit poisson cendré noir, mêlé de rouge, plus foncé pendant l'été.

Il vit en société dans la Méditerranée, sur les rivages herbeux.

C'est le plus fécond des petits poissons; il fraie en hiver.

Il est peu estimé, ou moins que le spare, mais plus que le goujon de mer; il est plus gras dans la saison du frai. On le sale ordinairement, et il sert d'amorce pour prendre la dorade.

Le *marmo, mormyrus*, Arist., *herrera*, Espagne, *morme*, de France, *marmolo*, de Napl., ainsi nommé parce qu'il murmure comme l'eau, est un poisson peint, c'est-à-dire varié de couleurs.

Il vit dans la Méditerranée, sur le rivage sablonneux où il se cache.

Il fraie l'été.

Sa chair est nourrissante, mais de peu de mérite.

L'*aurata*, et par corruption la *dorade, aurata*, Columel., *chrysophrys*, Arist., *orata*, Nal., est un poisson jaune doré à dos cendré, de la Méditerranée, qui craint le froid, et se cache l'hiver au fond des eaux, et qui, l'ét é fréquente le rivage et même les lacs d'eau salée où il vient frayer.

C'est le plus timide des poissons ; il vit d'insectes et surtout de coquillages qu'il brise avec ses mâchoires, dont le palais est pavé d'une centaine de dents arrondies, que l'on confond souvent avec les pierres de l'estomac du crabe, qui ont à peu près la même forme, et qu'on nomme *crapaudines, bufonites*.

Sa chair passait, chez les anciens, pour la meilleure de tous les poissons, lorsqu'on la nourrissait avec des coquillages du lac Lucrin.

On confond tous les jours ce poisson avec la dorade, qui est un poisson allongé de la haute mer des tropiques, et fort différent.

Le *bogue, boca*, Arist., *boops*, Rond. *Voca*, Gaz., ainsi nommé parce qu'on dit que c'est le seul poisson qui ait de la voix, et selon quelques-uns, parce qu'il a des yeux de bœuf, est commun dans la Méditerranée.

Il vit en troupe au bord du rivage.

On s'en sert pour amorcer le *dentex*.

Sa chair est tendre et de bon goût bouillie, mais plus succulente rôtie.

L'ACARANA du Brésil, appelé la lancette ou le chirurgien, forme un genre différent de tous ceux de la famille des spares, en ce qu'il porte aux deux côtés de la queue un petit osselet couché horizontalement, et tranchant aux deux extrémités comme une lancette.

Ce poisson est commun dans la mer du Sénégal et du Brésil , surtout autour des rochers de l'île de Gorée.

Il y vit de plantes marines.

9e Famille. LES PERCHES, *PERCÆ*.

Cette famille ne diffère de celle des spares qu'en ce que les poissons qui la composent ont *deux* nageoires au dos.

Elle comprend douze genres qui sont :

1° La PERCHE, *perca;*
2° Le SURMULET, *trigla;*
3° Le POISSON VOLANT, *rondola*, à Rome ;
4° Le MARAMA, *lyra*, cabot ;
5° Le TOTÉ du Sénégal ;
6° L'ABALEUW d'Amb.;
7° Le NAOUTI d'Amb.;
8° Le FOLO d'Amb., *springer;*
9° Le LOUPERT d'Amb.;
10° Le TAJA d'Amb.;
11° Le KAMELVISCH d'Amb., poisson chameau.
12° Le GOUJON de rivière, d'Amb., Coyett;

Tous ces poissons ont la queue fourchue, excepté quelques espèces de marama ou de lyre.

Le poisson volant et le marama ont au-devant des nageoires ventrales des appendices qui s'avancent souvent au-devant des pectorales, qui leur servent quelquefois comme à marcher, et qui semblent par là rapprocher ces poissons de la famille des boulerots ou goujons de mer, *gobii;* mais les nageoires ventrales sont placées immédiatement sous les pectorales, comme celles des spares, des scares, et des rémores.

Le genre de la PERCHE se reconnaît à ce que, 1° la nageoire dorsale antérieure est épineuse; 2° l'anale est pareillement épineuse, plus profonde que longue; 3° ses joues sont écailleuses et dentées.

Il y en a cinq espèces, dont les principales sont :

1° La perche, *perca,* Auson., *perke,* Arist.;
2° Le robalo d'Espagne, loup de mer, *lupus,* Ovid., lubin ou lubine ;
3° Le baila d'Espagne.

1° *La perche, perca, Perke,* Arist., est un poisson d'eau douce qui vit dans les rivières et surtout dans les étangs pierreux, herbeux, mais d'eau claire.

Il est très-carnassier et vorace, il se nourrit de vers de

terre, d'écrevisses, de grenouilles et de petits poissons de son espèce.

La femelle jette ses œufs en mars et avril, entre les roseaux, ils sont liés et enfilés à peu près comme ceux de la grenouille.

La perche est extrêmement vive et nage facilement. Les quatorze épines de sa première nageoire dorsale sont dangereuses ; elle s'en sert très-adroitement pour se défendre, en les hérissant contre le brochet et les autres poissons voraces qui veulent l'attaquer. Elle en blesse aussi tous les autres poissons qu'elle heurte en bondissant et sautillant quand elle est en colère.

Elle devient néanmoins toujours la pâture du brochet qui est beaucoup plus fort.

On la prend aisément à l'hameçon amorcé avec des vers de terre, et elle est la meilleure amorce pour prendre le brochet.

Sa chair est molle est d'assez bon goût.

On trouve dans sa tête deux pierres, que la médecine réduit sur le porphyre en une poudre fine qu'elle donne comme absorbant à la dose d'un à deux grains, pour la pleurésie et pour dissoudre la pierre des reins. Cette poudre est aussi bonne pour blanchir les dents.

Le *loup de mer, lupus,* Ovid., *labrax,* Arist., le *lubin,* la *lubine, perca,* 7, Arted., *Synon.,* 69, est un poisson jaune argenté qui vit solitaire dans la mer océane et dans la Méditerranée, près du rivage, dans les lieux sablonneux et couverts de fucus en été et en hiver, au fond des grandes eaux. Selon Aristote, il remonte les rivières et les étangs d'eau salée.

Il est très-vorace et vit de plantes marines, de crustacés et de petits poissons. Souvent il ronge la queue du mulet dont il est l'ennemi juré.

Il fraie deux fois l'an savoir : au printemps et en automne, alors il s'enterre souvent dans le sable, qu'il sillonne, et il y cache ses œufs.

Les vieux lubins nagent volontiers à la surface de l'eau, au lieu que les jeunes plongent.

Ils dorment le jour, ils ont l'ouïe très-fine, et deux pierres dans la tête.

On estime davantage le lubin qui reste dans la haute mer que celui qui remonte les rivières, et il est meilleur en hiver que dans le temps du frai. Sa chair est sèche et peu nutritive. On le sale, on sèche ses œufs comme ceux des muges.

Le SURMULET, *trigla*, Arist., *mullus*, Ovid., est un poisson qui diffère de la perche en ce qu'il a deux barbillons au menton. On en connaît deux espèces :

Le *surmulet*, *trigla*, Arist., *rouget*, à Marseill., est un poisson de la Méditerranée qui vit également dans les étangs salés, sur les rivages, et entre les sables et les rochers.

Il ne passe guère le poids de deux livres.

Il vit en troupe et se nourrit de plantes marines, de vers, de coquillages et de cadavres.

Son nom, *trigla*, lui vient de ce qu'il fraie trois fois dans l'année, savoir : le printemps, l'été et l'automne. Il pose ses œufs dans le limon.

Ce poisson a été consacré à Diane, à cause de son triple part ; sa chair est de bon goût : on estime davantage celle de ceux qui vivent entre les rochers, et il surpasse le rouget en bonté.

Le genre du POISSON VOLANT, *rondola*, à Rome, se distingue à deux caractères : 1° ses nageoires pectorales sont si amples qu'elles égalent presque toute la longueur de son corps, et qu'elles lui servent pour voler au-dessus des eaux ; 2° il a au-devant des nageoires pectorales six filets qui en semblent une division.

Le poisson volant, *rondola*, à Rome ; *milvus*, Pline ; *ierax*, Opp., *accipiter, chelidon*, Arist., hirondelle de mer, faucon de mer appelé *nancar* au Sénégal, habite le milieu des mers, surtout entre les tropiques. On en voit aussi dans la Méditerranée, où on l'appelle encore *lucerna*.

Il vole par troupe et fort vite, à huit ou dix pieds au-dessus des eaux, lorsqu'il est poursuivi par les dorades, les thons et les bonites; mais son vol n'est pas long, à peine de vingt à trente toises, parce que ses nageoires sont bientôt desséchées; il est plus long lorsqu'il pleut. Comme ce vol s'exécute toujours suivant une ligne droite et qu'il ne peut se détourner, lorsque ce poisson rencontre un vaisseau sur son passage, il le traverse, ou si son vol est sur sa fin, il tombe dessus; on en prend souvent ainsi en pleine mer, surtout lorsque l'on voyage entre les tropiques, vers le mois d'avril et de mai.

Sa chair est fermé et bien inférieure à celle du hareng.

Le genre du MALARMAT ou MARAMA, *lyra*, Arist., ne diffère de celui du poisson volant qu'en ce que : 1° ses nageoires pectorales, quoique grandes, ne lui servent point pour voler; 2° elles n'ont au-devant d'elles que deux à trois filets.

Il y en a six espèces, savoir :

	Filets pectoraux.	Deuxième nag. dors., ray.	Première nag. dorsale, ray.
1° Le couroucouri de Naples, *imbriago*, de Marseille............	3	15	10
2° Le briage de Marseill...........	3	16	10
3° Le bulgau de Marseill...........	3	16	9
4° Le cabot de Marseiil...........	3	19	9
5° La linotte de Toulon...........	3	20	9
6° Le marama, *malarmat* de Marseille, malarmé ou rouget, *lyra*, Arist.	2	18	6

10ᵉ FAMILLE. LES MAQUEREAUX, *SCOMBRI*.

Cette famille se distingue de celle des perches et de toutes les autres qui ont comme elle les nageoires ventrales au-dessous des pectorales, en ce que les rayons de la nageoire de la queue sont *réunis* par une membrane très-serrée. On en connaît 16 genres qui sont :

1° Le MÁQUEREAU, *scomber*, corps aplati, long, deux nageoires dorsales petites et cinq à neuf pinnules ;

2° Le BONGON d'Amb., corps aplati, long, deux nageoires dorsales petites;

3° Le SPHYRCONA, Arist., *rakao*, Sénégal, corps aplati, long, deux nageoires dorsales, la postérieure longue ;

4° La LICHE, *ancia*, Arist., *lichia*, corps comprimé médiocrement long, deux nageoires dorsales, la postérieure longue ;

5° Le TRACHURE, Saurel., de Marseill., corps comprimé médiocrement long; deux nageoires dorsales; la postérieure plus longue ;

6° Le OARANGAL du Sénégal, *carangue*, corps court, deux nageoires dorsales ;

7° Le ELIZ, d'Amb., *tortase*, d'Amb., corps court, deux ou [trois nageoires dorsales ;

8° Le GALLE-GALLE d'Amb., corps cylindrique long, une nageoire dorsale longue comme fendue en deux ou trois ;

9° Le GLAUCUS, *fou de mer*, corps comprimé très-court, une nageoire dorsale longue ;

10° Le FANTA du Sénégal, corps comprimé très-court, une nageoire dorsale longue avec un filet long ;

11° L'ABACATUAIA du Brés., corps comprimé très-court, une nageoire dorsale longue avec un filet long ; ligne latérale dentée ;

12° Le BEZELAN d'Amb., corps comprimé très-court, une nageoire dorsale longue à filet ;

13° Le SENOL du Sénégal, corps comprimé triangulaire, une nageoire dorsale longue sans filet ;

14° La DORADE, *hippurus*, corps comprimé très-long, une nageoire dorsale longue, deux nageoires ventrales à une épine ;

15° Le LAYER, à corps comprimé médiocrement long, une nageoire dorsale longue ;

16° L'ESPADON, à corps comprimé médiocrement long, deux nageoires dorsales.

Le nombre des nageoires dorsales de ces poissons n'est pas fixé; il varie de un à onze.

Le MAQUEREAU, *scomber*, Arist., Ovid., est un genre de poisson qui se distingue de tous les autres de cette famille en ce que son corps porte derrière les nageoires dorsales et l'anale cinq à dix petites pinnules ou nageoires détachées.

J'en ai reconnu onze espèces qui sont :

	Pinnules dors.	Pinnules anales.	Rayons de la première nageoire dorsale.	Rayons de la deuxième nageoire dorsale.	Rayons de la nageoire anale.
1° Le saurion, Marseill., *colias*, Arist..........	5	5	9	11	12
2° Le grand saurion....	5	5	11	13	14
3° Le maquereau, *scomber*...............	5	5	10 à 11	12	13
4° La Pélamide d'Aristote, *pelamys*........	7	7	15	11	14
5° La Pélamide de la Méditerranée...........	8	7	14	14	13
6° La bonite du Sénégal.	8	7	16	14	15
7° La grande oreille, Sénégal..............	8	8	14	15	15
8° Le krad, Sénégal.....	8	8	16	18	19
9° La bonite de la côte de Kent, en Angleterre..	9	8	»	»	»
10° Le thon de Gorée...	9	9	13	10	10
11° Le thon des anciens, *thymnus*..........	10	8	14	14	13

Le *maquereau*, *scomber*, Arist., Plin., est ainsi nommé parce que, dès le printemps, il suit les petites aloses qui sont appelées *pucelles* ou *vierges*, et les conduit, dit-on, à leurs mâles.

C'est un poisson de passage qui vit et voyage par troupe. Selon Anderson, il reste l'hiver au milieu des mers du Nord; au printemps, il vient visiter l'Europe jusqu'à la Méditerranée, en côtoyant l'Islande, le Jutland, l'Écosse et l'Irlande; de là il entre dans l'océan Atlantique où une colonne, passant devant le Portugal et l'Espagne, va se rendre dans la Méditerranée, pendant que l'autre colonne entre dans la Manche où elle paraît en mai sur les côtes de France et d'Angleterre, et en juin devant celles de Hollande à son retour; elle n'est qu'en juillet sur la côte du Jutland où elle détache une division qui entre dans la mer Baltique pendant que le reste passe devant la Norwège et s'en retourne au Nord.

Suivant cette marche indiquée par Anderson, les maquereaux feraient en trois mois de printemps une fausse route en venant du Nord pour y retourner en partie, et ceux qui seraient entrés dans la Méditerranée y resteraient l'hiver, mais cela est contredit par l'expérience. Le maquereau ne s'écarte point de la règle générale des animaux qui font des migrations; il passe l'hiver dans des mers tempérées situées entre les îles Canaries et les Açores. Au printemps, il gagne les côtes de l'Europe; une partie va dans le Nord pendant que l'autre entre dans la Méditerranée vers avril et mai. C'est en juin qu'il fraie, et il s'en retourne en août et en septembre au milieu des mers tempérées.

Ses œufs sont enfermés dans une petite membrane.

Ses petits croissent très-vite; ils se nourrissent de fucus et autres plantes marines. Sa chair est ferme et des plus goûtées parmi les poissons marins.

Les Écossais salent le maquereau comme le hareng. Les habitants de la Basse-Bretagne et de la Normandie le paquent aussi avec de la saumure pour l'envoyer à Paris, en Champagne et dans d'autres provinces où on en consomme beaucoup.

La *pélamide, pelamis,* Arist., *limosa, limaria,* Plin., ou le *germon,* est une espèce de thon qui habite, comme le maquereau, l'Océan tempéré, entre les îles Açores et les Canaries pendant l'hiver, et qui, au printemps, entre dans la Méditerranée par troupe pour y passer l'été.

Il reste particulièrement sur les côtes limoneuses et voisines de l'embouchure des rivières. Il y fraie une fois l'an.

Sa chair est ferme, très-nourrissante, assez difficile à digérer et diurétique; celle que l'on sale est laxative.

La *bonite* est encore une espèce de maquereau qui tient le milieu entre la pélamide et le thon. Il y en a deux espèces auxquelles on peut ajouter la grande oreille.

Elle reste toujours dans le milieu de l'Océan, entre l'Angleterre, l'Afrique et l'Amérique, où elle vit par troupe et fait la chasse aux muges volants.

Ce poisson se prend à la fouine, au harpon, au trident, et plus souvent à l'hameçon amorcé de deux plumes blanches de pigeon, et attaché à la vergue du vaisseau, dont les mouvements lui font prendre cette amorce pour un poisson volant après lequel il s'élance pour l'avaler.

Le *thon, thymnus,* ainsi nommé parce qu'il est fort craintif, qu'il s'agite beaucoup quand il tonne, et qu'il cherche à se cacher dans les cavernes.

Il y en a de cinq à six pieds de longueur et du poids de cent vingt livres et plus. Le mâle diffère de la femelle en ce qu'il a moins de nageoires sous le ventre (Arist.).

C'est un poisson de passage qui vit en troupe et qui paraît passer l'hiver dans l'Océan tempéré, entre les Canaries et les Açores, et qui, poursuivi par le poisson appelé l'*empereur* ou *espadon,* entre au printemps dans la Méditerranée où il reste jusqu'en octobre. Il nage aussi vite qu'un vaisseau à la voile, et on entend le bruit qu'il fait sous l'eau en nageant.

Il y fraie une fois l'an seulement, en juin, vers les lieux limoneux remplis de varechs dont il fait sa principale nourriture. Ses œufs sont enfermés dans une espèce de poche ; il mange aussi des sardines, des petits poissons, et quelquefois ses petits.

Ses petits s'appellent d'abord *cordyla ;* peu après on les appelle *pélamides,* et ce n'est qu'au bout d'un an qu'on leur donne le nom de *thons;* les plus grands thons s'appellent *ceti.*

Ce poisson vit longtemps et engraisse beaucoup. Sa chair est ferme, pesante, divisée comme par rouleaux ou par couches concentriques rougeâtres. Elle est délicieuse étant rôtie; on la fait cuire aussi et on la marine avec l'huile et le sel, et elle se transporte sous le nom de *thonine.*

Sur les côtes de Bayonne, où il paraît depuis le 15 avril jusqu'au 1ᵉʳ octobre, on le pêche à l'hameçon recouvert d'un vieux linge imitant une sardine, le bateau restant toujours à la voile. Chaque bateau prend jusqu'à cent cinquante thons en un jour.

Les habitants de l'île de Gade, voisine du détroit de Gibraltar, le pêchent en mai et juin, temps où il passe par le détroit de Gibraltar. Alors ils font plusieurs décharges d'arquebuses qu'ils accompagnent de grands cris, au son des tambourins, pour effrayer les thons, qui se dispersent et se précipitent étourdiment dans les fossés creusés au bord de la mer où ils se trouvent enveloppés de filets.

Ce n'est qu'en août et septembre qu'on fait cette pêche sur les côtes de Provence. On se sert pour cet effet d'un grand filet appelé *madrague,* dans lequel on en prend jusqu'à deux mille en un jour. Cette pêche est si amusante qu'elle fut du nombre des fêtes qu'on jugea dignes des petits-fils de Louis XIV, lorsque ces princes firent, en 1702, un voyage à Marseille.

Le SPET, *sphyræna,* Arist., *sudis,* Gaz., *malleolus, cestra,* Attic., *luceio marino* des Ital., brochet de mer, diffère du genre du maquereau, *scomber,* en ce qu'il n'a que deux nageoires dorsales dont la postérieure est fort longue.

Il y en a de trois espèces, savoir :

1º Le spet, Rond., *sphyræna ;*
2º Le spet à ventre noir, et chair transparente ;
3º Le nakao du Sénégal.

Le *spet, sphyræna,* Arist., a la figure du brochet ; il vit en troupe dans la Méditerranée.

Sa chair est blanche, sèche, dure et plus nourrissante que celle du congre.

Le *nakao* est le meilleur poisson de la mer dn Sénégal, et supérieur au maquereau, à l'alose.

La LICHE, *amia,* Arist., *lichia,* à Rom., *trocta,* Æli, appelée faussement *pélamide* par les Languedociens, est un poisson de passage qui va par compagnie et qui passe l'hiver au Sénégal et l'été dans la Méditerranée, où il vit sur les bords vaseux et voisins de l'embouchure des fleuves et dans les fleuves mêmes.

Il diffère du genre du spet en ce que son corps est médiocrement long.

Il vit de vermisseaux et de petits poissons.

Son fiel et sa rate sont aussi larges que ses intestins.

Sa chair est ferme et d'un bon suc.

L'OARANGAL ou la CARANGUE forme un genre de poisson différent de celui de *l'amia* en ce que : 1° son corps est court; 2° sa ligne latérale est rude , épineuse et dentée comme une scie.

On en connaît trois espèces :

> 1° La carangue d'Amérique;
> 2° L'oarangal bleu du Sénégal ;
> 3° Le sott ou sorett jaune du Sénégal.

La *carangue* a trois ou quatre pieds de longueur sur quatre à cinq pouces d'épaisseur et un pied de hauteur.

Elle vit dans la mer, autour des rochers, et nage comme en sautillant.

Sa chair est blanche, ferme et fort bonne. Sa tête se met au bleu ou en soupe, et donne une gelée aussi bonne que celle du veau et du chapon.

La DORADE , *hippurus,* Arist. , *equisetis ,* Gaz. , *daufin ,* Belg., *coryphæna,* Dorion, *arneute ,* Numeni, est le plus beau des poissons de la mer; il est bleu sur le dos avec des taches rondes dorées et blanc cendrées sous le ventre.

Il forme un genre différent des autres de la famille des

maquereaux en ce que son corps est très-long et que sa nageoire dorsale est très-longue et à rayons mous.

C'est un poisson de haute mer, particulier aux mers des tropiques, et qui se voit quelquefois dans la Méditerranée pendant l'été, et qui retourne l'hiver dans celle des tropiques.

Il nage avec une grande vitesse, et poursuit avec vigueur les poissons volants qui sont sa pâture. On le prend, comme la bonite, avec un hameçon garni seulement de deux plumes de pigeon qui imitent les ailes d'un muge-volant.

Il fraie au printemps dans la Méditerranée, sur le fucus des rochers, autour des îles.

Sa chair est ferme, sèche et médiocrement bonne.

L'ESPADON ou l'*empereur*, *Xiphias*, Arist., est un genre différent de la sphyrena en ce que : 1° son bec est prolongé en un dard cylindrique grenu sans dents en dessous.

Il y en a deux ou trois espèces :

> 1° Le xiphias ou espadon;
> 2° L'empereur à bec déprimé plat ;
> 3° Le layer ou guebucu.

L'*espadon*, *xiphias*, Arist., Arted., Syn. 47, Lin. *S.*, n.12, 452, *gladius*, Gesn., empereur, *emperador*, Ligur., *pesce spada* des Ital., a le corps cylindrique, long de quinze pieds, et du poids de cent trente livres, sans écailles; la mâchoire supérieure est une fois et demie plus longue que l'inférieure.

Il est particulier à la Méditerranée.

Il vit des poissons qu'on dit qu'il tue en les perçant avec son dard.

Les uns disent qu'il a peur de la baleine, d'autres disent qu'il l'attaque.

QUATORZIÈME SÉANCE.

XIe, XIIe, XIIIe, XIVe, XVe FAMILLES DES POISSONS.

LES CARPES, LES MUGES, LES SAUMONS, LES SILURES, LES RAIES.

Dans la séance précédente nous avons examiné dix familles de poissons dont les uns comme 1° les anguilles, 2° les coffres, n'ont pas de nageoires ventrales, tandis que d'autres comme 3° les soles, 4° les baraneous, 5° les morues, en ont deux qui sont placées au-devant des pectorales, et que les autres comme 6° les scares, 7° les rémores, 8° les spares, 9° les perches, 10° les maquereaux les ont placées au-dessous de ces mêmes pectorales. Dans celle-ci, nous allons parler des cinq familles restantes qui ont ces nageoires ventrales placées sensiblement bien loin derrière les pectorales, telles que 11° les carpes, 12° les muges, 13° les saumons, 14° les silures, 15° les raies.

11e Famille. LES CARPES, *CARPIONES*.

Les poissons de cette famille se reconnaissent à ce que : 1° les deux nageoires ventrales sont placées *loin derrière* les nageoires pectorales; 2° ils n'ont qu'une nageoire sur le dos, ou bien ils n'en ont point du tout; 3° ils ont la queue fourchue. Ces poissons forment environ vingt-sept genres :

1° Le TAOR, ou poisson doré de la Chine ;	6° La BRÈME, *brama*;
2° Le PLEKOSTOMUS, Gronov.;	7° Le STEIN-BRASSUN d'Amb.;
3° Le BARBEAU, *barbus*;	8° L'EKERBIRO d'Amb.;
4° La CARPE, *cyprinus*, une épine dorsale et une pectorale;	9° Le GARDON, *gardus* ;
	10° Le LAVARET, *lavaretus*;
	11° L'ARGENTINE, *argentina*;
5° La TANCHE, *tinca* ;	12° Le BOOTSHAAK d'Amb.;

13° L'ALOSE , *alosa*, Gaz., *thrissa*, Arist.;

14° Le KLIPVISCH d'Amb.;

15° Le BANDT-HOOFT d'Amb.;

16° Le LAYER d'Amb., le voilier ;

17° Le MUGE VOLANT , *exocœtus*, Arist.;

18° Le PETANIS , Ad., *pegasus*, Hoefl. *Piscicul volant*, Ruysch;

19° L'ORPHIE , *raphis coppi*, Belon., Arist., *acus*, Arist.;

20° Le PLATTANG d'Amb.;

21° Le BROCHET, *esox*, Plin. , *lucius*;

22° Le COLOMBO d'Amb.;

23° Le PETIMBREATA du Brés., poisson-trompette, Caselb, *solenostomus*, Gronov.;

24° Le VELI, Ad.;

25° Le CHOUWER-LAKI d'Amb., Ad.;

26° Le HOLOCENTRUS, Arted., M. S., Gron.;

27° Le MARAK d'Amb.

Le TAOR, ou *poisson doré de la Chine*, confondu mal à propos avec le *kin-yu* ou le poisson rouge du même pays, qui est une espèce de carpe, doit former un genre différent de celui de la carpe et de tous les autres de cette famille, en ce qu'il n'a pas de nageoires sur le dos ; elle disparaît vraisemblablement pour se confondre avec celle de la queue qui se replie en deux pour former une espèce de toit comme la queue de la poule , il a trois osselets aux ouïes comme la carpe et deux épines à la nageoire de l'anus.

Ce poisson est fort petit, grand à peine comme un hareng, et jaune doré, plus pâle dans les femelles.

Il se trouve naturellement dans les étangs limoneux et herbeux de la Chine, où il vit de vers et de plantes.

Il fraie au mois de mai sur les plantes aquatiques.

Les grands seigneurs chinois se plaisent à élever ces poissons dans des bassins profonds, garnis d'une touffe de jonc, et d'un pot renversé et percé de trous, afin qu'ils puissent se mettre à l'abri du soleil. On renouvelle cette eau deux fois par semaine. En le changeant de bassin il ne faut pas le toucher avec les doigts, mais le prendre au filet ; il est aussi sensible au moindre contact qu'au bruit du tonnerre, du canon , et aux odeurs fortes.

On en a vu cinq en 1755, chez M. Tesdorpf, fameux négociant de Lubeck, et ils peuvent réussir aussi bien que les carpes rouges. Ces poissons sont fort amusants, ils connaissent ceux qui leur donnent à manger ; ils montent à la surface de l'eau dès qu'ils les aperçoivent, et un coup de sifflet les rassemble ; ils approchent, et jouent avec beaucoup de gaieté.

L'hiver, ils se nourrissent de la matière gélatineuse ou mucilagineuse qui croît sur les parois des bassins. On les met alors dans des vases de porcelaine, on les nourrit de pâte de froment, de limaçons, et de jaunes d'œufs.

Le BARBEAU, *barbus*, Auson., *mystus*, Belon, a été regardé jusqu'ici, par tous les naturalistes, comme une espèce de carpe, *cyprinus*, mais nous pensons qu'il doit faire un genre particulier qui en diffère par deux points principaux qui sont : 1º son corps plus cylindrique, plus allongé ; 2º sa nageoire dorsale courte ou plus haute que longue ; il a, comme la carpe, quatre barbillons, dont deux au menton. On en connaît quatre espèces :

Le *barbeau*, *barbus*, Auson., *mystus*, Belon, *cyprinus*, 14, Arted., *Syn.*, 8.

Il a les nageoires du ventre jaunes, et celles de la queue rougeâtres.

L'ouverture des ouïes est petite, d'où il arrive qu'il vit longtemps hors de l'eau.

Ce poisson est particulier à l'Europe, il ne se trouve que dans l'eau douce, et plus dans l'eau pure des rivières que dans celle des lacs ; il languit pendant l'hiver, et ne reprend des forces et de la vivacité qu'en été.

Il est vorace, et se prend facilement à la ligne.

Le barbeau était plus estimé autrefois qu'aujourd'hui, et celui des eaux pures est de meilleur goût que celui des eaux bourbeuses. Ses œufs ne doivent se manger en aucun temps. Ils purgent par haut et par bas, surtout au printemps. On prétend que son fiel fournit au jeune Tobie un remède à la cécité de son père.

La CARPE, *cyprinus*, Arist., Plin., a comme le barbeau quatre barbillons, dont deux au menton, mais plus courts; mais son corps est moins long, moins cylindrique, plus comprimé par les côtés.

Il y en a trois espèces dont les deux principales sont :

    1° La carpe, *cyprinus ;*
    2° Le kin-yu ou le poisson rouge de la Chine.

La *carpe, cyprinus, carpa, carpio,* Figul, est un poisson d'eau douce qui ne se voit jamais dans la mer, et qui est particulier aux rivières et aux étangs de l'Europe. On dit qu'elle se trouve aussi dans la Chine où elle est plus délicate.

Quoique les carpes des rivières dont l'eau est la plus pure et la plus rapide, comme celle de la Saône, de la Seine, et de la Loire, soient les plus estimées, néanmoins il semble que les étangs où l'eau est plus tranquille et bien herbeuse soient plus favorables, car elles y grossissent infiniment plus, et il y en a où elles sont aussi bonnes que celles de rivière ; telles sont celles de l'étang de Camière, près de Boulogne-sur-Mer, si fameux par la grosseur, la délicatesse et la multitude de ces poissons, dont les beaux se vendent communément un à deux louis. Les carpes de certaines rivières ont la chair ferme et rougeâtre comme celle du saumon, ce qui leur a fait donner le nom de *carpes saumonées.*

Les grandes carpes ordinaires ont deux pieds et demi de longueur, et pèsent environ vingt à trente livres. On dit en avoir vu de trois coudées, c'est-à-dire de quatre pieds et demi de longueur, et du poids de cinquante à soixante livres.

On sait que ces poissons vivent très-longtemps, et qu'ils blanchissent en vieillissant. On n'est pas bien certain de l'âge de celles de Chantilly et de Fontainebleau; mais M. de Buffon dit en avoir vu chez M. le comte de Maurepas, dans les fossés du château de Pontchartrain, qui avaient au moins cent cinquante ans bien avérés, et qui paraissaient aussi vives, aussi agiles que de jeunes carpes.

La carpe se nourrit de vermisseaux, de coquillages aquatiques, d'insectes, et surtout d'herbages.

Elle est d'une fécondité bien digne de remarque; une carpe moyenne contient dans ses deux ovaires environ quatre cent mille œufs.

Aristote dit qu'elle met bas cinq à six fois dans l'année, mais on est certain qu'elle ne fraie que deux fois, savoir : au mois de mai et en août. Elle pose son frai au pied des roseaux et des plantes. Il s'en faut de beaucoup qu'une si grande quantité d'œufs réussissent. Cette prodigieuse fécondité deviendrait elle-même le principe de la destruction des poissons d'un étang; la nature y a pourvu en donnant aux poissons eux-mêmes un appétit pour ces œufs et pour le fretin qui en éclôt; et en en élaguant ainsi la trop grande multiplicité, ils rétablissent l'ordre et l'harmonie qu'on observe dans toutes les opérations de la nature.

L'eau est sans contredit l'élément de la carpe comme des autres poissons; néanmoins elle peut vivre dans l'air pendant un temps suffisant pour s'engraisser, comme de quinze à vingt jours. Cette pratique est d'usage en Hollande et en Angleterre; pour cela on la suspend dans un lieu frais, comme une cave, au-dessus de la mousse humide, dans un petit filet hors duquel sa tête passe, et on la nourrit avec de la mie de pain et du lait.

La carpe a pour ennemi le brochet; comme elle nage plus vite que lui, elle l'évite d'abord par la fuite; mais lorsqu'elle est fatiguée, elle s'enfonce et se cache dans la vase, où le brochet, qui ne la perd pas de vue, la saisit et la dévore.

Elle a aussi ses ruses pour éviter les piéges des pêcheurs. On ne la pêche que de deux manières, savoir : à la ligne et au filet. Il faut qu'elle n'aperçoive la ligne en aucune façon, car elle n'en approcherait pas, et lorsqu'elle sent l'approche du filet, elle plonge la tête dans le limon et le laisse glisser sur sa queue; souvent aussi elle échappe en sautant dans l'air au-dessus du filet.

Les vieilles carpes, et celles qui fraient dans le mois de mai et d'août, ne sont ni aussi succulentes ni aussi saines que les jeunes, et que celles qu'on pêche passé le temps du frai, où elles sont maigres et insipides.

Sa chair est légère, tendre, excellente au goût, très-saine et facile à digérer; néanmoins quelques médecins prétendent que son usage réveille les accès de la goutte chez les personnes qui y sont sujettes. La laitance est si nourrissante qu'on a vu des étiques se fortifier et guérir par son usage. Sa langue et son palais, quoique mangeables, n'ont pas un goût assez exquis pour être célébrés comme ont fait quelques écrivains.

Les deux pierres de son cerveau se donnent en poudre comme absorbant pour la pleurésie, l'épilepsie.

Le *kin-yu*, ou *poisson rouge de la Chine*, ne mérite d'être cité ici qu'à cause de la beauté de sa couleur, qui fait qu'on l'élève dans les bassins; il n'est pas aussi délicat que le taor, ou poisson doré de la Chine, que nous n'avons pas encore vu en France. Il résiste aux glaces de nos hivers, lorsque les bassins où on les tient sont très-profonds, ou lorsqu'on y met quelques touffes de roseaux où ils peuvent aller frayer, se coucher et se mettre à l'ombre; dans les bassins peu profonds de la campagne, où ils sont exposés à être mangés par les hérons, il faut leur répandre çà et là des boîtes de chêne percées en dessous, où ils puissent se mettre à l'abri.

On voit des monstruosités de ce poisson qui ont la nageoire de la queue double et même triple, et réunie à celle du dos, comme dans le taor.

Ces poissons sont d'abord noirâtres en naissant, et ils restent tels toute leur vie s'ils sont dans un lieu ombragé et sans soleil. Ceux qui voient le soleil deviennent rouges à la deuxième année, et il y en a qui blanchissent dans les temps de la mue.

On les élève comme le taor dans des vases de verre ou de porcelaine. Nos carpes ordinaires s'élèvent aussi facilement, et deviennent aussi familières, aussi divertissantes, en venant recevoir la nourriture de la main.

La TANCHE, *tinca*, Auson., se distingue du genre de la carpe à trois caractères : 1° elle n'a que deux barbillons à la bouche, tous deux au menton ; 2° sa nageoire dorsale est plus haute que longue ; 3° sa queue est si peu échancrée qu'elle paraît carrée. Elle n'a point d'épines aux nageoires.

Il y a dans ce genre deux espèces, savoir :

1° La tanche, *tinca* ;
2° Le goujon, *gobius*, Auson.

La *tanche, tinca*, a à peine neuf à dix pouces de longueur ; elle a deux pierres dans la tête. Le mâle se distingue de la femelle par ses nageoires ventrales, qui sont beaucoup plus grandes.

Ce poisson est particulier à l'Europe, et se trouve plus volontiers dans les eaux bourbeuses, stagnantes, ou qui coulent très-lentement, et très-herbeuses.

Il se nourrit, comme la carpe, de vermisseaux, de coquillages et de plantes ; et comme il mange beaucoup, il ruine le fond d'un étang, au point qu'un terrain, suffisant pour engraisser cinq cents carpes, suffirait à peine pour nourrir cent tanches. Il faut donc avoir beaucoup de terrain de reste pour empoissonner un étang de tanches.

La tanche fraie deux fois l'an, savoir : au printemps et en été, dans des touffes d'herbes ; quoique ses œufs soient moins nombreux que ceux de la carpe, elle croît beaucoup plus vite.

On la prend facilement à l'hameçon amorcé de petits vers et de limaçons.

On trouve quelquefois dans celles qui sont grasses un ténia long de deux pieds et demi, différent du ténia humain en ce qu'il n'est pas articulé par anneaux.

La chair de la tanche est assez bonne, mais visqueuse, pleine de sucs grossiers, peu nutritifs et peu sains.

Ce poisson est si vivace que, fendu en deux et frit à demi, il s'élance hors de la poêle comme la carpe.

Le *goujon, gobio*, Auson., *freudulus*, Schoner., *goiston* du Lyonnais, a cinq pouces au plus de longueur.

Il est particulier à l'Europe, et se trouve comme la carpe dans les étangs et les rivières dont l'eau est tranquille et fangeuse.

Il vit de vermisseaux, de sangsues, et surtout de chairs pourries d'animaux, au point que, si l'on jette dans l'eau un cadavre, un chien mort ou une tête de cheval, de bœuf, ils s'y rassemblent en grand nombre.

La saison de le pêcher est depuis novembre jusqu'en avril. Il ne mord point à l'hameçon ; on le prend dans des filets dont les mailles sont étroites.

Ce poisson est assez agréable à manger lorsqu'il est frit.

La BRÈME, *brama*, Rond., *abramis*, Belon., quoique confondue jusqu'ici avec la carpe, forme un genre particulier de poisson, qui en diffère en ce que 1° elle n'a point de barbillons à la bouche ; 2° son corps est court et très-comprimé, aplati par les côtés ; 3° sa nageoire dorsale est plus haute ou plus profonde que longue, et au contraire l'anale plus longue que profonde.

On peut rapporter à ce genre deux espèces, savoir :

     1° La brème, *brama* ;
     2° L'able ou ablette, *alburnus*.

La *brème, brama, abramis*, Belon., *cyprinus*, 2, *brama,*

Arted., *Syn.*, 2, est un poisson de l'Europe, et qui se plaît mieux dans les étangs bourbeux que dans les rivières. On en voit aussi vers l'embouchure de la Seine.

On remarque que lorsqu'elle abonde dans les étangs comme la tanche, les carpes n'y profitent pas.

Sa chair est grasse et molle, peu estimée.

L'*able* ou *ablette, alburnus,* Auson., *albula,* Schoner., *cyprinus,* 15, Arted., *Syn.*, 10, tire son nom de sa couleur blanche ou argentée.

Il n'a guère plus de quatre pouces de longueur.

Ce poisson est commun dans la plupart des rivières de l'Europe, et particulièrement dans la Marne et la Seine.

On le prend à l'hameçon ou au filet.

Il n'est pas très-bon à manger, mais on tire un grand avantage de la matière argentine qui colore ses écailles. Elle sert à faire des perles fausses, et cet art, dont l'invention est due aux Français, occupe beaucoup d'ouvriers dans Paris.

Pour ratisser cette matière, qui est comme un mucilage argentin, on enlève d'abord les écailles de l'able en le ratissant à l'ordinaire ; ensuite on met ces écailles dans un bassin d'eau claire, où on les frotte comme pour les broyer. Le mucilage argentin qui s'en détache donne à l'eau une couleur argentée ; on verse donc cette première eau dans un grand verre, puis on en jette de nouveau sur les écailles. On les frotte de nouveau, et dès qu'elle a pris une couleur argentée, on la verse encore dans un grand verre. Le mucilage argenté, c'est-à-dire plus pesant, se précipite au fond de l'eau ; on verse par inclinaison cette eau jusqu'à ce qu'il ne reste plus que ce mucilage argentin, qui est épais comme de l'huile et qu'on nomme *essence d'Orient.* Le réservoir de cette matière est une espèce de vessie couchée sur les laites ou les ovaires.

Le premier emploi que l'on fit de ce mucilage argenté fut d'en vernir extérieurement des grains de cire, puis d'albâtre, puis de verre, en y mêlant un peu de colle de poisson; mais ce vernis n'était pas à l'épreuve de l'humidité. On a remédié depuis à ce défaut en soufflant des grains de verre creux très-minces, de couleur bleuâtre ou de girasol, dans lesquels on fait entrer, en soufflant dans un chalumeau, une goutte d'essence d'Orient, que l'on agite ensuite pour la faire étendre sur toutes les parois intérieures du verre. Enfin on remplit de cire ces boules creuses pour leur donner le poids et la solidité des perles.

Il est probable que tous les autres poissons argentés rendraient un mucilage pareil, et qu'on le retirerait plus facilement en enlevant le réservoir dans le temps de la mue, où ils doivent être plus remplis.

Le GARDON, *gardus,* Arted., ainsi nommé, à ce qu'on prétend, parce qu'il se garde plus longtemps que les autres poissons dans un vase plein d'eau, forme un genre différent de celui de la brème, en ce que 1° son corps est plus allongé, moins aplati; 2° la nageoire anale est plus profonde que longue.

On en connaît deux espèces, savoir : 1° le gardon, *gardus;* 2° le dard, *leuciscus,* ou la *vaudoise.*

Le *gardon, gardus, actor gardo,* Belon., *leuciscus,* Rond., *cyprinus,* 15, Arted., *Syn.,* 9, est un petit poisson blanc à dos bleu, à tête verdâtre, et à grands yeux. Il est commun dans les rivières d'Europe. Il peuple beaucoup. On l'estime peu.

Le *dard* ou la *vaudoise, leuciscus,* Belon., *cyprinus,* 16, Arted., *Syn.,* 9, ou le *javelot, jaculus,* parce qu'il s'élance dans l'eau avec la vitesse d'un dard, est long de six à sept pouces au plus et brun jaune. Il est commun dans les rivières d'eau douce. Sa chair est grasse, molle, mais si agréable et si saine, qu'on dit proverbialement *sain comme un dard.*

Le LAVARET, *lavaretus*, Belon., ne diffère du genre du gardon qu'en ce que les osselets des ouïes sont au nombre de sept à huit, et non de trois comme à la carpe, au barbeau, au gardon, à la tanche.

Il contient deux espèces, qui sont : 1° le lavaret, *lavaretus*; 2° le hautin, ou l'outin, *oxyrinchus*, Gesn.

Le *lavaret*, *lavaretus*, Belon., ainsi nommé parce qu'il est blanc et propre, est long d'un pied, à corps comprimé comme celui d'une alose ou d'un hareng.

C'est un poisson de lac des pays les plus élevés de l'Europe, et qui n'a encore été rencontré jusqu'ici que dans les eaux de la Savoie, surtout dans le lac du Bourget et d'Aigue-Belette.

Sa chair est blanche, tendre, visqueuse, mais très-agréable.

L'ALOSE, *alosa*, Auson., *thrissa*, Arist., forme un genre de poisson de la famille des carpes, qui se reconnaît aux quatre caractères suivants : 1° son corps est médiocrement long, très-comprimé par les côtés ; 2° sa nageoire dorsale est plus haute que longue, au lieu que l'anale est plus longue que profonde ; 3° les opercules des ouïes ont six osselets larges ; 4° son ventre est aigu, tranchant et denté comme une scie.

On en connaît dix espèces dont les principales sont :

1° L'aphie ;	6° Le hareng ;
2° L'iaboi du Sénégal ;	7° Le célerin ;
3° L'eba du Sénégal ;	8° L'anchois ;
4° L'alose ;	9° Le petit hareng.
5° La sardine ;	

L'Alose (*Alosa*, Auson., *thrissa*, Arist., *clupea*, Plin.), est blanc jaunâtre marqué de huit à neuf tâches noires de chaque côté sur le dos.

Elle a dix-huit à vingt pouces de longueur sur une profondeur cinq à six fois moindre.

C'est un poisson des mers de l'Europe et qui remonte au printemps les rivières souvent jusqu'à trois cents lieues, à la suite des bateaux chargés de sel.

Il nage par troupe à la surface de l'eau en faisant entendre un grognement semblable à celui d'un troupeau de pourceaux ou plutôt de marsouins qui annonce son passage.

C'est dans les rivières que les aloses fraient au mois de mai; alors elles sont maigres ainsi qu'à leur arrivée sur les côtes en avril où on leur donne le nom de *pucelles,* parce qu'elles ne sont pas pleines d'œufs.

Mais peu après leur séjour dans ces rivières, et après avoir frayé, elles deviennent grasses, charnues et d'un goût exquis. On les pêche alors en si grand nombre qu'on les voit prendre par milliers d'un seul coup de filet dans l'Allier et au haut de la Loire.

Ce poisson est sensible au bruit du tonnerre, au point qu'on dit que les orages en font périr beaucoup; il a l'ouïe délicate, et il se plaît beaucoup à l'harmonie. Rondelet assure en avoir vu accourir au son d'un violon et sauter en nageant à la surface de l'eau.

La *Sardine, sardina,* Columell., diffère de l'alose en ce que : 1° elle est plus petite, n'ayant que six pouces de longueur sur un pouce de largeur; 2° elle est bleu noirâtre; 3° ses écailles sont plus grandes que dans toutes les autres espèces d'aloses.

Elle vient tous les ans au printemps, en mars et avril, de la haute mer par bancs, dont une partie entre dans la Méditerranée, côtoie la Provence, pendant que l'autre suit les côtes de la Bretagne, où on tâche de l'arrêter en lui jetant pour appât cette préparation d'œufs de morue et d'autres poissons dont on paie aux Hollandais depuis dix jusqu'à quarante fr. chaque barrique du poids de trois cents.

Les pêcheurs français, au lieu de faire eux-mêmes cette

préparation d'œufs de morue qu'on appelle *resure* ou *rogue* ou *rave*, pendant qu'ils font la pêche de la morue, aiment mieux la jeter dans la mer, et au lieu d'en acheter aux Hollandais, ils préfèrent l'usage d'une autre morue appelée *gueldre* ou *guildre*, *guildille*, qui est une sorte de pâte qu'ils font avec des crabes, des crevettes, et même du fretin de sole, de merlan, et autres poissons dont ils détruisent par là une quantité prodigieuse. Cet usage est si destructif, que deux femmes en moins de deux heures prennent quelquefois dans les toiles qui leur servent de filet, jusqu'à cent livres de ce frai précieux qu'il serait important de conserver pour la multiplication du poisson.

Au reste, la pêche de la sardine sur les côtes de Bretagne produit annuellement plus de deux millions.

La sardine n'a point de fiel ni d'arêtes, d'où il arrive qu'on peut la manger sans la vider; on la mange fraîche et on en sale la plus grande partie.

On en exprime aussi une huile propre à brûler et à graisser.

Ce poisson meurt comme le hareng dès qu'il sort de l'eau.

Le HARENG, *harengus*, Rond., *chalcis*, Arist., *ærica*, Gaz., *allec hildeg* ou la *sardine du nord*, tient pour ainsi dire le milieu entre l'alose et la sardine pour la grandeur, ayant environ neuf à dix pouces de longueur sur deux pouces de largeur; il est bleu obscur, il a trente-cinq côtes ou arêtes de chaque côté et cinquante-six vertèbres. Il luit la nuit.

Sa moelle dorsale diffère de celle des autres poissons en ce qu'elle n'est pas divisée en parties égales, mais continue sans interruption comme dans l'homme et les quadrupèdes.

Sa nourriture ordinaire consiste en vers appelés *furts* en Hollande, en petits crabes et en très-petits poissons.

Ce poisson est un des plus abondants de la mer, il ne la quitte jamais, et quoiqu'il fasse des voyages il reste toujours dans l'Océan sans entrer, dit-on, dans la Méditerranée, car le célerin ou la harengade, qu'on pêche à Marseille, est plus petit que le hareng et y reste toute l'année ; néanmoins on dit qu'en décembre, janvier et février on pêche du hareng auprès du Caire, en Égypte.

La patrie d'un poisson ou son lieu natal doit être celui où il fraie, comme le pays natal des oiseaux est celui où ils nichent et pondent, et non pas celui où ils hivernent. On sait que les harengs fraient une fois l'an seulement, et cela vers la fin de juillet et août sur les côtes occidentales de l'Europe, surtout sur celles d'Angleterre et de France où ils se trouvent alors, et ce n'est qu'après qu'ils ont frayé et lorsque leurs petits sont en état de les suivre, qu'ils quittent ces côtes pour aller en octobre sur les côtes plus méridionales, vers les îles Canaries, chercher de nouvelle pâture, et lorsque cette pâture leur manque, leur passage est plus prompt et la pêche moins bonne parce qu'ils doivent chercher leur nourriture ailleurs.

Anderson prétend que ces poissons passent l'hiver dans les mers du Nord, entre la pointe de l'Écosse, la Norwège et le Danemark ; qu'ils quittent ces mers tous les ans en janvier, en se partageant en deux ailes dont la droite va à l'Occident et arrive en mai vers l'Islande, d'où elle va par détachements aux bancs de Terre-Neuve. L'aile gauche, qui est la plus considérable, s'étend à l'Orient et se divise en plusieurs branches dont une entre dans la mer Baltique, en avril, pendant que l'autre va vers l'Écosse en juin, où elle se subdivise encore, une partie côtoyant l'Irlande et faisant le tour de la partie occidentale en juillet et en août, pendant que l'autre partie entre dans la Manche en côtoyant la Hollande et la France ; puis les deux colonnes se réunissent en août et septembre vers la pointe méridionale de l'Angleterre pour entrer dans l'océan Atlantique, passent en décembre sur les côtes plus méridionales et regagnent en novembre les mers du Nord d'où ils étaient partis; telle est la route que leur fait tenir M. Anderson; mais il paraît qu'ils ne retournent dans le nord de la Norwège qu'après avoir été en novembre et décembre sur les côtes de l'Amérique septentrionale.

La cause de ces migrations des harengs est due à la nécessité où ils sont de chercher les vers qui font leur principale nourriture, et qui abondent alors sur ces côtes où ils les recueillent successivement; ils attirent par là les baleines qui les poursuivent.

Les bancs que forment ces peuplades de harengs sont quelquefois si épais qu'ils résistent au passage des vaisseaux et que les matelots peuvent les prendre à la pelle. Anderson et Martin disent que les harengs les plus gros et les plus gras se voient sous le pôle nord et dans les golfes de l'Islande, et que lorsque la peuplade se met en marche, on voit ordinairement à sa tête une espèce de hareng de près de deux pieds de longueur sur trois doigts de largeur que les pêcheurs regardent comme le conducteur de la troupe, et qu'ils appellent le roi des harengs. Aussi lorsqu'ils le prennent, ils ont soin de le rejeter aussitôt à la mer pour ne pas détruire un poisson aussi utile.

Le passage des harengs ne se manifeste le jour que par la noirceur de la mer et par les mouvements qu'ils exécutent dans l'eau en s'élevant souvent jusqu'à sa surface et sautant en l'air pour fuir leurs ennemis. On reconnaît mieux leur banc la nuit par le brillant de leurs yeux et la lumière de leurs écailles, aussi est-ce la nuit seulement que l'on jette les filets pour en faire la pêche. Ces filets ont six à sept cents toises de longueur et sont presque tous tricotés à mailles fort serrées et d'une grosse soie de Perse qui dure au moins trois ans; ils sont teints en brun à la fumée des copeaux de chêne. La mer est couverte alors de vaisseaux qui tendent ces filets pour barrer le passage des harengs : si la colonne passe à l'endroit où ils sont tendus elle les remplit bientôt.

Cette pêche ne commence point avant le 25 juin, et les Hollandais, qui commencent les premiers parce que les harengs arrivent d'abord sur leurs côtes, suivent à cet égard les ordonnances publiées par les états de la ville de Hambourg, qui en fixent à ce jour l'ouverture parce que auparavant ce temps le hareng n'est pas arrivé à sa perfection et qu'il n'est point de garde. En effet tout ce qui est pêché entre le 25 juin et le mois d'août ou septembre, se partage en quatre classes. La première est de ceux qui se pêchent du 25 juin au 15 juillet, on les nomme *harengs chasseurs*, parce que les vaisseaux bons voiliers qui les transportent en Hollande dans des tonneaux à mesure qu'on les prend, sont appelés *chasseurs;* les trois autres classes comprennent tous ceux qui se pêchent après le 15 juillet savoir : 2° le *hareng vierge*, c'est-à-dire celui qui est prêt à frayer et qu'on estime pour sa délicatesse ; 3° le *hareng plein*, qui est rempli de laites ou d'œufs; 4° le *hareng vide*, qui a frayé. Ce dernier est le moins estimé parce qu'il est un peu coriace. Il se conserve aussi, ainsi que ceux de la première classe, moins bien que le hareng plein. C'est sans doute pour cette raison que ceux que pêchent les Écossais avant leur perfection, et qui sont de la première classe, ne sont pas aussi estimés, joint à ce qu'ils attendent pour les encaquer que leurs chaloupes en soient remplies. La supériorité du hareng salé par les Hollandais vient de trois causes : 1° ils n'encaquent que les harengs pleins; 2° ils serrent avant le retour du jour celui qu'ils ont pris pendant la nuit, le vident et lui coupent les ouïes ; 3° ils les encaquent dans des tonneaux de bois de chêne et non de sapin, en les arrangeant avec ordre entre des couches de gros sel d'Espagne et de Portugal.

Le hareng préparé par les autres nations est bien inférieur à celui des Hollandais, soit qu'on le prépare moins bien, soit qu'il ne soit pas aussi plein, aussi gros lorsqu'on le pêche.

Celui qui entre dans la mer Baltique en avril s'y pêche dans ce temps et n'est pas estimé. Il faut en excepter la petite espèce qui se trouve dans le golfe Botnique, qui est d'un goût exquis.

Les Anglais se contentent de pêcher cinquante mille tonneaux de harengs pour l'enfumer. Pour cela ils le vident d'abord, le salent et l'encaquent avec du sel d'Espagne, à la façon hollandaise; mais au bout de seize à vingt-quatre heures ils le lavent bien avec de l'eau fraîche, le suspendent à des bâtons posés sur des lattes dans des cabanes faites exprès pour cet usage; ils y font ensuite du feu avec du menu bois qu'ils rallument toutes les quatre heures, fermant exactement les cabanes pour y contenir la fumée. Ils laissent ainsi pendant six semaines celui qui est destiné pour l'étranger, et ils l'empaquètent bien pour l'envoi. C'est ce qu'on appelle le *hareng saur*, ou le *hareng rouge salé*, ou l'*appétit;* il est sec, dur et très-difficile à digérer.

Le hareng frais se nomme *hareng blanc*, il a la chair blanche, excellente et très-saine; celui qui est salé s'appelle *blanc salé*, il ne convient qu'aux estomacs robustes. Celui qui est dessalé se nomme *hareng pec*, il est moins délicat que le hareng frais et plus sain que le blanc salé. En 1764, un épicier de Paris annonça aux habitants de cette capitale une espèce de poisson d'un goût exquis, qu'il vendait quatre sous la pièce, sous le nom de *frigarg*, ce n'était que le hareng cuit dans un court bouillon aromatisé par la sauge, le thym, le basilic et le laurier, et qui lui venait des côtes de France dans de très-petits barils.

Les harengs sont poursuivis par les oiseaux aquatiques,

par la morue, le cabliau, le marsouin, mais surtout par la baleine, appelée *hareng-baleine* ou *nord-caper*, parce qu'elle se tient aux environs de la pointe la plus septentrionale de la Norwège appelée Cap-Nord; cette baleine a l'adresse de chasser devant elle les harengs, et lorsqu'elle les a rassemblés en un monceau entre elle et le rivage, elle frappe les eaux par un coup de queue terrible qui les effraie et les fait précipiter comme un torrent dans sa gueule, qu'elle tient ouverte pour les engloutir.

L'anchois, *enchrantos*, Ælian., petit poisson long comme le doigt, à petites écailles.

Il est de passage et vient de l'Océan par le détroit de Gibraltar dans la Méditerranée, où il reste depuis le commencement de décembre jusqu'au 15 mars, et en mai, juin et juillet.

On le pêche aussi à l'ouest de l'Angleterre et du pays de Galles.

Les bons anchois doivent être gras, blancs dehors et rougeâtres en dedans.

Dès que la pêche est finie, on lui coupe la tête, on lui ôte le fiel et les boyaux, et on l'encaque dans de petits barils avec du sel gris.

Les Grecs et les anciens faisaient avec l'anchois fondu et liquéfié dans sa saumure une sauce qu'ils nommaient *garum*, ainsi que la saumure du thon et du maquereau, qu'ils regardaient comme exquise. Cette sauce servait d'assaisonnement aux autres poissons, elle excitait l'appétit et facilitait la digestion comme fait l'anchois.

Le muge volant, *exococtus*, Ælian, ne diffère du poisson volant que par sa figure, qui est triangulaire, à dos plat et ventre aigu, n'ayant qu'une nageoire sur le dos. Dailleurs il a les mêmes mœurs.

J'en connais deux espèces :

1º Celle des tropiques et du Sénégal, plus grande, a vingt rayons à la nageoire dorsale, dix-huit à l'anale et quatorze aux pectorales.

2º Celle de la Méditerranée, petite, treize rayons à la nageoire dorsale, onze à l'anale, seize aux pectorales.

L'ORPHIE, *raphis,* Oppian., est un genre de carpe facile à distinguer par les mâchoires, qui sont allongées en un très-long bec.

On en connaît trois espèces, savoir :

1º L'orphie, *raphis,* Oppian.	mâchoire supérieure très-longue, mais plus courte que l'inférieure.
2º La belone, Arist.	mâchoire supérieure très-longue, plus longue que l'inférieure.
3º Une autre espèce à	mâchoire inférieure très-courte.

L'ORPHIE, *raphis,* Oppian., appelée *aiguille* ou *aiguillette* en Bretagne, est long comme une anguille, mais plus gros, plus carré, à une seul vertèbre, qui devient verte par la cuisson et se détache facilement de la chair.

C'est un poisson de passage qui reste l'hiver dans les mers du Sénégal et qui vient par troupe en mars sur les côtes occidentales de la France, c'est-à-dire sur celles de Bretagne et de Normandie, où il reste jusqu'en juin, se rangeant toujours par bandes comme s'il était poursuivi par de gros poissons.

Sa pêche dure pendant tout ce temps et elle est fort amusante; elle se pratique la nuit. Chaque bateau doit avoir quatre hommes, dont l'un, placé en avant, tient un brandon de paille enflammé qui, par sa lumière, attire les orphies, pendant que les trois autres, armés de dards , de fouanes en rateaux de fer à vingt branches barbelées, longues de six pouces , fort serrées, avec un manche de huit à douze pieds, sont aux aguets et prêts à le lancer sur ces poissons lorsqu'ils les voient attroupés. Souvent la même fouane en prend plusieurs d'un seul coup. Chaque bateau en peut prendre ainsi douze ou quinze cents en une seule nuit, mais il faut qu'elle soit fort obscure, que le temps soit calme et que le bateau dérive doucement sans effaroucher le poisson, conditions essentielles pour toutes les pêches qui se font comme celle-ci au feu, pendant la nuit.

Tous les orphies que l'on prend ainsi ne se portent pas au marché; les pêcheurs en emploient la plus grande partie pour amorcer les lignes destinées aux pêches d'autres poissons.

La chair de l'orphie est blanche, sèche, ferme et d'assez bon goût.

Il paraît que ce poisson se trouve aussi au cap de Bonne-Espérance et aux Antilles de l'Amérique, où l'on dit qu'ils fuient la poursuite des gros poissons qui lui donnent la chasse. Il s'élance quelquefois en l'air au point qu'il fait des sauts de trente pas de longueur, et que s'il rencontrait quelqu'un dans son chemin il le percerait de part en part.

Lorsque les Caraïbes lui voient les dents blanches, ils en mangent sans crainte, mais dès qu'ils lui voient les dents noires, ils jugent qu'il a goûté des fruits du mancenillier et ils le regardent comme dangereux.

Ces dernières particularités peuvent s'appliquer également à la seconde espèce d'orphie, à la *belone*, à mâchoire supérieure très-courte, qui se trouve aussi sur les côtes sablonneuses du Sénégal.

Le genre du BROCHET a tant de rapports par ses parties postérieures avec celui de l'orphie que les méthodistes modernes les ont réunis ensemble pour n'en faire qu'un; néanmoins il y a entre ces deux genres quatre grandes différences qui doivent les faire constamment séparer : 1° le corps de l'orphie est exactement cylindrique et très-allongé, celui du brochet est médiocrement comprimé par les côtés et médiocrement allongé; 2° la nageoire dorsale et l'anale de l'orphie sont aussi longues que profondes, au lieu que toutes deux sont plus profondes que longues dans le brochet; 3° les mâchoires sont très-larges et camuses dans le brochet, et non allongées en aiguille comme celles de l'orphie; 4° enfin l'orphie n'a que onze osselets aux opercules des ouïes, au lieu que le brochet en a quatorze.

On ne connaît encore qu'une espèce de brochet.

Les plus grands brochets ont jusqu'à quatre pieds et demi de longueur, on les appelle *brochet carreau,* ainsi que ceux qui ont plus d'un pied et demi entre œil et bat, c'est-à-dire de l'œil à l'origine de la queue; les moyens, qui sont gros comme le poing, s'appellent *brochet poignard;* enfin on nomme *lançons* ou *lancerons* les jeunes brochetons.

Le brochet ne se voit point dans les eaux salées, il y maigrit et périt bientôt; il se plaît particulièrement dans les rivières et les étangs sablonneux et dont l'eau est vive et claire.

Il est extrêmement vorace et carnassier, vivant de toutes sortes de poissons et de leur frai, mais surtout de carpes, de tanches, de petites perches, de grenouilles et de crapauds; néanmoins il vomit le crapaud lorsqu'il ne l'a pas suffisamment mâché. Les petits chats et les petits chiens qu'on jette dans les étangs sont encore de son goût; il avale des poissons presqu'aussi gros que lui, commençant par la tête et attirant peu à peu le reste du corps à mesure qu'il digère la portion qui est dans son estomac; il mange le frai de sa femelle, ses petits; enfin il attaque d'autres brochets aussi forts que lui, au point que souvent on les voit expirer l'un dans la gueule de l'autre sur le rivage. Les chevaux qu'on mène à l'abreuvoir ne sont pas à l'abri de ses attaques. Il en a mordu au naseau avec une force et une hardiesse extraordinaires. Comme il détruit le poisson, on se donne bien de garde de jeter du brocheton dans les étangs qu'on empoissonne, il s'y en trouve toujours assez de celui qui est porté par le héron, soit qu'en se perchant sur un arbre au-dessus de ces étangs il y fiente les œufs qu'il a avalés, comme l'assurent les pêcheurs, soit que les œufs qui se sont collés à ses pattes et à ses cuisses se détachent dans l'eau pendant qu'il y pêche.

Le carnage et la guerre cessent entre les brochets mâles et leurs femelles pendant le temps de leurs amours, qui arrive dans le mois d'avril; alors la femelle fraie entre les roseaux, dans un lieu écarté, et le mâle passe ensuite par-dessus ce frai pour y répandre sa liqueur séminale et le féconder.

Une femelle de moyenne taille contient cent cinquante mille œufs environ.

Dans certains pays on enferme les brochets dans des caisses de bois qu'on laisse flotter sur les étangs et dans lesquelles on les engraisse en leur jetant de la nourriture.

On prétend que ce poisson vit plus de deux cent soixante ans, fondé sur ce qu'on dit que l'empereur Frédéric II ayant fait jeter dans un de ses étangs un brochet avec un anneau de cuivre, ce brochet fut pêché deux cent soixante-deux ans après.

Il a la vie très-dure et ses plaies se referment promptement. On sait qu'en Angleterre les poissonniers ont coutume de fendre le ventre au brochet de la longueur de deux ou trois pouces pour en montrer la graisse, et lorsque l'acheteur les refuse, ils les rejettent dans les viviers après avoir recousu la plaie qui se referme peu de temps après.

Le sens du toucher est si obtus dans le brochet que lorsqu'il dort au soleil, à fleur d'eau, proche du bord, comme il lui arrive dans les beaux jours depuis le mois de mars jusqu'en juillet, on peut avec un bâton le remuer doucement et le faire tourner et aller de lui-même dans les piéges qui lui sont tendus.

Ces piéges sont des collets de crin de cheval qu'on passe adroitement jusque sous le milieu de leur corps, au moyen d'une perche de huit à dix pouces de longueur avec laquelle on l'enlève subitement hors de l'eau. On le tire aussi au fusil dans cette saison, ou bien on le pêche au filet ou à la ligne amorcée de chair de grenouille, de goujon, de perche, etc. Pour le prendre sans qu'il puisse mordre, il suffit de lui mettre le doigt index et le pouce dans les orbites des yeux, qui étant très-enfoncés, donnent assez de prise pour enlever les plus gros sans aucun danger.

On trouve quelquefois des ténias ou vers solitaires dans les intestins du brochet.

On en rencontre aussi quelquefois qui sont hermaphrodites, c'est-à-dire qui ont une laite d'un côté et un ovaire de l'autre.

La chair du brochet est blanche, ferme et de fort bon goût, et meilleure au court bouillon et mangée à l'huile que de toute autre manière.

On sait que les œufs excitent des nausées et purgent violemment. Les gens du peuple s'en servent quelquefois pour se purger.

La médecine emploie ses mâchoires et ses yeux comme absorbant dans la pleurésie.

12ᵉ Famille. LES MUGES OU CABOTS, *CEPHALI*.

Ce qui distingue les poissons de cette famille de ceux de la famille des carpes, c'est qu'ils ont *deux nageoires* sur le dos.

Cette famille comprend quatorze genres, savoir :

1º Le muge ou mulet, *mugil*, Ovid.;
2º Le kiaket bou, Sénégal, *Mongo*, Edward.;
3º Le schowerdick d'Amboine;
4º Le ioulong, d'Amb.;
5º Le sand Kruyper, d'Amb.;

6º Le BYENANECK, d'Amb.;
7º Le COELYN, d'Amb.;
8º L'ALLUALU, brochet, d'Amb.;
9º Le KNEVEL-BAART, d'Amb.;
10º L'ÉPINOCHE, *pungitius*, Save-lier, *gasterosteus*, Linn.;
11º Le TAMOATA du Brésil, *plecosto-mus*, Gronov.;
12º Le GUAKARI du Brésil;
13º Le KINKA du Sénégal;
14º Le POISSON-COQ, *peje gallo* du Chili, *callorynchus*, Gronov.

Le MUGE, *mugil*, Ovid., forme un genre qui se reconnaît à ce que 1º il a deux nageoires sur le dos plus profondes que longues; 2º son corps est triangulaire, aplati sur le dos, aigu sous le ventre.

Il y en a treize espèces qui sont :

	Épines		
	de la première dorsale.	de la deuxième dorsale.	de l'anale.
1º Le Liza d'Esp., *nestis*, *nistis*, Athen., muge noir, yeux ronds..	4	8	11
2º Le Reum du Sénégal, *cestreus*, Arist., des rivières salées, yeux elliptiques.	4	9	11
3º Le Muge de Marseill., marron, Rond., yeux ronds	4	9	12
4º Le Soclet, Massill.; *atherina*, Arist., yeux ronds.	7	12	12
5º Le Chelon, Arist., *labeo*, yeux ronds.	4	10	13
6º Le Muge de Marseill., *oxyrinchus*, Arist., yeux ronds.	3	10	13
7º Le Cabot, mer Baltique, *cephalus*, yeux ronds.	5	11	13
8º Le Thœneus, *plata*, Arist., yeux ronds.			
9º L'Éperlan de Granville, *epsetus dactyleus*, Athen.	6	14	14
10º Le Maza, du Sénégal, *sphœneus*, Arist.	4	10	15
11º Le Masela du Brésil;			
12º Le Curema du Brésil;			
13º Le Parati du Brésil.			

Le MUGE, *mugil*, Ovid., *muxon*, Arist., *banchus*, Plin., *muco*, Gaz., est un poisson de mer qui fréquente les côtes surtout celles qui sont sablonneuses et herbeuses, et qui entre dans les étangs et les rivières, mais toujours dans l'eau salée; il a jusqu'à un pied et demi de longueur. Ils vont à la file les uns des autres.

Il a la tête grosse, avec une pierre appelée *sphondile*, parce qu'elle est entourée de pointes.

Il nage avec une vitesse extrême, et a l'oreille extrêmement fine. Lorsqu'il a peur il se cache seulement la tête.

Il vit de plantes marines et de vermisseaux cachés dans le sable.

La femelle est pleine en décembre et porte pendant trente jours. Elle fraie une fois l'an seulement, en janvier, vers l'embouchure des rivières : alors elle reste toujours près de la terre, et garde à vue ses œufs et ses petits jusqu'à ce qu'ils soient assez forts.

Le mulet se prend à l'hameçon, au filet, ou dans des paniers d'osier. Sa femelle est si amoureuse que, selon Aristote, pour en prendre une grande quantité, il suffit d'attacher un mâle à une ligne et de le traîner doucement vers le rivage; on voit accourir un grand nombre de femelles qui le suivent jusque sur le gravier et se laissent prendre à la main.

Ce poisson est meilleur au printemps qu'en hiver et sur les côtes sablonneuses que sur celles qui sont limoneuses.

Ses œufs servent à faire la boutargue, c'est-à-dire la poutargue en Languedoc, en Provence et en Italie, laquelle consiste à les mettre dans un plat, les saupoudrer de sel que l'on laisse pendant quatre à cinq heures afin qu'il y pénètre, à les mettre en presse entre deux planches, à les faire sécher au soleil pendant quinze jours et à les presser. Cette poutargue se mange en carême avec l'huile et le citron.

La chair du mulet est ferme, sèche et de très-bon goût.

13ᵉ Famille. LES SAUMONS, *SALMONES*.

Les poissons de cette famille se distinguent de ceux de la famille des muges en ce que de leurs deux nageoires dorsales, *la postérieure est charnue*, sans rayons.

Ils forment onze genres qui sont :

1° Le SAUMON , *salmo* , Plin.;

2° L'OMBRE , *tymalus* , Ælian., Sat., Sénégal ;

3° L'EPERLAN, *giar*, Sénégal ; *osmenes*, Arted.;

4° Le SEGEL , Sénégal , *sarunes* , Arist.;

5° L'ANOSTOMUS , Gronov.;

6° Le PIRABUKU, du Brés., *charax* , 1, 2, Gronov.;

7° Le GROVE, Ad., *mystus*, Gronov., *Mus.*, n° 179 ;

8° Le NKEL , du Sénégal, *aspredo*;

9° Le KALA , du Sénégal ;

10° Le BAGRE , du Brés.;

11° Le CLYPHAGRE , Ruysch., t. 38, f. 5 ; *mystus*, Gronov.

Le SAUMON, *salmo*, Plin., se reconnaît à ce qu'il a : 1° le corps médiocrement long, comprimé par les côtés; 2° les dents grandes; 3° la nageoire dorsale antérieure au-devant des ventrales ; 4° la nageoire anale plus profonde que longue.

Il y en a huit espèces :

	Rayons des nag. dorsales.	Rayons des nag. ventrales.	Rayons de la nag. dor.	Rayons de la n. anale.
1° Le saumon , *salmo*.. . . .	14	9 à 10	15	12 à 13
2° La truite ordinaire.. . . .	18	10	11 à 14	10 à 11
3° La truite saumonée. . . .	18		13 à 13	12 à 13
4° La touvre..	11		11	12
5° Le bécard.				
6° La truite marine..	13	9	10	9
7° La truite bécarde saumonée	11	9	11	10
8° La truitelle.				

Le SAUMON, *salmo*, est un des plus grands poissons de rivière que l'on connaisse , il a jusqu'à quatre pieds et demi de long sur quinze ou seize pouces de circonférence, et pèse trente à quarante livres; sa tête est conique, assez pointue.

Il ne se trouve point dans la Méditerranée ni dans les fleuves qui s'y rendent, mais dans ceux qui se rendent dans l'Océan, entre la Garonne, la Tamise et les fleuves de la Suède qui débouchent dans la mer Baltique et jusqu'en Norwège et l'Amérique septentrionale.

Dans les rivières, il y reste, puis descend à la mer et remonte tous les ans dans les mêmes rivières jusqu'à ce qu'il meure, ou, ce qui lui arrive plus ordinairement, jusqu'à ce qu'il soit pris. Le temps où il y remonte est fixé.

Suivant M. Deslandre, c'est en octobre qu'il remonte les rivières, ou au moins celle de Châteaulin en Basse-Bretagne où on en pêche quelquefois plus de quatre mille.

En montant ils se tiennent plus près du fond, où l'eau est moins rapide, et en descendant, au contraire, ils s'élèvent à la surface dont le courant est plus fort. Ils se plaisent à remonter, surtout quand les eaux sont grosses et troubles, leur vitesse égale celle d'un trait, à peine peut-on les suivre des yeux; ils franchissent même les rochers et les plus fortes cascades en pliant leur corps en cercle, et en frappant de leur queue l'eau qui, malgré sa rapidité, leur fait un appui au moyen duquel ils s'élancent à douze ou quinze pieds de hauteur, et ils vont toujours jusque vers la source des fleuves, car ils préfèrent les petites rivières qui s'y jettent pour y déposer leurs œufs. En Angleterre et en Irlande leur pêche commence en janvier et finit en septembre.

En moyenne, il y a deux montées de saumons, une du 15 février au 1er avril, c'est la plus grosse; la deuxième en juillet et août, c'est la plus petite. En dressant un tableau des montées du saumon dans les diverses rivières, il est aisé de voir qu'on ne peut attribuer à une seule cause la montée des saumons dans les rivières, mais à plusieurs causes dont la réunion entraîne la variation que nous observons dans les temps où ils montent; et il paraît, par les montées doubles et triples que font ces poissons dans les mêmes rivières, tant dans le Rhin que dans les rivières de la Guyenne, que la première de ces causes est la récherche de la nourriture ou pâture qui leur est convenable; et la deuxième celle d'un lieu convenable pour y déposer leur frai. Les autres causes, jointes à ces deux premières, telles que celles du chaud et du froid, font qu'il n'y a pas de mois dans l'année où il n'y ait une montée dans quelqu'une des rivières de l'Europe qui se jettent dans l'Océan ou dans la mer Baltique. On peut dire des truites la même chose à peu près que des saumons.

Il est des montées où on ne voit que des femelles, ce sont les premières montées de juillet, surtout parmi les truites; dans les deuxièmes, en octobre, elles sont couplées deux à deux, on voit autant de mâles que de femelles; et dans la troisième montée, en décembre, elles vont par bancs.

Le saumon ne va pour l'ordinaire que par grandes troupes; les femelles nagent toujours devant les mâles qui les suivent; ils remontent ainsi jusqu'à cent lieues et au delà dans les plus grandes rivières, mais ils ne les fréquentent pas indifféremment: ils laissent les limoneuses et remontent plus volontiers celles qui sont pierreuses, d'une eau plus claire et tempérée comme celle qui convient à la carpe. Les gros se tiennent où il y a plus d'eau, et les petits où il y en a moins.

La pêche du saumon varie suivant sa quantité et la forme du lieu où il se trouve.

Dans les bassins et les trous, et partout où les filets ne peuvent agir, on les pêche à la fouane, au harpon, au fusil, au carrelet, à l'épervier, à l'hameçon, et on se sert, comme pour la truite, d'appâts variés suivant la saison, comme gardons, chabots, limaces, crustacés, vers de terre et des insectes surtout. Les Basques imitent souvent ceux-ci avec de la soie, des plumes, du duvet et même des fils d'or et d'argent, employant les couleurs les plus vives pour les temps obscurs, et les plus sombres pour les temps les plus clairs. Ces pratiques sont usitées dans les montagnes du pays des Basques, en Espagne et en Canada.

Dans les havres au bord de la mer, ou à l'embouchure des

rivières on pêche le saumon et la truite dans des parcs, des étentes, des trémails ou des sennes. C'est ce qui se pratique aux grèves du Mont-Saint-Michel, dans la Loire et dans les grandes rivières de la Guyenne.

Les rivières étroites se traversent avec des nasses ou des clayonnages garnis de verveux, comme en Hollande, avec des digues et des grillages; avec des espèces de coffres ou des cages de charpente à plusieurs chambres ou divisions, et à grillages ou avec deux espèces de cages appelées *souricières,* où les saumons et les truites en remontant entrent par des claies en goulot dont le fond est fermé par des baguettes souples et pointues, qui s'écartent quand ces poissons y entrent et qui se referment quand ils sont entrés. Cette dernière pêche est usitée dans les petites rivières de Châteaulin, en Bretagne; dans celles de Normandie; dans la Semoi, en Picardie; dans la Meuse, en Champagne; et dans celles de l'Islande, qui n'ont pas plus de trente à quarante pieds de largeur. Quelquefois on prend jusqu'à trois cents saumons ou truites en un jour dans les pays du Nord.

Le saumon et la truite sont après la morue et le thon les poissons dont la pêche est la plus abondante et la branche de commerce la plus considérable; mais les habitants voisins des pêcheries ne suffiraient pas toujours pour les consommer, et le superflu serait perdu si l'on n'avait imaginé des moyens ou des préparations qui le mettent en état de se conserver longtemps.

La chair de ces poissons, quoique délicate, peut se conserver assez longtemps fraîche et bonne à manger pourvu que le temps soit froid. L'expérience apprend que les poissons gelés se gardent tant qu'on veut sans se gâter. Les Canadiens et les habitants du nord de l'Europe conservent ainsi leurs vivres, chair et poissons, tout l'hiver dans des fosses creusées en terre et recouvertes de feuilles, pourvu qu'il n'arrive pas de dégel. On conserve de même en France du gibier et du poisson dans des glacières; mais il faut d'autres moyens pour les transporter au loin.

Les Chinois forment sur des bateaux des espèces de glacières au moyen desquelles ils amènent jusqu'à Canton des poissons pris dans des provinces éloignées de plus de deux cents lieues.

Les Écossais, pour faire ce transport, ôtent les ouïes aux saumons et les entrailles, à la place desquelles ils mettent un bouchon de paille et les couchent dans des mannes entre deux lits de paille.

En Hollande, on le fait cuire à demi, puis on le met dans du beurre fondu, et il se mange quinze jours ou trois semaines après presque aussi bon que s'il n'était pêché que depuis trois ou quatre jours. En Écosse, lorsqu'on veut le conserver plus longtemps, on le marine, c'est-à-dire qu'on le sale et l'encaque dans des tonneaux après l'avoir fait cuire à demi dans l'eau de mer.

Dans tous les pays du Nord jusqu'en Hollande on les fume comme le hareng nommé *saur* ou *doré,* ce qui s'appelle *boucaner,* ou bien on le sèche ou on le sale comme la morue verte.

C'est en mai que les femelles fraient dans la rivière de Châteaulin; elles choisissent pour cela des sables environnés de rochers, et sur lesquels la rivière coule rapidement et est d'une eau claire; elles y creusent une fosse large de quatre pieds environ sur six pieds de longueur, elles y jettent leurs œufs, qui sont gros comme des pois, que le mâle arrose de sa laitance. Les rochers empêchent l'eau de les entraîner. Bien que les fosses restent à sec les œufs ne périssent pas.

Peu après la rivière se trouve couverte de petits saumons qui se rendent à la mer en juillet, avec leurs pères et mères, pour rentrer dans la rivière en octobre et y passer l'hiver.

Les observateurs qui prétendent que les saumons remontent en foule de l'Océan dans le Rhin dès le commencement d'avril, de sorte qu'en mai ils abondent autour de Bâle, disent que ces poissons fraient en août et continuent pendant l'automne et l'hiver jusqu'au commencement du printemps. Ils ajoutent que les saumoneaux restent rarement un ou deux ans dans le Rhin; mais qu'avant l'année révolue ils descendent des autres rivières dans le Rhin, et de là dans l'Océan dès qu'ils ont quatre ou cinq pouces de longueur; qu'on en voit peu qui aient alors huit ou neuf pouces et que lorsqu'ils ont pris tout leur accroissement dans l'Océan jusqu'à devenir de vrais saumons, ce qui ne tarde pas, quoique des pêcheurs disent qu'ils ne parviennent à leur perfection qu'au bout de six ans, ils remontent alors le Rhin. Une chose singulière, que Rondelet même rapporte, c'est que les saumoneaux mâles du Rhin se trouvent quelquefois pleins de laite à la deuxième année, et qu'ils fraient avec les femelles de la grande espèce, au lieu que l'on ne trouve jamais d'œufs dans les saumoneaux femelles, ce qui semblerait prouver que ces saumoneaux femelles sont une petite espèce qui ne grandit pas davantage.

Ces diverses observations ne s'accordent guère avec celles de M. Linné, qui dit que le saumon remonte aussi les grandes rivières de la Suède, mais qu'il y passe rarement l'hiver. Le dire ordinaire des habitants des provinces c'est que le saumon remonte les rivières depuis le mois d'avril jusqu'en juillet et août.

Le saumon vit plusieurs années, et on peut le tenir longtemps hors de l'eau sans qu'il meure.

On sait qu'il avale avidement les vers de terre, les goujons et autres petits poissons qu'on lui présente pour amorce; mais on ignore s'il est seulement carnassier; comme il doit manger beaucoup et qu'il y a peu de poisson dans les rivières qu'il remonte en si grande quantité, il est probable qu'il vit aussi de végétaux qui croissent dans le sable ou autour des rochers.

Quoique le saumon descende dans la mer en juillet, août et septembre, on ne l'y trouve point et on ne l'y pêche point; mais seulement dans les rivières. On le prend à la fouine, ou au filet dans quelques endroits, mais dans les rivières où il est très-abondant, comme dans celle de Châteaulin, on barre la rivière d'un double rang de pieux, qui forment une chaussée sur laquelle on peut passer. Les pieux sont si serrés que les saumons ne peuvent passer au travers; le seul passage qui leur soit ouvert est un trou de dix-huit à vingt pouces de diamètre, ouvert à fleur d'eau, au milieu d'une espèce de coffre de grillage de vingt-cinq pouces de face; ce trou est environné de lames de fer-blanc taillées en triangle isocèle, un peu recourbées, dont l'assemblage forme un carré qui représente les ouvertures des souricières faites avec du fil de fer. Le courant tient ces lames fermées, mais le saumon, avançant, les ouvre et entre dans un réservoir pareillement grillé, dont les pêcheurs le retirent par le moyen d'un filet attaché pour cela au bout d'une perche.

Cette pêche s'ouvre à Châteaulin vers le mois d'octobre, où les premiers saumons commencent à monter dans la rivière; elle augmente insensiblement, comme leur nombre, jusqu'à la fin de janvier, où elle est dans son fort; et elle subsiste à peu près sur le même pied pendant les mois de février, mars et avril. En mai les femelles fraient, alors la pêche diminue sensiblement, et les saumons disparaissent en juillet, où la récolte des chanvres étant finie, on les met dans les eux courantes, qui en contractant une qualité malfaisante chasse les saumons : alors on ouvre les écluses ou éventaux de la chaussée pour les laisser descendre à la mer.

Le saumon est sujet à avoir dans ses intestins des ténias

blancs et extrêmement longs; les sangsues l'incommodent aussi beaucoup et l'épuisent par leurs morsures.

Les marsouins leur font la chasse pendant qu'ils sont sur les côtes.

Ce poisson diffère beaucoup en grandeur et en bonté suivant les lieux qu'il habite, et il paraît en général que ceux des pays les plus froids passent pour les meilleurs. On donne donc le premier rang à ceux de la Laponie, ensuite à ceux du Rhin, de la Moselle, de la Loire, de la Tamise, de la Garonne, de la Dordogne et de l'Allier.

Le saumon a la peau épaisse, blanchâtre sous le ventre, et bleuâtre sur le dos avec des taches rouges. Dans le temps du frai, c'est-à-dire en mai, il change de couleur et de goût, et maigrit. Celui qu'on pêche avant ce temps est le meilleur. Il a la chair rougeâtre entremêlée de graisse surtout au ventre; lorsquelle est cuite, elle blanchit, mais le sel la rend rougeâtre comme celle du thon, elle est pesante et rassasiante; fraîche, elle a meilleur goût que celle qui a été salée pour le transport. Le morceau le plus estimé du saumon frais est la hure, et ensuite le ventre.

La TRUITE, *truta*. La truite ordinaire n'a guère qu'un pied de longueur, au lieu que la truite saumonée a deux pieds; celle-ci est brune, tachée de noir et de rouge, et la truite n'a que des taches noires. Il y en a aussi de noires, de jaunes, de bleues tachées de noir à nageoires violettes qui paraissent n'être que des variétés causées par la différence des lieux; on dit qu'il y en a de trente à trente-cinq pouces, c'est-à-dire presque aussi grandes que des saumons. Elle a le corps plus comprimé, plus court, et les écailles plus petites que le saumon.

C'est un poisson qui se plaît dans les petites rivières pierreuses et rapides, dans les torrents de toute l'Europe, même en Italie et en Grèce, dans les eaux tombant par cascades entre des montagnes escarpées; il nage avec une vitesse comparable au vol des oiseaux, et franchit, en sautant, contre le courant des eaux et contre la violence des flots, des rochers et des cascades de cinq à six pieds de hauteur. La truite saumonée préfère les lacs des hautes montagnes.

Les vers, les insectes aquatiques, les petites perches, les goujons et autres petits poissons, et même ses petits, sont sa nourriture ordinaire.

Les femelles fraient en décembre dans des fosses qu'elles creusent dans les torrents au milieu des graviers et des pierres. Leur pêche est défendue depuis le 1er février jusqu'au 15 mars.

La truite est fort craintive, surtout au bruit du tonnerre; alors elle demeure comme immobile, ou se retire sous les rochers ou sous les racines des arbres aquatiques. En hiver, elle se cache dans les cavernes profondes pour reparaître au printemps.

On la prend plus facilement et plus abondamment au lever du soleil et par un temps couvert qu'en plein jour et quand il fait beau temps. Comme elle aime beaucoup les mouches aquatiques, on l'attrape aisément avec cet appât ou avec son apparence attachée à l'hameçon; mais il faut, dit-on, lui présenter l'apparence de la mouche de chaque saison, sans quoi elle n'y mordrait pas. Ainsi la mouche d'avril aura le corps en soie rouge, les ailes roussâtres et la tête verte; celle de mai sera rouge, à filets jaunes et tête noire; celles de juin, juillet et août, doivent varier, tantôt en bleu, tantôt en vert ou en jaune, suivant l'espèce de mouche qui vole sur l'eau pendant ces mois. On prend encore les truites avec beaucoup de facilité pendant la nuit, à la lumière d'un flambeau qui permet de les surprendre dans les trous qu'elles ont fait dans le gravier où elles restent, se croyant bien cachées.

Lorsque les truites viennent de frayer, elles sont maigres et moins bonnes; on les appelle alors *gayes* en France et *gaines* à Genève.

C'est surtout en juillet que la truite est grasse et plus exquise; mais il faut la garder deux jours pour l'attendrir. Sa chair est tendre, de bon suc et très-saine.

Le *taçon d'Auvergne* est une petite truite tachée de noir, meilleure que la truite ordinaire de la Moselle et du Rhin.

L'OMBRE DE RIVIÈRE ou plutôt l'omble des lacs de l'Apennin, nommé *thymallus* par Ælien, parce que sa chair a l'odeur du thym, est regardé par les auteurs comme une espèce de truite dont elle a le goût; mais elle en diffère, et même du genre du saumon, en ce qu'elle a les dents fort petites, et vit dans les ruisseaux des plus hautes montagnes.

Ce poisson est grand comme une petite carpe, mais plus allongé et plus aplati. Il a les écailles argentées, la chair blanche, tendre.

Il vit, comme la truite, de moucherons, d'éphémères, de cousins et semblables insectes.

L'*ombre chevalier*, ainsi nommé à cause d'une espèce de croix de chevalier qui le colore, ne se trouve pas en Lorraine, mais en Auvergne. Il est meilleur que l'ombre ordinaire. Tous deux remontent en troupes les petites rivières de la Franche-Comté : on les appelle *harengs d'eau douce*. L'hiver, ils se cachent sous les rochers. Ils fraient en février et mars.

L'ÉPERLAN forme un genre différent de celui de l'ombre en ce que sa nageoire dorsale antérieure est placée exactement au-dessus des ventrales.

On n'en connaît qu'une espèce.

L'éperlan, *eperlanus*, Rond., *Osmerus*, Arted., *Synon.*, 21, *spirinchus*, Gesn., ainsi nommé à cause de sa blancheur de perle qui reste sur sa peau même après qu'on en a enlevé les écailles, est un petit poisson long de quatre à cinq pouces au plus sur un pouce d'épaisseur, qui, selon quelques auteurs, prend naissance dans la mer et remonte ensuite dans les rivières, surtout dans la Seine et dans ses ruisseaux, qu'il suit volontiers dès le printemps.

Il ne faut pas le confondre avec l'éperlan de mer des côtes de Normandie, qui est une espèce de merlan.

On le pêche à la nasse ou aux grands filets, surtout vers Caudebec, depuis octobre jusqu'en avril, c'est-à-dire qu'il y a deux montées des éperlans aux deux équinoxes; la première en décembre, la deuxième du 1er janvier au 15 avril.

Sa chair est molle, facile à digérer, mais peu nourrissante. Elle sent la violette, d'où lui vient son nom de *viola marina*, Belon. Comme il multiplie beaucoup et qu'il est bon, on l'appelle *petite brebis* en Normandie. Il est meilleur dans l'eau salée que dans l'eau douce ou saumâtre de ces rivières. On ne le vide pas, parce qu'il n'a pas de fiel.

On ne le sale point et on ne le marine point. On le mange toujours frais sans le vider, en le lavant seulement et l'essuyant entre deux linges.

On le fait frire communément, ou on le fait cuire entre deux plats dans du beurre assaisonné de sel, poivre, persil, chapelure de pain, filet de citron ou verjus, le faisant cuire à petit feu.

Les pêcheurs le vendent 20 à 24 francs le millier, gros et petits, pris dans le bateau.

14ᵉ Famille. LES SILURES, *SILURI* OU ESTURGEONS, *STURIONES*.

Les poissons de cette famille diffèrent de ceux de la famille des CARPES, qui ont comme eux une seule nageoire au dos et les ventrales placées loin derrière les pectorales, en ce que leur queue est *arrondie et non échancrée*, sinon peut-être dans l'esturgeon, qui l'a pointue et tendant à se fourcher comme celle des requins ou de la famille des raies et des poissons cartilagineux, dont il approche beaucoup.

On en connaît seize genres, savoir :

1º Le KLARIAS du Nil, *hès* du Sénégal ;
2º Le SILURE, *silurus*, Ælian., du Danub.;
3º Le KABOR du Sénégal, *aspredo*, Gronov.
4º Le BOTSHAAK, d'Amb.
5º L'OANIAR du Sénégal ou *trembleur*.
6º Le FOCKENERO d'Amb.
7º Le MISGURN, Gesn.
8º L'ANABLEPS, Arted.
9º L'ERNOS. Ad., *erythrinus*, Gron.
10º Le VASTRES du Sénégal.
11º Le KAB du Sénégal.
12º Le TOBAL du Sénégal.
13º Le GAYA d'Amb., *poisson de paradis*, Coyet.
14º Le MUDFISCH de Carol., *amia* (Lin., S. N., p. 500).
15º Le WOORN d'Amb., *cabbellaauw* de l'île Maurice, Coyet.
16º L'ESTURGEON, *accipenser*, Pline, *sturio*.

Le SILURE, *silurus*, Ælian., ainsi nommé parce qu'il agite souvent sa queue, forme un genre de poisson qui se reconnaît à ses six barbillons au menton, à une nageoire dorsale épineuse fort petite et à une longue nageoire à l'anus.

On en connaît trois espèces, qui sont :

1º Le silure, *silarus*, AElian.
2º Le glanis, Arist.
3º Le lake ou l'alkussa des Suédois, a 1 barbillon au menton.

Le *silure*, *silurus*, Ælian., Arted., *Synon.*, 110, est un poisson de la mer Méditerranée et de l'Océan, qui reste presque toujours dans l'embouchure des fleuves, surtout du Danube, du Rhin et du Mein.

Il a jusqu'à seize pieds de longueur et pèse cent cinquante livres ; son corps est cylindrique et comprimé comme celui de l'anguille ou de la lotte.

Il est très-vorace ; il se jette sur les autres poissons et les dévore ; il se jette même sur les chevaux qui nagent dans les rivières.

La femelle fraie dans les rivières, et le mâle garde les œufs pendant cinquante jours, comme fait celui de la carpe, de peur que les autres poissons ne les mangent.

L'oaniar, ou *trembleur du Sénégal* dans le Niger, a six barbillons, dont quatre au menton comme le silure ; mais sa nageoire dorsale est charnue près de la queue, ainsi que l'anale qui est très-courte.

Sa singularité consiste en ce qu'il engourdit tout ce qui le touche comme la torpille, mais avec une violence incomparablement plus grande. Les expériences que j'ai faites au Sénégal m'ont appris que cet engourdissement se transmet au bout d'un bâton et d'une verge de fer de six pieds de longueur, et qu'il se communique à diverses personnes qui en ressentent une commotion, comme dans l'expérience de Leyde. En réitérant mes observations et en examinant avec attention d'où pouvait dépendre cette propriété qui fait qu'on ne peut toucher ce poisson ni le prendre même par le bout de la queue sans être forcé de le lâcher aussitôt, il m'a paru qu'elle était moins un effet du mouvement de ses muscles que de la trépidation ou vibration extrêmement précipitée, et pour ainsi dire électrique, de l'épine dorsale de son dos ou du fluide électrique qui en sort.

Le misgurn, ou *fisgurn* d'Allemagne, *Cobitis*, 3, Arted., *Synon.*, 3, diffère de l'oaniar en ce que sa nageoire dorsale est à rayons, et en ce qu'il a dix barbillons dont six au menton. Il vit dans les rivières.

Ce qu'il a de particulier, c'est qu'il s'agite beaucoup pendant les orages ; et on l'élève pour cette raison dans des bouteilles pleines d'eau.

L'ESTURGEON, *sturio*, Alb., *accipenser*, Arist., forme un genre de silure qui se reconnaît à ses quatre barbillons, à sa bouche placée sous la tête et à sa queue pointue, à sa nageoire dorsale courte ainsi que l'anale, et à sa queue pointue échancrée en dessous et cartilagineuse comme celle du requin.

On en connaît deux espèces, qui sont :

1° L'esturgeon, *sturio*.
2° L'ichthyocolle, *ichthyocolla*, Pline, *mario*, Pline.

L'ESTURGEON, *sturio*, Alb., *accipenser*, Arist., *galeus Rhodius*, Ath., *silurus salv. elops*, Arist., a le corps médiocrement long comme pentagone à cinq rangs d'écailles triangulaires ou pentagones au nombre de onze à trente-un sur chaque rang ; il n'a point de dents.

Il a communément huit à dix pieds de longueur, et pèse environ deux cents livres. On en présenta un à François Ier de dix-huit pieds.

C'est un poisson de mer plus commun dans la Méditerranée que dans l'Océan ; mais il remonte les rivières, surtout le Nil, le Don, le Danube, le Pô, la Loire, la Garonne, la Seine et l'Elbe, depuis février jusqu'en juillet et août.

Il se nourrit d'insectes, de vers marins qu'il cherche sous le limon en fouillant avec son museau et en suçant.

Il ne se prend point à l'hameçon, mais au filet. Cette pêche commence en février et dure jusqu'en juillet et août. A l'entrée de la Garonne, du côté de Bordeaux, lorsque les pêcheurs en trouvent de pris dans des filets, ils les retirent et les attachent à des bateaux, en passant des cordes qui traversent la queue et les ouïes ; et comme ces poissons donnent des coups de queue si forts qu'ils peuvent renverser un homme et casser de fortes perches, on leur attache la queue en demi-cercle : on peut de cette manière les conserver vivants pendant plusieurs jours. On en a pris un de sept pieds et demi de longueur en septembre de l'année 1772 dans la Seine, près de Fontainebleau.

Les cantons où l'esturgeon est commun tirent un grand profit de cette pêche.

Sa hure est ce qu'on estime le plus, ainsi que les laitances, qui sont très-délicates. La chair de son dos a le goût du veau, et celle du ventre le goût du cochon, mais elle est difficile à digérer. En Grèce, on l'appelle *xirichi,* et on la sale pour la vendre sous le nom de *moronna.* On prépare aussi ses œufs pour en faire une espèce de poutargue sous le nom de *caviar,* en les lavant bien dans du vin blanc, ôtant les ligaments et la pellicule qui les enveloppe, les faisant bien sécher, les mettant avec du sel dans un vaisseau percé de trous, les pressant avec la main et les laissant égoutter. Ce caviar ressemble à du savon vert de Hambourg ; on le met ainsi dans des barriques pour le vendre aux Moscovites et aux Russes, qui en font un grand usage pendant leurs trois carêmes, sous le nom de fromage *caviari, skari,* auquel ils mêlent du poivre et de l'oignon. Les Italiens en consomment aussi beaucoup.

Les réservoirs de mucilage qui s'étendent le long du dos de ce poisson fournissent une espèce d'ichthyocolle ou colle de poisson jaunâtre que les droguistes vendent en feuilles sous le nom de *colle de poisson en feuillet* sans être roulées ; elle a les mêmes propriétés que l'ichthyocolle, mais elle est plus difficile à dissoudre, plus rare et plus estimée, ne coûtant que 4 sous l'once. Les brasseurs en emploient beaucoup pour clarifier la bière.

L'*ichthyocolle,* Plin., *Exos.,* Gesn., *Mario,* Plin., *Huro,* Germ., *Antacœus,* Ælian., ou le grand esturgeon, a la peau unie, lisse, sans écailles ni épines, et pour épine du dos un cartilage cylindrique, creux, plein de moelle de la tête à la queue.

Ce poisson a jusqu'à vingt-quatre pieds de longueur, et pèse quatre cents livres.

Il est particulier à la mer Méditerranée et à celle de Moscovie près d'Archangel, où on l'appelle *belluge*.

Ce poisson nage toujours par bandes et accourt au son des trompettes; il remonte tous les ans le Danube et les rivières de la Russie depuis octobre jusqu'en janvier, et on en prend beaucoup, surtout en Valachie, près de l'embouchure de ce fleuve. Il s'en débite tous les vendredis à Vienne, depuis soixante jusqu'à cent.

Sa chair est douceâtre, gluante, et meilleure salée que fraîche.

Ce que ce poisson fournit de plus utile, c'est la colle, ce qui lui a fait donner le nom d'*ichthyocolle* ou colle de poisson. C'est à proprement parler un mucilage extrait de toutes les parties membraneuses ou coriaces, comme la peau, les nageoires, la queue, les entrailles, en les réduisant en gelée dans l'eau bouillante; cette gelée s'étend par couches, afin qu'en séchant elle se réduise en parchemins qui se roulent en canons ou cordons; la meilleure est blanchâtre, claire, transparente, sans saveur, sans odeur; c'est là la colle de poisson.

La médecine l'emploie, comme tous les mucilages, comme anodine et astringente pour les ulcères internes et la dyssenterie.

Elle est d'un usage plus universel dans les arts. On l'emploie surtout pour clarifier les liqueurs, pour lustrer la soie, pour blanchir ou coller les gaps ; c'est la colle à bouche des dessinateurs, qui la font fondre avec le sucre, et qui la recuisent en une espèce de colle jaune et transparente qu'ils laissent fondre dans la bouche pour coller le papier.

Elle se vend 10 sous l'once et 12 francs la livre. On l'emploie avec succès cuite avec l'ail où la colle forte n'a point de prise comme les pierres fines.

15e FAMILLE. LES RAIES, *RAJÆ*.

Ces poissons se distinguent de tous les autres en ce qu'ils ont *depuis cinq jusqu'à sept trous* aux ouïes.

Ils forment jusqu'à seize genres qui sont :

1º L'AONE, Ad., *raja,* 202, Gronov., *mus. ceram.,* 109.
2º Le TRAGON, Arist., *trigon,* Plin., *raya,* 3, Art., *pastenaque, pastinaca.*
3º L'AEREBA du Brés., Kop., Sénégal.
4º Le TIMB du Sénégal.
5º La RAIE, *raia,* Pline.
6º La TORPILLE, *torpedo,* Pline.
7º L'ANGE, *squatina ,* Pline.
8º La SCIE, *pristis,* Arist.
9º La CENTRINE.
10 Le SULEK du Sénégal.
11º Le SQUALUS, Arted., Gron., *mus.,* nº 136.
12º La CANICULE, *skulion,* Arist., *melandre* ou *milandre ,* Gull.
13º Le MARTEAU, *zygœna ,* Arist., *libella,* Gaz.
14º La LAMIE, *lamia,* Arist., Pline, requin.
15º Le CHAT DE MER, *galeus,* Pline.
16º La LAMPROIE, *lampetra,* Pline.

La RAIE, *raîa ,* Plin., Arist., forme un genre de poisson qui se reconnaît aux six caractères suivants : 1º il a cinq trous aux ouïes; 2º deux nageoires pectorales, deux ventrales, deux dorsales dont la postérieure a une épine; 3º l'anus n'a point de nageoires; 4º sa queue en a une très-petite en croissant en dessus, 5º son corps est semé d'épines en clou; 6º ses dents sont plates et forment ce qu'on appelle une mâchoire pavée.

On en connaît cinq espèces qui sont :

1º La raie commune ou bouclée , *raia,* Pline, et la raie foulon.
2º La flossade à bec pointu, bœuf marin , *bous ,* Arist., *oxyrynchos,* Rond., comme le disent les écrivains.
3º L'aquilone, *actos,* Arist,, *aquila,* Pline.
4º Lé fremat du Languedoc, *raie lisse ordinaire.*
5º Le miralet, *raia oculata lœvis,* Rond.

La raie commune ou *bouclée , raia ,* Pline, *batis ,* Arist., a un rang de piquants crochus sur le dos.

C'est un poisson de mer très-commun sur les côtes occidentales de l'Europe et non sur celles de la Méditerranée, dont l'espèce est différente : il a deux à trois pieds de diamètre.

Il se tient presque toujours au fond des eaux et sur les côtes limoneuses où il nage à plat et difficilement.

Il se nourrit de petits poissons et de vers marins.

Le mâle a deux verges et s'accouple ventre à ventre avec la femelle, qui a deux matrices et deux ovaires pour les recevoir.

La femelle est très-féconde, mais elle ne pond ses œufs que un ou deux à la fois, parce qu'ils ne descendent des ovaires, comme dans la poule, que les uns après les autres dans l'oviductus ou la matrice, pour se perfectionner et y prendre une coque. Leur forme est celle d'un carré long, aplati, échancré aux deux bouts et terminé par quatre pointes prolongées en quatre filets qui servent à l'y attacher aux fucus et aux plantes marines, sur lesquels la femelle les pond ; leur substance est cartilagineuse.

La raie fraîche sent le sauvagin ou un goût de mer; elle est moins tendre et moins bonne que celle qu'on laisse mortifier quelques jours, alors elle est un bon manger. Le foie est le morceau le plus délicat de ce poisson, mais il faut qu'il soit mortifié comme la chair; c'est de cette raie que les charlatans forment leur basilic.

La TORPILLE, *torpedo*, Plin., *narke*, Arist., forme un genre de poisson qui diffère de celui de la raie en deux points qui sont : 1° ses dents pointues ; 2° la nageoire de la queue qui est assez grande, arrrondie, et qui entoure la queue en dessus et en dessous. J'en connais six espèces, dont les principales sont :

1° Le tor du Sénégal.	4° Le tembladera nigra de Cadix.
2° La torpille ordin. de Normandie.	5° Le tembladera blanca de Cadix.
3° Le tropé de Marseille.	

La *torpille, torpedo;* Plin., ou le *trembleur,* a environ un pied et demi de longueur.

Elle est commune sur les côtes vaseuses de la Normandie, où elle vit de vers marins et de petits poissons qu'elle engourdit en les touchant.

Personne n'ignore la propriété qu'a ce poisson d'engourdir les parties des autres animaux qui le touchent. Cette douleur ressemble beaucoup à celle du coup électrique, et on peut la comparer à l'engourdissement qu'on ressent lorsqu'on a reçu un coup sec sur le coude. Quelque près qu'on en ait la main, on ne ressent rien; si on la touche avec un bâton, on sent peu de chose; si on touche du bout du doigt, la douleur est assez forte, mais si on appuie dessus, ou si on la prend à pleine main par le milieu du corps, on sent un engourdissement si violent qu'on est forcé de lâcher prise.

La cause de ce phénomène est due à la structure de ce poisson. Il a le dos convexe, et dès qu'on le touche il s'aplatit et se creuse par une contraction qui se fait de deux muscles en croissant qui occupent le milieu de son dos, et qui par la promptitude de leurs mouvements en impriment un contraire à celui des esprits animaux qu'il arrête, suspend et fait même refluer, d'où naît l'engourdissement subit et ce sentiment douloureux qui gagne le long du bras jusqu'à l'épaule, et qui met dans l'impuissance d'en faire usage.

Plus les endroits où l'on touche la torpille sont éloignés de ces deux grands muscles, moins l'engourdissement est sensible, au point qu'on peut les prendre par la queue comme font les pêcheurs.

Lorsque la torpille est morte cette vertu cesse.

On sait que pour ne pas ressentir l'effet de cet engourdissement il suffit de retenir son haleine tant qu'on la touche.

Il y a apparence que la torpille se sert de cette propriété

qu'elle a pour prendre plus facilement tous les poissons qui la touchent, car M. de Réaumur trouva mort au bout de quelques heures un canard qu'il avait enfermé dans un petit bassin plein d'eau de mer, avec une torpille qui le touchait assez souvent.

Nous avons dit que l'oaniar du Sénégal, ce genre de silure que les voyageurs comparent au congre, a la même vertu, mais dans un degré beaucoup plus violent.

M. Walsh, membre du parlement d'Angleterre pour le comté de Glocester, s'est rendu en juillet 1772 à la Rochelle pour examiner la torpille ; il a mesuré avec l'électromètre la force électrique de ce poisson, en faisant placer de front neuf personnes sur un fil d'archal posé sous leurs pieds, chacune ayant les mains dans des seaux d'eau : du bout de ce fil, il toucha le poisson, qui nageait dans un seau d'eau, et aussitôt chaque personne sentit une commotion aussi forte que dans l'expérience de Leyde.

Toutes les six espèces de torpilles qu'on connaît ont cette vertu plus ou moins forte et toujours proportionnée à leur grandeur.

La chair de ce poisson n'a aucune mauvaise qualité ; les pêcheurs la mangent comme celle des autres, mais elle n'est pas agréable. Ils jettent seulement les deux grands muscles dont la substance est molle et très-fade ; son foie est gros et fort bon.

L'ANGE, *squatina*, Plin., forme un genre différent de la torpille, en ce que 1° son corps n'est pas lisse ; 2° ses nageoires pectorales n'entourent pas tout le ventre. On en connaît deux espèces :

1° L'ange, *squatina*.
2° Le squatino, *raya*, pantouflier. Il voyage du Sénégal dans la Méditerranée.

L'*ange* ou le *moine, squatina,* Plin., *xine,* Arist., *squalus*

6, Arted., *Syn.*, 95, est commun dans la Méditerranée et dans l'Océan. On en a vu à Cette de vingt-deux pieds de longueur. On lui donne le nom de *moine* parce que les couvertures des ouïes sont si amples qu'elles forment comme une espèce de capuchon. Ce poisson se cache dans le sable et attire, par les mouvements de ses ouïes qui forment un courant, les petits poissons dont il fait sa nourriture. Sa chair se vend à Paris sous le nom de raie, mais elle est très-grossière et toujours dure, ses œufs sont astringents.

La SCIE, *pristis*, Arist., *sagfish*, en Angl. , *sayn*, Owalof, ESPADON, EMPEREUR, est le poisson que quelques auteurs prétendent faire la guerre à la baleine en sautant dessus pour la scier, mais c'est une fable. Ce genre se distingue de celui de l'ange, *squatina*, par sa tête allongée en scie à deux rangs de dents. Ce poisson voyage, va au Sénégal en hiver et passe l'été dans la Méditerranée.

Le MARTEAU, *zygæna*, la BALANCE, *labella*, le PANTOUFLIER, en Amérique , forme un genre de poisson différent de celui de la scie, en ce que , 1° il a une petite nageoire derrière l'anus, 2° sa tête est tronquée et formée en marteau qui porte les yeux sur les deux extrémités. On l'appelle *poisson-juif, pesce jonzio,* à Marseille, à cause de la ressemblance de sa tête avec l'ornement de tête que les Juifs de Provence portaient autrefois.

C'est un poisson de passage qui passe l'été dans la Méditerranée, et qui va hiverner dans les mers du Sénégal depuis le mois de septembre jusqu'en avril.

Il a trois à quatre rangs de dents.

Il ne vit que de chair et s'élance avec une ardeur extrême sur les poissons et sur les hommes.

Malgré sa vitesse et sa forme, les nègres l'attaquent et le tuent d'autant plus facilement qu'il est plus grand, parce qu'il se remue plus difficilement.

Sa chair est dure et peu agréable, il n'y a que les nègres qui puissent en manger.

L'AIGUILLAT, *centrine*, Arist., forme un genre de raie qui se reconnaît à ce que, 1° il a deux trous derrière les yeux; 2° ses nageoires dorsales ont chacune une épine. On en connaît trois espèces qui sont :

1° Le porc marin, *centrine*, Arist., *squalus*, 5 Arted., *syn.*, 95.
2° L'aiguille de Marseille, *acanthias*, Arist., *spinan*, Gaz., et *tuno*, Naples, *squalus*, 3 Arted., *Syn.*, 94.
3° La sagée, *squalus*, 4 Arted., *Syn.*, 94.

Le *porc-marin*, *centrine*, Arist., a le corps triangulaire, trois rangs de dents aux mâchoires; il est ovipare.

L'*aiguillat* ou *aguillat* de Marseille, *acanthias*, Arist., *spinan*, Gaz., *aguzio*, Gesn., pèse jusqu'à vingt livres. La femelle est vivipare, ses œufs sont plus gros que ceux de poule. Sa peau est employée par les menuisiers et les tourneurs pour polir leurs ouvrages, comme du chien de mer, *galeus*.

La LAMIE, *lamia*, Arist., forme un genre de poisson différent de celui du marteau, *zigœna*, et des précédents, en ce que, 1° son corps est cylindrique; 2° il n'a point de trous derrière les yeux; 3° ses dents sont triangulaires, plates, dentelées et disposées sur plusieurs rangs; 4° sa première nageoire dorsale est placée au-devant des ventrales. On en connaît six espèces qui sont :

1° Le requiem du Sénégal, *carcharias*.
2° Le requiem des Antilles.
3° La lamie, *lamia*, Arist., *squalus*, 14 Arted.
4° Le renard marin, *vulpecula*, Salv., *squalus*, 8 Arted.
5° Le squale de Cadix, *squalus*, 2 Artedi, *galeus lœvis*, Arist.
6° Le habrand de Norwège, *glaucus*, Ælian., *squalus*, 13 Arted., *Syn.*, 93.

Le *requin du Sénégal*, *carcharias*, Arist., est marqué de deux sillons longitudinaux de chaque côté et a le corps cendré, chagriné de tubercules hémisphériques à trois sillons, il a vingt-cinq pieds de longueur et six fois moins de largeur, c'est-à-dire environ trois pieds deux tiers et huit rangs de dents chacun de trente dents dentelées de vingt denticules sur chaque côté. Ces dents sont mobiles et s'enchâssent quand elles se referment entre les crénelures d'une peau qui borde les mâchoires, les inférieures sont plus étroites.

Ce poisson est commun sur les côtes du Sénégal, près des terres, depuis le cap Blanc jusqu'à Angola entre les tropiques.

Il est extrêmement vorace et vit de poissons qu'il peut attraper; il dévore aussi les hommes et plutôt les noirs que les blancs : j'en ai vu un de dix à douze pieds suivre mon vaisseau pendant un espace de plus de trois cents lieues, et ne se laisser prendre au hameçon que le huitième jour; j'ai vu plusieurs fois cinq, six et même huit nègres ou négresses se baignant autour des rochers de l'île de Gorée disparaître tout à coup enlevés par les requins qui sont très-abondants autour de cette île, et qui vus du haut des rochers paraissent avoir au moins quinze à vingt pieds de longueur. Un soldat se baignant un soir au bord de l'anse, à une toise de la terre, eut la cuisse coupée et presque entièrement séparée par un seul coup de dent auquel il ne survécut pas deux minutes. Enfin ces malheurs sont si fréquents sur cette côte qu'on est étonné de la bravoure des nègres qui osent franchir la baie du Sénégal au moins douze fois dans l'année pour aller chercher, à un quart de lieue en mer, les paquets qu'on leur donne dans un petit baril; on en a vu plusieurs disparaître dans ce trajet dévorés par les requins, mais on en a vu d'autres aussi, qui dès qu'ils apercevaient le requin arriver sur eux, plonger adroitement au-dessous et leur porter un coup de couteau mortel dans la poitrine. Les requins ne se retournent pas sur le dos pour manger, comme on l'a dit.

Lorsqu'on a pris un requin en mer à l'hameçon, on le

laisse un peu débattre en lui tirant la tête hors de l'eau, puis on glisse une corde avec un nœud coulant qu'on fait passer dans la queue, où on la serre, puis on l'enlève ainsi dans le bâtiment. Les coups de queue sont très à craindre et capables de casser les jambes et les bras de ceux qui en approchent.

Le requin a la vie extrêmement dure, au point qu'après l'avoir coupé en pièces on en voit encore remuer longtemps toutes les parties.

Cet animal est vivipare; sa matrice ressemble à celle de la chienne et ses autres parties à celles des autres poissons. On y voit depuis quatre jusqu'à douze petits à la fois, non enveloppés de tunique, mais attachés seulement par un cordon ombilical à la matrice de la mère. Tous les Français qui ont demeuré quelque temps à la côte du Sénégal sortent de ce pays entièrement persuadés que ces petits requins, qui n'ont pas moins de deux pieds de longueur sur trois pouces de diamètre, rentrent dans le ventre de leur mère toutes les fois qu'ils voient du danger.

La chair du requin est blanchâtre, mais sauvagine et trop dure pour être mangée; cependant les petits sont un manger délicat et recherché par les nègres qui font le plus grand cas d'un *couscous au requin.*

Au cap de Bonne-Espérance il y a deux sortes de requins que les Européens appellent *hayes.* La première espèce a seize pieds de longueur, trois rangs de dents fortes et pointues, la peau fort rude et une fente considérable sous le ventre entre les deux nageoires ventrales près de la queue : elle est aussi aux Antilles. La deuxième espèce est une lamie à corps beaucoup plus large, à six rangs de dents, à queue en croissant, et à peau rude comme une lime.

La *lamie, lamia,* Arist., *tiburo,* Rond., a le corps plus court ou plus large à proportion que le requin et a cent quarante-quatre dents à chaque mâchoire en six rangs, chacun de vingt-quatre dents triangulaires marquées de quarante dentelures.

Elle est commune dans la Méditerranée.

Rondelet dit qu'on en a vu de si grands, qu'ils pesaient trente mille livres (il veut dire sans doute trois mille), et qu'on en a pris à Nice et à Marseille qui avaient dans leur estomac des hommes entiers et même un tout armé, d'où vient le nom de *requiem* que lui ont donné les Normands. Il ajoute que si l'on tient cette gueule ouverte avec un bâton, les chiens y entrent aisément pour manger dans leur estomac, et que c'est vraisemblablement le poisson dans le ventre duquel le prophète Jonas passa trois jours et trois nuits.

Il a de la graisse sous sa peau, et le foie si gros qu'on en tire par ébullition plus de douze livres d'huile.

Le *renard marin, alopex,* Arist., *vulpecula,* Salv., *squalus,* 8, Arted., a huit pieds et demi de longueur, quatorze pouces de diamètre, la queue en faux, presque aussi longue que le reste du corps, et six rangs de dents dentelées à chaque mâchoire; il pèse cent livres et plus, et a le foie partagé en deux lobes.

Il se trouve dans la Méditerranée aux lieux bourbeux et fangeux.

Il vit de poissons et de plantes.

Sa chair est de bon goût; elle a en quelque endroit plus d'un pouce d'épaisseur de graisse.

Le *Glaucus, cagnot bleu, squalus,* 13, Arted., *Syn.,* 98, n'a point de fossette sur le dos, comme le dit cet auteur, à moins qu'il ne soit desséché; les Norwégiens appellent *habrand* le mâle, et *hamor* la femelle.

Il est commun dans la mer de Norwège, où il se prend au printemps dans les filets tendus pour la pêche du hareng.

Il est bleu sur le dos, blanc sous le ventre, et a jusqu'à huit pieds et un quart de longueur, sur un pied un tiers de diamètre.

Sa peau est épaisse comme celle du veau, et hérissée de tubercules à trois pointes.

Son nez est percé de six rangs de petits trous qui servent à laisser passer la mucosité qui doit le lubrifier, et dont le réservoir, découvert par Stenon, est grand comme le cerveau et placé entre lui et le bout du nez.

Ses narines sont petites, sinueuses, et placées obliquement vers l'extrémité de la lèvre supérieure, et comparables à celles des baleines et des quadrupèdes vivipares.

Sa bouche est grande et armée de deux cent cinquante-deux dents disposées sur neuf rangs, chacun de vingt-six à vingt-huit, relevées à leur origine seulement de chaque côté de un à deux denticules. Ces dents sont creuses, c'est-à-dire remplies intérieurement par une matière fongueuse ; elles ont sept lignes de long dans un habrand de huit pieds un quart de longueur.

Le habrand dérange beaucoup la pêche des Norwégiens ; il dévore non-seulement les poissons qu'il peut attraper à la nage, il avale encore ceux qui sont pris dans les filets et à l'hameçon, et souvent l'hameçon et la ligne qui le tient. On a trouvé quelquefois une chèvre entière dans le ventre d'un de ces poissons.

On ne s'attache point à en faire la pêche en Norwège. On préfère celle du requin de la grande espèce, *squalus maximus*, Linn., *S. n.*, 12, p. 400, qui, selon MM. Anderson et Grenner, a jusqu'à 48 pieds de longueur, ou la lamie, qui a vingt-quatre pieds, parce qu'on tire de leur foie, par l'ébullition, une grande quantité d'huile, avec laquelle les Norwégiens font des omelettes qu'ils trouvent délicieuses. La graisse de toutes ces espèces de requins a la propriété de se conserver et de se durcir en séchant comme le lard du cochon. Les Islandais s'en servent au lieu de lard pour assaisonner leur *cabliau stokfisch;* mais ordinairement ils la font bouillir pour en tirer de l'huile. Ils coupent la chair du bas-ventre de ces poissons par tranchées fort minces, ou par lanières qu'ils laissent sécher en les tenant suspendues pendant un an ou davantage; ils le cuisent ensuite pour le manger. Lorsqu'on veut le manger frais, on le fait mariner pendant vingt-quatre heures, puis on le fait bouillir dans l'eau pour le manger à l'huile.

Le *lentillet* du Languedoc, *galæus lævis,* Arist., *squalus,* 2, Arted., *Syn.,* 93, *asterias,* Arist., *l'étoilé,* a un rang de taches étoilées de chaque côté, le long du dos.

Le CHAT DE MER, *galeus,* Arist., forme un genre qui ne diffère de celui de la lamie qu'en ce que : 1° sa nageoire dorsale antérieure est placée ou sur les deux ventrales ou loin derrière elles; 2° ses dents sont coniques, entières, sans dentelures. On en connaît cinq espèces qui sont :

1° A Le chat marin, la nissole de Marseille ou l'émissole, Salv., *squalus,* 11, Arted., *Syn.,* 97.
2° B Le pechi canni de Naples.
3° C Le chien de mer de l'Orient.
4° D La roussette, *Spina rossa,* d'Espagne.
5° E Le diabolo de Naples.

L'*émissole* ou la *nissole* de Marseille, ou *chat marin, mustelus,* Salv., *squalus,* 11, Arted., *Syn.,* 97, est sans dents et moucheté ou tigré comme un chat.

Le *chien de mer* est commun sur toutes les côtes occidentales de l'Europe. Il a environ cinq pieds de longueur. Sa peau est le plus en usage, avec celle de la roussette, pour polir les ouvrages de menuiserie.

La *roussette, spina rossa,* en Espagne, a la peau rousse mouchetée de noir, *squalus,* 11, Arted., *Syn.,* 97.

On appelle indifféremment de ce nom les quatre à cinq

espèces ci-dessus, B, C, D, E, dont la première a un pied de longueur.

La peau de la *vraie roussette* ne doit presque jamais être rude au toucher.

Les gaîniers l'emploient pour garnir les étuis. Le galuchat, si estimé à Paris, est fait avec ces peaux teintes en vert.

La LAMPROIE forme un genre de raie qui se reconnaît au premier abord à ce qu'elle a de chaque côté du corps sept trous aux ouïes ; elle n'a point de nageoires pectorales, de ventrales ni d'anales, mais seulement deux dorsales, et une à la queue. On en connaît deux espèces qui sont :

1° La lamproie de mer, *lampetra.*
2° Le lamprillon de rivière.

La *lamproie, lampetra*, Rond., *mustela*, Plin., a le corps cylindrique de l'anguille, sans écailles, bleuâtre, à ventre blanc. Sa bouche est ronde, armée de denticules insensibles et semblable à un suçoir ; elle n'a point de langue. Son intestin est cylindrique, droit, simple, étendu de la tête à la queue. Son cœur est enveloppé dans un cartilage auquel le foie est attaché.

C'est un poisson de mer qui remonte les rivières au printemps pour y déposer ses œufs ; il préfère les eaux vives et les rochers et se trouve dans toute l'Europe.

Il vit de bourba, c'est-à-dire de ce mucilage qui recouvre les pierres et les terres grasses qu'il semble sucer continuellement.

La lamproie nage au-dessus de l'eau en serpentant, comme les serpents.

Elle ne vit que deux à trois ans.

Elle est sujette à porter aux yeux un petit insecte ou cloporte à deux pieds qui suce leur mucosité et les aveugle.

Le mâle est préféré à la femelle, et celle des eaux vives est meilleure que celle des eaux stagnantes et bourbeuses. Sa chair est molle et visqueuse.

Les lamprillons qui ne sont pas plus grands que des vers de terre se nomment *châtillons* à Toulouse et *sept-œils* à Rouen.

QUINZIÈME SÉANCE.

SIXIÈME CLASSE. LES CRUSTACÉS, *CRUSTACEA.*

Le passage des poissons aux animaux qui en approchent le plus n'établit pas à beaucoup près cette gradation par nuances insensibles, que nombre de philosophes croient trouver entre toutes les productions de la nature. Aristote, et la plupart des modernes après lui, ont cru que le polype ou poulpe, la sèche, le calmar et quelques autres animaux mous de l'ordre des vers, avaient un rapport immédiat avec les poissons parce qu'ils vivent comme eux dans l'eau. En effet, 1° ces animaux ont comme eux des bronches ou des ouïes ramifiées et très-fines; 2° ils ont deux mâchoires verticales faites comme un bec de perroquet ou analogues à celles de certains coffres et de certaines tortues; 3° ils ont, au milieu de leur dos, un os en partie pierreux, en partie cartilagineux, qui supplée en quelque sorte à l'épine du dos des poissons, quoiqu'elle ne soit point percée, quoiqu'elle ne contienne aucune portion de moelle allongée; 4° enfin ils s'accouplent comme quelques-uns d'eux, et ils fraient de même, en jetant pour ainsi dire leurs ovaires ou leurs *grappes d'œufs*. Mais ces quatre espèces de rapports sont encore bien éloignés et contre-balancés par des différences sensibles qui séparent ces deux classes d'animaux par des intervalles qui paraissent pouvoir être remplis par d'autres animaux qui en approchent davantage, tels que les crustacés et les insectes. Car les polypes ou les sèches 1° n'ont point de sang ou de liqueur colorée en rouge comme le sang des poissons; 2° leurs ouïes ne sont pas placées dans la tête, mais dans l'intérieur du corps, et elles sont plus nombreuses; 3° leurs mâchoires, quoique verticales, peuvent se mouvoir aussi horizontalement, comme celles des insectes, et ne sont qu'un simple cartilage ; 4° l'os de leur dos n'est ni *articulé,* ni creux intérieurement ; 5° leur peau n'est ni coriace, ni écailleuse, comme celle des poissons ; 6° leur chair n'est point musculeuse mais parfaitement semblable à une gelée ferme sans vaisseaux , sans organisation apparente ; 7° ils n'ont point de nageoires molles ni rien qui les remplace ; 8° enfin, dans toute leur charpente, considérée en gros et en détail, il n'y a pas une seule pièce qui soit articulée.

Quoique les crustacés n'aient pas tous les rapports immédiats qui aux yeux des philosophes paraissent nécessaires pour unir intimement deux classes ensemble, ce sont cependant les animaux qui en ont le plus avec les poissons, et ce sont eux que nous placerons à leur suite ; ils ne diffèrent en ce que : 1° ils n'ont pas de sang non plus que les polypes, c'est-à-dire les sèches ; 2° que leurs ouïes sont intérieures et correspondent à des trous extérieurs appelés stigmates ; 3° leurs mâchoires sont horizontales ; 4° ils n'ont pas d'os intérieur de squelette analogue à l'épine du dos ; 5° ils n'ont pas de nageoires, mais des pieds qui les remplacent ; 6° ils ont à la tête des antennes, c'est-à-dire des cornes articulées qui manquent aux poissons ; 7° ils sont sujets à muer ou changer de peau tout d'une pièce , comme les serpents et les reptiles ; 8° enfin il y en a plus de terrestres que d'aquatiques. Si nous examinons actuellement les rapports de ressemblance que les crustacés ont avec les poissons, nous les trouverons au moins aussi nombreux que leurs dissemblances : 1° ils ont, comme nous avons vu, des ouïes ; 2° la plupart s'accouplent comme font quelques poissons de la famille des raies ; 3° la plupart sont aussi ovipares, et il y en a peu de vivipares ; 4° leur chair est de même musculeuse et non pas gélatineuse ; 5° leur corps est articulé au moins dans quelques-unes de ses parties ; 6° leur corps est couvert d'une croûte écailleuse, analogue aux écailles des poissons, puisqu'elle en fait l'office, et à leur squelette intérieur, puisque les muscles y sont attachés ; 7° leurs pattes, et même leurs antennes, remplacent les nageoires des poissons, et par leurs fonctions et par leur structure, étant articulées de même ; 8° la mue de leur croûte ou de leur écaille est analogue à la mue des écailles des poissons écailleux ; 9° enfin il y en a parmi eux un grand nombre qui vivent dans l'eau et même qui nagent comme les poissons.

Les crustacés ont donc plus de ressemblance que de dissemblance avec les poissons ; ils ont avec eux un plus grand nombre de rapports que les polypes (poulpes) et autres animaux mous qu'on avait regardés jusqu'ici comme leur appartenant de plus près. Enfin ils leur ressemblent beaucoup plus que les insectes proprement dits. Ceux dont ils approchent le plus sont, sans contredit, l'aiguille et l'hippocampe, de la famille des anguilles, qui ont le corps comme articulé.

Nous séparons la classe des crustacés de celle des insectes, contre l'usage ordinaire des méthodistes modernes, qui n'en font qu'une seule et même classe fondée sur le seul caractère des antennes articulées qui se trouvent dans la plupart de ces animaux, comme dans les insectes, ressemblance bien légère lorsqu'on la compare aux deux différences qui les distinguent si essentiellement, savoir : 1° de n'avoir point d'ailes ; 2° de n'être sujets à aucune métamorphose, à aucun changement de forme, qui est le premier et presque le seul caractère qui distingue la classe des insectes d'avec celle des autres animaux, et qui prouvent que tous les entomologistes se sont trompés lorsqu'ils ont mis la puce dans la classe des *crustacés* pendant qu'elle devait être mise dans les insectes, dont elle subit les métamorphoses.

Les crustacés sont, comme nous venons de le dire, des animaux *sans ailes, qui ne subissent aucune métamorphose, aucun changement de forme*, qui ont, au premier instant de leur naissance et en sortant de l'œuf, comme les poissons, les oiseaux et autres animaux appelés animaux parfaits, la forme qu'ils doivent avoir pendant toute leur vie, à la grandeur près, qui ne consiste que dans le développement ou l'accroissement de leurs parties, même dans ceux dont le nombre de ces parties augmente sans changer leur figure, comme les scolopendres, les iules, qui semblent avoir quelques rapports avec la classe des serpents et avec celle des vers; leur corps est articulé, au moins dans quelques-unes de ses parties, et recouvert d'un test, d'une espèce de croûte écailleuse; enfin ils ont tous des pattes, et pour la plupart des antennes articulées comme leurs pattes.

Leur corps est conformé diversement selon les espèces : 1° dans les uns il est sphérique ou approche de cette forme et composé d'une seule pièce comme dans la mite, le ciron, le monocle, qui ont la tête confondue avec le ventre sans aucune distinction ni séparation sensible; 2° dans d'autres, comme dans les araignées, il est composé de deux articulations dont la première forme la tête et la poitrine ou le corselet unis ensemble, contenant la bouche, les yeux, les antennes, les poumons et leurs stigmates avec le cœur, ou ce qui en tient lieu et les parties génitales, pendant que la deuxième articulation qui est postérieure contient les intestins; 3° d'autres, comme les crabes ou les scorpions, ont la tête et la poitrine réunies comme dans les araignées, mais leur ventre est composé de trois à onze articles; 4° enfin d'autres, comme les scolopendres et les cloportes, ont la tête séparée du corselet ou de la poitrine et du ventre, de manière que leur corps en entier est composé de douze à soixante-quinze articles.

Ces quatre conformations différentes du corps des crustacés nous fournissent les moyens de partager cette classe en quatre familles dont nous appellerons la première la famille des *mites, mitæ ;* la deuxième, la famille des *araignées, araneæ ;* la troisième, la famille des *crabes* ou *écrevisses, cancri ;* enfin la quatrième, celle des *scolopendres* ou *cloportes, scolopendræ* ou *onisci.* Celle-ci peut se diviser en deux sections relativement à la position des pattes ; dans la première section, celle des pous, *pediculi,* seront les crustacés qui comme le pou, le podure, n'ont que six pattes toutes attachées au corselet ou aux premières articulations les plus voisines de la tête ; la deuxième section sera pour ceux qui ont plus de six pattes attachées sur toute la longueur du corps.

Le corps en total et dans la plupart de ses parties est recouvert d'une croûte plus ou moins dure, qui a fait donner à ces animaux le nom de *crustacés.* Cette croûte est pierreuse dans les uns comme les écrevisses, et cartilagineuse dans les autres ; elle est le seul appui qu'aient les muscles pour faire exécuter au corps ses divers mouvements, et ils lui sont attachés comme ils le sont au squelette intérieur, à la charpente osseuse dans les animaux parfaits, il est comme un squelette extérieur, comparable à cet égard seulement à l'écaille des tortues.

Cette croûte ou cette peau écailleuse est sujette à muer tous les ans une ou deux fois pour l'ordinaire, vers le temps des équinoxes, c'est-à-dire en avril et en septembre, et elle est accompagnée de la mue de chacune des parties intérieures, telles que l'estomac dans l'écrevisse, qui contient trois petites pierres indépendamment des deux mâchoires.

Quelques jours avant la mue, ces animaux cessent de manger ; leur écaille cède sous la pression des doigts et annonce par là qu'elle n'est plus soutenue par les chairs, et qu'elle est entièrement détachée. Pour s'en dépouiller, l'animal gonfle son corps, en fait sortir une liqueur ; l'écaille, amollie, se fend en deux, longitudinalement, il agite ses membres, et il en sort en retirant ses pattes, comme on tire un couteau de sa gaîne. Sa bouche, comme si elle était nécessaire à la défense de l'animal pendant une opération aussi critique, est le dernier endroit à se dépouiller, l'animal s'en dégage un quart d'heure après le reste du corps, et sa dépouille, ou son ancienne croûte, est si entière après cette mue, qu'on la prendrait pour l'animal lui-même.

Au moment de la mue, la nouvelle peau qui recouvre l'animal n'est en apparence qu'une membrane très-molle et qui en moins d'une journée prend la consistance et la dureté de l'ancienne écaille.

Beaucoup de ces animaux périssent dans l'opération de cette mue, et tous sont encore languissants quelques jours après qu'elle est faite.

La tête n'est point sensible ni distincte du corselet, comme nous l'avons dit, dans les crustacés des trois premières familles qui comprennent les mites, les araignées et les écrevisses ; elle n'en est séparée que dans la quatrième, dans celle des scolopendres. Elle contient très-peu de cerveau.

On appelle du nom de *corselet, thorax* ou *poitrine*, cette partie du corps de ces animaux ainsi que des insectes qui suit immédiatement la tête, parce qu'elle contient les parties nobles dans la plupart, savoir : le cœur, les ouïes, etc.; les mites n'en ont point, ou il est confondu avec la tête et le ventre ; les araignées et les écrevisses l'ont bien distinct, composé d'un seul article ; dans les crustacés de la quatrième famille ou des scolopendres, on ne voit point de distinction entre le corselet et le ventre, parce que ces deux parties sont composées d'une suite d'articulations semblables. C'est derrière le cerveau qu'on trouve dans les écrevisses deux pierres appelées *yeux d'ecrevisses,* l'été seulement, ou elles sont meilleures à manger, car au printemps, qui est le temps de la mue, et en automne qui est celui de l'accouplement, on ne trouve à leur place qu'une substance verte et noire.

Les mites ou les crustacés de la première famille sont tout ventre parce qu'ils n'ont ni tête, ni corselet distincts de cette partie. Les araignées ont un ventre bien distinct du corcelet, et formant un sac à part sans aucune articulation sensible; dans les écrevisses, ce ventre est réuni au corselet; enfin, dans les iules et les scolopendres, il est composé d'un grand nombre d'articulations qui se confondent avec celles du corselet.

L'extrémité postérieure de ce ventre est quelquefois terminée par une espèce de queue composée d'une pointe en crochet piquant comme dans le scorpion, ou de deux ou six lames en écaille comme dans quelques genres d'écrevisses, ou de deux à vingt-deux filets simples ou articulés, comme dans quelques genres de scolopendres. Dans. le podure et le lépisma, ces filets sont pliés sous le ventre, et en se développant, forment une espèce de ressort qui les fait sauter.

Le nombre des pattes varie beaucoup dans ces animaux; il y en a qui, comme le monocle et le binocle, n'en ont que deux; d'autres qui, comme le tetramita, n'en ont que quatre; d'autres qui n'en ont que six comme le pou, le vissot, le podure; d'autres qui en ont huit comme l'araignée, dix comme l'écrevisse, quatorze comme le cloporte, et vingt-quatre à trois cents comme les scolopendres et les iules.

Ces pattes sont composées chacune de trois parties, savoir : la cuisse, la jambe, et le tarse ou le pied, qui consistent en cinq à quarante articles, dont les deux premiers forment ordinairement la cuisse, le troisième la jambe, et les deux autres le tarse ou le pied. Dans les araignées la cuisse et la jambe ont chacune deux articulations, et il y a de plus trois tarses à chaque pied. Le faucheur, *opilio*, a, de même que l'araignée, deux articulations à la cuisse et deux à la jambe, mais ses tarses sont composés de quarante articulations à chaque pied comme dans le genre de scolopendre, que j'appelle *malmala* ou malfaisante, qui n'a qu'une articulation aux jambes.

Il est rare que les pieds de ces animaux aient des ongles, le dernier tarse en tient lieu et en fait l'office dans la plupart; néanmoins on en voit un bien distinct par sa forme dans le malmala et le faucheur, deux dans le chik, le vissot, le pou, et quatre dans toutes les araignées.

Il y en a comme le crabe des Moluques (*Molucancer*) qui ont toutes ces pattes terminées en pinces par la position de l'ongle ou du dernier tarse qui en tient lieu, et qui est posé non au bout du tarse précédent, mais à son milieu ou vers son origine; il y en a d'autres qui, comme l'écrevisse, le crabe, n'ont que deux de ces pièces.

Dans les crustacés qui sont tout ventre, et dans ceux qui ont le corps entièrement composé d'articulations, les pattes sont disposées par paires sous toute la longueur dans les premiers, et sous chacune de ses articulations dans les derniers. Dans les autres qui ont un corselet distinct et séparé du ventre, elles sont toutes attachées sous ce corselet et contiguës les unes aux autres. Celles du vissot, ou forbicine, sont recouvertes à leur origine par des espèces d'écailles.

La marche de ces animaux présente des singularités bien remarquables; tous marchent en avant et en arrière quand ils veulent; mais il y en a, comme les écrevisses, qui marchent plus souvent à reculons ou de côté, et d'autres comme le crabe, *cancer*, qui marchent constamment de côté et qui vont si vite qu'un homme en courant a bien de la peine à les forcer.

Le sens du tact de ces animaux réside entièrement dans

les pattes dans l'araignée, et dans les antennes dans les autres, c'est-à-dire dans ces espèces de cornes articulées qui sont placées sur la tête, dans ceux qui ont une tête, et sur le devant du corselet dans les autres.

Le genre du scorpion (*scorpius*, Virg.) et celui de l'écharde paraissent ne point avoir d'antennes, à moins qu'on ne prenne pour elles le filet sétacé à cinq articulations qui est posé sur chacune des pinces de la bouche, et qui semblerait par là former les antennules de la bouche. Les autres genres en ont depuis deux jusqu'à huit; le genre de la crevette en a huit et celui de l'écrevisse six rapprochées ou réunies par paires; l'aselle en a quatre pendant que le cloporte n'en a que deux.

Ces antennes sont dans un mouvement continu, et se portent en avant et de côté et d'autre; dans l'écrevisse et la langouste, il semble que ces animaux tâtent le terrain avant que de marcher. Celles du monocle sont branchues, hérissées de poils en aigrette et lui servent comme de bras pour ramer et nager en bondissant dans l'eau.

On sait que lorsque les pattes des écrevisses et des crabes, qui sont composées chacune de sept articulations dont les quatre premières forment la cuisse, les deux suivantes la jambe et la septième forme l'ongle, on sait, dis-je, que lorsque ces pattes se cassent il en renaît une autre à leur place, mais plus petite. Pour que cette reproduction se fasse il faut que la patte soit cassée entre la troisième et la quatrième articulation de la cuisse, et lorsqu'il n'y a eu qu'une ou deux des premières articulations de la jambe de cassées, on n'a qu'à observer l'animal quelques jours après, on voit qu'il en a cassé quatre jusqu'à la cinquième exclusivement près du corps, c'est une condition nécessaire à leur reproduction et sans laquelle elle ne s'opérerait point. Cette patte d'abord plus petite grandit peu à peu.

Après le sens du toucher celui de la vue paraît le meilleur ou le plus étendu dans les crustacés. Tous le possèdent ; mais l'organe qui en perçoit les sensations est bien différent dans les divers genres. Dans les uns, comme le monocle, il est simple, il n'y a qu'un œil : ce sont des espèces de cyclopes plus petits, mais plus réels que ceux des poëtes. Dans les araignées, au contraire, et dans le scorpion, il y en a huit, ce seraient les argus de la fable. Les autres genres n'en ont que deux, excepté le kanio du Sénégal ou le cardinal, petit animal rouge qui couvre les campagnes aux premières pluies de juin, et qui en a quatre.

Ces yeux sont chagrinés dans les scolopendres et les cloportes, et lisses, très-luisants dans les autres.

Ils diffèrent pour la position suivant la forme du corps. Dans ceux qui ont une tête comme les scolopendres ils sont placés en devant de cette tête sur ses côtés, et dans ceux qui n'en ont point ils sont placés différemment ; par exemple, dans le pou de tortue de terre, ils sont placés sous le casque ou l'écaille qui couvre tout le corps ; dans le scorpion, les araignées et la plupart des mites, ils sont posés sur le dos ou sur le corselet, et dans les autres sur le devant de ce corselet.

Dans le plus grand nombre ils sont enfoncés et enchâssés dans la substance même de la tête ou du corselet, mais dans quelques-uns, comme les écrevisses et les crabes, ils sont supportés sur un pédicule cylindrique qui représente un tuyau de lunette mobile qui se couche dans une rainure creusée sur le devant du corselet.

Le kanio a deux yeux sur le bout de chacune des deux colonnes qui sont au-devant de son corps, et qui ne sont reçues dans aucune rainure.

Le sens de l'ouïe et celui de l'odorat semblent manquer entièrement dans ces animaux.

Celui du goût supplée sans doute à ce dernier.

La bouche paraît être composée d'un simple suçoir en aiguillon conique dans le pou et les mites, de deux suçoirs pareillement coniques, mais disposés en pinces comme des mâchoires latérales et horizontales, et de deux mâchoires simples et horizontales, dans les autres. Ces mâchoires sont si courtes et si enfoncées dans le corselet des écrevisses qu'on les a prises pour des pierres de l'estomac, quoique l'estomac ait outre cela trois autres dents ou trois pierres.

Nombre de ces crustacés vivent sur d'autres animaux soit dans l'eau soit dans l'air, comme le pou et les mites qui se trouvent sur les poissons, sur les oiseaux, sur les quadrupèdes, sur l'homme même dont ils sucent la lymphe ou les humeurs plutôt que le sang. Les araignées sont carnassières et vivent de mouches et autres insectes qu'elles attrapent soit dans leurs filets, soit en sautant comme l'araignée-loup et les crabes.

D'autres enfin vivent de végétaux et d'animaux comme les écrevisses et les scolopendres. Les écrevisses et les crabes mangent leurs semblables, surtout dans le temps de la mue où le test est mou et où elles sont plus faibles.

La respiration de ces animaux se fait par des ouïes qui sont au nombre de dix-huit, c'est-à-dire neuf de chaque côté dans l'écrevisse.

Ils n'ont point de stigmates ou de trous apparents sur les côtés du corps, et il paraît que l'inspiration et l'expiration de l'air se fait comme dans les poissons, au moyen de l'eau qui entre par la bouche, et qui en sort après que les ouïes en ont imbibé l'air. Cependant dans l'écrevisse on voit sous la croûte du corselet, entre lui et l'origine des premières pattes ou des grandes pinces, une plaque mobile analogue à l'opercule des ouïes des poissons, qui ouvre et ferme alternativement une petite ouverture qui donne passage à l'eau et à l'air dans les ouïes.

Une chose qui paraîtra singulière, c'est que dans ceux de ces animaux qui ont la tête confondue avec le corselet, comme les écrevisses, le cœur est placé derrière les testicules et les ovaires sur le dos ou entre les testicules et les vaisseaux spermatiques sur la partie postérieure du corselet ; tandis que l'estomac occupe la partie antérieure près du cerveau. Les appendices jaunes qui accompagnent les côtés de l'estomac, et que l'on regarde communément comme le foie de l'écrevisse, sont soupçonnés par Rœsel être destinés à préparer la semence, parce qu'ils diminuent dans le temps du frai.

L'estomac de quelques-uns de ces animaux, comme les écrevisses, contient trois petites pierres qui disparaissent dans le temps de la mue, qui se fait au printemps.

Les intestins ne forment qu'un seul canal ou un colon qui va droit dans l'estomac au bout de la queue, au moins dans les écrevisses ; et l'anus est placé au bout de la queue en dessous dans la plupart, excepté dans quelques araignées qui l'ont situé vers le milieu du ventre, au-devant des mamelons de la filière.

Le sixième sens, le sens de l'amour, paraît ne pas exister dans tous ces animaux, quoique tous aient la faculté de se reproduire. Il y en a qui, comme les mites, le pou, paraissent hermaphrodites, ou, pour parler plus exactement, unisexes ou tout femelles, c'est-à-dire dont tous les individus ont la faculté générative ou productrice, sans aucune sorte d'accouplement ni de fécondation, et sans aucune des parties extérieures qui seraient propres à l'opérer.

D'autres ont ces parties et elles sont placées plus près de la tête que de l'extrémité postérieure du corps ; les mâles ont deux membres et les femelles deux matrices, comme dans les poissons qui s'accouplent et dans les reptiles , soit ovipares soit vivipares. Dans les scolopendres elles sont placées sous le corps vers le tiers de la longueur près de la tête ; dans l'écrevisse et le crabe elles sortent de la base du corselet de la première articulation des dernières pattes dans le mâle, et ce sont deux trous ronds à la première articulation de la troisième paire de pattes dans la femelle. Enfin dans l'araignée les parties sexuelles de la femelle sont placées à l'origine du ventre, près le corselet, et les deux parties mâles sont cachées dans les antennes mêmes, dont le dernier article, renflé en forme de poire à son origine, fait distinguer les mâles des femelles qui ont ce dernier article cylindrique comme les autres.

Les femelles sont plus grasses que les mâles.

L'accouplement dans tous ces animaux se fait ventre à ventre comme dans les serpents , les poissons et les reptiles, et il est très-imparfait et momentané ; il semble qu'il n'y a qu'un simple attouchement sans aucune introduction ; cependant l'introduction n'est pas douteuse dans les crabes.

La plupart de ces animaux sont ovipares ; il y en a cependant quelques-uns de vivipares, tels que le scorpion, le cloporte, l'aselle. On peut même faciliter et accélérer l'accouchement de ces crustacés , du cloporte par exemple, en prenant une femelle qui ait le ventre gros et rempli de petits, et l'étendant fortement de manière que la peau s'entr'ouvre ; alors on en voit sortir une foule de petits vivants qui ne diffèrent de leur mère que par la grandeur, et qui courent d'abord avec une grande légèreté.

Parmi ceux qui sont ovipares, les uns, comme les mites, les pous, les scolopendres, pondent leurs œufs séparés les uns des autres, pendant que d'autres comme les araignées, les pondent dans une bourse, une espèce d'ovaire, et que d'autres, comme les écrevisses, les gardent et les couvent pour ainsi dire attachés en grappes sous leur queue à cinq paires d'ailerons ou d'appendices de fausses pattes fourchues à trois articulations. Dans le mâle ces ailerons sont moins larges, ainsi que la queue, qui est très-étroite.

On a beaucoup écrit sur le venin de plusieurs de ces animaux, surtout du scorpion, des araignées et de la malfaisante, *malmala*. Il n'est pas douteux qu'on a vu arriver quelques accidents, comme des inflammations, des enflures légères, par la piqûre des malfaisantes, de certains scolopendres et certaines araignées. J'ai ressenti pendant un an une espèce de crispation douloureuse marquée par une traînée rougeâtre sur le dos et sur la poitrine, où avait seulement passé légèrement une grande araignée de chambre du Sénégal en changeant de chemise. Mais tout ce qu'on a dit de la piqûre de la tarentule de l'Italie se trouve exagéré ou même faux entièrement ; sa piqûre, qui est suivie d'une légère inflammation chez quelques sujets, ne fait aucune impression sur les autres. J'ai vu des jeunes gens qui, comme la demoiselle dont parle M. de la Hire, dans les *Mémoires de l'Académie des sciences*, prenaient et mangeaient indifféremment toutes les araignées qu'ils rencontraient en se promenant dans les jardins. On sait que la fameuse Hollandaise, Anne de Schurman, les recherchait beaucoup et les mangeait par goût. Les femmes du Kamtschatka, en Sibérie, qui veulent avoir des enfants et accoucher plus facilement, mangent des araignées. On a vu des personnes en avaler sans en ressentir d'autre incommodité qu'une sensation froide et convulsive de contraction dans l'estomac, une envie de vomir qui s'est dissipée entièrement par une ou deux prises de thériaque. Enfin, on sait que les singes prennent les araignées à pleines mains, les croquent et les mangent comme nous mangeons les crevettes et les écrevisses.

L'inimitié prétendue entre le crapaud et l'araignée est fabuleuse ; on en a fait descendre souvent sur des crapauds sans jamais apercevoir entre eux aucune envie de se battre. Quelques personnes appliquent le lait du figuier sur les piqûres des araignées.

La plupart de ces animaux, tout hideux qu'ils paraissent, doivent nous intéresser à quelques égards.

L'araignée fournit ainsi que sa toile beaucoup d'alcali volatil et d'huile.

On sait que sa toile est astringente et qu'elle fait à peu près l'effet de la vesse de loup, qu'elle arrête le sang étant appliquée sur les petites plaies récentes, comme les coupures ordinaires.

On a essayé de tirer de ses fils le même parti que l'on tire de la soie. M. Bon, de la Société royale de Montpellier, envoya, en 1709, à l'Académie royale des sciences de Paris, des mitaines et des bas faits de fils d'araignée : ils étaient gris de souris, aussi beaux et presque aussi forts que ceux que l'on fait avec la soie ordinaire, et cette soie peut prendre toutes sortes de couleurs.

Ces ouvrages furent faits avec les ovaires ou les coques qui renferment les œufs des araignées bien battues, bouillies, cardées et filées ; car pour les toiles, même celles de l'araignée de jardin, dont le fil roulé en spirale est beaucoup plus fort que dans les autres espèces, M. de Réaumur, qui suivit beaucoup ces expériences, trouva qu'ils étaient trop délicats et trop faibles pour être mis en œuvre, et qu'il en fallait au moins quatre-vingt-dix et même cent pour faire un fil égal en force à celui que file le ver à soie, et dix-huit à vingt mille pour faire un fil à coudre aussi fort que ceux de ces vers, et qu'en supposant la chose praticable cette soie coûterait beaucoup plus cher que celle du ver à soie. D'ailleurs cette soie d'araignée est beaucoup plus crêpée et moins unie, moins lustrée et par conséquent moins belle que celle du ver à soie.

M. de Réaumur tenta les mêmes expériences sur la soie

dorée de l'araignée de la Louisiane et de celle du Sénégal, dont les fils sont les plus forts que l'on connaisse, et il y trouva constamment les mêmes difficultés et les mêmes défauts, de sorte qu'il reste bien constant que l'usage qu'on voudrait faire de la soie de l'araignée serait plus dispendieux que celui de la soie du ver à soie et beaucoup moins agréable.

Les écrevisses, les cloportes, les crabes, etc., sont incisifs et toniques, on en boit le bouillon dans les maladies de la peau causées par un sang âcre, épais et échauffé, auquel ils rendent la ténuité, la fluidité.

On sait que, lorsqu'on a coupé à un faucheur, *opilio,* ou à une araignée une patte, elle conserve encore son mouvement longtemps après sa séparation, et que les enfants se donnent souvent cet amusement innocent.

M. Linné a confondu, comme nous l'avons dit, les crustacés avec les insectes, dont il forme la septième section qu'il appelle *aptères,* c'est-à-dire insectes sans ailes. Il en reconnaît deux cent quatre-vingt-six espèces qu'il partage en quatorze genres, savoir :

1° Pedibus 6. Capite a thorace discreto.

1° LEPISMA, *cauda setis exsertis.*
2° PODURA, *cauda bifurca inflexa, saltatrix.*
3° TERMES, *os maxillis duabus.*
4° PEDICULUS, *os aculeo exserendo.*
5° PULEX, *os rostro inflexo cum aculeo. Pedes saltatorii.*

2° Pedibus 8 ad 14. Capite thoraceque unitis.

	Oculi.	Pedes.
6° ACARUS,	2	8
7° PHALANGIUM,	4	8
8° ARANEA,	8	8
9° SCORPIO,	8	8
10° CANCER,	2	10
11° MONOCULUS,	2	12
12° ONISCUS,	2	14

3º Pedibus pluribus. Capite a thorace discreto.

13º Scolopendra, *corpus lineare.*
14º Iulus, *corpus subcylindricum.*

Nous en connaissons plus de cinq cents espèces dont nous formons quatre familles et soixante-trois genres.

2e Famille. LES MITES, *MITÆ.*

Les animaux de cette famille se reconnaissent à ce que leur corps est *d'une seule pièce* sans aucune articulation sensible, de manière que la tête, le corselet et le ventre sont *confondus* ensemble. On les peut diviser en quatorze genres qui sont :

1º Le binocle, *binoculus.*
2º Le birame, *biramus.*
3º Le monocle, *monoculus.*
4º Le pou de tortue de terre, *techica*, Ad.
5º La chique, *chica*, Ad.
6º Le ciron, *acarus*, Ad.
7º La tique, *tica*, Ad.
8º Le diachna, Ad.; *hydrachna*, Mull.
9º Le tetrachna, Ad.; *hydrachna,* Mull.
10º Le sedachna, Ad.; *hydrachna,* Mull.
11º Le tetramita, Ad.
12º Le hexamita, Ad.; pou de l'abeille, perce-bois.
13º La mite, Ad.; *mita.*
14º Le cardinal, *kanio*, Ad.

Le binocle, c'est-à-dire deux yeux, *binoculus*, Ad., est un genre de crustacé qui a le corps comprimé en deux, comme formé de deux écailles réunies ou d'une écaille fendue en deux en dessus, et semblable à une coquille bivalve ; deux yeux, deux antennes en soie, et deux pieds en soie vers l'anus, peu apparents. Il y en a six espèces dont les principales sont :

1º Le binocle lenticulaire.
2º Le binocle oblong en rognons.
3º Le pou de la carpe.

Le *binocle à coquille lenticulaire* ou *arrondie* est commun dans les mares d'eau douce, stagnantes, bourbeuses, en août.

Il est cendré, long d'une demi-ligne.

Il nage fort vite en tous sens par le mouvement précipité de ses antennes, et quelquefois par celui de ses pattes. Lorsqu'il rencontre quelque corps solide il s'arrête, et ce n'est que dans ce cas qu'il se sert de ses pattes pour marcher.

Lorsqu'on le retire de l'eau il se renferme tout entier dans sa coquille.

Le *pou de la carpe*. Baker, qui nous a donné la description et la figure de cette espèce de binocle, en a représenté une espèce avec quatre paires, et l'autre avec cinq paires de pattes.

Celle-ci a deux lignes de longueur, et suce avec un suçoir en aiguillon conique la carpe à laquelle elle s'attache sans la quitter.

Le MONOCLE ou le CYCLOPE n'a qu'un œil, et il diffère en cela du binocle et en ce que ses antennes sont fourchues en deux branches.

On en connaît quatre espèces qui sont :

1° A. Le perroquet d'eau, vert, en novembre (bassin des Tuileries).
2° B. La puce d'eau,　　　fauve,　　　*id.*　　　à Vincennes.
3° C. Le pou aquatique, gris blanc, en juillet, des bassins.
4° D. La puce arborescente, rouge en mai, de Swamdam.

Le *perroquet d'eau, monoculus,* 1, Geoff., 655, ainsi nommé parce qu'il est vert, est long d'une ligne et demie ou environ. Il abonde, particulièrement en novembre, dans les bassins, aux Tuileries par exemple. Il se nourrit sur les insectes et sur les plantes qu'il suce. Son corps est si transparent qu'on voit les œufs à travers sa coquille.

La puce rouge, arborescente de Swamdam, est un petit animal qu'on voit communément en mai dans les bassins, surtout au Jardin royal. Cet animalcule, qui a une queue longue, croît extrêmement vite dans les bassins sans plantes, et sur les cuvettes de plomb qui gardent l'eau sur les toits des maisons, au point que cette eau en paraît remplie et rouge comme du sang. Pendant les temps couverts et froids de l'été, surtout le matin et le soir, on les voit par millions nager à la surface de l'eau, où ils forment comme une poudre rougeâtre qui, pendant la chaleur du jour et au soleil, se précipite au fond de l'eau où elle s'étend comme par nappes et par nuages, au contraire des molécules des infusoires qui restent au fond de l'eau le matin et qui s'élèvent à mesure que le soleil change.

Le peuple qui ignore la cause de ce phénomène parce que cet animalcule est si petit qu'il échappe à la vue, croit que l'eau s'est changée en sang ou qu'il est tombé une pluie de sang, ce qui porte la terreur dans son esprit.

On voit d'autres espèces de ces animalcules qui sont noires et qui présentent les mêmes apparences sous une autre couleur.

Le CHIX, *acarus*, Lin., Geoff., 624, forme un genre de mite qui se reconnaît à ce que, 1° son corps est ovoïde ou sphéroïde; 2° ses deux yeux sont posés sur une écaille en plaque au-devant du corps; 3° ses deux antennes sont simples, filiformes, composées de deux articles placés auprès du bec; 4° ses pieds sont au nombre de huit, composés chacun de sept articles et de deux ongles.

On en connaît environ quinze espèces dont je citerai seulement :

1° Le *chix du Sénégal,* qui est commun sur les bœufs, les brebis et les chèvres. Il a près d'un pouce de longueur et pond jusqu'à trois mille œufs, ovoïdes, pointus, roux, bruns, transparents, longs d'un tiers de ligne. Il se cramponne si bien à la peau de ces animaux en y insérant sa trompe qui forme une aiguillon conique, que son corps y entre en partie et qu'on ne peut le détacher qu'avec peine, souvent en le déchirant en morceaux.

2° Le *pou de Pharon,* ainsi appelé en Afrique, entre les tropiques et aux Antilles de l'Amérique, parce qu'il attaque les hommes et quelquefois les singes, les chevreuils, les chats; il est gros comme un pois. Au Brésil on l'appelle *tous* et *nigua* ou *ninga*.

Ses œufs sont communément déposés dans le sable où la mer les jette, pour ainsi dire, étant transportés çà et là par les pieds des hommes qui en sont attaqués; ils y éclosent, et dès qu'un homme passe ou marche sur eux à pieds nus ils s'y attachent et se logent dans les doigts auxquels ils s'attachent pour l'ordinaire au-dessus des ongles, surtout près de l'orteil, se cachant entièrement dans la chair. En trois ou quatre jours ils acquièrent la grosseur d'un pois et font souffrir, comme les cors, au point de faire boiter et marcher avec un bâton. Pour les retirer il faut cerner la chair tout autour, opération très-douloureuse et qui a quelquefois dégénéré en ulcère malin et difficile à guérir. Il y a une autre raison pour les retirer de bonne heure ou dès que l'on s'en sent attaqué, c'est que sans cela on en est bientôt couvert, parce que ces animaux, multipliant sans accouplement, produisent leurs œufs par centaines.

Les gens qui se lavent souvent et qui se tiennent proprement ne sont pas sujets à cette vermine. Pour s'en garantir les Américains se frottent les pieds avec le roucou, avec les feuilles de tabac broyées et d'autres herbes âcres et amères.

Le CIRON, *acarès*, Arist., *acarus*, Plin., ne diffère du genre du chix qu'en ce que, 1° ses antennes ont trois articulations; 2° ses pieds n'ont pas d'ongles.

Il y en a douze espèces dont les plus grosses, semblables à des pois, vivent dans l'eau et sucent les insectes et les poissons; les autres plus petites vivent sur les matières animales, comme le fromage raffiné et dans la farine ou le pain sans levain, comme le pain à cacheter, ou sur les oiseaux et les quadrupèdes.

Le ciron qui ne vit que sur l'homme est de ces derniers. Cet animalcule a à peine une demi-ligne de longueur.

Il est ovoïde, à tête et pattes brunes, à dos blanchâtre avec deux lignes grisâtres arquées vers l'anus.

Il s'enfonce sous la peau dont il suit les sillons ou les rides; il y cause des démangeaisons et les boutons de la gale. On le trouve aussi dans les dents cariées.

On peut l'enlever avec la pointe d'une aiguille; le froid de l'air extérieur le rend d'abord immobile, mais lorsqu'on le réchauffe avec l'haleine il court fort vite.

Le moyen de le faire périr est d'employer les amers et les préparations mercurielles.

2ᵉ Famille. LES ARAIGNÉES, *ARANEÆ*.

Ces crustacés se distinguent de tous les autres en ce qu'ils ont le corps composé de *deux parties seulement,* dont la première comprend la tête et le corselet qui sont confondus ensemble, et la deuxième le ventre, qui est d'une seule pièce sans aucune articulation sensible. Je les divise en dix genres, qui sont :

1º L'araignée domestique et des prés et l'aquatique, *aranea,* Pline.

2º L'uniatela ou uninca, *giargogne* du Sénégal.

3º Le feratela, Ad., araignée-loup, sauteuse.

4º Le bitela, Ad.

5º L'ellireta.

6º Le biatela, Ad.

7º La triatela, Ad., tarentule.

8º Le cresatela, Ad.

9º Le trigotela, Ad.

10º Le faucheur, *opilio,* Virgil.

Tous ces animaux, excepté le faucheur, *opilio,* qui a deux pinces complètes, ont la bouche composée de deux mâchoires coniques horizontales, formées chacune de deux articulations dont la supérieure, qui est plus petite, forme un suçoir ouvert par le côté extérieur d'une fente par laquelle il suce les parties liquides des animaux qui lui servent de nourriture. Il y en a qui, comme l'araignée-loup, attaquent aussi les parties solides, de manière qu'il reste peu de vestiges de l'animal qu'ils ont mangé.

Tous ont deux antennes filiformes, composées de quatre articulations cylindriques; celles des mâles ont comme nous l'avons dit un renflement à l'origine du dernier article sur sa face intérieure.

Leurs yeux sont au nombre de huit, excepté dans le faucheur qui n'en a que deux : ils sont lisses, luisants, très-petits et disposés sur le corselet par compartiments différents qui donnent lieu d'en distinguer facilement les divers genres.

Tous ont huit pattes composées de sept articulations dont les trois premières forment la cuisse, les deux suivantes la jambe, et les deux autres les tarses. Elles sont toutes terminées par quatre ongles.

Il faut cependant excepter le faucheur, *opilio,* qui n'a que quatre articulations aux jambes et quarante tarses terminés par un seul ongle. Entre les ongles de l'araignée on voit une petite pelote, c'est-à-dire un amas de poils en crochets au moyen desquels elle peut grimper le long des corps les plus polis.

La plupart de ces animaux ont le corps sphéroïde ou ovoïde, mais il y en a qui l'ont orbiculaire, déprimé ou discoïde comme l'uniatela ou le giargogne du Sénégal; d'autres qui l'ont crénelé ou triangulaire comme le cresatela.

Quelques-uns sautent comme la triatela que l'on appelle aussi araignée-loup.

Enfin la plupart ont au bout de leur ventre, derrière l'anus, une filière de deux à cinq mamelons, dont quelques-uns forment une toile pleine et horizontale comme l'araignée des chambres, ou verticale comme celle des fentes des fenêtres; d'autres comme l'araignée de jardin, *ellireta,* forment cette toile en réseau vertical; d'autres, comme le feratela, le biatela et le cresatela, traînent après eux un fil; d'autres enfin, comme le trigotela, font une toile rare horizontale sous les planchers à laquelle ils se suspendent comme un balancier.

La manière dont les araignées fileuses forment leurs toiles n'est pas indifférente à connaître. La matière qui doit la former n'est dans leur corps qu'une liqueur visqueuse qui se sèche en prenant l'air, et par là forme un fil composé d'autant de brins qu'il y a de mamelons à la filière qui rendent chacun un filet de matière. Comme il y a communément cinq mamelons à la filière, chaque fil d'araignée est donc composé de cinq fils. Chacun de ces cinq mamelons est percé d'une infinité de trous qui suintent chacun cette liqueur, de sorte que chaque mamelon fournit non pas un fil simple, mais un faisceau de fils. Nous nous en tiendrons à ce que les yeux nous montrent clairement; nous voyons ces cinq mamelons fournir chacun un fil ou un brin, et le fil qui en résulte est composé de cinq brins.

Cela posé, lorsque l'araignée veut commencer son ouvrage, elle exprime d'abord de ses mamelons une goutte de cette liqueur; si c'est l'araignée des chambres elle exprime cette goutte contre l'encoignure d'un mur, puis s'éloignant de ce point elle file en marchant, et va assujettir l'autre bout de ce premier fil à l'autre face de l'angle du mur; de là elle revient sur le premier fil, elle en file un à côté qu'elle attache de même jusqu'à ce qu'elle ait garni tout l'endroit où doit être sa toile de pareils fils dans la même direction. La chaîne ainsi faite, alors elle croise d'autres fils aussi serrés dans le sens contraire, en sorte qu'ils coupent les premiers à angles droits et forment la trame; comme ces fils sont d'abord gluants ils se collent aux premiers et forment une toile continue d'une seule pièce semblable à nos draps et à nos toiles, avec cette différence que la trame n'est pas entrelacée dans la chaîne, mais simplement appliquée et collée sur elle. Elle en fortifie la lisière en doublant les fils et les accumulant sur les bords.

L'araignée de jardin, qui forme une toile verticale en réseau ou à jour, s'y prend différemment; d'abord elle fixe de même un fil à une branche d'arbre, mais pour gagner l'autre branche il faut qu'elle y lâche un autre fil qui y est porté par le vent ou qu'elle y place elle-même en se laissant pendre au bout et balancer par le vent; après cela elle les fortifie et retourne au milieu de son fil où elle en laisse pendre un second verticalement qu'elle attache en bas. Elle en file ainsi plusieurs qui partant tous d'un centre commun imitent les rayons d'un cercle. Ce premier bâti fini il ne lui reste plus qu'à enfiler des circulaires; pour cela elle forme une spirale qu'elle commence par le bord extérieur en finissant par le centre où elle se tient quelquefois en attendant que quelque insecte volatil s'y prenne. Mais pour l'ordinaire elle se retire sous une feuille qu'elle garnit de fils qui aboutissent à tous ceux du centre de son réseau, de manière que le moindre mouvement l'avertit d'aller chercher sa proie qu'elle emporte dans sa retraite pour la sucer tranquillement. Si l'insecte qu'elle a pris est plus fort qu'elle et se débat de manière à briser sa toile, elle l'enveloppe de fils et le pelotonne pour ainsi dire, en le roulant entre ses pattes, puis le suce ainsi garrotté.

On peut détruire jusqu'à six ou sept fois de suite ces toiles, l'araignée les recommencera; mais peu à peu elle s'épuisera au point d'être obligée d'avoir recours à la toile d'une de ses voisines.

Tous ces animaux sont carnassiers, ils se dévorent même les uns les autres. On a vu des mères affamées manger leurs petits. Lorsqu'une araignée survient dans la toile d'une autre, il s'engage un combat auquel la plus faible périt pour l'ordinaire. Les vieilles dont les réservoirs à toile sont épuisés, s'emparent de la toile de quelque araignée plus faible qui l'abandonne pour en aller recommencer une autre ailleurs.

Les araignées qui font leur toile ne vont pas chercher leur proie, elles l'attendent dans leur filet, au lieu que celles qui n'en font pas, comme les sauteurs, courent après. Elles ne mangent point pendant tout l'hiver, et j'en ai gardé une ainsi une année presque entière qui n'avait fait que maigrir.

Des animaux carnassiers qui sont souvent en guerre, qui se dévorent les uns les autres, ne doivent guère s'approcher qu'avec des précautions, aussi il y en a-t-il peu qui en emploient autant que les araignées. On ne les voit rassemblées en familles que dans les premiers jours de leur naissance, où sortant de l'ovaire elles filent une espèce de toile en commun, mais bientôt après elles deviennent ennemies, se séparent et s'évitent; et ce n'est que dans la saison des amours et de leur accouplement qu'on en voit souvent deux sur la même toile.

Les petites espèces du genre que j'appelle *bitela*, s'accouplent en juillet sur les plantes graminées où elles placent leurs fils et leur ovaire; et l'*ellireta*, ou celle des jardins, ne se rapproche deux à deux sur leurs toiles en réseau que depuis la fin de septembre jusqu'au milieu d'octobre. La femelle se tient ordinairement vers le milieu de sa toile la tête en bas; autour de cette toile, on voit aller et venir le mâle qui se reconnaît à son ventre une fois plus petit, et à ses antennes terminées par un bouton; peu à près, il s'avance doucement sur la toile, et s'approche de la femelle qui reste immobile; enfin, il lui touche légèrement la patte avec l'extrémité d'une des siennes, et recule aussitôt de quelques pas comme s'il avait peur. Bientôt après il revient et réitère plusieurs fois ce prélude qui dure un quart d'heure; pendant ce temps ses antennes s'entr'ouvrent par le bouton qui laisse sortir un appendice charnu, et qui s'humecte par la liqueur qui en suinte; enfin, il s'approche de la femelle dont les deux vulves s'entr'ouvrent; il porte vivement dans l'une une de ses antennes et se retire aussitôt, puis il se rapproche, et porte de même l'autre antenne dans l'autre vulve, et ainsi plusieurs fois alternativement pendant plus d'une demi-heure. Ces mouvements sont si prompts qu'on a peine à voir autre chose; dès qu'il se retire, le tubercule charnu rentre dans le bouton de l'antenne et on ne l'aperçoit plus. Pendant ces approches réitérées, la femelle reste immobile, faisant seulement quelques mouvements des pattes chaque fois que son mâle la caresse. Cet accouplement de l'araignée n'est donc qu'un simple attouchement sans introduction, ou s'il s'en fait une, elle est bien légère et momentanée.

Peu de temps après la fécondation, les femelles ont le ventre fort gros, et elles déposent leurs œufs ou plutôt leur ovaire, qui est une espèce de poche ou de coque sphérique de soie, semblable à une membrane beaucoup plus épaisse que celle de sa toile ; l'araignée de jardin la fixe sous les feuilles qui composent son nid ou le lieu de sa retraite. Cet ovaire contient au moins un millier d'œufs sphériques.

Dans d'autres espèces qui ne font pas de toiles, cette coque est plate comme une lentille, collée horizontalement sous les bois des planchers, et la mère reste dessus comme si elle les couvait jusqu'au moment où ils éclosent. D'autres suspendent cet ovaire à un fil long de quelques pouces; d'autres le portent collé sous leur ventre, dans lequel elles le font rentrer quand on les chagrine beaucoup; dans d'autres enfin, cet ovaire est composé de plusieurs boules réunies bout à bout en chapelet au moyen d'un fil.

Les jeunes araignées sortant de l'œuf au bout de vingt ou vingt et un jours, croissent considérablement les premiers jours quoique sans manger. La femelle les protége pendant quelque temps ; elle les porte souvent sur son dos et en est comme hérissée.

A mesure qu'elles croissent elles muent, c'est-à-dire qu'elles changent de peau, même lorsqu'elles ont pris tout leur accroissement, une fois tous les ans vers le printemps comme les écrevisses.

L'araignée vit environ quatre à cinq ans.

Cet animal, que l'on déteste tant à cause de sa forme hideuse, est très-utile à l'homme en ce qu'il le débarrasse de nombre de mouches qui l'incommodent en été, et dont le nombre diminuerait si par un excès de propreté, et par un dégoût mal entendu, on ne détruisait pas autant d'araignées.

L'araignée est susceptible d'attachement ; on en a vu une, reconnaissante des bienfaits d'un prisonnier qui lui donnait des mouches, s'attacher à lui, le caresser à sa façon, et venir quand il l'appelait.

Le genre de l'ARAIGNÉE DOMESTIQUE se reconnaît à deux caractères : 1º ses yeux sont au nombre de huit disposés en carré sur le devant du corselet ; 2º son ventre est sphéroïde ou ovoïde. On en connaît sept à huit espèces, dont les principales sont :

1º L'araignée domestique ou des chambres de Paris, à toile pleine.
2º L'araignée longue des fentes des fenêtres, à toile pleine.
3º L'araignée aquatique.

1º *L'araignée des chambres.* — Il y a plusieurs araignées domestiques ; celle dont il est ici question, et que nous spécifierons par le nom d'araignée des chambres, a les pattes moins longues que la grande ; celle des caves, n'ayant que deux pouces et demi d'envergure ; elle est d'un brun noir, longue de six lignes.

Cette espèce forme dans les angles des appartements éclairés une toile horizontale, pleine, qui prend une forme triangulaire quelquefois de deux pieds de côté. Au fond de cette toile, dans l'angle du mur, l'araignée s'est pratiqué une petite tanière, une espèce de galerie sans fond, c'est-à-dire percée par les deux bouts, où elle dort et repose, les pattes étendues et la tête en devant, de manière, que dès qu'elle sent dans sa toile quelque mouvement qui l'avertit qu'une mouche ou quelque autre insecte y est pris, elle y court aussitôt et l'emporte pour le sucer dans sa tanière, rejetant le reste du cadavre ou plutôt du squelette par la partie inférieure de cette tanière. C'est aussi par cette porte de derrière qu'elle fuit lorsqu'elle est poursuivie ou qu'on détruit sa toile. Lorsqu'on examine de près les cadavres des mouches et autres insectes qu'elle a sucés, on voit qu'il n'en reste absolument que le squelette, que l'enveloppe extérieure, toutes les chairs et les liqueurs intérieures ayant été retirées par la succion des pinces de l'araignée, laquelle succion doit être bien forte pour opérer un pareil effet. De temps en temps elle nettoie sa toile de la poussière qui la chargerait trop ; elle la balaye en donnant un coup de patte, une secousse si bien mesurée qu'elle ne rompt rien.

2° *L'araignée longue des fentes des fenêtres et des trous des caves* se forme une tanière cylindrique dans ces fentes, et en tapisse l'entrée avec des filets tendus et rayonnants.

Sa toile se prescrit pour fermer les blessures.

3° *L'araignée aquatique brune* (Geoff., 644), est brune, légèrement velue, longue de cinq lignes, large de deux.

On la trouve dans l'eau des mares et des étangs de la Champagne, à vingt-cinq ou trente lieues de Paris. Quoiqu'elle sorte quelquefois de l'eau pour poursuivre les insectes, elle reste plus souvent dans l'eau où elle les emporte quand elle les a pris. Elle poursuit aussi les insectes aquatiques au fond de l'eau, elle mange ses semblables, mais elle a pour ennemies les punaises aquatiques et les larves à masque des demoiselles.

Lorsque cette araignée nage, c'est à la renverse, son dos tourné vers la terre et le ventre en haut. Tant qu'elle est dans l'eau, elle est environnée d'une bulle d'air qui la tient à sec, et qui la fait paraître brillante et argentée. Cette bulle est due à la graisse et au poil en duvet dont son corps est environné. Elle profite de cette propriété pour se faire au milieu de l'eau un domicile où elle est à sec ; pour cela, elle colle d'abord quelques fils de sa soie à des plantes qui croissent sur son fond, ensuite, montant à sa surface toujours couchée sur le dos, elle élève hors de l'eau son ventre qui paraît sec au-dessus de la surface, puis elle le retire vivement dans l'eau pour entraîner avec lui une bulle d'air plus forte que d'ordinaire ; ensuite elle descend vers ses fils et y laisse une partie de cet air qui s'y concentre et forme une bulle qui est retenue par les fils qui l'environnent de tous côtés. L'araignée remonte de nouveau à la surface de l'eau, en rapporte de nouvel air qu'elle porte à sa bulle ou à sa loge, ce qu'elle répète jusqu'à ce qu'elle soit à peu près grosse comme une forte noisette ou même du diamètre de neuf à dix lignes.

Alors sa loge est faite, elle y vient reposer et manger les insectes qu'elle a pu attraper. Quand elle y entre, elle la gonfle par le volume d'air qu'elle y apporte avec son corps, et elle la diminue lorsqu'elle sort par la portion d'air qu'elle emporte nécessairement autour d'elle.

Non-seulement cette araignée repose, mange et mue dans ce domicile, mais elle s'y accouple aussi deux fois l'an, l'une au printemps, l'autre en septembre. Alors la femelle fait une deuxième loge pareille à la première pour y loger son ovaire ; le mâle établit aussi la sienne à côté, et lorsque le temps est venu, lorsqu'il voit la femelle couchée sur le dos, les pattes étendues en l'air comme si elle était morte, il perce la cloison du domicile de la femelle et y entraîne le sien en y introduisant son corps ; aussitôt les deux bulles s'unissent pour n'en faire qu'une beaucoup plus grande ; il s'unit un instant en glissant son corps sur la femelle qui se relève aussitôt, court après lui et le fait fuir avec précipitation.

L'ELLIRETA forme un genre d'araignée qui se reconnaît à ce que ses yeux sont placés sur deux lignes parallèles courbes ou en ellipse, et à ce qu'il file une toile verticale en réseau.

J'en connais vingt espèces parmi lesquelles sont :

1° L'*araignée porte-croix des jardins* dont nous avons décrit ci-devant la manière de faire sa toile.

2° Nous avons au Sénégal deux espèces longues de plus d'un pouce, c'est-à-dire grandes comme un œuf de pigeon, noires et dorées, assez semblables à celles de la Louisiane qui forment une toile en réseau de deux pieds environ de diamètre, dont la soie jaune d'or est si forte qu'il s'y prend quelquefois des petits oiseaux, comme les colibris ; leurs ovaires sont en forme de coupe et soyeux.

J'en envoyai à M. de Réaumur, mais le résultat de ses expériences fut, comme je l'ai dit, que l'emploi en serait plus difficile, plus dispendieux, et moins agréable que celui de la soie ordinaire.

La TRIATELA forme un genre d'araignée qui se reconnaît à ce que les yeux sont disposés sur trois lignes droites. Ce genre comprend six espèces parmi lesquelles les plus remarquables sont :

1° La triatele ou la grosse araignée des tropiques, *anose,* du Sénégal.
2° La tarentule.
3° Le kaopik ou araignée à terrier.
4° La maçonne des couches, de Paris.
5° L'araignée à deux queues, du Sénégal.

La *triatele* ou la *grosse araignée des tropiques* se trouve en

Afriqúe et en Amérique ; on l'appelle *anose* ou *ananse* en Guinée, et *democule* à Ceylan.

Ses pattes étendues ont six à sept pouces de longueur.

Seba, et quelques auteurs, disent qu'elle pose son ovaire dans l'enfourchure des branches des arbres sur lesquelles elle reste ; mais elle vit ordinairement sur les rochers, et porte son ovaire avec elle sous son ventre. Cet ovaire est grand comme un œuf de poule ; sa peau forme une espèce de parchemin lisse, et le dedans est rempli d'une bourre de soie qui environne les œufs.

Les nègres se servent des crochets de cette araignée pour déboucher leurs pipes. Quelques curieux les font enchâsser dans de l'or pour s'en servir comme de cure-dents, qu'ils estiment beaucoup, parce que, disent-ils, ils préservent les dents de douleur et de corruption. J'ai de ces crochets qui ont sept lignes de longueur sur une ligne et demie de diamètre.

Cette araignée passe pour n'être pas venimeuse ; mais dans quelques endroits, en Amérique, on prétend qu'elle est aussi dangereuse que la vipère ; ses poils piquent et pénètrent la peau comme ceux de l'ortie ou plutôt comme ceux des chenilles.

La *tarentule*, ainsi appelée du nom de la ville de Tarente, dans la Pouille, où elle est commune, se nomme aussi *l'enragée.*

Elle a tout au plus un pouce ou un demi-pouce de long sur quatre pouces d'étendue entre les extrémités des pattes. On dit que ses yeux qui sont jaunes sont lumineux la nuit comme ceux des chats.

Elle est noire mouchetée de blanc.

Elle habite dans les fentes des murailles et dans les trous creusés sous terre, où elle reste cachée pendant l'hiver.

Elle porte sous son ventre son ovaire qui contient soixante

œufs., et elle porte encore ses petits jusqu'à ce qu'ils soient devenus assez grands pour se défendre.

Sa nourriture ordinaire consiste en insectes, surtout en bourdons, qu'elle attend comme en embuscade, et qu'elle attrape en sautant dessus dès qu'ils approchent de son trou en bourdonnant.

On sait aujourd'hui que le *tarentisme,* dont on a fait autrefois tant de bruit, n'est qu'un charlatanisme imaginé par le bas peuple de l'Italie pour exciter les charités des passants devant lesquels les uns rient, les autres pleurent, pendant que d'autres font les assoupis, et que les autres dansent et crient au milieu d'une symphonie qu'ils disent, aux gens crédules, être le seul remède contre ces symptômes qu'ils doivent à la piqûre de la tarentule. M. l'abbé Nollet et plusieurs autres savants aussi expérimentés, qui ont voyagé en Italie, se sont assurés que la piqûre de la tarentule n'est pas plus dangereuse que celle de nos araignées. Néanmoins on ne peut douter que si le venin de la tarentule produit les effets qu'on lui attribue, les mouvements qu'il occasionne opéreraient la guérison par les sueurs et l'écume qu'il doit produire.

Le *kaopik* ou *l'araignée à terrier, l'araignée mineuse,* dont nous devons l'histoire à M. l'abbé de Sauvages, de la Société royale de Montpellier, est commune aux bords des chemins de Montpellier et sur les berges de la petite rivière du Lez, près de cette ville.

Elle se creuse dans ces endroits bien exposés au midi, au sec et dans une terre forte, un terrier cylindrique d'égal diamètre partout, d'un à deux pieds de profondeur, qu'elle tapisse d'une toile bien serrée. L'ouverture de son trou est bouchée par un couvercle hémisphérique tapissé intérieurement de soie et terreux à l'extérieur, qui se ferme de lui-même par son propre poids, et si exactement que ni l'air, ni l'eau, ni la lumière ne peuvent y pénétrer.

Il paraît qu'elle ne sort de son trou que la nuit, car lorsqu'on la tire au dehors elle est languissante, engourdie et sans mouvement.

Elle est pour l'ordinaire vers la porte de son trou pour guetter les insectes et les attraper à leur passage. Lorsqu'on touche au couvercle et qu'on cherche à le soulever elle le retient avec ses pattes en se cramponnant le corps renversé de manière qu'il faut une assez grande force pour l'ouvrir. Dès que sa porte est ouverte elle descend promptement au fond de son trou, et elle sent de là par la continuité de sa toile tous les mouvements qu'on fait au dehors. Lorsqu'elle tient sa porte, on peut avec le couteau cerner la terre tout autour et l'enlever sans qu'elle se méfie du malheur qui la menace, et elle ne se précipite pas dans son trou comme quand elle voit qu'on a forcé sa porte.

Nous avons à Paris et aux environs une espèce d'*araignée maçonne cendrée,* longue de cinq lignes, portant son ovaire sous son ventre, qui fait comme le kaopik un trou dans la terre, surtout sur les couches et sous les cloches. Mais son trou n'est pas plus grand que son corps, et ordinairement pratiqué sous une motte de terre; il ressemble à une petite fossette tapissée d'une toile blanchâtre. Lorsque l'animal entend quelque bruit autour de sa loge il en sort, et si c'est un insecte qui lui convient il saute sur lui et l'emporte. Ordinairement cette espèce court le jour sur la terre et reste peu enfermée.

Le FAUCHEUR, *opilio,* Virgil., *phalangium,* Geoff., 629, diffère de tous les autres genres d'araignées en ce que : 1° il n'a que deux yeux; 2° il n'a que six articulations à ses pattes et quarante tarses avec un seul ongle; 3° sa bouche a deux doubles pinces.

J'en connais trois espèces que tous les auteurs confondent ordinairement ensemble.

La plus grande a six pouces d'envergure entre les extrémités de ses pattes. On sent bien que ces grandes pattes leur ont été données pour enjamber facilement les herbes des champs et des prés où elles vivent.

On sait que cet animal n'a ni filière ni fils; cependant quelques écrivains ne font pas de difficulté de lui attribuer ces fils blancs de lait qu'on appelle *fils de la Vierge*, et qu'on ne voit qu'en automne.

M. Geoffroy, p. 626, les accorde à une espèce de chik qu'il appelle *tisserand d'automne, acarus*, 13. Mais nous savons que ces toiles sont dues à une espèce du genre que j'appelle *biatela*, et qui est très-commune en automne sur les arbres et les chaumes de la campagne où elle file ces fils sur lesquels elle se fait transporter par le vent. Quelques physiologistes ont pris ces fils pour des vapeurs condensées dans l'atmosphère.

3ᵉ Famille. LES CRABES ET LES ÉCREVISSES, *CANCRI, ASTACI*.

Les animaux de cette famille se reconnaissent à ce que leur ventre est *articulé* pendant que leur tête est *confondue* avec le corselet. On peut la diviser en dix-huit genres, savoir :

1º Le scorpion, *scorpius*, Virgil.

2º Le crabe des moluques, *molu-cancer*, Ad.

3º Le cancre d'armoiries, d'Amb., *conda*, Ad.

4º Le cammarus.

5º Le tafelkreest, d'Amb.

6º L'écrevisse, *astacus*, Aristot.

7º La crevette, *crangon*, Arist.

8º Le lokkie, d'Amb., la langouste, de France.

9º La squille, *squilla*, Arist.

10º La squillamante, *squillaman-tes*, hippocampus, Matth.

11º L'ermite, *cancellus*, Rondel.

12º Le pedistacus, Ad.

13º Le CRABE, *cancer*, Ad.   16º Le FALPE, *falpus*, Ad.
14º Le CRABARDRE d'Amb.   17º Le SURIL, *surilus*, Ad.
15º Le TETROCLE, *tetroculus*, Ad.   18º Le RIVILLE, Ad., *rivillus*.

Le test de ces animaux, lorsqu'ils vivent dans l'eau, est brun verdâtre ; lorsqu'ils vivent sur la terre, exposés au soleil comme les crabes, ou qu'on les expose au grand soleil après leur mort, il devient rouge, comme quand on le fait cuire ou bouillir dans l'eau, ou quand on répand dessus soit des acides, soit des esprits ardents comme de l'eau-de-vie ou de l'eau forte.

Leurs pattes sont attachées sous toute la longueur du corselet, excepté dans le genre du scorpion, où elles n'occupent que le tiers environ de sa longueur.

La première jambe droite des mâles est ordinairement plus grosse que celle des femelles.

Les appendices qui portent les œufs sous la queue sont au contraire plus larges dans les femelles que dans les mâles.

Le SCORPION, *scorpius*, Virgil., est un genre d'écrevisse qui semble tenir le milieu entre les araignées et les écrevisses, en ce qu'il a huit yeux comme les araignées, quoique les auteurs ne lui en donnent que deux, et la queue articulée comme les écrevisses. Ses articulations sont au nombre de six et la dernière forme une espèce de vessie sphérique terminée par une pointe courbée en dessous. Il a dix pattes chacune de sept articulations à deux ongles, et dont les deux antérieures sont plus grosses et en pinces. Sa bouche est armée aussi de deux pinces. Il y en a dix espèces, qui sont :

1º Le grand scorpion de Galam, long de   5 pouces 1/6 à portion antérieure du corselet, pinces et queue bleuât.
2º Celui d'Italie long de   3   —   « à corps rougeâtre, grosses pinces et corselet brun roux.
3º Celui de Galam, long de   2   —   1/3 jaune pâle.
4º Celui de Surinam,   —   2   —   1/6   —
5º Celui de Provence, plus large   id.   —

II.   19

6° Celui de Cayenne, long de   2 moins 1/6   jaune pâle.
    à pinces très-longues.
7° Le scorpion des Indes, long de   1 pouce 1/2   à corps brun
    noir à grosses pinces.
8° Le scorpion de l'île de France,   1 — «   — jaune
    à pinces menues.

Le *scorpion de Provence*, d'*Italie* et d'*Afrique* se trouve dans les lieux frais et humides, sous les pierres, entre les rochers et dans la terre à la campagne, et quelquefois dans les murs des maisons. Ils sont si communs que les paysans en font une espèce de commerce pour les vendre aux apothicaires.

Ils se nourrissent d'insectes et surtout d'araignées, de cloportes, et se dévorent entre eux et leurs petits, faute d'autre nourriture.

La femelle est plus grande, plus noire que le mâle.

Elle est vivipare et produit vingt-six à soixante petits, enfermés chacun dans un œuf semblable à une membrane mince. Ces œufs sont attachés bout à bout comme les grains d'un chapelet, et le petit est replié dedans, de manière que sa queue est couchée sous le ventre et ses bras sont abaissés sous la tête.

Le scorpion a beaucoup de force et de courage. Souvent un très-petit scorpion attaque et tue une araignée beaucoup plus grosse que lui; il la prend entre une de ses pinces ou avec les deux ensemble, puis recourbe sa queue par-dessus sa tête pour la piquer de son aiguille. Si l'araignée veut l'envelopper de ses fils, après lui avoir porté des coups mortels, il lui coupe toutes les pattes avec ses pinces, et ramenant son tronc mutilé vers les petites pinces de sa bouche, qui lui servent de dents, il la mâche et la mange entièrement, ou il en suce toutes les parties molles et n'en laisse que la carcasse.

Le dernier article de la queue du scorpion est une espèce

de fiole ou de vésicule terminée par une petite pointe très-dure, très-piquante, qui a une ouverture par laquelle il lance son venin dans la plaie qu'elle a faite. Lorsqu'on presse cette vésicule on fait refluer la liqueur dans le corps, jusque sous le ventre, entre les deux pattes postérieures, où sont deux trous par lesquels on la voit sortir (ces deux trous sont les ouvertures des parties de la génération).

On sait, à n'en point douter, et les expériences ont appris que la piqûre du scorpion est venimeuse, mais elle ne l'est pas également pour tous les animaux ni pour tous les hommes, et les scorpions blanchâtres sont moins à craindre que les noirs; on en a même vu dont la piqûre ne faisait aucun mal. On a vu des chiens en mourir, au bout de cinq heures, après une enflure générale, des vomissements et des convulsions qui leur faisaient mordre la terre. Les hommes qui en sont piqués aux parties inférieures ont aussitôt des enflures aux aines; si la plaie a été faite aux parties supérieures, la tumeur paraît sous les aisselles, lorsque la piqûre est légère, mais lorsqu'elle est considérable tout le corps paraît couvert de taches rouges comme celles de la petite vérole ou comme des meurtrissures, mais brûlantes, avec démangeaisons; les jointures perdent leur mouvement, le fondement tombe, le désir continuel d'aller à la selle presse, le malade vomit beaucoup, il a des hoquets, des convulsions, son visage se contrefait, il s'amasse de la cire autour de ses yeux, les larmes sont visqueuses, il écume de la bouche.

L'eau de Luce, c'est-à-dire l'alcali volatil, est le meilleur remède en pareil cas, comme pour le venin de la vipère, et à son défaut, on applique sur la plaie le scorpion lui-même, fraîchement écrasé, ou l'huile dans laquelle on l'a fait infuser, parce qu'elle a une qualité alcaline.

Le scorpion est sudorifique et diurétique, propre à chasser le sable des reins et de la vessie. On en ôte le bout de la queue, on le fait sécher au soleil, puis on le réduit en poudre, qui se donne depuis six grains jusqu'à un scrupule.

L'ÉCREVISSE, *astacus*, Arist., forme un genre qui se reconnaît : 1° à ses dix pieds, dont les six premiers sont en pinces ; 2° à ses six antennes cétacées, dont deux simples, et les autres réunies deux à deux ; 3° à sa queue demi cylindrique. Il y en a deux espèces :

1° L'écrevisse fluviatile, *astacus.*
2° Le hommard ou homard, *cammarus,* Arist., de mer.

1° L'*écrevisse, astacus,* a quatre bons pouces de longueur du bout du nez au bout de la queue, sur quatorze lignes de largeur.

Elle est commune en Europe et non au Sénégal, comme le disent quelques écrivains, dans les rivières et les ruisseaux d'eau courante et claire, surtout entre les rochers et les racines des arbres, dans des terres argileuses ou fortes, bordées de gazon.

Elle se nourrit d'insectes, de vers, de sangsues et de charognes aquatiques, de grenouilles, de poissons et souvent de ses semblables.

Une écrevisse de sept ans n'est encore qu'à la moitié de sa grandeur, selon les pêcheurs, ce qui doit faire penser que cet animal vit au moins une dizaine d'années.

Elle ne mue qu'une fois l'an, et cela en juin, juillet et août. Aux approches de la mue, les trois pierres de son estomac, qu'on appelle improprement *yeux d'écrevisses*, diminuent à mesure que la nouvelle écaille se fortifie ; l'on ne trouve plus de pierres dans l'écrevisse lorsque l'écaille est entièrement formée, ce qui fait soupçonner que ces pierres sont le réservoir de la matière que les écrevisses emploient pour réparer la perte de leur croûte.

La chair de l'écrevisse est blanche, tendre, mais sèche, peu nourrissante et assez difficile à digérer, mais très-saine pour atténuer et purifier le sang. Elles sont meilleures en été ; ses œufs sont attachés par dix à chacun de ses dix appendices.

Le *homard, cammarus,* Arist., *gammarus,* Rond., diffère principalement de l'écrevisse de rivière en ce que : 1° il est beaucoup plus grand ayant quatorze à quinze pouces de longueur sur trois pouces de largeur ; 2° la tête n'atteint pas jusqu'à l'origine des pinces, au lieu que dans l'écrevisse elle est plus avancée ; 3° son corselet a à son milieu un sillon longitudinal que n'a pas l'écrevisse ; 4° sa queue n'a que sept articulations et non pas huit, comme dans l'écrevisse.

Il est fort commun dans nos mers occidentales de l'Europe, dans la Baltique et jusque dans le Nord, sur les côtes pleines de rochers et de fucus ou autres plantes marines. Il vit souvent dans les fosses qui restent pleines d'eau après la retraite de la mer. Les pêcheurs les coupent en deux ou les enfilent avec une fourche de fer.

Le genre de la CREVETTE, *crangon,* Arist., ne diffère de celui de l'écrevisse qu'en ce que : 1° de ses dix pattes, il n'y en a que deux en pinces ; 2° il a huit antennes au lieu de six ; 3° son corps, au lieu d'être cylindrique, est très-comprimé par les côtés.

On en connaît trois espèces, qui sont :

1° A La crevette du Sénégal.
2° B La crevette d'Europe, *crangon,* Arist., le carambot de Provence.
3° C Le bouquet, en Normandie.

La *crevette* ou *carambot de Provence, crangon,* Arist., *chevrette,* en Normandie , *salicoque, salicot,* a près de trois pouces de long du nez à la queue sur quatre lignes de largeur. Elle est verdâtre.

On la trouve communément sur les côtes maritimes, entre les rochers et les plantes marines où elle vit, sur les côtes de la Saintonge et de la Garonne.

Le nom de *chevrette* a été donné à ces animaux parce qu'ils sautillent comme des chèvres. C'est une nourriture fort saine, mais moins facile à digérer que l'écrevisse. Comme ils se corrompent facilement, on les fait bouillir dans le vinaigre pour les transporter au loin.

La LANGOUSTE, *locusta*, Mar., Arist., forme un genre différent de celui de la crevette *crangon*, en ce que : 1° de ses dix pattes, les deux premières ne forment pas de vraies pinces, mais des crochets plus courts que l'ongle, qui se plie dessus; 2° son corselet est tout hérissé et armé de deux pointes sur les yeux; 3° sa queue ressemble à celle du homard.

La langouste ordinaire est grande comme le homard; elle se trouve dans la Méditerranée et non dans la mer Baltique ni dans l'Océan, au moins des climats froids, autour des pierres approchant de l'embouchure des rivières pendant l'hiver.

Elle vit de petits poissons.

La SQUILLE, *squilla*, Arist., diffère de la langouste en ce que : 1° son corselet est lisse avec une crête dentée sur le milieu du devant; 2° son corps est comprimé comme dans la crevette, *crangon*.

La SQUILLE MANTE, *squilla mantis*, Ad., *hippocampus*, Arist., diffère de la squille en ce que : 1° elle a quatorze pieds dont huit en pince à crochet comme dans la squille, mais la première paire ressemble à celle de la mante terrestre et est dentée; les trois dernières paires sont placées sous les trois premières articulations des onze de la queue.

La squille mante est commune dans la Méditerranée.

Elle a quatre pouces et demi de longueur, et un pouce au plus de largeur.

Elle est très-délicate, tendre et se mange.

L'HERMITE, *cancellus*, Rond., ou le bernard l'hermite, en

France, forme un genre qui se distingue de tous les précédents en ce que : 1° sa queue est molle, a quatre appendices ou feuillets cachés et roulés dans une coquille; 2° ses pieds ressemblent à ceux de la crevette; 3° ses antennes ressemblent à celles de la squille.

J'en connais sept espèces qui sont :

1° A L'hermite, de l'Océan européen.
2° B Le couchalios des Ronnes de Scyde.
3° C Celui de la pourpre sakem du Sénégal.
4° D Celui des nérites du Sénégal.
5° E Celui des vis de la Méditerranée.
6° F Le scylarus des nérites de la Méditerranée.
7° G Le caracol soldado d'Amérique.

L'*hermite* ou le *soldat,* le *bernard l'hermite, cancellus,* des côtes occidentales de l'Europe, habite communément les coquilles de la pourpre de nos côtes dans les lieux vaseux; quelquefois il se loge aussi dans des éponges, des zoophytes ou autres corps marins, afin que sa queue, qui est molle et unie, puisse être à l'abri, et assez légers pour qu'il puisse les transporter avec lui.

Il a un peu plus de trois pouces de longueur à sa queue, et autant à sa plus grande pince.

Il ne sort de cette coquille qu'une fois tous les ans, soit à chaque mue, après laquelle il doit prendre un nouvel accroissement, soit pour pondre ses œufs, et lorsqu'il en a trouvé une convenable à sa longueur, et qu'il a quitté son ancienne peau, il y entre promptement sa queue, qui est alors encore comme mucilagineuse, s'y cramponne et fait corps par sa mucosité. Il la choisit telle que dans les premiers temps tout son corps peut y entrer et y être caché entièrement; mais en grandissant, ses pieds sortent pour l'ordinaire en dehors, et c'est de là que lui est venu son nom de *soldat,* parce qu'il est en sentinelle dans sa coquille comme un soldat dans sa guérite, en attendant capture. Ce

nom lui vient aussi de ce que quand ils sont deux préten-
dants à la même coquille, ils se battent à outrance, et le
vainqueur s'en empare. Cette retraite de l'hermite dans une
coquille vide peut se comparer à la précaution des petits
crabes qui, sentant la faiblesse de leur écaille, vont chercher un abri et l'hospitalité sous la coquille des moules ;
ces coquillages qui sont au large, vivent en bonne intelli-
gence avec des hôtes aussi peu incommodes.

Il vit de coquillages et de vers marins qu'il peut surprendre lorsqu'ils passent autour de sa coquille.

On n'en fait aucun usage.

Le *caracol soldado*, ou coquille soldat des côtes de l'A-
mérique, a quatre pouces de longueur.

On le dit dangereux pour les Européens ; néanmoins les
Américains le mangent et le trouvent très-bon ; ils trouvent
dans sa coquille environ une demi-cuillerée d'eau claire, qui
est un remède souverain contre les pustules qu'excite sur la
peau le lait du mancenillier. Lorsqu'ils pêchent une certaine
quantité de ces crustacés, ils les enfilent et les exposent au
soleil pour en faire fondre la graisse qui se convertit en une
espèce d'huile. Sa vertu est souveraine pour les rhuma-
tismes.

Le CRABE, *cancer,* est un genre de crustacé qui se distingue
de tous les autres de cette famille à ce que : son corps est
arrondi ou plus large que long, avec une queue courte et
droite sans feuillets et repliée en dessous.

J'en connais trente espèces.

Le crabe commun des côtes occidentales de l'Europe, brun,
à bout des pinces ou des mordants, devient assez grand ;
il est lenticulaire, un peu plus large que long, et marqué
de neuf crénelures obtuses sur chacun de ses côtés.

Il habite les côtes maritimes, vaseuses, entre les rochers
et les plantes marines.

Il vit de vers, de coquillages et de cadavres de poissons.

La femelle a la queue plus large que le mâle, et y porte ses œufs attachés à ses dix appendices en grappes de raisin.

Dans le temps de l'accouplement les mâles se battent entre eux pour les femelles.

Lorsque les pêcheurs les ont pris, ils lient étroitement leurs forces ou leurs tenailles pour les porter entiers dans un sac au marché, afin qu'ils ne se mutilent pas comme il leur est ordinaire.

Leur chair est ferme, mais de bon goût; on préfère leurs œufs, ainsi que le *taumalin*, qui est cette substance verdâtre qu'on trouve sous l'écaille du dos et qui sert de sauce pour les manger. Leurs pinces (*cancrorum chelæ*, offic.) se donnent en poudre comme absorbant dans l'hypocondrie.

Le remipes ou *crabe à rames aux pieds postérieurs de Cadix* et *de la Méditerranée*, à bout des pinces noires et à test aussi long que large, et à cinq dentelures aiguës de chaque côté, est meilleur à manger que le précédent et presque aussi bon qne le *koti* du Sénégal.

Le *toulourou* ou *crabe de terre,* crabe des palétuviers, est rouge ou violet, grand de cinq à six pouces, avec des pinces aussi longues.

Il est commun au Sénégal, dans les terres voisines des eaux salées de la mer; il y creuse des terriers qui vont jusqu'à l'eau qui filtre à travers les sables. Ils y entrent de côté.

Lorsqu'on poursuit ces animaux, ils frappent leurs mordants pour épouvanter par le bruit qu'ils font.

On ne les mange point.

Le *maia* ou *crabe araignée* de la grande espèce est commun dans l'Océan européen ainsi que la petite espèce. Il est ovoïde, un peu plus long que large, hérissé d'épines simples plus nombreuses que dans l'espèce du Sénégal, qui les a doubles et qui en a quatre entre les yeux, tandis que celle de l'Europe n'en a que deux.

L'*Héracloticus* ou *crabe honteux*, ainsi appelé parce que ses mordants, qui sont très-larges, courts, triangulaires, sont appliqués sous le ventre comme poür le cacher.

4ᵉ Famille. LES SCOLOPENDRES, *SCOLOPENDRÆ*.

Les animaux qui composent cette famille se reconnaissent à ce que leur tête est *distincte du corselet* et du ventre. Je les divise en vingt et un genres, savoir :

1° Le CANALPA des Canaries ;
2° Le VISSOT, *forbicina*, Aldrov.;
3° Le LEPISMA, Ad.;
4° Le PODURE, *podura*, Linn.;
5° Le POU DES LIVRES, *biblinus*, Ad. ;
6° Le POU, *pediculus* ;
7° Le MORPION, *morpio* ;
8° L'IULE, *iulus* ;
9° Le TULOS, Plin.;
10° La GEER, *geera*, Ad.;
11° La SCOLOPENDRE, *scolopendra*, Aldrov.;
12° La MALFAISANTE, *malmala*, Ad.;
13° Le BOLONUS, Ad.;
14° L'ONOMARUS, Ad.;
15° Le CLOPORTE, *oniscus*, Ad.;
16° L'ASELLE, *asellus* d'Ad.;
17° Le DÉCAMARUS, Ad.;
18° Le POU DE MER, *culio*, Vet.;
19° Le SELIANA, Ad., ver luisant, godehue ;
20° Le SALTILLA, Ad.;
21° L'ÉCHARDE, *orepilus*, Ad.

Le POU, *pediculus*, est un genre de scolopendre facile à reconnaître par ses six pieds à cinq articulations et deux ongles, par ses antennes cylindriques à quatre et sept articulations, et par sa trompe en aiguillon de trois articulations.

J'en connais plus de trente espèces dont les uns vivent sur l'homme, d'autres sur les quadrupèdes, d'autres sur les oiseaux.

Le *pou humain, pediculus,* a le corps ovoïde, déprimé, composé de douze à quatorze articles. C'est un animal hermaphrodite ou qui n'a qu'un sexe, de sorte que tous les individus sont féconds.

Il est ovipare, à deux ovaires; Swammerdam dit avoir trouvé dans un seul ovaire cinquante-quatre œufs de différentes grandeurs.

Son œuf, qui s'appelle *lende*, est cylindrique, oblong, tronqué par un bout qui est recouvert par une espèce de couvercle que le petit ouvre pour éclore.

Peu après que le petit est sorti de l'œuf il change de peau plusieurs fois, à mesure qu'il prend de l'accroissement, et peu après il est en état d'engendrer, d'où il arrive qu'il multiplie beaucoup en peu de temps.

Le pou s'attache à toutes les parties de la peau de l'homme, mais particulièrement à la tête, et surtout aux enfants et aux personnes malpropres qui changent rarement de linge et qui vivent trop rapprochés les uns des autres, comme les pauvres mendiants, les soldats et les matelots.

Oviédo dit que les habitants des tropiques n'en ont point et que les matelots les plus malpropres n'en ont plus tant qu'ils sont par ces latitudes, et que dès qu'ils arrivent au delà des tropiques ils les reprennent.

Pour détruire ces animaux il faut se frotter le corps de mercure, de vinaigre ou de soufre, ou de poudre de staphisaigre, de tabac.

On sait que quelques habitants au delà des tropiques et des Hottentots sont *phtheirophages* et mangent les poux aussi bien que les singes.

La médecine les emploie comme apéritifs ; elle en fait avaler à jeun cinq à six dans un œuf mollet pour la jaunisse. On en introduit un vivant dans l'urètre des enfants noùveau-nés qui ont des suppressions d'urine ; le chatouillement qu'il excite sur le canal oblige le sphincter à se relâcher et à laisser couler l'urine.

Les quadrupèdes, les oiseaux ont aussi leurs poux.

Les plus grands se trouvent sur les oiseaux ; ils ont environ quatre lignes de longueur.

Le MORPION, *morpio*, Merrat., forme un genre différent de celui du pou, en ce que : 1° ses antennes n'ont que quatre articles ; 2° ses pieds n'ont que cinq articles y compris l'ongle qui est simple ; 3° son corps est plus arrondi, comme carré, semblable à celui d'un crabe.

Le morpion, *morpio*, Merrat., *pediculus*, Féron., *pediculus inguinalis*, Petiv., se trouve communément sur la peau des personnes malpropres, surtout entre les poils du pubis et des aines, c'est-à-dire des parties naturelles de l'homme et de la femme, et quelquefois aux aisselles et aux sourcils. Il s'y tient si fort cramponné qu'on a peine à le détacher ; sa piqûre cause des rougeurs et des démangeaisons dans ces parties.

On le détruit totalement avec l'onguent mercuriel.

La SCOLOPENDRE, *scolopendra*, Aldrov., diffère du genre de l'iule en ce que : 1° son corps est aplati ; 2° ses antennes sont sétacées de douze à quarante articles ; 3° ses pieds, au nombre de vingt-huit à deux cents, ont chacun six articulations l'ongle y compris ; 4° outre ses mâchoires horizontales, elle a sous la tête deux pinces à trois articulations, percées au bout comme celles de l'araignée.

Il y en a au moins cinq espèces, qui sont :

1° A La grande du Sénégal et des Tropiques , longue de   5 à 6 pouces,
    à 42 pattes et antennes de 12 articulations.
2° B La courte de France. Geoff., longue de 1 pouce , 28 à 32 pattes,
                          antennes de   41 articulations.
3° C   —   3|4 p. 42 patt., ant. 17   —
4° D La luisante, Geoff.,   2 p. 110   —   14   —
5° E   —   —   152   —   13   —

La *luisante* est commune dans les jardins, où elle terre, dans les gerçures, les crevasses ; on ne la voit guère de jour à moins qu'on ne bêche et qu'on ne retourne la terre ;

elle ne sort communément que la nuit, alors tout son corps est lumineux comme celui du ver luisant.

Son corps est long de vingt et une lignes sur deux tiers de ligne de largeur lorsqu'il a atteint toute sa grandeur; alors son plus grand nombre d'articulations est de cinquante-six, et il a, comme dans toutes les autres espèces, une paire de pattes de moins, c'est-à-dire cinquante-cinq paires ou cent dix pattes en tout. Ses antennes ont quatorze articulations; dans la jeunesse son corps a moins d'antennes et moins de pattes.

En marchant, il serpente ou va par plis et sinuosités comme un serpent.

Sa nourriture ordinaire est de podure et autres petits insectes qui vivent comme lui sous terre dans les crevasses.

Les deux pinces qui sont sous sa tête ne sont pas à craindre à cause de leur petitesse, mais on croit que celles des grandes espèces des tropiques sont venimeuses.

Le CLOPORTE, *oniscus*, Græc., est un genre de crustacés reconnaissable à ce que : 1° ses antennes sont sétacées et ont chacune huit articles; 2° ses pieds sont au nombre de quatorze, composés chacun de sept articulations y compris l'ongle; 3° son corps est demi-cylindrique avec une queue composée de quatre filets simples articulés.

J'en connais deux espèces :

1° Le cloporte de Paris, long de 17 lignes.
2°   —   du Sénégal ,   4   —

Le *cloporte, oniscus millepedes*, offic., se trouve dans tous les lieux humides et pierreux, surtout à la campagne et dans les jardins. Pendant l'hiver, les jeunes encore tout blancs, sont cachés en pelotons sous les pierres et même dans des fourmilières.

Il vit de végétaux, et détruit beaucoup de jeunes plantes

II.   20

au moment où elles sont plus tendres, quand elles commencent à germer et à lever de terre.

Il est certain que les femelles sont vivipares et qu'elles mettent au jour environ soixante petits vivants à chaque fois.

Mais il se pourrait faire qu'elles fussent aussi ovipares en certains temps, puisque M. Bourguet assure les avoir vu pondre et se faire passer leurs petits sur le dos au moyen du filet auquel ils sont pendus, et qui imite un cordon ombilical. Leur tête est tournée du côté de la mère.

Le cloporte sert en médecine comme l'écrevisse, il a les mêmes vertus pour atténuer et purifier le sang; on le prend intérieurement en poudre comme diurétique pour l'asthme, la dysurie et la néphrétique. J'ai vu plusieurs étudiants en médecine en croquer quelques douzaines tout vivants dans nos herborisations à la campagne et s'en trouver très-bien. On préfère ceux qui vivent autour des murailles et des pierres nitreuses, dont ils prennent les qualités apéritives et diurétiques.

SEIZIÈME SÉANCE.

SEPTIÈME CLASSE. LES INSECTES, *INSECTA*.

C'est-à-dire animaux dont le corps est composé d'articulations, caractère qui leur est commun avec les crustacés et nombre de vers; comme ils sont les seuls animaux articulés qui se métamorphosent, le nom de *métamorphes* leur convient mieux.

Rien de plus voisin des animaux crustacés que les insectes, au point que tous les auteurs les ont confondus jusqu'ici dans la même classe, comme nous l'avons dit, fondés 1° sur ce que leur corps est articulé au moins dans quelques-unes de leurs parties; 2° sur ce que leur tête porte des antennes ou de petites cornes articulées; 3° sur ce que leur corps est recouvert de même d'une espèce de croûte qui est cartilagineuse dans la plupart.

Mais nous trouvons entre les uns et les autres de grandes différences parmi lesquelles les plus remarquables sont que: 1° tous les insectes subissent depuis une jusqu'à trois métamorphoses, indépendamment de leurs mues ou changement de peau, avant que de parvenir à leur état de perfection; 2° tous prennent des ailes ou au moins des moignons qui en tiennent lieu, si l'on en excepte quelques genres de la famille des punaises, tels que les femelles du puceron, *aphis*, du cornafis, de la progalle, *mallos*, de la cochenille, du barbel, du kermès, de la cirelle, *cereola*, et la puce, *pulex*, qui se rapprochent par là des crustacés.

Les insectes, en passant par ces trois états qui les présentent sous des formes différentes, quoique toujours articulées, semblent être des animaux différents : on dirait qu'ils sont composés de deux ou trois corps organisés diversement, dont le second se développe après le premier, et dont le troisième naît du second ; mais ce n'est que le même animal dont la différence d'organisation n'est qu'extérieure, et qui paraît successivement sous trois enveloppes différentes et relatives à l'accroissement subit dont il est susceptible.

Comme ces trois états des insectes les montrent, non-seulement sous une figure, mais avec des parties et des allures ou des qualités, des façons d'être toutes différentes, nous allons traiter leurs généralités dans trois articles différents, pour éviter la confusion qui naîtrait nécessairement si on n'avait point égard à cette distinction. Ces trois états sont : 1° l'état de larve ou de masque, *larva* ; 2° l'état de nymphe, *nympha* ; 3° l'état volatil ou d'insecte parfait, ailé où non, *insectum*.

1ᵉʳ État. LARVES , *LARVA*.

Tous les insectes sont ovipares ou vivipares. Leurs petits, soit qu'ils naissent vivants, soit qu'ils naissent d'un œuf, passent d'abord par l'état de larve. On distingue quatre sortes de larves, relativement au nombre de leurs pattes, savoir :

1° Celles qui n'ont que 6 pattes écailleuses, comme les scarabées et les fourmis-lions, s'appellent *larves, nymphes* ;

2° Celles à 6 pattes écailleuses et 4 à 10 membraneuses, comme les papillons, etc., s'appellent *chenilles, chrysalides* ;

3° Celles à 6 pattes écailleuses et 12 à 18 membraneuses, comme les mouches à scie, s'appellent *fausses chenilles, nymphes* ;

4° Celles sans pattes, comme les ichneumons, les mouches à 2 ailes, etc., s'appellent *vers*.

Toutes ces larves ont le corps composé de quatorze anneaux, la tête y comprise.

Dans quelques-unes, comme les larves proprement dites, ces anneaux forment trois corps bien différents, savoir : la tête, le corselet, *thorax*, et le ventre. Dans d'autres, comme les chenilles et les fausses chenilles, ils forment deux corps, savoir : la tête et le ventre qui est confondu avec le thorax. Dans les autres, comme les vers des ichneumons, des abeilles et des mouches à deux ailes, la tête n'est pas distincte des anneaux du corps, dont elle fait le premier ou le douzième, car ces derniers paraissent n'avoir que douze anneaux.

Les larves proprement dites sont ordinairement courtes et ramassées, cependant on en voit quelques-unes d'assez longues, telles que celles des staphylins. Les chenilles et fausses chenilles sont cylindriques, très-allongées, excepté quelques-unes que l'on appelle *chenilles-cloportes*. Les vers affectent communément une figure conique très-ramassée, tronquée et plus grosse vers l'anus et pointue vers la tête; il y en a cependant de très-allongées et pointues par les deux extrémités, comme celle du mirion, c'est-à-dire de la mouche armée, *mirio*, Ad.

M. Lyonnet a compté quatre mille muscles dans le corps de la chenille du saule, *vittopa*, Ad.

La tête est la partie la plus dure du corps de celles qui en ont une bien distincte. Dans les larves proprement dites et les chenilles, elle est formée de deux calottes hémisphériques. Dans les fausses chenilles elle consiste en une seule calotte sphérique. Enfin dans les vers elle est molle, conique et changeante, excepté dans le cousin et la tipule qui, par là, se rapprochent des fausses chenilles. Elle est sans cervelle, sans narines, sans oreilles, non-seulement dans ces larves, mais encore dans leurs nymphes, dans leur troisième état d'insecte parfait.

Les vers à tête molle et changeante n'ont point d'antennes; mais les larves, les chenilles et les fausses chenilles en ont deux qui sont assez semblables à celles des insectes parfaits, dans les sauterelles et les punaises, et différentes dans les autres. Ces antennes ne paraissent pas leur être d'une grande utilité, ni favoriser beaucoup le sens du toucher.

Il n'y a point d'yeux dans les vers à tête molle; il y en a deux assez grands et souvent chagrinés dans les larves, et quatre à trente lisses, extrêmement petits dans les chenilles et fausses chenilles; ils sont placés sur les côtés de la tête. Suivant M. Geoffroy (vol. 2, p. 10, Jus.), ce sont les deux calottes de la tête qui sont les yeux dans les chenilles; mais ce qui l'a induit en une erreur aussi marquée, c'est sans doute qu'il ne s'était pas appliqué à les découvrir; avec la plus légère attention, il eût aperçu de petits tubercules luisants parfaitement semblables aux petits yeux lisses des cigales, des papillons, des abeilles et des mouches; il est vrai que ces yeux ne paraissent pas leur être fort utiles.

Deux grandes mâchoires horizontales arment la bouche des larves, des chenilles et des fausses chenilles, et celle de la tipule et du cousin parmi les vers des mouches à deux ailes. Dans les larves des punaises et des cigales, c'est un suçoir en aiguillon, qui prend son origine du dessous de la tête et qui se couche sous le corps. Les vers des mouches n'ont qu'une seule mâchoire verticale (λ) à trois branches, dont la branche du milieu sert comme de point d'appui à la branche antérieure, pour piocher et miner.

Outre ces mâchoires, la bouche des chenilles et des larves, qui filent comme elles une coque, a vers son milieu, sous la lèvre inférieure, une espèce de langue, un mamelon conique percé d'un petit trou par lequel coule le mucilage qui doit former le fil de sa coque; cette langue s'appelle pour cette raison du nom de *filière ;* ce fil leur sert pour se suspendre en se laissant tomber du haut d'une branche dans les dangers.

Les larves des insectes vivent en général plus de végétaux que d'animaux. Il est des chenilles, comme les sphinx, qui mangent en un jour le double de leur poids.

Le sens du goût paraît être chez eux le second après celui du toucher.

Ils n'ont ni le sens de l'odorat ni celui de l'ouïe, au moins ce dernier ne paraît-il accordé qu'à ceux qui rendent des sons, comme les mâles des sauterelles, des cigales, etc.

Nous avons vu ci-dessus que le corselet se distingue aisément de la tête et du ventre ; il consiste communément en un anneau dans les larves, et que dans les chenilles et les fausses chenilles il se confond avec le ventre, et avec la tête et le ventre dans les vers.

Le ventre forme tout le corps de l'animal dans les vers qui ont la tête et le corselet confondus avec lui, et il consiste en douze anneaux. Dans les chenilles et les fausses chenilles, dont la tête est distincte, il consiste en treize anneaux ; enfin il n'a que douze anneaux dans les larves, dont la tête forme un anneau et le corselet un autre.

Il est accompagné quelquefois d'appendices qui forment un, deux ou trois espèces de queues. Ces appendices sont solides ou cartilagineuses et creusées en tuyau, comme ce qu'on appelle la corne de la queue des chenilles, ou bien ce sont des tuyaux mous et chárnus qui rentrent dans eux-mêmes, à la manière des cornes des limaçons, comme dans la chenille à deux queues et deux cornes du saule, ou bien ce sont des filets simples ou articulés, comme dans le grillon, l'éphémère et autres semblables.

Les vers n'ont point de pattes, et c'est pour cette raison, et parce qu'ils rampent, qu'on leur a donné ce nom, quoique très-impropre. C'est par le gonflement ou le raccourcissement de leurs anneaux postérieurs qu'ils font avancer leur corps en les faisant d'abord servir de point d'appui pour jeter, pour ainsi dire, en avant les anneaux antérieurs et les fixer sur le crochet de leur bouche qui attire à lui leur partie postérieure. Quelques-uns sont aidés dans cette marche assez lente par deux ou quatre pointes placées à leur extrémité postérieure et par quelques mamelons qui bordent leurs anneaux et qui semblent leur tenir lieu de pattes.

Les larves n'ont que six pattes toutes écailleuses, coniques, à cinq articles, y compris l'ongle, et attachées sous le corselet, c'est-à-dire sous les trois premiers articles du corps, de manière qu'elles répondent à celles qu'elles doivent avoir dans leur troisième état, dans celui de volatile ou d'insecte parfait. Parmi ces larves, celles qui vivent dans l'eau courent ou nagent avec agilité pour attraper leur proie et saisir les autres insectes dont elles font leur nourriture. Quelques-unes, de la famille des punaises, sautent, mais la plupart des autres sont lourdes et paresseuses, et comme elles mangent considérablement, elles naissent ordinairement au milieu de l'aliment qui leur convient, surtout sur les feuilles des plantes ou sur leurs racines.

Les chenilles ont six pattes écailleuses et de plus quatre à dix membraneuses ou charnues, semblables à des mamelons cylindriques ou coniques tronqués, qui font en tout dix à seize pattes. Ces pattes membraneuses sont bordées en tout ou en partie de nombre de petits crochets durs, recourbés et rangés en couronne ou en demi-couronne, qui servent à les accrocher. Les chenilles à seize pattes sont les plus nombreuses et les plus grandes; après les six pattes écailleuses qui occupent les anneaux deux, trois et quatre, voisins de la tête, sont deux anneaux nus, ensuite quatre anneaux avec huit pattes membraneuses, savoir : le septième jusqu'au dixième, puis trois anneaux nus, savoir, le onzième, le douzième et le treizième; enfin le quatorzième ou le dernier anneau a deux pattes membraneuses, les familles (11 à 16) des papillons ont ce caractère. Toutes ces chenilles marchent en formant des ondulations ou par un mouvement progressif vermiculaire; celles de la 11ᵉ famille donnent des papillons diurnes et celles de la 12ᵉ, 13ᵉ, 14ᵉ, 15ᵉ, 16ᵉ donnent des phalènes ou papillons nocturnes. Les chenilles à quatorze pattes ont ces pattes membraneuses distribuées de trois manières différentes; dans les unes il y en a huit disposées comme dans celles à seize pattes sur les anneaux sept, huit, neuf, dix, et ce sont celles du quatorzième anneau qui manquent; tels sont les papillons lève-queues, *alticaudæ*, qui forment la dix-septième famille; dans les autres ce sont les deux membraneuses du septième article qui manquent comme dans la *naroula*, la *nasutarpa* et le *tectarpa* des papillons, des demi-arpenteuses de la dix-huitième famille, première section; enfin dans les autres, ce sont celles du dixième anneau qui manquent comme dans le *crossarpa*, le *minarpa*, le *tinarpa*, le *longarpa* et le *roularpa* des demi-arpenteuses de la dix-huitième famille, première section.

Les chenilles à douze pattes en manquent aux quatre anneaux 5, 6, 7 et 8; tel est le *lambda* de la seconde section de la dix-huitième famille des demi-arpenteuses.

Enfin les chenilles à dix pattes n'en ont point de membraneuses aux cinq anneaux qui suivent les pattes écailleuses, savoir : les 5, 6, 7, 8 et 9; telles sont les arpenteuses, *geometræ*, de la dix-neuvième famille.

Toutes ces chenilles, excepté celles de la dix-septième famille ou les lève-queues, marchent en arpentant le terrain;

celles qui ont quatorze ou douze pattes, telles que celles de la dix-huitième famille, ont le pas médiocrement grand, d'où vient le nom de demi-arpenteuses que nous leur avons donné. Mais celles de la dix-neuvième famille, ou les vraies arpenteuses, qui n'ont que dix pattes, font des pas beaucoup plus grands, elles semblent mesurer le chemin et l'arpenter. En effet, elles cramponnent d'abord leurs pattes écailleuses et attirent leurs pattes membraneuses intermédiaires et tous les anneaux postérieurs contre ces mêmes pattes écailleuses, de manière que les cinq anneaux intermédiaires sans pattes sont élevés en demi-cercle et forment une espèce de boucle ; alors elles fixent à leur tour les quatre pattes membraneuses postérieures, et étendent en avant leur partie antérieure de toute la longueur des cinq anneaux qui étaient courbés en demi-cercle ; elles répètent ainsi successivement cette manœuvre en fixant de nouveau l'extrémité antérieure pour y ramener la partie postérieure et faire un deuxième pas en avant. Cette manière de marcher s'exécute promptement, et ces chenilles courent plus vite que toutes les autres qui ont plus de pattes ; elles ont assez de force pour tenir tout leur corps droit, tantôt roide, tantôt un peu fléchi et soutenu seulement par leurs deux pattes postérieures qu'elles cramponnent à un arbre ; comme leur corps est cylindrique et d'une couleur terne approchant de celle du bois, quand elles sont ainsi posées et immobiles, elles ressemblent tellement à une petite branche qu'on les distingue avec beaucoup de peine, quoiqu'on les ait sous les yeux. Quoique MM. Linné et Geoffroy, et tous les auteurs, aient dit que le nombre et la position de ces pattes membraneuses varient dans les chenilles de même genre, de manière qu'on ne peut, selon eux, établir sur cet article aucun caractère constant, néanmoins on verra dans nos exposés que toutes les espèces d'un même genre se ressemblent à cet égard, et que c'est faute d'avoir examiné assez scrupuleusement les chenilles et leurs papillons, qu'ils ont cru pouvoir avancer cette assertion également fautive et injurieuse à la nature qui est constante dans ses opérations.

Les fausses chenilles des scieuses ou des mouches à scie, *tenthredo*, de notre famille vingt, ainsi nommées par M. de Réaumur, à cause d'une certaine ressemblance qu'elles ont avec les chenilles, ont toutes depuis dix-huit jusqu'à vingt-deux ou même vingt-quatre pattes, dont les six premières seulement sont écailleuses; les autres sont membraneuses mais sans crochet, ce qui les distingue de celles des chenilles; elles sont disposées de manière que celles qui n'en ont que dix-huit en manquent aux..... anneaux, comme dans le *triedo*.

Le sens du toucher paraît être le premier de tous les sens de ces animaux et résider principalement dans les pattes de ceux qui les ont fort multipliées.

Toutes les larves ont à l'extérieur de leur corps plusieurs ouvertures appelées *stigmates*, qui servent à leur respiration.

Les larves proprement dites, les chenilles et les fausses chenilles, en ont dix-huit, c'est-à-dire neuf de chaque côté, de sorte que de leurs quatorze anneaux, il y en a cinq qui n'en ont point, savoir : le troisième, le quatrième et les deux derniers. Les deux premiers stigmates du deuxième anneau répondent aux deux qui seront par la suite au corselet de l'insecte ailé, et les seize autres plus éloignés, à commencer par ceux du cinquième anneau, formeront un jour ceux qui paraîtront sur les anneaux de son ventre.

Les vers des mouches aquatiques en ont deux seulement au deuxième article de la partie antérieure de leur corps, et deux à la partie postérieure. Ces deux derniers sont quelquefois simples, quelquefois ils en contiennent deux ou trois dans une même cavité.

La figure de ces stigmates varie suivant les lieux que ces

animaux habitent. Ceux qui vivent dans la terre ou sur la terre comme la plupart des larves et des chenilles, les ont semblables à des points ovoïdes disposés obliquement en boutonnières sur les côtés des anneaux et colorés diversement selon les espèces. Les vers aquatiques ont quelques-uns de ces stigmates prolongés en tuyaux ou bordés d'appendices charnus disposés en aigrettes; tels sont les deux de la partie antérieure de leur corps, et deux autres plus grands à leur partie postérieure; le bord de quelques-uns est relevé en bourrelet, pour les défendre des matières liquides ou visqueuses au milieu desquelles ils vivent. D'autres ont ces stigmates fort larges et l'ouverture de chacun paraît en renfermer trois plus petits ; enfin, on observe une grande variété non-seulement dans les différents genres, mais même dans les diverses espèces du même genre.

Ces stigmates par lesquels l'animal respire, sont les bouts ou les ouvertures d'autant de vaisseaux aériens, qui tous vont se réunir à deux longues trachées analogues aux poumons des quadrupèdes et qui reçoivent de même l'air nécessaire pour le faire vivre, et le rendent par la bouche, par l'anus et les pores de la peau.

Le cœur des chenilles est allongé de manière qu'il semble faire une suite de cœurs rangés d'un bout à l'autre de son dos en chapelet.

C'est sous cette première forme de larve, et avant que de passer à son deuxième état, à celui de *nymphe*, que l'animal prend tout son accroissement. La larve grossit tous les jours sensiblement, et comme la peau qu'elle a apportée en naissant ne pourrait pas se prêter à un accroissement si subit, ni se distendre assez facilement, la nature semble l'avoir enveloppée de plusieurs peaux, dont les intérieures sont plissées et plus grandes que les extérieures.

Lorsque la larve a acquis à peu près dix à douze fois plus de grandeur qu'elle n'en avait au moment de sa naissance, ce qui arrive au bout de dix à douze jours, plus ou moins suivant la température de l'air, elle fait sa première mue, c'est-à-dire qu'elle quitte sa première peau, sa peau extérieure ; trois jours avant cette mue elle dort ou se tient tranquille sans manger, la tête communément en l'air et la queue bien fixée ; son corps paraît alors abreuvé d'une eau qui s'étend entre la première et la deuxième peau, et qui les sépare l'une de l'autre. On voit pendant le même intervalle une deuxième tête s'élever un peu plus haut que la première, surtout dans les chenilles, et ce terme expiré, c'est-à-dire le troisième jour, la tête ancienne tombe, la peau se fend entre le troisième et le quatrième anneau, la larve se gonfle et se contracte alternativement jusqu'à ce qu'elle se soit débarrassée de cette peau, comme d'un fourreau qui sort tout plissé par le bout de sa queue, et elle paraît avec une nouvelle peau très-ridée ou plissée, qui était probablement renfermée sous la première.

La larve ou la chenille garde cette nouvelle peau jusqu'à ce que l'accroissement de son corps la rende trop étroite, ce qui arrive au bout de cinq à huit jours ; alors elle se fend comme la première ; elle est poussée de même par une deuxième mue, et celle-ci est suivie d'une troisième, et ainsi de suite, jusqu'à ce que la larve soit parvenue à son dernier terme d'accroissement et de grandeur.

Le nombre de ces mues varie suivant la diversité des genres et des familles des insectes ; il y en a qui ne muent aucunement, même pour passer à leur deuxième état, à celui de nymphe. Tels sont les vers des mouches à deux ailes ; ils s'enveloppent alors, ou pour parler plus exactement, ils se détachent de leur propre peau dans laquelle ils sont ren-fermés comme dans une coque sèche assez solide, sous une nouvelle peau de nymphe.

Les larves n'essuient que trois de ces mues.

Les chenilles en éprouvent communément quatre, et M. Bonnet assure, que la chenille martre ne devient *chrysalide*, c'est-à-dire ne passe à son deuxième état, qu'après avoir quitté sa huitième peau.

Après leur dernière mue, les larves et les chenilles mangent et croissent jusqu'à ce qu'elles soient parvenues à leur dernière grandeur et qu'elles soient prêtes à passer par l'état de nymphes ou de chrysalides.

Cette mue s'étend sur toutes les parties du corps qui sont creuses, et elles paraissent vides sans aucune ouverture dans la peau quittée, tête, antennes, yeux, pattes, stigmates, tubercules, poils, appendices, enfin aucune partie n'en est exempte. Il y a cependant quelques chenilles velues dont les poils ne muent pas avec le reste du corps, parce qu'ils ne sont pas creux ni engainés les uns dans les autres, comme les autres parties ; ils suivent en entier l'ancienne dépouille et la nouvelle peau est couverte de poils qui étaient couchés sous la première.

La durée de l'état de larve est plus ou moins longue suivant les espèces, et il ne suit pas la proportion qu'on observe dans les grandeurs, car le *turc* par exemple, c'est-à-dire la larve du hanneton et celle de quelques autres genres de scarabées, restent dans leur état pendant trois années entières, et ce n'est qu'à la quatrième qu'elles passent à celui de nymphes, tandis que la chenille de la *phalène paon* du papillon tête de mort, et de beaucoup d'autres qui sont plus grandes que les larves de ces scarabées, prennent tout leur volume en un été, et souvent en moins de deux mois.

Les larves qui sont voraces ou gourmandes, surtout celles qui vivent de végétaux comme les chenilles, rendent une très-grande quantité d'excréments.

Ces excréments sont ordinairement verdâtres dans les chenilles des papillons, rouges dans celles des phalènes qui vivent dans les roses sèches de Provins, et toujours de la couleur des nourritures que prennent ces chenilles. J'ai réussi à tirer une couleur verte assez belle de ceux du ver à soie, et un rouge très-agréable de ceux des chenilles des roses sèches.

La figure de ces excréments varie aussi selon la conformation des intestins et surtout de l'anus dans lequel ils se moulent en sortant; c'est ainsi que ceux des chenilles sont cylindriques, tronqués et cannelés de six à huit pans.

Avant que de passer à l'état de nymphe, les larves qui sont tendres, et qui doivent rester immobiles dans cet état, se font un abri chacune suivant l'industrie propre à son espèce.

Celles qui ne font pas de *coque*, comme sont les larves de la plupart des scarabées et les chenilles des papillons diurnes ou de la onzième famille, ont soin de se mettre à l'abri pendant ce temps sous un toit, ou de se cacher, soit sous des écorces, soit dans des trous d'arbres ou dans des fentes de pierres et de murailles, ou dans des crevasses de la terre, ou sous la terre même, lorsqu'elles sont prêtes à se métamorphoser en nymphes.

Les larves qui se forment des coques pour se garantir du froid et des animaux qui peuvent les dévorer, y emploient divers matériaux et divers moyens qui établissent entre elles quatre ou cinq différences bien notables.

Les unes se pratiquent dans la terre proportionnellement à leur grandeur, une cavité qui leur tient lieu de coque, et qu'elles tapissent d'un tissu de soie souvent fine et délicate, qui, en donnant assez de solidité pour l'empêcher de s'écrouler, forme une espèce de fourrure où elles reposent plus mollement dans leur état de nymphe. Plusieurs phalènes, quelques ichneumons et d'autres insectes, en font de semblables.

Les larves de nombre d'espèces de scarabées, des fourmis-lions et d'autres insectes, les chenilles et fausses chenilles de nombre de phalènes et de mouches à scie, se bâtissent des coques semblables dans la terre ou le sable; mais ces coques sont entièrement détachées et libres de la terre avec laquelle elles ne font pas corps.

D'autres font entrer dans la construction de leurs coques des mottes de terre, des brins de bois ou d'herbe, des feuilles qu'elles unissent et attachent ensemble au moyen de leurs fils. Telles sont encore les chenilles de quelques phalènes, les larves des abeilles, etc.

D'autres enfin, plus riches et plus habiles, telles que nombre de phalènes, surtout les sphinx, les paons, le ver à soie, etc., se filent hors de terre et communément sur les plantes, une coque dont tout le tissu est de soie, mais comme composé de trois enveloppes dont la première forme une bourre capable de retenir la pluie; la deuxième forme un tissu de belle soie, et la troisième est comme un parchemin imperméable à l'air et à l'eau.

Ces coques sont exécutées communément en deux ou trois jours au moyen de la filière que ces larves ont à leur bouche, qui conduit de côté et d'autre la matière contenue dans les deux vaisseaux à soie, laquelle ressemble à un vernis clair, transparent et visqueux qui se sèche aussitôt à la sortie de la filière.

Les teignes n'ont pas besoin de filer de coques, elles restent dans leur fourreau où elles se métamorphosent en chrysalides.

La plupart des chenilles mineuses se métamorphosent de même, soit sans filer de coque, soit en en filant dans les mines qu'elles ont creusées dans les feuilles mêmes; les premières rentrent dans la classe des larves qui ne font pas de coques.

Il y en a qui, avec une portion de feuilles de figuier, se font une coque semblable à un dé à coudre, dont elles recouvrent la partie ouverte avec un couvercle de même matière.

Mais il est une espèce de coque bien plus singulière, c'est celle des vers des mouches. Les vers de la plupart d'entre elles ne muent point et n'abandonnent pas leur peau comme font les larves des autres insectes, pas même pour se métamorphoser en nymphes. Dès que ces vers sont parvenus à toute leur grosseur, le plus grand nombre s'enfonce sous terre, et les autres s'attachent par la tête sur quelque corps solide, comme une pierre, une feuille, etc. Au bout de deux ou trois jours, ils prennent la forme d'un œuf en retirant en dedans les éminences de leurs stigmates qui sont à leur partie postérieure et la pointe de leur tête. Peu après leur peau s'étend, brunit, durcit et devient, en séchant, une coque solide un peu moins grosse que n'était le ver qui est métamorphosé intérieurement en une nymphe enveloppée de sa propre peau, détachée de l'ancienne qui lui sert de coque. Dans les premiers jours cette nymphe, encore liquide ou semblable à une bouillie épaisse renfermée dans sa peau, qui n'a pas encore de linéaments bien marqués, prend le nom de *boule allongée*; mais lorsqu'au bout de quelques jours elle a pris un peu plus de consistance, les traits y deviennent plus saillants et l'on y voit les principaux membres que doit avoir le volatile, comme les pattes et les ailes.

Dans cet état la nymphe ne remplit pas toute la cavité de sa coque, elle y laisse un vide qui est très-considérable dans quelques espèces, comme dans le ver aplati et pointu aux deux bouts de la mouche armée, *mirio,* qui a conservé toute la forme du ver.

Il n'y a guère que les vers des mouches qui se nourrissent de pucerons, *aphidivoræ,* qui changent assez leur forme de ver en se séchant en coque pour y devenir nymphes; cette coque prend la figure d'une larve pendante, dont la pointe est tournée en haut et appliquée sur les feuilles des plantes.

Nombre de larves, et surtout de chenilles qui ne se forment pas d'enveloppes pour vivre à couvert, mais qui vont chercher leur nourriture de côté et d'autre, soit dans les prés humides, soit sur les arbres, sont d'ordinaire revêtues de poils qui soutiennent et arrêtent l'eau dont elles seraient inondées, pénétrées et glacées. Ces mêmes poils ont un autre usage, c'est de les empêcher de se briser dans leur chute du haut des arbres lorsque leur fil vient à se rompre, ou de les avertir de se glisser de côté ou en bas lorsqu'une branche agitée par le vent les fait plier et est près de les écraser.

Quoique plusieurs chenilles soient parées de couleurs assez brillantes qui les font distinguer d'assez loin, néanmoins la plupart ont un fond de couleur principale qui est la même que celle des feuillages dont elles se nourrissent, ou des petites branches sur lesquelles elles s'arrêtent quand elles muent. Celle qui vit sur le nerprun est aussi verte que cet arbre, celle du sureau a la couleur du bois de sureau ; on en voit sur le pommier, sur l'épine, sur le prunier, aussi rembrunies que le bois de ces plantes. La nature semble avoir eu en vue par là de les garantir des oiseaux, qui n'ont pas de nourriture plus délicate et plus favorable pour leurs petits ; car dès que le temps de leur mue est venu elles quittent les feuilles et se retirent le long des branches ; par là elles sont confondues avec ce qui les supporte, elles sont moins en apparence et échappent, pendant leur long sommeil, aux oiseaux qui les cherchent. C'est ainsi qu'au milieu des guerres que les animaux se font les uns aux autres, après la destruction qui a pour but leur nourriture, il reste encore assez d'individus pour perpétuer les espèces.

Ces chenilles ont aussi leurs petites ruses : elles sont plus souvent sous les feuilles qu'elles rongent que dessus pour n'être pas aperçues des oiseaux. Souvent la chenille fait devant l'oiseau ce que la souris fait devant le chat, elle contrefait la morte, elle amuse l'ennemi; elle le rend négligent et trouve un moment de distraction ou de sommeil dont elle profite pour se cacher.

2ᵉ État. NYMPHES, *NYMPHÆ*.

Le second état de la vie ou la seconde forme par laquelle passent les insectes, immédiatement après celui de larve, est celui de *nymphe*. Les larves y passent après leur dernière mue, en prenant une peau d'une figure différente de celle qu'elles viennent de quitter, si l'on en excepte les insectes de la famille des punaises qui n'ont pas d'ailes.

Les nymphes varient beaucoup par la couleur, mais surtout par la forme et le mouvement ou le défaut d'action qui donnent lieu d'en distinguer trois sortes, savoir :

1.° Celles qui ressemblent très-peu à un animal, et dont le corps ne montre presqu'aucune partie, mais seulement quelques anneaux ou sillons circulaires vers l'extrémité postérieure, et des impressions souvent peu distinctes des antennes, des yeux, des pattes et des ailes, vers leur extrémité antérieure. Leur peau est communément épaisse, sèche, dure et comme cartilagineuse.

Ces nymphes n'ont d'autre mouvement que celui que peuvent produire les anneaux de leur ventre, qui ne peut pas les faire changer de lieu ni avancer, mais seulement les retourner tantôt sur le dos, tantôt sur le ventre ou sur les côtés. Les chenilles des papillons et des phalènes donnent de ces sortes de nymphes auxquelles on a consacré le nom de *fèves*; on appelle *aurélies* ou *chrysalides* celles qui sont dorées.

2° La deuxième sorte de nymphe a toutes ses parties fort distinctes. Sa peau, qui enveloppe chaque partie séparément, est très-mince et si molle, si délicate, que le moindre contact la blesse facilement. C'est cette délicatesse qui lui a valu le nom de *nymphe*. Elle n'a guère plus de mouvement que la première sorte.

Les larves de la famille vingt et une, des ichneumons, de la famille vingt-deux, des abeilles, deviennent des nymphes de cette sorte, et les vers des mouches à deux ailes en contiennent de pareilles dans la coque qu'ils se font de leur propre peau de ver.

La nymphe du cousin et de la tipule viennent encore dans cette classe, quoiqu'elles aient un mouvement translatif. Ces nymphes ont aux côtés du corselet deux petits cornets terminés par les stigmates, et qu'elles élèvent très-souvent au-dessus de l'eau pour respirer l'air.

3° La troisième sorte de nymphe ressemble plus à une larve ou à un volatile, c'est-à-dire à un insecte parfait qu'à une nymphe des deux sortes précédentes ; elle a ses membres distincts comme ceux d'une larve, et elle en fait usage ; elle marche et mange de même. Elle ne diffère de la larve que parce qu'elle a des moignons d'ailes ; et de l'insecte parfait, que parce que ses ailes ne sont pas développées, et qu'elle ne peut ni s'accoupler ni engendrer sous cette forme pas plus que les autres larves.

De cette sorte sont les nymphes de la famille (cinq) des *sauterelles*, de la famille (six) des *cigales*, de la septième des *punaises*, de la huitième des *demoiselles*, de la neuvième des *vagvagues*, de la dixième des *fourmis-lions*. Il y a néanmoins une exception à faire à l'égard de quelques genres de la famille (sept) des *punaises*, dont les femelles n'ont jamais d'ailes comme celles du *puceron, aphis*, du *cornafis*, du *mallos*, de la *cochenille*, du *barbel*, du *kermès*, de la *cirelle, cereola*, et la *puce*, qui n'ont rien que leur changement de peau qui caractérise leur état de nymphe. La punaise est le seul genre parmi ceux qui n'ont jamais d'ailes, qui prenne des moignons d'aile.

Les parties que l'on voit dessinées et tracées à l'extérieur des fèves ou des chrysalides les plus unies sont bien conformées et finies dans l'intérieur, et la chrysalide n'est réellement que l'insecte parfait resserré, replié, et qui doit se développer par la suite, comme on peut s'en assurer en prenant une larve ou une chenille au moment où elle vient de quitter sa dernière peau et se transformer. Alors sa chrysalide est molle et visqueuse; on peut, avec une pointe, faire séparer et développer toutes les parties de l'insecte parfait, mais elles sont encore sans consistance et sans mouvement. Quelques heures après, la même anatomie n'est plus praticable; la matière visqueuse qui enduit la chrysalide se sèche, unit toutes ses parties, et lui forme une espèce de peau qui devient dure et coriace; c'est sous cette enveloppe, sous cette espèce de coque que les membres de la chrysalide se fortifient et acquièrent la consistance et la dureté nécessaires pour devenir *insecte*.

Les stigmates ou les organes de la respiration se trouvent sur les nymphes des insectes comme sur leurs larves, et placés à peu près de même et en même nombre; mais ils ne sont pas aussi faciles à apercevoir, surtout les deux qui sont de chaque côté du corselet, *thorax*, de la chrysalide des papillons. Les sept autres se voient facilement sur les côtés du ventre. Les nymphes des mouches en ont deux à quatre à leur partie antérieure et deux autres à la partie postérieure. Ceux du corselet, et même les deux derniers du ventre, offrent souvent des singularités dans leur nombre, leur figure et leur position, qui diffèrent de ce qu'elles étaient dans la larve et de ce qu'elles doivent être dans l'insecte parfait. C'est ainsi que les larves de certaines mouches qui avaient des tuyaux à leurs stigmates, comme celles des mirions ou mouches armées, les perdent en devenant nymphes, tandis que celles qui n'en avaient point, comme celles du cousin et de la tipule, en acquièrent.

Enfin quelques nymphes aquatiques ont, au lieu de stigmates, des espèces d'ouïes semblables à celles des poissons ou des panaches auxquels aboutissent les vaisseaux aériens et qu'elles font jouer avec une agilité surprenante.

Les nymphes de la troisième sorte, telle que celles de la famille (cinq) des sauterelles; de la sixième famille des cigales, de la septième des punaises, de la huitième des demoiselles, de la neuvième des vagvagues, et de la dixième des fourmis-lions, diffèrent de toutes les autres, en ce qu'elles prennent de la nourriture et rendent des excréments comme elles faisaient dans leur état de larve.

L'état de nymphe est plus ou moins long, suivant les espèces et suivant les saisons, car la chaleur contribue beaucoup à accélérer, comme le froid contribue à retarder leur métamorphose, et on peut la retarder ainsi plusieurs années; mais on ne sait pas encore quelles sont les limites qui pourraient leur être mortelles par un trop long retard.

Les nymphes des vers de mouches restent nymphes pendant quinze à vingt jours et quelquefois davantage.

Les chrysalides des chenilles qui sont nues sans coque, comme celles des papillons de la famille onze, sont plus promptes à se métamorphoser que celles qui font des coques : elles muent et deviennent papillons au bout de quinze à vingt jours pendant l'été; il n'y a que les chenilles des individus qui se sont transformés en chrysalides en automne qui ne muent en papillons qu'après l'hiver ou au printemps suivant.

Parmi les chrysalides qui s'enferment dans une coque, il

y en a qui, comme celles du ver à soie, deviennent phalènes après quinze à vingt jours ; mais beaucoup d'autres, comme le sphinx, le paon, etc., ne deviennent phalènes que l'année suivante, vers le mois de mai, et on a remarqué que celles dont la coque est fort dure et d'un tissu plus serré, restent dans leur état de chrysalide pendant deux, trois ou même quatre ans.

Lorsque toutes les parties de la nymphe ont acquis leur dernière solidité et perfection, elle travaille à se débarrasser de la peau membraneuse qui l'enveloppe, et en gonflant et désenflant successivement, comme elle avait fait dans ses mues pendant son premier état de larve, sa tête et son corselet qui sont encore assez mous pour se prêter à cette action, elle parvient à déchirer ou à faire éclater cette membrane que l'air a desséchée et rendue cassante. Dans nombre de nymphes cette membrane a, dans sa partie supérieure, deux ou trois rainures ou sillons où elle est plus mince, de sorte qu'elle se fend aisément par ces endroits. Cette enveloppe une fois déchirée ou entr'ouverte, l'animal qu'elle renferme s'aide de ses pattes qui, sortant au dehors, en tirent facilement le reste de son corps comme d'un fourreau, et il voit le jour sous la forme d'un volatile ou d'un insecte parfait.

Quelques insectes, outre cette peau de la nymphe, ont encore une coque à percer, soit que cette coque soit un tissu de fils de soie comme dans la plupart des phalènes des familles 12 à 19, soit qu'elle soit membraneuse ou cartilagineuse comme dans les mouches à deux ailes, et dans quelques genres de la famille des mouches à scie, de celle des ichneumons et de celle des abeilles, ou en partie soyeuse, en partie terreuse comme dans le fourmi-lion et quelques genres de scarabées.

Cette coque soyeuse des phalènes n'est point fermée par

l'extrémité qui regarde la tête de la phalène, et par où elle doit sortir; la chenille, en la filant, laisse une ouverture qui est cachée par des fils plus lâches et contournés en anneaux qui suffirait pour empêcher les insectes d'y entrer, mais qui s'écarte facilement lorsque la phalène, après l'avoir humectée pour en décoller les fils, force légèrement avec sa tête pour en sortir, en se débarrassant aussi par ce moyen de sa peau de nymphe qui reste au dedans de l'ouverture; on trouve donc dans ces coques deux dépouilles, celle de la larve ou de la chenille, et celle de la nymphe.

Dans les espèces d'insectes dont la nymphe, outre sa propre peau, est enfermée dans une coque cartilagineuse, le volatile fait sauter la partie supérieure de cette coque, comme une espèce de calotte hémisphérique qui souvent se divise en deux demi-calottes, ce qui s'exécute sans beaucoup de force de la part de l'insecte parce que la trace marquée par un sillon de cette calotte était auparavant circulaire, traversée par un autre sillon vertical, qui au moment où la peau de la larve s'était durcie pour envelopper sa nymphe d'une coque, étaient restés mous et tendres, afin que le volatile pût aisément en sortir.

Au moment où l'insecte ailé sort de sa coque, son corps est humide, plus gros, d'une couleur moins vive qu'il ne le sera par la suite : ses parties sont encore un peu mollasses et souvent ses ailes sont comme chiffonnées; mais, au bout de quelque temps, l'air, en desséchant cette humidité superflue, fortifie ses membres, leur donne plus de consistance, rembrunit leurs couleurs; ses ailes se déploient et l'insecte est en état de voler et de prendre son essor. Ce développement des ailes, surtout dans quelques papillons et quelques demoiselles qui les ont communément chiffonnées, a étonné quelques observateurs; il n'est cependant dû qu'à un effet bien naturel de l'expansion de l'air;

pendant que l'air extérieur sèche ces ailes à la surface, l'air intérieur, poussé par les trachées qui rampent dans leur tissu qui est encore humide et mou, les étend, et quand elles sont une fois étendues, les membranes dont elles sont formées se dessèchent bientôt, et prennent par là une roideur qui les soutient dans cet état. Cette action de l'air intérieur des trachées est prouvée par le boursouflement ou l'emphysème qui arrive quelquefois aux ailes des insectes toutes les fois que l'air intérieur s'épanche entre les deux lames qui forment l'épaisseur de ces ailes, à peu près comme les deux épidermes forment l'épaisseur des feuilles dans les plantes.

3ᶜ ÉTAT. VOLATILES OU INSECTES PARFAITS.

Le troisième état où parviennent les insectes immédiatement après celui de nymphe, est communément celui de volatile, ou au moins, pour ceux qui n'ont pas d'ailes, comme sont quelques femelles de la famille (7) des punaises, celui d'insecte parfait et en état d'engendrer.

Leur figure présente beaucoup de différences : les uns, comme les scarabées, semblent cuirassés ou couverts entièrement d'une croûte dure et cartilagineuse qui emboîte toutes leurs ailes, de manière qu'ils n'ont rien moins que l'air d'un insecte ailé. Cette croûte à laquelle sont attachées les extrémités des muscles, semble tenir lieu des os auxquels sont fixés les muscles des quadrupèdes, des oiseaux, etc., avec cette différence que les quadrupèdes et les oiseaux ont les os placés dans l'intérieur de leur corps et couverts par les muscles, au lieu que ce sont ces os, ou la croûte qui les remplace, qui recouvre les muscles dans les insectes, à peu près comme dans les crustacés.

Les autres insectes ont le corps plus ou moins mollasse,

mais toujours crustacé et cartilagineux, au moins dans quelqu'une de ses parties, comme la tête, le corselet ou les pattes.

Le corps des insectes est généralement composé de quatorze anneaux ou intersections, qui sont eux-mêmes rassemblés en trois corps qui forment trois parties principales dans ces animaux, savoir : la tête, le corselet et le ventre.

Ce sont ces intersections qui leur ont fait donner le nom d'insectes, *entoma*. Arist.

La tête est ordinairement plus petite que les deux autres parties, savoir : le corselet et le ventre. On y distingue trois parties principales : les antennes, les yeux et la bouche.

Tous les insectes ont deux antennes, même le scorpion aquatique, *nepalis*. Arist., qui les a si menues et si petites que nombre d'auteurs les lui ont refusées en prenant même pour elles les deux premières pattes.

On en connaît peu l'usage. Quelques auteurs croient qu'elles pourraient bien être l'organe du sens de l'odorat ; mais on peut soupçonner, avec plus de fondement, qu'elles sont, comme les pieds, un des organes du sens du toucher dans les insectes, car lorsque ces animaux marchent, ils les étendent en avant en les remuant presque continuellement comme pour sonder le terrain ; quelques-uns même les ont dans un mouvement continuel assez vif, tel est l'ichneumon, auquel on a donné pour cette raison le nom de vibrion, *vibrio*, Ad., mouche vibrante, mouche à antennes vibratiles.

La position de ces antennes sur la tête n'est pas la même dans tous les genres. Quelques-uns les portent en devant et un peu au-dessous des yeux, tel est le genre du scarabée, *scarabæus*, Lat. D'autres les ont presque sur le sommet de la tête, entre les deux yeux, comme les papillons et la plupart des mouches. Dans d'autres, elles semblent partir du milieu de l'œil, qui, au lieu d'être ovale, forme un croissant qui entoure l'origine de l'antenne, comme dans le capricorne, *cerambyx*, qui forme la troisième section de la famille des charançons, *curculiones*.

Elles sont composées : de une à dix articulations dans la plupart des mouches, des punaises, et dans quelques scarabées; de onze articulations dans le plus grand nombre des scarabées; de douze à deux cents articulations dans la famille des sauterelles et dans plusieurs genres de celle des abeilles.

Leur figure varie beaucoup et sert à déterminer nombre de genres : 1° elles sont en massues dans plusieurs scarabées, dans la famille des papillons; 2° en filets ou soie dans les phalènes, les sauterelles, les cigales, la plupart des punaises et quelques scarabées; 3° prismatiques ou anguleuses dans les sphinx, qui forment la première section de la famille des phalènes; 4° aplaties ou comprimées par les côtés, comme dans le meloc et le platedo; 5° en chapelet ou en if, par la distance qui sépare leurs articulations, comme dans le bibion et quelques scarabées; 6° elles forment un peigne, c'est-à-dire qu'elles sont ornées, des deux côtés ou d'un seul côté, de barbes semblables à celles d'un peigne, dans les mâles de plusieurs phalènes, dans quelques scarabées et quelques mouches; 7° elles sont coudées et comme brisées dans quelques scarabées et dans la plupart des charançons et des abeilles, dont le premier article est très-long et forme un angle avec le reste de l'antenne.

En général ce premier article inférieur, celui qui tient à la tête, est non-seulement plus long, mais même plus gros que les autres, et le second, ou celui qui le suit immédiatement, est le plus court de tous; cependant les mouches à deux ailes ont communément les premiers d'en bas fort petits, et le dernier fort grand et aplati en palette.

Le sens de la vue paraît être le premier ou le plus parfait de tous les sens dans les insectes.

Tous les insectes ont des yeux qu'on distingue en grands et en petits.

Tous en ont deux grands, un de chaque côté de la tête. Ces yeux sont immobiles, convexes, diversement figurés, presque sphériques dans les uns, hémisphériques ou ovoïdes, triangulaires ou en croissant dans d'autres.

Ils sont durs et couverts d'une espèce de cornée qui paraît lisse, mais qui, examinée au verre lenticulaire, se montre comme un réseau extrêmement fin, composé d'une infinité de facettes hexagones. Leuwenhoeck a compté 3,181 de ces facettes sur la cornée d'un scarabée, et 8 mille sur celle de la grande mouche bleue ordinaire ; nous en avons compté 18 mille sur l'œil du taon, *tabanus*, et 25 mille sur celui de la grande espèce de demoiselle, *libella*. Comme ces yeux sont immobiles et ne peuvent se tourner vers les objets, il était nécessaire qu'ils eussent cette conformation, afin qu'ils pussent voir dans tous les sens les objets de tel côté qu'ils se seraient présentés. Chaque œil équivaut même à autant d'yeux qu'il a de facettes, parce que chaque facette est un cristallin, et qu'il répète autant de fois les objets, de même que les verres taillés à facettes ; c'est ce que l'expérience a appris en détachant de ces cornées, en nettoyant bien leur surface intérieure et en les substituant à la place d'une lentille de microscope ; les objets qu'on regardait au travers d'un microscope ainsi armé, se multipliant autant que les facettes de ces cornées. Cette multiplicité d'yeux renfermés dans un seul ne met pas plus de confusion dans la vision de l'insecte que nos deux yeux n'en mettent dans la nôtre. Les corps ne nous paraissent pas doubles, quoique nous les regardions avec nos deux yeux, qui ont chacun un nerf optique. Il en est de même de l'insecte; il a des milliers d'yeux qui ne peuvent voir les objets que simples, parce que leurs nefs optiques se réunissent tous à un même point, seulement ils les voient mieux et plus distinctement, de même qu'en général nous voyons mieux avec nos deux yeux qu'avec un seul.

Ces yeux sont sensiblement plus grands et par cette raison plus rapprochés dans les mâles que dans les femelles, surtout des mouches à deux ailes, et c'est pour cela qu'ils paraissent se toucher, ou même qu'ils se touchent, dans les mâles de certains genres, comme le taon, *tabanus,* tandis que dans les femelles ils sont séparés par un intervalle assez grand.

Dans tous les insectes connus jusqu'ici les yeux sont enfoncés dans la tête ou peu saillants à la surface. J'ai découvert au Sénégal un nouveau genre de la famille (25) des mouches, *muscæ,* qui a les yeux portés chacun sur un pédicule cylindrique fort long, semblable à un tuyau de lunette, d'où je lui ai donné le nom de *télescope, telops,* Ad.

Outre ces deux grands yeux, plusieurs insectes en ont encore deux ou trois petits, lisses, semblables à des points hémisphériques, très-luisants, placés entre les yeux, sur l'occiput, dans le plus grand nombre, et sous le devant de la tête dans un genre de petites cigales que j'appelle *subtettigon.*

Ceux qui en ont trois les ont placés sur l'occiput, en triangle, de manière que la pointe de l'angle se présente en avant, comme dans la mouche, *musca.*

Ces petits yeux ne se trouvent dans aucun scarabée, ou insecte à étuis, *coléoptére,* ni dans la famille des punaises.

La famille des demoiselles, celles des papillons et des phalènes, des mouches à scie, des ichneumons et des abeilles en ont trois.

Dans la famille des sauterelles, il n'y a que le genre du

perce-oreille, *forficula,* qui n'en ait point ; celui du taupe-grillon, *gryllotalpa,* n'en a que deux ; tous les autres genres en ont trois. Dans la famille des vagvags, le vagvag n'en a point, et le *raphidia* en a trois. Dans la famille des fourmis-lions, le fourmi-lion, *scalops,* l'hémerobe, la chacrée, la phrygane n'en ont pas. Enfin parmi les mouches à deux ailes, il n'y a que le cousin et l'*hippobosque* qui n'en aient point. Nous en avons trouvé dans la tipule que M. de Réaumur prétendait n'en point avoir.

Quelques auteurs ont attribué jusqu'à quatre de ces petits yeux à certaines mouches ; mais je me suis assuré, par une recherche scrupuleuse de ces petites parties vues au microscope dans plus de cinq mille espèces d'insectes, qu'il n'y a pas une espèce de mouche qui ait plus de trois ni moins de deux de ces petits yeux lisses.

Plusieurs observateurs ont regardé ces petits points comme de véritables yeux qui ne diffèrent des grands qu'en ce qu'ils ne sont pas taillés à facettes, et de Lahire, qui les a découverts le premier, s'était imaginé qu'ils étaient les seuls et véritables yeux de l'insecte ; mais M. de Réaumur s'est assuré, en couvrant tour à tour d'un vernis opaque les grands yeux et les petits yeux lisses, que les insectes dont on n'avait couvert que ces derniers voyaient aussi bien qu'auparavant, tandis que ceux dont les grands yeux étaient couverts se perdaient en volant à perte de vue, comme il arrive aux corneilles et à tous les autres oiseaux qui se sont aveuglés et coiffés en voulant saisir de la viande mise au fond d'un cornet englué, et qui retombent peu après sans force et presque morts.

La bouche est placée sous la tête, vers l'une ou l'autre de ses extrémités, même dans la cochenille, le kermès et le fi-giptès (*psylla,* Geoff.), quoique M. Geoffroy ait avancé que dans ces derniers elle prend son origine du dessous du corselet même entre la première et la deuxième paire de pattes.

Elle est composée de six parties, savoir : 1° son ouverture, 2° la trompe; 3° les mâchoires; 4° la langue; 5° les lèvres; 6° les antennules.

Quelques mouches à deux ailes, comme les trois genres de la famille (23) des oestres, semblent n'avoir point de bouche, au moins n'est-elle marquée que par un trou simple ou par une fente si petite et si peu profonde que ces insectes ne peuvent prendre de nourriture avec cet organe. Au reste ils n'en ont pas besoin; dès qu'ils sont devenus insectes ou animaux parfaits, ils n'ont plus d'accroissement à prendre, ils n'ont plus à travailler qu'à l'acte de la génération, et cet acte dure très-peu, car dès qu'ils ont pris des ailes ils s'accouplent, pondent leurs œufs et périssent peu après, sans avoir pris aucune sorte d'aliment; cinq ou six genres de phalènes, le ver à soie, les cossus et les lève-queue paraissent n'en pas avoir non plus.

D'autres insectes ont une trompe, mais elle est différente suivant les familles.

1° Dans les unes, c'est une soie à deux lames parallèles, creuses et molles, formant un tuyau ou un suçoir extrêmement court dans quelques-unes, comme les demi-teignes, et médiocrement long ou très-allongé et roulé en spirale pour se cacher dans le cran de la bouche, dans les papillons et les autres phalènes; ces lames sont creusées en demi-cylindre cartilagineux, articulées finement et susceptibles de dilatation et de contraction pour y faire monter la nourriture liquide.

2° Dans d'autres insectes, ce suçoir est à deux lames courtes et contient depuis un jusqu'à trois aiguillons auxquels il sert de gaîne, comme dans la vingt-neuvième famille des cousins et la trentième des asiles.

3° Dans d'autres, ce suçoir est conique, à une lame simple

formant un tuyau ferme à trois articulations, contenant un aiguillon, tels sont les insectes de la famille (6) des cigales et de la septième des punaises.

4° D'autres ont une trompe en massue molle, creuse et simple, avec deux antennules au milieu comme les mouches; ces insectes la retirent et la cachent entièrement, quand ils veulent, dans une fente qui est ouverte sous la tête.

5° D'autres réunissent avec cette trompe en massue le suçoir à deux lames et à aiguillons, comme les taons, *tabani;* mais leur aiguillon n'a que deux filets et les deux lames sont dentelées en scie.

6° D'autres insectes, et c'est le plus grand nombre, ont deux mâchoires plus ou moins fortes, placées latéralement l'une à droite, l'autre à gauche, rarement droites, mais souvent courbées en demi-cercle, quelquefois pointues, mais communément larges et dentelées sur leur bord inté-rieur; telles sont celles des scarabées, des sauterelles, des demoiselles, des vagvags, des fourmis-lions (fam. dix), des ichneumons (fam. vingt et unième), des mouches à scie (fam. vingt), et des abeilles (vingt-deuxième famille).

7° Huit genres de la famille des abeilles ont, comme l'a-beille, non-seulement deux mâchoires horizontales, mais encore une trompe conique molle.

La bouche de tous les insectes qui ont des mâchoires a ordinairement une espèce de langue simple, qui fait les fonctions de celle de l'abeille et qui l'imite, avec cette diffé-rence qu'elle est simple et beaucoup moins longue que les mâchoires.

Il n'y a que les bouches à mâchoires qui aient des lèvres; elles consistent en une écaille mobile dans la partie supérieure de la bouche et en une pareille dans la partie inférieure.

Les antennules sont encore une partie dépendante de la bouche des insectes ; il n'y a guère que les insectes à bouche en aiguillon conique, roide, articulé, comme les cigales et les punaises, qui n'en aient point et quelques mouches à deux ailes. Ceux à mâchoires seulement en ont quatre, sortant des coins de la bouche, au-dessous des mâchoires. Les deux extérieures sont plus grandes et ont quatre articulations, pendant que les deux intérieures, plus petites, n'en ont que trois; leur forme est ordinairement cylindrique; néanmoins elles imitent une espèce de massue comprimée dans la *glutelle* ou *bête à Dieu*. La principale fonction de ces antennules consiste à retenir, comme de petites mains, les matières que l'insecte mange.

Les autres insectes n'ont que deux semblables antennules, composées seulement de deux articles, et dont l'utilité paraît beaucoup moindre.

Dans les papillons et phalènes, ce sont comme deux plaques ou deux barbillons qui mettent seulement la trompe à couvert, et elles sortent des coins de la bouche, au-dessous même des yeux, qu'elles touchent, et elles sont communément fort grandes. Dans les mineuses du froment, elles ressemblent à de vraies antennes. Dans la plupart des demi-arpenteuses elles s'avancent comme un nez fort allongé.

Dans les mouches à deux ailes elles sont fort petites, peu sensibles et posées en dessus, vers le milieu de la longueur de la trompe.

On juge assez, par la différence qui se remarque entre les bouches des insectes, que ces animaux ont reçu de la nature la conformation la plus analogue à leur manière de vivre. La bouche est nulle dans ceux qui ne se nourrissent pas. C'est une trompe molle et flexible dans ceux qui ne prennent que des nourritures liquides. Cette trompe est dure dans ceux qui sont avides de sang et qui ont à percer la peau des animaux. Enfin ce sont des mâchoires dans ceux qui ont des corps durs à déchirer ou à broyer.

Le corselet est aux insectes ce qu'est la poitrine aux grands animaux. Cette partie vient après la tête, à laquelle elle tient par devant, et elle est attachée par derrière au ventre, au moyen d'un étranglement souvent fort étroit. Dans la mouche il n'est attaché à la tête que par un filet si mince que la tête tourne sur lui comme sur un pivot.

Il n'est composé que d'un anneau écailleux d'une seule pièce dure et entière dans les scarabées. Dans les papillons, il est composé de trois pièces si bien soudées ensemble qu'elles paraissent n'en faire qu'une ; il répond aux cinq premiers anneaux qui comprennent la tête et les six pattes écailleuses et deux paires de stigmates.

Mais sa figure varie beaucoup. Dans les uns il est plus large que long, ou aussi large que la tête, et dans les autres c'est le contraire. Dans d'autres, comme le cousin et la tipule, il est comme bossu. Souvent sa partie supérieure est bordée d'un repli qui forme une gouttière ; quelquefois il est tout uni. Dans quelques-uns il est chargé d'éminences mousses, dans d'autres il est hérissé de pointes.

C'est au corselet que sont attachées les ailes et les pattes dans les mouches à deux et à quatre ailes, le tiers des pattes dans les scarabées, et quelques-uns des stigmates qui sont les organes de la respiration.

L'écusson, *scutellum,* est une espèce de pièce dure et écailleuse, communément triangulaire, qui se trouve seulement dans la plupart des scarabées et des punaises, à l'exception de quarante-deux genres, entre leurs ailes en étui, vers leur attache au corselet, au haut de la suture qui forme leur réunion. Sa base regarde le corselet, et son sommet ou sa pointe regarde la suture des étuis, c'est-à-dire cette ligne qui est relevée comme une couture sur les bords de leur réunion.

Dans la plupart il est très-petit ; mais quelques espèces de cigales l'ont si grand qu'il couvre la plus grande partie du ventre ou même le ventre entier, ainsi que les ailes et leurs étuis. Cet écusson n'est qu'une portion du corselet qui tient lieu du deuxième ou du troisième anneau du corselet des mouches à deux et à quatre ailes, et qui est uni au ventre dans les scarabées. C'est pour cette raison que les trois paires de pattes sont attachées sous le corselet des mouches, au lieu qu'il y en a une paire sous le corselet et deux sous le ventre, c'est-à-dire sous l'écusson du ventre dans les scarabées.

Le ventre est la troisième et dernière partie principale du corps des insectes ; il est attaché derrière le corselet, et varie beaucoup dans la figure : communément il est plus allongé et moins gros dans les mâles que dans les femelles.

Il est composé de douze anneaux dans les scarabées et de dix seulement dans les papillons et les mouches, tous enchâssés les uns dans les autres, de manière qu'ils peuvent s'allonger, se raccourcir, se mouvoir en différents sens ; ces anneaux ne sont pas d'une seule pièce, mais formés chacun par la réunion de deux lames semi-circulaires ou en demi-anneaux, dont ceux de dessous sont écailleux, aussi durs que les ailes en étui dans les scarabées et les punaises. Les anneaux supérieurs sont mous et recouverts par les ailes. Cette conformation donne au ventre de l'insecte la facilité de s'étendre et de grossir lorsqu'il est plein d'œufs.

Il est aisé de voir que les scarabées ayant deux autres anneaux, savoir la tête et le corselet, font avec les douze du ventre, qui comprennent les deux de l'écusson, en tout quatorze anneaux correspondant aux quatorze du corps de leurs larves, comme les dix anneaux du ventre des papillons et des mouches, joints aux trois de leur corselet et à la tête, forment les quatorze correspondant aux quatorze anneaux du corps de leurs chenilles ou de leurs vers, remarque qui n'avait pas encore été faite avant moi.

Quelques femelles de la famille des punaises, comme celles

de quelques pucerons, de quelques cornafas, des allos, de la cochenille, du barbel, du kermès, de la céréole, la punaise humaine, la puce ; les neutres de plusieurs genres de la famille des abeilles, comme les fourmis, etc., et de quelques ichneumons, n'ont jamais d'ailes, et les femelles de quelques papillons n'ont que des moignons.

Plusieurs insectes n'ont que deux ailes, tels sont les mouches et quelques scarabées ; les autres en ont quatre.

Elles varient beaucoup pour la substance et la figure. Les deux supérieures sont cartilagineuses dans leur entier, très-dures, comme écailleuses, dans les scarabées, qui les ont quelquefois réunies en une seule par une suture ou par un sillon à bords relevés comme une couture, et elles enveloppent étroitement le ventre comme dans quelques charançons, un chrysomèle et quelques ténébrions ; les deux autres ailes, ou les inférieures, sont membraneuses, très-déliées ; elles manquent dans quelques genres, tels que l'*ollius*, le sarli, le *busarli*, le fâlmir, l'*odalis*, le *vivulus*, le *kapmesus*, le *kapmenus*, le *kaplargus*, l'*ocheutos*. Les insectes qui ont ainsi les ailes supérieures écailleuses sont appelés *coléoptères*, ou à ailes en étuis.

Ces mêmes ailes supérieures, dans la plupart des genres de la famille des cigales et de celle des punaises, sont écailleuses, presqu'aussi dures que celles des scarabées, mais seulement dans leur moitié antérieure ; l'autre moitié, ou leur extrémité, est membraneuse comme les deux ailes inférieures ; de là le nom d'*hémiptères* donné à ces insectes.

Toutes les ailes sont membraneuses dans tous les autres insectes, transparentes, lisses, claires comme du talc, avec quelques nervures seulement, comme celles des papillons, des abeilles et des mouches ; ou bien elles sont traversées d'une infinité de nervures qui en forment une espèce de réseau, comme celles de la demoiselle, du fourmi-lion, etc.

Quelques-unes sont parsemées de taches, d'autres n'en ont point.

Toutes ces diverses sortes d'ailes soit cartilagineuses, dures, épaisses et opaques, soit membraneuses et de la plus grande finesse, sont toutes également composées de deux lames fines entre lesquelles rampent les nervures qui portent la nourriture, l'action et la vie à cette partie. Ces lames sont si fortement collées et appliquées l'une contre l'autre qu'on ne peut les séparer pour s'assurer de leur structure et de l'existence des cellules qui sont renfermées entre elles. Mais une maladie à laquelle ces insectes sont sujets au sortir de leur état de nymphes donne lieu de la découvrir. Au moment de cette métamorphose, toutes leurs parties, et surtout leurs ailes, qui sont alors pliées et comme chiffonnées, sont molles et abreuvées d'une liqueur dont l'exsiccation doit leur procurer l'extension et la solidité qui leur est naturelle. Pendant que ce développement se fait, l'air intérieur, poussé par les trachées ou les vaisseaux aériens qui rampent le long des nerfs et des vaisseaux nourriciers, s'épanche quelquefois dans le tissu mince qui est entre les deux lames des ailes, et les tient écartées; elles se sèchent ainsi, et l'aile reste épaisse, gonflée, et dans cet état emphysématique qui permet de voir leur structure interne. On parvient à imiter cette opération de la nature en soufflant avec un tuyau fin entre ces deux lames pendant que l'aile est encore molle.

Quoique les ailes de la plupart des insectes soient nues, lisses, comme polies et luisantes, il y en a qui sont couvertes d'écailles qui les rendent opaques en leur procurant de belles couleurs. On aperçoit de ces écailles sur quelques espèces de scarabées, comme le *viridulus,* le *kéroias,* et à côté des nervures de celles de quelques mouches, comme le cousin; mais tous les papillons en ont leurs ailes entièrement couvertes et obscurcies. Ces écailles, que quelques naturalistes ont improprement appelées des plumes, sont si fines que l'on ne peut bien les distinguer à la vue, et qu'elles ressemblent d'abord à une fine poussière qui quitte les ailes et s'attache aux doigts au moindre attouchement. Les ailes ainsi dépouillées, étant examinées au microscope ou avec le secours de la loupe, on y voit des sillons réguliers dans lesquels les écailles étaient rangées en se recouvrant mutuellement comme les tuiles d'un toit, et implantées chacune dans une des cellules ou cavités de l'aile.

Les écailles, vues de même à un fort microscope, montrent beaucoup de variétés dans leur forme et leur grandeur. En général elles sont pointues par le bout qui est implanté dans l'aile, et dentelées à l'autre extrémité, et fortifiées longitudinalement par autant de nervures qu'elles ont de dentelures.

Quant à leur figure, les ailes des insectes sont communément ellipsoïdes, allongées, toujours égales en grandeur, par paires, de manière que les supérieures sont ordinairement plus grandes que les inférieures quand elles sont membraneuses, excepté la demoiselle, qui les a égales; et plus petites, au contraire, quand elles sont cartilagineuses ou en étuis. L'éphémère a les inférieures si petites qu'on ne les aperçoit pas d'abord.

Les mouches n'ont que deux ailes; mais au-dessous d'elles, toujours sur le corselet, à la place où devraient être les deux inférieures qui leur manquent, on voit deux appendices d'ailes creusées en cuilleron, qui recouvrent en partie un balancier composé d'un petit bouton sphérique porté sur un pédicule en filet très-menu, et assez long dans quelques genres, tels que la tipule. Ces balanciers, quoique très-mobiles et très-agités pendant le vol de ces insectes, sont trop petits pour leur servir de balanciers, comme l'ont cru quelques auteurs; nous avons remarqué que la plupart s'en servent comme de baguettes de tambour pour occasionner un bruissement en frappant soit sur le cuilleron, qui leur sert de timbre ou de tambour, soit sur leurs ailes. Le cousin n'a point de cuilleron, mais seulement les balanciers, et fait en volant un bourdonnement des plus grands pour sa taille.

Les ailes sont attachées à la partie postérieure du corselet dans les mouches à deux et à quatre ailes, et à la partie antérieure du ventre, dans les scarabées ou les coléoptères, les sauterelles, les cigales et les punaises.

Mais leur plan de position, relativement à celui du corps, varie beaucoup; 1° elles sont couchées côte à côte ou horizontalement et parallèlement au corps et entre elles dans les mouches.

2° Elles sont couchées côte à côte, mais inclinées en toit dans nombre de genres de la famille (6) des cigales, comme le figiptes, etc.

3° Elles sont couchées côte à côte, mais relevées droites, comme dans les pucerons et les papillons.

4° Elles sont croisées et couchées l'une sur l'autre dans les punaises.

Le nombre des pattes de tous les insectes est constamment de six; mais M. Geoffroy n'en donne que quatre au népalis, en assurant, tome 1, p. 480, que ses deux pattes de devant, qu'il dit être attachées à la tête et non au corselet, sont de vraies antennes, aimant mieux ôter à cet insecte deux pattes pour lui donner deux antennes à la place de celles qu'il n'a pu lui trouver, à cause de leur extrême finesse.

Ces six pattes des insectes forment trois paires, qui partent du corselet dans les mouches à deux ou quatre ailes, de manière que la première paire est attachée sous son premier anneau, et les deux autres sous les deux ou trois autres anneaux. Dans les scarabées, la première paire est attachée sous la partie postérieure du corselet, et les deux autres paires ont leur insertion à la partie antérieure du ventre près du corselet, laquelle est composée des deux articles du corselet, qui forment chez eux l'écusson.

Les pattes sont communément composées de trois parties, dont la première, qu'on peut appeler *cuisse*, naît du corps de l'insecte et est ordinairement la plus grosse ; la seconde ou la *jambe*, qui est jointe immédiatement à la cuisse et souvent plus longue et plus menue ; vient ensuite la troisième, qui termine la patte et qui est composée de plusieurs anneaux ou articulations jointes bout à bout, et qu'on peut appeler le *tarse* ou le pied. Le nombre de ces tarses varie depuis un jusqu'à cinq, suivant les genres, et sert à multiplier et assouplir les mouvements de la patte des insectes, à peu près comme le grand nombre des os qui composent le tarse des quadrupèdes, des oiseaux, etc.

Le dernier de ces articles est différent des autres dans le plus grand nombre des insectes. Il semble même destiné à servir de pédicule aux ongles qui terminent leurs pattes. Nous lui donnions même autrefois ce nom, mais pour abréger dans la désignation des caractères, nous le confondrons numériquement avec les autres articles.

Le pédicule est terminé par des ongles ou griffes crochus, au nombre de deux à six, qui servent à cramponner l'insecte, de même que certaines petites brosses ou pelotes spongieuses susceptibles de gonflement ou de contraction, qui garnissent le dessous du tarse de quelques-uns, et dont l'application peut être intime et immédiate contre la surface des corps les plus lisses et les plus polis, les soutient dans des positions où ils paraissent devoir tomber ; telles sont la plupart des mouches. Ces ongles et ces crochets semblent manquer entièrement aux deux pattes de devant des papillons, qui ne marchent que sur les quatre pattes postérieures.

Toutes ces diverses parties de la patte des insectes sont articulées ensemble et avec le corps, de manière que leur mouvement peut être très-varié. La cuisse fait en général, dans la plupart, le mouvement circulaire de genou ou de pivot, et se tourne en tout sens dans l'endroit où elle est articulée avec le corps. Son action est même aidée par une pièce sphéroïde qui se voit à son origine, et dont la tête est reçue dans la cavité de l'articulation. Mais dans quelques insectes aquatiques, comme le dytique, la cuisse ne peut exercer que le mouvement latéral de charnière, celui de flexion et d'extension, étant retenue par des espèces d'appendices ou de lames dures; l'articulation de la jambe avec la cuisse est bornée pareillement au mouvement de charnière dans presque tous les insectes.

Ces pattes sont extrêmement longues et fines dans certains insectes, surtout dans le cousin et la tipule; elles le sont même dans certaines tipules, au point qu'elles paraissent à peine pouvoir porter leur corps, qui balance perpétuellement lorsque ces insectes sont posés sur leurs pattes pour reposer.

L'usage des pattes est différent suivant les insectes.

Les uns s'en servent pour marcher, et c'est le plus grand nombre. Parmi ceux-ci quelques-uns ne marchent qu'à l'aide de quatre pattes, tels sont certains papillons, qu'on appelle mal à propos *papillons à quatre pattes, papiliones tetrapi*, Linn., parce qu'ils ne se servent que des quatre postérieures pour marcher, pendant que celles de devant, qui sont très-courtes et couvertes d'un duvet épais, restent appliquées contre le cou de l'insecte, où elles semblent faire une espèce de palatine.

D'autres qui vivent dans l'eau nagent très-bien; ils ont à cet effet leur pied figuré un peu différemment des autres; il est bordé, vers le côté intérieur, d'une rangée de poils courts qui lui donnent la figure d'une espèce d'aviron ou de nageoire un peu allongée, tels sont l'*hydrocantharus*, le dytique, le *notonecta* ou la punaise à aviron, etc.

D'autres enfin sautent assez vivement à l'aide de la dernière paire des pattes, qui est plus longue que les autres et dont la cuisse est souvent fort grosse. Tels sont quelques charançons, les altises, les sauterelles, le figipte, etc.

Quelques insectes ont le ventre terminé par une queue dont la figure et les usages sont différents.

C'est un sytlet roide, un filet long, dont l'usage n'est pas encore bien connu dans quelques scarabées ou bien un filet articulé. Ces filets sont au nombre de deux dans le népalis, le setœschna, l'éphémère, etc., au nombre de trois dans le triefa, et de deux à quatre dans le kermès.

Ce sont deux cornes, deux pointes ou deux tubercules élevés sur le bout postérieur du ventre dans le cornafis.

Les mâles de la demoiselle, *libella*, de la *libellula*, de la philinte, *philintis*, et de la mouche scorpion, *panorpa*, ont au bout de la queue une espèce de pince figurée en patte de crabe ou de scorpion pour saisir leur femelle au moment de l'accouplement.

C'est aussi à la partie inférieure du dernier anneau du ventre qu'est placé l'aiguillon de quelques insectes ; il est différent et par la forme et par son usage.

Quant à la forme, il est pointu ou dentelé comme une scie, ou en tarière.

Dans quelques insectes il ne sert qu'à blesser ou défendre, comme dans la famille des abeilles ; dans ces insectes il rentre entièrement et se cache dans le corps.

Dans les autres, il ne peut nuire, son usage est seulement de percer les endroits où ils déposent leurs œufs, tel est celui de quelques insectes de la famille des cigales, qui est une tarière à trois lames cachée entre des écailles, dans une rainure pratiquée sous le dernier anneau du ventre ; tel celui des mouches à scie, *tenthredines,* qui l'ont de même caché dans une rainure sous le corps ; tel encore celui des sauterelles et des grillons femelles, qui est formé comme un couteau à deux lames qui déborde le corps ; tel celui des ichneumons, qui est composé de trois filets qui sont, de même, toujours hors du corps.

Les stigmates sont, comme nous l'avons dit à l'article des larves, les organes extérieurs de la respiration, qui sont figurés comme des ouvertures oblongues, elliptiques ou comme des boutonnières.

Ils sont, comme dans les larves, au nombre de dix-huit, disposés par neuf paires aux deux côtés du corps.

Deux paires sont placées sur les côtés du corselet des papillons et des mouches à deux ou à quatre ailes, ou, pour parler plus exactement, aux corselets qui ont trois articulations et qui portent toutes les pattes. Les corselets au contraire qui n'ont qu'une seule articulation, comme ceux des scarabées, des sauterelles, des cigales, des punaises n'en portent qu'une paire. Les deux stigmates du corselet des papillons, qui paraissent avoir échappé aux recherches de Réaumur, ont été découverts par de Geer et Bazin.

Les huit autres paires sont placées aux côtés du ventre de ces scarabées, qui ont quatre pattes posées sous l'écusson qui représente les deux anneaux postérieurs du corselet des mouches et qui sont unis à ceux du ventre ; au lieu qu'il n'y en a que sept paires sous le ventre des mouches qui n'ont point d'écusson et qui ont les deux autres paires sur le corselet ; or, comme leur ventre consiste en onze anneaux, il y en a quatre, ce sont les trois postérieurs qui en manquent.

Il y a à cet égard une contradiction dans M. Geoffroy qui dit, vol. 1, page 11, que les papillons ont, comme les mouches, quatre stigmates au corselet, tandis qu'au vol. 2, page 6, il dit qu'ils n'en ont que deux. Une autre erreur du même auteur à ce sujet lui fait dire que tous les anneaux du ventre ont chacun deux stigmates : sur ce pied il y en aurait douze paires au lieu de huit dans celui des scarabées.

Tous les insectes parvenus à leur troisième état, à celui d'insecte parfait ou ailé, ne sont plus sujets à aucune espèce de mue.

Le genre de l'éphémère et celui du triefa font une exception à cette règle, qui par là n'est pas plus générale que toutes les autres règles ou lois de la nature. Ces insectes devenus insectes ailés après les trois métamorphoses ordinaires, sont sujets à se dépouiller encore une fois de leur peau.

Le sens de l'amour paraît être un des premiers ou le troisième après celui de la vue, du toucher et du goût dans les insectes, car ils sont très-féconds et paraissent n'avoir d'autre but que de perpétuer leur espèce.

Le sexe est distinct dans tous les insectes. Il y a parmi eux des mâles et des femelles, de sorte que celles-ci ne peuvent engendrer sans le concours des mâles. Néanmoins le puceron, quoique soumis à cette loi, s'en écarte quelquefois ; quelquefois la femelle engendre sans avoir été fécondée par aucun mâle. Enfin quelques genres de la famille des abeilles, comme les fourmis, outre les individus mâles et les femelles, ont d'autres individus en plus grand nombre qui n'ont aucun sexe et qu'on appelle *neutres* ou *mulets,* parce qu'ils ne sont pas propres à la génération ; mais ces animaux neutres proviennent eux-mêmes de mâles et de femelles de même espèce qui se sont accouplés ; ainsi ils rentrent dans la règle générale.

Les organes des sexes, dont on ne voit aucune trace dans les larves, les chenilles et les vers, se trouvent tout formés dans les insectes parfaits.

Les mâles se distinguent des femelles par plusieurs parties dont les unes n'ont point de rapport à la génération, et dont les autres appelées parties génitales, sont absolument nécessaires pour la produire.

Parmi les caractères extérieurs indépendants des parties du sexe, et qui différencient les mâles d'avec leurs femelles, on peut distinguer les suivants, qui ne se rencontrent tous ensemble que dans un certain nombre d'espèces.

1° Les mâles, au contraire des quadrupèdes, sont presque toujours plus petits que les femelles ; il y en a même certains qui sont à leur égard d'une petitesse telle qu'ils en égalent à peine la seizième partie, tel est l'*ocheutos*, dans la famille des ténébrions. Il en est de même de la cochenille et du kermès ; le mâle ressemble à un petit moucheron qui court et se promène comme dans un vaste champ sur le corps immobile de sa femelle, qui est vingt fois plus grosse. La disproportion n'est pas si grande dans la plupart des autres insectes ; mais au moins les femelles ont-elles le ventre beaucoup plus gros pour contenir une prodigieuse quantité d'œufs.

2° Une autre différence, souvent très-remarquable dans les insectes des différents sexes, consiste dans la forme et la grandeur de leurs antennes, elles sont ordinairement plus grandes dans les mâles, surtout dans quelques scarabées, quelques phalènes qui les ont barbues comme les côtés d'une plume ou comme les tipules et les cousins qui ont leurs barbes disposées circulairement en panache ou étagées comme un if, tandis que les femelles ont des barbes si étroites que souvent elles ne paraissent que comme une fine dentelure ou composées d'un filet simple et très-uni.

3° Une troisième différence qui distingue les mâles de leurs femelles, dans certains genres d'insectes, ce sont des éminences ou appendices de la tête ou du corselet, figurées comme des espèces de cornes, qui manquent absolument aux femelles, comme les cornes du cerf manquent à la biche; ce qui établit une espèce de rapport à cet égard entre les insectes et les quadrupèdes.

4° La quatrième et dernière différence entre certains insectes mâles et leurs femelles, se remarque dans les ailes qui manquent à plusieurs femelles, tandis que leurs mâles en sont pourvus. C'est ainsi que, parmi les scarabées, le ver luisant femelle n'a aucune des quatre ailes que porte le mâle. Dans la famille des punaises, le puceron, *aphis*, le cornafis, le mallos, la cochenille, le kermès, le barbel, et la civelle femelle sont de même; quelques phalènes en manquent aussi, ou au moins n'en ont-elles que des moignons ou des appendices informes, comme le genre de la cochenille à brosse, qui s'appelle *extala*. Enfin on voit des exemples pareils de femelles entièrement dépourvues d'ailes dans quelques genres de la section des abeilles, par exemple dans quelques ichneumons qui, au premier coup d'œil, ressemblent à des mulets de fourmis. On ne connaît encore aucune espèce de la section des mouches où se trouve cette différence sexuelle.

La véritable distinction des mâles d'avec les femelles consiste dans les parties génitales qui caractérisent leur sexe. Ces parties diffèrent et par leur situation et par leur figure.

Quant à leur situation, elles sont placées à l'extrémité du ventre dans les mâles et les femelles de la plupart des insectes. Cependant quelques-uns les ont placées à l'origine du ventre, près le corselet, tel est le mâle de la demoiselle, *libella*, de la *libellula* et du philinte, quoique sa femelle les ait placées au bout opposé du ventre.

A l'égard de la figure des parties sexuelles, on remarque soit au moment de l'accouplement des insectes qui les gonflent et les sortent alors, soit en leur pressant le ventre, que la plupart des mâles ont à son extrémité deux espèces de crochets souvent en lames écailleuses, quelquefois en mamelons, comme dans le papillon du ver à soie, entre lesquels on voit la verge ou la partie mâle. La femelle n'a qu'une espèce de vagin ou de canal destiné à recevoir la verge ou le membre du mâle, et à laisser passer les œufs ou les petits au temps de la ponte. Ces deux parties se trouvent dans tous les insectes, excepté dans les mulets ou les neutres de certains genres, qui n'ont pas de sexes et qui sont par là inutiles à la propagation de l'espèce, comme dans la famille des fourmis.

La manière dont les insectes opèrent l'accouplement est fort variée.

Dans le plus grand nombre, surtout dans les scarabées, les papillons et la plupart des mouches, le mâle, plus lascif, agace la femelle, va et vient, monte amoureusement sur elle, qui commence par étendre son ventre de l'extrémité ou elle fait sortir le canal des ovaires, que le mâle saisit avec les crochets pour y introduire aussitôt la partie propre à son sexe. Dans quelques insectes, comme les mouches, cet accouplement est très-court, souvent même il est répété plusieurs fois; à peine un mâle a-t-il quitté une femelle qu'un autre la reprend et l'attaque presque aussitôt. Ceux même qui ne font pas leur ponte tout à la fois s'accouplent dans l'intervalle de chaque ponte. Dans d'autres insectes, comme les scarabées, cet accouplement est plus long : ils restent quelquefois des journées entières unis ensemble; ils marchent, ils volent même dans cette posture sans que le mâle lâche la femelle; c'est ainsi qu'on voit souvent des mâles de cantharides, de papillons et d'autres insectes pendant au derrière de leurs femelles qui, comme plus fortes, les enlèvent avec elles.

Il y a dans quelques autres insectes un accouplement beaucoup plus singulier; il est particulier aux mouches à deux ailes surtout et à quelques mouches à quatre ailes, et il dépend presque entièrement de la femelle : elle allonge un cône charnu au-dessous duquel se trouve son vagin ; il faut qu'elle introduise cette avance dans le corps du mâle pour aller recevoir la partie masculine qui ne sort pas au dehors. Ainsi dans ces insectes c'est le mâle qui commence par recevoir la partie femelle dans son corps avant que de faire l'introduction de sa verge dans son vagin.

La manière dont le mâle des demoiselles saisit la femelle avant l'accouplement est encore plus singulière, à cause de la position particulière des parties de son sexe ; il les a placées sous le ventre près du corselet, pendant que ses crochets sont situés à l'extrémité de son ventre, comme le vagin de sa femelle. Pour la forcer à s'unir à lui, il la pince d'abord par le cou avec ses deux crochets, et l'oblige ainsi à recourber en devant son ventre en cercle et à en faire parvenir le bout jusqu'au premier anneau du lien où est la partie mâle, qui la reçoit ; le mâle est ordinairement fixé sur une plante aquatique pendant cette opération, et son corps semble former alors un cercle parfait ou plutôt un cœur avec celui de la femelle, et ils restent ainsi quelques heures ; ils peuvent néanmoins voler dans cette attitude.

La plupart de ces accouplements sont dus à des rencontres fortuites du mâle et de la femelle ; mais il y en a qui se cherchent ; les uns se rassemblent en colonie, en république comme les abeilles et les fourmis, dont la femelle seule a plusieurs mâles ; d'autres ne vont que par paires et se quittent aussitôt après la copulation ; le plus grand nombre s'accouple sans bruit et dans le silence ; mais les mâles de quelques-uns, comme les cigales et les sauterelles, ont sous le ventre ou aux ailes des espèces de tambours qui, par le frottement, excitent un son, un bruit par lequel ils appellent leurs femelles. La lumière phosphorique des vers luisants donne réciproquement aux mâles et aux femelles le moyen de se rapprocher dans les prés et les buissons où ils sont pendant les nuits de l'été.

Dès que la femelle est fécondée, elle choisit le lieu le plus convenable pour y pondre ses œufs ou pour y faire ses petits, car il y en a quelques espèces vivipares, comme la grande mouche grise à yeux rouges; le cacrelat gris du Sénégal et le puceron sont tantôt vivipares, tantôt ovipares.

En général, le lieu que la mère préfère pour placer ses petits est celui où ils doivent trouver abondamment la nourriture qui leur est le plus convenable. C'est ainsi que les insectes carnassiers, qui se contentent des substances animales cadavéreuses ou pourries, comme certaines mouches, certains scarabées, y déposent leurs œufs, et même dans les matières les plus sales, tels que les excréments, les fumiers des animaux; d'autres préfèrent les animaux vivants : c'est ainsi que certaines espèces de taons piquent l'échine du dos des bœufs pour déposer sous leur peau leurs œufs, qui doivent y trouver une nourriture abondante, en les tourmentant cruellement, pendant que d'autres les placent de même sous la peau du renne, d'autres dans le fondement ou le gosier des chevaux, d'autres dans les narines des brebis; certains ichneumons les placent dans l'œuf d'un papillon ou sous la peau d'une chenille; les teignes, les dermes et autres scarabées les posent aussi sur des matières animales, mais plus sèches, sur les poils et les plumes des animaux. Le fourmi-lion les pose dans le sable, à l'abri d'une côte bien exposée au midi; le pulsan dans les vieux bois et les vieux livres.

Les insectes qui vivent sur les végétaux ou de matières végétales sont au moins aussi nombreux que ceux qui se nourrisseut de matières animales, et, quoiqu'il ne soit pas vrai qu'il n'y a pas de plante qui ne nourrisse son insecte particulier, et même plusieurs sortes d'insectes (comme l'ont avancé quelques auteurs qui ignoraient sans doute que la botanique fournit au moins quinze mille espèces de plantes, au lieu que l'entomologie en montre à peine la moitié de ce nombre), il n'en est pas moins certain que les végétaux en nourrissent une quantité prodigieuse. Combien d'espèces de chenilles et de fausses chenilles ne voyons-nous pas sur leurs feuilles, qui en sont dévorées quelquefois jusqu'à leurs bourgeons au premier printemps! On sait le ravage que les hannetons occasionnent alors à celles des marronniers et des érables. Le puceron, en posant ses œufs sur les feuilles de l'*orme*, du *peuplier*, etc., y occasionne des gales ou des boursouflures en forme de poches qui se remplissent d'une quantité considérable d'eau ou de sucs qui leur servent de nourriture. D'autres, comme certains charançons, certaines mouches, les déposent dans le parenchyme des feuilles entre leurs deux épidermes, où les petits vivent en minant la substance qu'ils recouvrent. Le figipte, *psylla*, Geoffr., occasionne des gales d'un autre ordre en posant les siens sur les feuilles du buis ou de la véronique, qui se creusent en calotte et servent de berceau à la larve, qui y vit et s'y métamorphose; une autre espèce de figipte en cause de pareilles sur les branches du sapin en y plaçant ses œufs qui, peu après, se trouvent renfermés dans des tubérosités écailleuses. Les larves et la nymphe de ces figiptes déposent par l'anus une matière blanche et sucrée comme de la manne. La gale triangulaire du bout des branches du genévrier est le logement des œufs d'une tipule. Enfin les fruits encore verts du bigarreautier, du prunier, du poirier, du pommier sont occupés chacun par une petite chenille déposée à leur tête par une petite phalène, et cette chenille, qui habite ces fruits, n'arrive à sa perfection que lorsque ces fruits sont près de leur maturité.

Nombre d'insectes qui passent leur premier état de larves dans l'eau, comme sont les cousins, les tipules, les demoiselles, lorsqu'ils sont devenus habitants de l'air, vont retrouver la surface de l'eau ou ses bords pour y déposer leurs œufs.

Les œufs des insectes varient beaucoup pour la figure : il y en a de sphériques, d'oblongs et de toutes sortes de formes ; quelques-uns sont aigrettés ou ornés d'une espèce de couronne de poils. Ils varient aussi pour les couleurs ; leur enveloppe est d'abord molle dans le ventre de la mère, mais, un peu avant qu'elle les mette bas, elle devient une croûte solide, assez dure pour résister aux poids et aux injures de l'air, qui roule dessus comme sur une voûte, sans offenser le petit qui y est contenu.

La fécondité de ces animaux est si grande qu'on en voit souvent des nuages, par exemple de sauterelles, au Sénégal, et de cousins, au point qu'ils infecteraient l'air des pays où ils passent ainsi par nuages, s'ils ne devenaient la proie des oiseaux, des reptiles et autres animaux qui en font leur principale nourriture.

Chaque mouche ordinairement produit environ deux mille œufs à chaque ponte. Une mère abeille donne dans un été naissance à deux, trois ou quatre essaims, chacun de quinze à seize mille, qui font au moins cinquante ou soixante mille abeilles par an.

Si les insectes se multipliaient sans obstacle pendant quatre ou cinq ans, la surface de la terre en serait couverte ; mais ceux qui multiplient beaucoup vivent peu et ont beaucoup d'ennemis. Dans cette classe d'êtres comme dans tous les autres, dès que l'équilibre peut manquer d'un côté, il y a de l'autre de quoi le rétablir, et c'est ainsi que l'harmonie s'entretient dans l'univers.

La durée de la vie des insectes est en général mesurée par le temps qu'ils passent dans leurs deux premiers états de larve et de nymphe.

Il y en a qui, comme le hanneton, vivent trois ou quatre ans à l'état de larve, et un été sous celui de nymphe et de volatile; mais le plus grand nombre est de ceux qui naissent, croissent et meurent dans la même année. Il paraît qu'il y en a peu, si l'on en excepte les scarabées, qui vivent plus d'un an dans l'état de volatile. Il y a même des mouches à deux et à quatre ailes qui, comme l'éphémère, ne vivent qu'un jour, comme l'exprime son nom. La nature semble ne les avoir destinées qu'à la propagation de leur espèce, au point que les mâles périssent peu après l'accouplement; ils tombent dès lors languissants et comme épuisés; les femelles vivent un peu plus, mais seulement assez pour faire leur ponte ou leur accouchement, suivant que l'insecte est ovipare ou vivipare, et dès que cette opération est achevée, elles ne tardent pas à mourir.

Si les insectes n'ont pas le sens de l'ouïe, comme il y a beaucoup d'apparence, puisqu'on ne leur en découvre pas les organes, il est probable que les sons que quelques-uns rendent n'ont pas pour objet principal de se faire entendre de leurs semblables.

Quoi qu'il en soit, quelques-uns se font entendre même d'assez loin.

Les uns par un bourdonnement ou un sifflement causé par le mouvement vif de leurs ailes en volant, comme les abeilles, les bourdons, les cousins, les grosses mouches bleues de la viande.

D'autres par le frottement de leurs ailes ou de leurs étuis, comme les sauterelles, les grillons, qui ont pour cet effet les ailes ou leurs étuis plus larges, plus croisés, plus ridés que les femelles.

D'autres par le frottement de leur corselet sur la tête ou sur l'écusson du ventre, comme le *tarus* (*crioceris*, Geoffr.), du lis.

D'autres par un battement, comme la cigale mâle, le *pulsan* et le ressort, *elater*.

La terre et l'eau sont également peuplées d'insectes : on en voit dans la mer, dans les rivières, dans les fontaines et même dans les eaux minérales chaudes.

Parmi ces animaux il y en a qui fuient les mauvaises odeurs et qui aiment les bonnes, comme les vers à soie.

Ils craignent en général le grand froid; néanmoins on en voit qui vivent dans la neige sans en être incommodés.

Pendant l'hiver, les uns, comme les buprestes se cachent sous les pierres; d'autres dans des crevasses comme les cantharides; d'autres dans les enfourchures des branches de la vigne et de l'oranger comme les gallinsectes.

Les uns vivent en troupe et en société comme les abeilles, les fourmis; les autres, et c'est le plus grand nombre, vivent solitairement.

On en trouve dans la terre, sur les animaux, sur la laine, sur les habits, les plumes, la cire, sur l'herbe, sur les feuilles, dans les plantes, dans les fruits, le papier, les livres.

En général, les insectes se nourrissent des corps sur lesquels ils naissent, comme nous l'avons dit à l'article de la ponte.

La plupart des insectes vivent de végétaux.

Les autres vivent d'animaux ou sont zoophages; ils se mangent même mutuellement.

L'estomac de la plupart des insectes est simple; la sauterelle, le grillon, la coutillière, et autres semblables, font exception à cette règle; leur estomac est triple et semblable à celui des quadrupèdes ruminants, et Swammerdam ne doute point que ces insectes ne ruminent, il croit même s'en être aperçu, ce qui est confirmé par nos observations.

Les insectes ont beaucoup d'industrie et d'adresse pour se conserver, pour se défendre, et pour se battre; ceux qui perdent leurs ailes ou leurs aiguillons dans leurs batailles, meurent bientôt, parce que ces membres ne reviennent plus, et que l'insecte s'affaiblit peu à peu.

Pour se soustraire à la poursuite de quelques ennemis que ce soit, les chenilles ont un moyen merveilleux. Elles ont toujours l'attention de se tenir un peu élevées au-dessus de terre, et, à l'approche du danger, elles se laissent aller le long d'un fil qu'elles attachent en un clin d'œil à l'endroit d'où elles vont se précipiter. Elles se suspendent à ce fil, et l'allongent jusqu'où elles veulent s'arrêter, car elles ne se laissent guère tomber à terre; puis, quand le danger est passé, elles remontent le long de la soie qu'elles se sont filée en tombant.

Le meloe, appelé autrement le *scarabée des maréchaux,* dégorge de toutes ses articulations une liqueur jaune onctueuse dont l'odeur chasse tous les insectes qui approchent de lui.

Le fourmi-lion, *formicaleo,* se creuse dans le sable une petite fosse ronde en cône renversé, au centre duquel il se tient caché entièrement. Les fourmis et autres insectes qui passent sur les bords glissent au fond de son trou et deviennent sa proie.

Les travaux de quelques-uns ne sont pas moins admirables; il y en a qui bâtissent en bois et qui ont deux mâchoires en serpes pour faire leurs abatis comme certains bourdons; d'autres bâtissent en terre comme les abeilles maçonnes; d'autres en cire comme les mouches à miel; elles ont pour cela des pattes qui sont faites en ratissoires, en cuillers et en truelles; d'autres ont des scies pour creuser la cellule qui doit recevoir leurs œufs, comme la mouche à scie.

Les mouvements des insectes sont aussi variés que leurs formes et leurs caractères. Chaque famille, chaque genre, chaque espèce a les siens, et tous plus lestes, plus singuliers les uns que les autres.

Les uns rampent comme les staphylins; les fourmis se promènent par files ou en procession à la queue les unes des autres pour chercher des vivres et des matériaux qu'elles apportent dans leur magasin souterrain. Le gyrin, *gyrinus*, trace sur l'eau des cercles, et même tourne sur lui-même avec une vivacité que l'œil ne peut suivre et qui ressemble à celle d'un tourniquet qui, abandonné, tourne sans fin, d'où est venu son nom de *tourniquet;* l'hémerobe marche comme en trépignant, et la tipule en se balançant sur l'eau sans se mouiller les pattes.

D'autres sautent, mais chacun a sa manière différente. La puce saute en traçant une parabole; la sauterelle a une marche saillante en forme de croix. La force des muscles de ses pattes postérieures est telle qu'elle peut sauter en l'air à une distance deux cents fois plus grande que la grandeur de son corps.

Le *ressort*, ou le *maréchal*, ou le *taupin, elater*, saute quand il veut, soit sur le ventre, soit qu'il se trouve renversé sur le dos, au moyen de la détente d'une pointe de son corselet, qui avance dans une rainure pratiquée sur le ventre. Plusieurs insectes ont les pieds de derrière plus longs et plus forts que les autres pour faire un saut qui facilite le premier essor de leur vol.

D'autres nagent dans les eaux comme les hydrocanthares, les dytiques.

Les autres volent dans les airs, soit en vacillant ou se culbutant comme les papillons, soit en fendant l'air horizontalement comme le bourdon, soit en montant ou descendant ou se balançant comme les tipules et les cousins, soit en planant et se soutenant longtemps à la même place comme les phalènes, appelées sphinx, et les éperiers, qui sucent ainsi le miel des fleurs avec leur trompe qui est plus longue que leur corps.

Dans le grand nombre des insectes qui peuplent la terre, l'air et l'eau, il y en a quelques-uns qui nous sont utiles.

La cantharide fournit à la médecine un caustique pour les vésicatoires, le kermès un bon pectoral.

Les arts tirent de la cochenille une des plus belles teintures rouges pour la soie, que nous fournit encore un autre insecte, la chenille du phalène, appelée improprement *ver à soie, bombyx;* les fourmis ailées du royaume de Pégu nous préparent la laque.

La soie que fournit la chenille du *bombyx,* appelée ver à soie, est d'un produit si fécond qu'elle procure des vêtements à la moitié des peuples de l'univers. Il y a à la Chine et aux îles Moluques deux autres sortes de chenilles de phalènes dont la coque grise approche beaucoup de celle du ver à soie et pourrait servir à son défaut. Nous avons en France deux sortes de coques qui en approchent aussi un peu, savoir : celle de la chenille, appelée la *livrée,* qui est blanche, et celle de la *chenille à aigrettes,* qui est jaune. On a essayé de carder la soie des nids, c'est-à-dire des toiles que forme la chenille commune des arbres, et on a réussi à en faire du papier très-beau, à la blancheur près que quelques préparations de plus pourraient sans doute lui procurer.

La maturité des premiers fruits est l'ouvrage des chenilles et des phalènes, et des vers des mouches que l'on trouve dans les premiers abricots et les premières poires. Il y a même des espèces de figues domestiques qui ne peuvent mûrir que par leur secours. Les habitants de l'Archipel suivent à cet égard une pratique qui était en usage dans l'antiquité la plus reculée, selon Théophraste et Pline; cette pratique consiste à étendre au-dessus d'un figuier domestique une longue liasse en guirlande de figues sauvages, qui sont remplies par une espèce de *psen* (Arist.) de la famille des mouches à scie, dont les femelles entrent dans ces figues pour déposer dans l'ovaire de chacune de leurs fleurs un œuf qui doit, en se nourrissant, y occasionner un développement et une maturité qu'elles n'auraient pas eus sans cela.

Les insectes qui ne sont pas directement utiles à l'homme ne sont pas pour cela inutiles dans la nature. Les chenilles par exemple, sont la nourriture la plus délicate et la plus essentielle aux oiseaux que nous mangeons, ou à ceux qui nous divertissent par leurs chants; ils n'ont pas d'autre lait pendant leur enfance; en effet, ils n'éclosent que dans la saison dés chenilles, et celles-ci disparaissent quand les petits devenus forts ont besoin d'une nourriture plus solide. Avant le mois d'avril, point de chenilles, point de couvées; au mois d'août ou de septembre, plus ou presque plus de couvées ni de chenilles; la terre se couvre alors de graines et d'autres vivres de toute espèce.

Un autre genre de service que nous rendent les insectes, c'est de purifier l'air de beaucoup de vapeurs malsaines. Ainsi, quand les cousins et les tipules déposent leurs œufs dans l'eau croupie, les vers qui y éclosent en absorbent toute la pourriture; les scarabées pilulaires, autrement appelés *fouille-merde*, et les bouviers, emportent tout ce qu'il y a d'humide et de visqueux dans les excréments des troupeaux; de sorte qu'il n'en reste plus qu'une poussière que le vent disperse également çà et là, ce qui empêche que la terre ne soit comme brûlée, ou ne reste trop longtemps inféconde dans les places où sont jetées ces bouses.

Mais si un petit nombre d'insectes nous sont utiles, combien d'autres sont occupés à nous nuire! Il faudra peut-être encore plusieurs siècles à notre lente industrie pour garantir de la teigne nos ouvrages de laine, pour empêcher les chenilles de nous ravir l'ombre et le frais de nos arbres, pour mettre nos blés et nos bois à l'abri des ennemis qui les dévorent.

Combien d'espèces de dermès ou de scarabées disséqueurs qui travaillent à détruire nos peaux et nos pelisses! La teigne, pondue par une très-petite phalène sur nos tapisseries, dans nos habits de laine, sur les manchons emplumés, les ronge, et pour se nourrir et pour se former le fourreau qui lui sert de logement.

Le cacrélat et le ravet, dont nous avons une espèce chez les boulangers, mange non-seulement la farine et le pain, mais encore les papiers, les livres, les habits, les viandes, et gâte, par ses ordures et sa mauvaise odeur, tous les endroits par où il passe.

La fromelle, espèce de teigne, consume le grain dans les épis et encore dans les greniers, où le charançon fait aussi de grands ravages.

Les plantes naissantes sont rongées par la larve de la tipulé; les herbes potagères, comme laitues et choux, par les chenilles.

Les feuilles des arbres, du chêne surtout, sont gâtées par de petites chenilles qui y pratiquent des mines et des galeries.

Les bourgeons de la vigne sont rongés au printemps par le gribouri, pendant que la bêche en détruit les ceps en hiver et les raisins en été.

Les kermès appelés *gallinsectes* et les pucerons infestent la vigne et surtout l'oranger qu'ils font périr notamment dans la Toscane.

La larve du pulsan et de la vrillette, *triptes*, ronge le bois des arbres au-dessous de leur écorce et dans l'intérieur, et les réduit en une espèce de tan, ainsi que les tables et les meubles de nos appartements.

Les racines des diverses plantes sont ravagées par la courtilière, taupe-grillon, et celles des arbres, surtout de l'orme, sont détruites par la larve du hanneton et du viridule.

Des légions de chenilles et de larves ravagent en peu de temps les plus brillantes prairies.

Enfin toutes les histoires nous rappellent à la mémoire

les exemples de nombre de peuples qui ont été forcés d'abandonner le lieu de leur naissance, chassés par l'abondance des sauterelles, par les scorpions, les abeilles, les puces et les punaises.

Le poil de la plupart des chenilles épineuses cause des démangeaisons et des inflammations vives lorsqu'il pénètre dans la peau, surtout celui du nid de la roussionnaire. Il suffit de se frotter rudement avec du persil les endroits cuisants pour en dissiper la douleur en très-peu de temps; le lait les calme aussi.

Pour peu qu'on verse de l'huile sur les insectes en général, ils entrent aussitôt en convulsion et meurent, parce que l'huile, entrant par les stigmates, bouche l'ouverture des trachées et leur ôte la respiration. Lorsqu'on les plonge, eux ou leurs chrysalides, par leur moitié inférieure, dans l'huile, ils ne meurent pas; mais si on les plonge par la moitié supérieure, la tête en bas, ils meurent en très-peu de temps, quoiqu'on leur laisse les stigmates postérieurs découverts, ce qui semble prouver qu'ils expirent par la bouche et par les parties supérieures l'air qui est inspiré par les stigmates inférieurs.

Parmi les auteurs modernes qui ont publié quelques ouvrages sur les insectes, on peut distinguer les suivants :

Les premiers, ou les plus anciens, sont Mouffat, Aldrovande et Jonston.

Ceux qui ont examiné les mœurs et la mécanique en philosophes sont Swammerdam, Réaumur, de Geer, Bonnet.

Ceux qui en ont suivi les diverses métamorphoses sont Goedart, Mérian, Albin, Frisch, Roësel, Wilkès, l'Amiral, Harris.

Parmi les iconographes, il faut distinguer surtout Clerk, Hoeffnagel, Bradlei, Robert et Petiver.

Parmi les descripteurs Ray, et M. Linné dans sa *Fauna*

suecica, 2ᵉ édition, 1761, et dans son *Musœum reginœ*, 1764.

Les monographes qui ont épuisé l'histoire d'un seul insecte en particulier sont Lister, Schœffer et Clerk.

Enfin les auteurs qui ont établi un système de division sur ces animaux sont M. Linné, dans son *Systema naturœ*, qui a été suivi par Poda, Sultze, Geoffroy, Scopoli, Gronovius, Muller. Nous en avons établi un, dès l'année 1747, qui diffère dans toutes ses parties, dans le nombre et la nature des familles, des genres et des espèces.

Après avoir parcouru toutes les généralités qui se remarquent dans la forme et dans les qualités soit morales, soit physiques des insectes, passons à l'examen des espèces qui peuvent nous fournir des applications intéressantes.

Les histoires les plus étendues et les plus complètes des insectes ne nous en font pas connaître plus de quinze cents espèces. Celle de M. de Réaumur se borne à trois cents, décrites, à la vérité, de main de maître, et avec tous les détails de mœurs et d'industrie qui peuvent nous donner du goût pour l'étude de ces petits animaux. M. Geoffroy est l'auteur qui en a décrit un plus grand nombre dans son *Histoire des insectes des environs de Paris*, publiée en 1762, en deux volumes in-4°; il n'en fait pas monter le nombre à plus de quatorze cent onze; néanmoins nous en possédions déjà plus de quinze cents dès l'année 1748, avant notre voyage au Sénégal, et nous en avons actuellement plus de deux mille seulement des environs de Paris. Enfin notre collection, qui monte à plus de six mille, nous fait croire qu'il en doit exister au moins sept à huit mille dans l'univers connu, quoique M. Linné n'en ait connu que trois mille deux cent quatre-vingts espèces, qu'il partage en soixante-douze genres, dont il forme six sections ou familles.

Cette classe si nombreuse d'animaux, partagés en six,

nous a donné lieu de former quatre cent vingt-cinq genres, distribués en trente familles , qui sont :

Étuis aux ailes.

1º Les SCARABÉES, *scarabœi*, 5 tarses aux pattes.

2º Les CANTHARIDES, *cantharides*, 5 tarses aux 4 pattes antérieures et 4 aux pattes postérieures.

3º Les CHARANÇONS, *curculiones*, 4 tarses à toutes les pattes.

4º Les GLUTELLES *glutellæ* , 3 tarses partout.

Ailes en feuilles ou moitié en étui.

5º Les SAUTERELLES, *locustæ*, à ailes en feuilles, antennes à plus de 11 art., bouche à 2 mâchoires.

6º Les CIGALES, *cicadæ*, à ailes en feuilles ou moitié en étuis, 2 ou 3 yeux lisses, un aiguillon.

7º Les PUNAISES, *cimices*, à ailes en feuilles ou moitié en étuis, point d'yeux lisses.

Quatre ailes membraneuses.

8º Les DEMOISELLES, *libellæ*, 3 tarses à chaque patte.

9º Les VAGVAGUES, *raphidiæ*, 4 —

10º Les FOURMI-LIONS, *formicaleones*, 5 —

Quatre ailes farineuses.

	Antennes.	Pattes des chenilles.	Chrysalide.
11º Les PAPILLONS , *papillones*	en massue,	16	nue.
12º Les AMBULONS, *ambulones*	sétacées,	16	nue.
13º Les PHALÈNES , *phalenæ*	—	16	tuberculée.
14º Les COSSUS, *cossi*	—	16	lisse.
15º Les TEIGNES, *lineæ* . . .	—	16	dans un fourreau portatif.
16º Les DEMI-TEIGNES, *semitineæ*	—	16	dans un fourreau fixe.
17º Les LÈVE-QUEUES, *alticaudæ*	—	14	
18º Les DEMI-ARPENTEUSES.	—		
19º Les ARPENTEUSES, *geometræ*	—	12 à 14 10	

Quatre ailes membraneuses.

20º Les MOUCHES A SCIE, *tenthredrines*, aiguillon couché sous le corps sans le déborder.

21º Les ICHNEUMONS, *ichneumones*, aiguillon couché sous le corps le débordant.

22º Les ABEILLES, *apes*, aiguillon caché dans le corps sans le déborder.

Deux ailes membraneuses.

23º Les OESTRES, *œstra*, bouche nue, un trou seulement.

<table><tr><td>II.</td><td>25</td></tr></table>

24° Les TIPULES, *tipulæ*, antennules seulement.
25° Les MOUCHES, *muscæ*, antennules et trompe.
26° Les MICONES, *miconæ*, trompe seulement.
27° Les SUNATRES, *sunatra*, trompe et aiguillon au-dessus.
28° Les TAONS, *tabani*, trompe, aiguillon et antennules.
29° Les COUSINS, *culices*, aiguillon et antennules.
30° Les ASILES, *asili*, aiguillon seulement.

1re FAMILLE. LES SCARABÉES, SCARABÆI.

Les insectes de cette famille se reconnaissent à deux caractères : 1° A leurs quatre ailes dont deux sont membraneuses et recouvertes par les supérieures qui sont *cartilagineuses en étui;* 2° Aux cinq articulations ou phalanges de leurs pieds; elle comprend soixante-seize genres.

C'est dans cette famille que se trouvent les scarabées à cornes comme les bœufs-volants, les cerfs-volants, les hannetons, les fouille-merde ou les pilulaires, les bousiers, les tourniquets, les hydrocanthares ou scarabées aquatiques, les dytiques, les staphylins, les pulsans ou artisons, les ressorts, les buprestes, les péteux ou bombardiers et les vers luisants; la plupart sont *nyctalopes,* ou voient mieux la nuit que le jour, et ne sortent guère par cette raison que le soir.

Le CERF-VOLANT, *lucanus,* Plin. On ne trouve en France que deux espèces de cerfs-volants; la première ou la plus grande est particulière aux grands bois des provinces méridionales, surtout en Bourgogne, en Auvergne et dans le Lyonnais; elle a vingt-huit lignes de long sur douze lignes de largeur.

La deuxième espèce, quoiqu'une fois plus petite, est le plus grand des insectes des environs de Paris. La femelle n'a que vingt lignes de longueur sur huit et demie de largeur, et le mâle quatorze lignes sur six et demie.

On la trouve assez communément en juin et juillet appliquée sur l'écorce des vieux chênes vers leurs racines, où elle dépose environ vingt œufs pâles assez gros et pleins d'une humeur visqueuse.

Les petites larves qui en éclosent entrent dans le bois des racines et réduisent la substance en une espèce de tan dont elles vivent pendant six ans, dans lequel elles se font une coque ovoïde longue de trois à quatre pouces, où elles se métamorphosent en nymphe, puis en cerf-volant qui ronge le bois et y fait un trou pour sortir de sa prison afin d'aller s'accoupler et pondre ses œufs sur d'autres arbres.

Il ne vit pas longtemps dans cet état de volatile, il est bientôt dévoré par les corbeaux, les pies, les merles, les grives et autres oiseaux carnassiers. Il semble qu'il ne vit dans cet état qu'autant de temps qu'il lui en faut pour opérer la multiplication de son espèce; il ne paraît pas prendre la moindre nourriture. La longueur de ses mâchoires semble s'y opposer. En effet elles ressemblent à deux cornes aussi longues que la tête et le corselet pris ensemble, dentelées et à trois andouillers qui lui ont valu le nom de *cerf-volant*. Il ne se sert de ces mâchoires en bois de cerf que pour pincer, et il en serre si fort ses agresseurs que les Allemands l'appellent *ver-serrant*. Lorsqu'on le touche il se redresse et se retourne pour faire face à l'ennemi en lui présentant ses mâchoires en tenailles qui pincent assez fort pour faire sortir du sang. Ce que personne n'a encore fait remarquer, c'est que cet insecte a les yeux fendus en deux presqu'entièrement par les bords de la tête.

Ce insecte fait beaucoup de tort aux bois des forêts où il est commun parce qu'il cave l'intérieur de leurs racines, ce qui les fait bientôt périr.

Ces mâchoires sont absorbantes et se donnent dans les accouchements laborieux.

On trouve au cap de Bonne-Espérance une troisième espèce de cerf-volant, appelée *cerf-volant d'or,* parce qu'elle a la tête et les ailes d'un jaune d'or, et le corps vert moucheté de rouge et de blanc.

Les Hottentots qui sont aussi superstitieux qu'ignorants et stupides érigent en dieu ce scarabée, et dès que le hasard l'amène dans leurs habitations ils lui immolent un bœuf. Si cet insecte se repose sur un homme on se persuade que cet homme a mérité cette faveur, et fût-il le plus méchant de toute l'imbécile république, il passe pour un saint; on lui met très-respectueusement au cou la coiffe du ventre du même bœuf qui a été sacrifié au dieu Escarbot et il la porte avec une fierté modeste et noble jusqu'à ce qu'elle tombe en pourriture. (*Histoire des Voyages*, vol. V, p. 174.)

Le CAPUCIN, *nasicornis*, Olear., forme un genre de scarabée qui se reconnaît à ce que sa tête porte une corne qui est plus grande dans le mâle que dans la femelle. J'en connais six espèces.

Le *capucin* ou le *moine*, ainsi appelé à cause de la forme de la corne qu'il porte sur la tête, et de l'aplatissement de la partie antérieure de son corselet, se trouve communément autour des racines des vieux arbres, et des bois pourris, dans les copeaux de bois des abattis des forêts, dans les amas de roseaux, mais surtout dans le tan et dans le fumier des couches des jardins, où il abonde en Europe, et dans les bois pourris seulement au Sénégal.

La larve de cet insecte est blanche à tête brune rougeâtre, grosse comme le doigt et presqu'aussi longue. Elle vit cinq à six ans, reste cinq à six mois dans l'état de nymphe dans une coque de terre de trois pouces de long, qu'elle se mastique à deux pieds de profondeur sous terre; c'est en juin et juillet de la sixième année qu'elle se métamorphose en insecte ailé.

Cet insecte s'appelle *monoceros* et *licorne* ou *unicorne* par quelques-uns, à cause de la corne qu'il porte sur la tête, qui est très-dure et recourbée vers le corselet. La femelle pond en juillet quinze à vingt œufs ovoïdes dans le tan ou au pied des arbres pourris. Mouffet et quelques autres auteurs prétendent que la larve de cet insecte est le *cossus* dont parle Pline, qui dit que les anciens habitants du Pont et de la Phrygie faisaient servir sur leurs tables comme un mets délicieux. On en élevait, on les engraissait, et vraisemblablement avant que de les manger on les privait de nourriture jusqu'à ce qu'ils eussent rendu tous leurs excréments. Celui qui tenta le premier d'avaler une huître aurait bien pu se hasarder à manger un cossus qui certainement n'est guère plus dégoûtant. Au reste on sait que les poules et autres oiseaux de basse-cour sont fort friands de ces larves.

On prétend que les Égyptiens adoraient autrefois ces insectes.

Le HANNETON, *melolontha*, Joel., forme un genre de scarabée dont on connaît quatre espèces qui se reconnaissent à ce que, 1º leurs étuis ne recouvrent pas entièrement leur dos; 2º leurs antennes ont les sept derniers articles en feuillets, qui sont deux ou trois fois plus longs dans les mâles que dans les femelles.

Le hanneton ordinaire ne diffère du capucin qu'en ce que sa larve ne vit que quatre ans sous terre. Elle éclot d'abord en juillet aux racines des arbres, surtout de l'érable et du marronnier, changeant une fois de peau tous les ans. On l'appelle alors ver blanc ou *mans*. En septembre de la quatrième année elle se maçonne une coque de terre d'un pouce environ de longueur dans laquelle elle se métamorphose en nymphe. En mars et avril de la cinquième année ces nymphes deviennent *hannetons*, d'abord mous et blancs, qui ne deviennent solides et colorés que dix ou douze jours après, et qui ne sortent qu'alors de la terre vers la fin d'avril ou au commencement de mai en laissant après leur sortie des ouvertures qu'on trouve fréquemment autour des arbres.

Ces insectes s'accouplent dès qu'ils ont vu le jour et ne vivent qu'un à deux mois, de sorte qu'on n'en voit plus passé le mois de juin. Mais avant que de périr, la femelle entre en terre, y pond çà et là une vingtaine d'œufs sur les racines des érables et des marronniers, et après la ponte elle reparaît pour vivre encore quelque temps.

C'est pendant ces deux mois de vie sous l'état d'insecte ailé que le hanneton fait ses ravages les plus apparents, en dépouillant entièrement de leurs feuilles et quelquefois de leurs bourgeons les érables et les marronniers, puis les autres arbres qui leur sont plus analogues, comme le charme, le hêtre, le chêne, etc., etc.; il vole rarement le jour, on le voit alors assoupi sous les feuilles des arbres jusqu'au coucher du soleil. C'est dans ce temps d'obscurité qu'il prend son essor, qu'il vole par compagnies en bourdonnant, et se heurtant contre tout ce qu'il rencontre, d'où vient le proverbe : *Étourdi comme un hanneton.*

C'est parce que cet insecte est étourdi et qu'il est bon et se laisse prendre, qu'on lui a donné le nom de *hanneton*, comme qui dirait *petit âne* ou *bête comme un ânon.* Quelques auteurs prétendent qu'il se nomme ainsi par corruption, au lieu d'*alleton*, du mot latin *alitonus*, parce qu'il fait du bruit en volant. On l'appelle aussi *scarabée bourdonnant*, *scarabœus stridulus.*

Goedart, peintre aussi célèbre qu'infatigable observateur des métamorphoses des insectes, nous apprend qu'en Allemagne, on appelle les hannetons *meuniers*, parce qu'ils savent moudre et réduire en farine les bourgeons des arbres; et que les enfants les nomment ainsi, ou *fariniers*, parce qu'ils sont couverts comme d'une folle farine blanchâtre, pour les distinguer de ceux de l'autre espèce qu'ils nomment *moutardiers*, parce qu'ils sont plus rougeâtre ou couleur de moutarde, et qu'ils ont le corselet et la tête rougeâtres comme les étuis, et non pas noirs comme dans l'autre espèce.

Roesel a remarqué que ces deux espèces, qui sont plus communes en Allemagne qu'en France, paraissent tour à tour de deux années l'une ; l'année 1743 fut le règne des *hannetons rouges* ou des *moutardiers ;* si son observation est juste, on les verra paraître en 1773, en 1775, en 1777, et ainsi de suite.

On attribue communément aux larves du hanneton les dégâts qui arrivent aux racines des blés et des herbes des prairies et des gazons, mais nous nous sommes assuré que ces dégâts sont dus aux larves de deux autres genres d'animaux qui sont le *viridulus* de Muret, et surtout le *molitor* ou meunier de Leuwenhoëck qui a été confondu jusqu'ici mal à propos avec le genre hanneton dont il diffère particulièrement en ce que ses antennes n'ont que trois feuillets au lieu de dix.

Les ravages étonnants que les hannetons font dans les jardins, et surtout dans les forêts, dont ils font périr les bois en leur ôtant au printemps les premières feuilles, après en avoir rongé les racines pendant l'été, l'automne, l'hiver, ont déterminé les diverses nations de l'Europe à chercher les moyens les plus efficaces d'opérer leur entière destruction. On a proposé même, pour cet effet, plusieurs prix qui ont été couronnés ; mais cela n'empêche pas que le nombre des hannetons ne subsiste également, et leurs ravages ne sont pas moindres. On sait qu'un canton de l'Irlande en fut tellement infecté il y a quelques années, que les habitants furent forcés de mettre le feu à une forêt de quelques lieues d'étendue, et de la sacrifier pour couper la communication de ce fléau avec les cantons qui n'en étaient pas encore attaqués.

Nos enfants jouent, comme l'on sait, avec ces insectes, et s'amusent à les faire voltiger circulairement au-dessus de leurs têtes, attachés à un long fil passé au travers de leurs queues. Ceux des Grecs et des Turcs font de cet amusement un emploi plus utile ; au lieu d'un nœud, c'est un hameçon qu'ils passent dans la queue du hanneton, dont les merles et les grives sont si friands qu'ils en prennent ainsi une grande quantité à la ligne.

Le hanneton passe pour un bon remède contre la rage ; pour cela, on fait mourir dans sept cuillerées de miel trois ou cinq hannetons que l'on pile, après en avoir ôté la tête. On fait avaler au malade, à jeun, une cuillerée de ce miel, pendant sept jours de suite ; mais pour que ce remède réussisse il faut l'appliquer avant que le malade ait commencé à avoir horreur de l'eau.

Le PILULAIRE, *pilularius*, Mouffet, forme un genre qui se reconnaît à ce que : 1° la tête n'a *point de cornes* ; 2° ses antennes sont en massue, à trois articles supérieurs réunis en lentille fort serrée.

On en connaît deux espèces.

On a confondu jusqu'ici ce genre avec celui de l'escarbot ou du scarabée proprement dit, *scarabœus*, dont je connais vingt espèces qui vivent de même dans la fiente des animaux, ainsi que le bousier, *koprion*, Arist. ; mais il en diffère en ce que 1° le scarabée a le corps plus allongé ; 2° son dos n'est pas couvert en entier par les étuis des ailes ; 3° la tête a une côte transversale élevée.

Le *pilulaire, pilularius*, Mouffet, que l'on nomme aussi *fouille-merde, fodimerda*, d'un nom moins honnête mais aussi vrai, car il se trouve toujours dans la fange, surtout dans les bouses de vache, occupé à en former des boules ou des pilules presqu'aussi grosses que son corps, dans lesquelles il dépose ses œufs, et qu'il roule ensuite avec lui jusqu'à ce qu'il ait rencontré une bouse fraîche au milieu de laquelle il l'enterre, pour procurer à ses petit naissants une nourriture suffisante, jusqu'à sa dernière métamorphose en nymphe, qu'il subit en terre, au-dessous de la bouse où il a pris naissance.

Cet insecte est vert changeant sur le dos, rouge violet

sous le ventre, et fort propre sur son extérieur, quoiqu'il fouille continuellement dans la fange.

Il sort plus volontiers la nuit que le jour, parce qu'il voit mieux alors, ainsi que le hanneton; il vole avec une rapidité qui occasionne un bourdonnement comme en sifflant dans l'air.

Le pilulaire contient beaucoup d'huile et de sel volatil. L'huile de lin dans laquelle on le laisse infuser au soleil acquiert une vertu résolutive et anodine qui la fait employer avec succès en topique, dans du coton, sur les hémorroïdes, dont elle calme les douleurs en les faisant résoudre.

Le TOURNIQUET, *skuguros*, Ad. *gyrinus*, est ce petit insecte couleur d'acier poli qui vit en société au bord des eaux stagnantes, à la surface desquelles il décrit des cercles en tournoyant sur lui-même, et même en courant avec une vitesse telle qu'on ne peut l'attraper. Lorsqu'on veut le prendre, il plonge au fond pour revenir bientôt au-dessus.

Cet insecte sent mauvais, même à une certaine distance.

Il n'est pas vrai, comme le disent les auteurs, qu'il ait quatre yeux, deux au-dessus de la tête et deux au-dessous. Il n'en a que deux qui sont fendus en deux par les bords de la tête, qui avancent dessus comme dans les vingt-deux genres qui forment la première section de la première famille des scarabées, qui ont tous ce caractère. Les tarses de ses pattes sont aplatis en nageoires.

La femelle pond environ cent œufs oblongs d'une demi-ligne, qu'elle colle sur quatre à cinq lignes le long des feuilles du *carex* et des souchets aquatiques.

J'en connais un autre genre du Sénégal et de Saint-Domingue, une fois plus grand, qui n'a point d'écusson, qui a les deux pattes antérieures beaucoup plus longues, et qui me paraît être le vrai *gyrinus* des Grecs.

L'HYDROCANTHARE OU SCARABÉE AQUATIQUE, *hydrophylus*,

Geoff., I, p. 180, forme un genre de scarabée qui se reconnaît à ses antennes composées de neuf articulations, dont quatre en entonnoirs.

J'en ai reconnu douze espèces :

1° Le *grand hydrocanthare* est le plus grand des scarabées aquatiques de l'Europe.

Il vit dans les eaux tranquilles et limoneuses des ruisseaux et des marais très-herbeux, où sa larve qui a deux mâchoires en pinces (que quelques auteurs disent mal à propos être un suçoir transparent, qui laisse voir les liqueurs des insectes qu'il suce et que l'on nomme pour cette raison ver assassin, *vermis sicarius*), se nourrit de larves d'insectes, de grillons ou agrouelles, et souvent de ses semblables ; les deux mâchoires ont chacune une dent, mais la droite a cette dent placée vers son extérieur, pendant que la gauche l'a vers son milieu.

Parvenue à sa dernière grandeur en juin, cette larve sort de l'eau, selon quelques-uns se fait sous terre, et selon nous sous l'eau même, une coque maçonnée ovoïde, où elle se métamorphose en nymphe et ensuite en insecte ailé qui retourne dans l'eau en juillet.

Cet insecte parfait n'est guère moins vorace que sa larve ; il pince bien fort avec ses mâchoires, et il faut le prendre avec précaution, parce qu'il a sous le ventre une longue pointe, qui s'avance entre les deux pattes postérieures, qu'il sait enfoncer dans la main qui le tient en faisant des efforts pour marcher. Il inspire par sa partie postérieure à la surface de l'eau l'air au moyen duquel il nage avec plus de facilité.

Peu de temps après son accouplement la femelle pond en juillet, sous les feuilles flottantes de l'*hydrocharis*, environ quatre-vingts œufs roussâtres, longs de deux à deux lignes et demie et de une ligne de largeur, rapprochés en une boule et autour desquels elle file une espèce de coque de soie hémisphérique grise, en cornemuse ou en poire, dont la queue remonte et s'élève au-dessus de l'eau. Au bas de la queue de l'ovaire est un endroit un peu aplati par où sortent les petits qui se précipitent dans l'eau.

Le DYTIQUE ou le PLONGEUR, *dutikos*, Arist., ne diffère presque de l'hydrocanthare que par ses antennes qui sont filiformes, de onze articulations.

Le STAPHYLIN a les antennes filiformes et les étuis tronqués, beaucoup plus courts que le ventre.

Ce que cet insecte a de particulier, c'est que lorsqu'on touche sa queue il la redresse aussitôt en l'air comme s'il voulait se défendre ou en imposer. Mais il n'y a que ses mâchoires qui soient à craindre, parce qu'elles sont assez grandes et qu'elles pincent bien fort.

Le PULSAN, *pulsanus*, Ad., ou sonicéphale, *sonicephalus*, l'horloge de la mort, *horologium mortis, tictac, artison*, scarabée pulsateur, noms que l'on a donnés à un genre de scarabée à cause de la propriété qu'il a de faire, en baissant sa tête entre ses pattes, un petit bruit régulier et répété souvent comme les battements d'une montre, dans les trous des vieux bois de chêne et de sapin qu'il perce pour se nourrir et se loger.

Le LIGNIPERDA des anciens ou la *vrillette* fait aussi les mêmes pulsations, mais beaucoup moindres parce qu'il est plus petit. C'est cet insecte qui ronge le bois sous les écorces et y forme des impressions semblables à des fleurs et dont les anciens se servaient comme de cachets qu'ils appelèrent pour cette raison *tripobrota*.

Le RESSORT ou le *maréchal*, le TAUPIN, *elater, notopeda*, scarabée à ressort, ou scarabée sauterelle, se nomme ainsi parce que son corselet est armé en dessous d'une pointe qui, en se logeant dans une rainure pratiquée sous le ventre, et en se débandant peut agir comme une détente de ressort et les faire sauter souvent d'un pied de hauteur, soit que l'insecte soit posé sur le ventre, soit qu'il soit couché sur le dos.

Le BUPRESTE, *buprestis*, Arist. (*carabus*, Linn.), c'est-à-dire *brûle-bœuf, enfle-bœuf*, genre d'insecte dont il y a plus de vingt espèces toutes communes sous les pierres dans les lieux humides, qui sont carnassières, qui répandent une très-mauvaise odeur et qui tirent leur nom de la propriété qu'elles ont comme les cantharides et comme une petite araignée rouge de faire enfler les bœufs qui les avalent en paissant l'herbe des prairies. Ces insectes ont une vertu si caustique que la plus petite goutte de leur liqueur cause sur la peau une cuisson, une brûlure considérable ; cette causticité cause aux bœufs qui ont avalé ces insectes des ulcères, une suppression d'urine, puis l'enflure dont ils périssent.

Ces insectes sont communément vert doré, ils courent très-vite et volent rarement quoiqu'ils aient des ailes.

Leurs larves se retirent dans les trous cylindriques profonds d'un pied, au fond desquels elles se métamorphosent en nymphes.

Le PÉTEUX. Ce nom quoique peu honnête a été consacré par Aristote et les anciens, pour désigner un genre d'insecte dont je connais six espèces qui toutes ont la propriété de péter lorsqu'on les prend ou qu'on les inquiète, c'est-à-dire de rendre par l'anus avec bruit une vapeur semblable à une fumée, mais qui est si caustique qu'on est forcé de les lâcher.

La plus grande espèce de ce genre est particulière au Sénégal et n'a que sept lignes de longueur ; celles de l'Europe n'ont que quatre lignes au plus. Elles se trouvent sous les pierres des prairies et surtout aux bords de la Seine, comme les buprestes dont elles ne diffèrent qu'en ce que leur corselet est taillé en cœur plus étroit que les étuis.

Quelques personnes donnent le nom de *bombardier* à l'espèce bleue à tête, corselet et pattes rougeâtres.

Elle sort de ses galeries souterraines dès le commencement d'avril où on la trouve cachée sous les pierres.

Cet insecte a pour ennemi le grand bupreste, qui lui donne quelquefois la chasse. Celui-ci, fatigué par ses poursuites, se couche devant son ennemi qui a la bouche et les pinces ouvertes pour le dévorer, et lui lance jusqu'à vingt coups de suite de ces vapeurs caustiques qui sont contenues dans une petite vessie qu'il a vers l'anus. Lorsqu'il a épuisé cet air sa vessie s'affaisse et il lui faut quelques heures pour réparer ses pertes. Alors s'il ne peut trouver un trou pour échapper à son ennemi, le bupreste le prend par la tête, le décolle et le dévore.

Le VER LUISANT, *lampyris*. Accoutumé à voir le ver luisant femelle sans ailes, en France, je fus fort étonné en arrivant au Sénégal de n'y trouver que des vers luisants ailés dans les temps où ces animaux sont parvenus à leur état d'insecte parfait. Dans tous les autres pays chauds que j'ai parcourus, comme les Canaries, les Açores, j'ai observé constamment la même chose, et de plus de dix espèces que j'ai découvertes dans ces pays, il ne s'en est pas trouvé une dont la femelle restât sans ailes. En Italie même dont le climat n'est pas à beaucoup près si chaud que celui des pays dont je viens de parler ici, on en trouve une espèce de ce genre, et il paraît que c'est le *pygolampis* d'Aristote et des anciens, qui par ce caractère mérite bien d'être distingué du ver luisant ordinaire de l'Europe.

Ce ver luisant, *lampyris*, dont la femelle ne prend jamais d'ailes mais seulement des moignons, peut être appelé assez exactement le *ver luisant de l'Europe*, parce qu'il y est l'espèce dominante étant généralement répandu depuis la Suède jusqu'à la Provence. Je l'ai même reçu par mon frère de Seyde, d'Alep et de Tripoli de Syrie où il paraît assez commun.

Il y en a trois espèces aux environs de Paris.

Dans tous ces pays, ces insectes se trouvent plus communément dans les terres humides et crevassées, pendant les mois de juin et juillet. Ils vivent d'herbes et de feuilles de plantes; ils ne sortent que la nuit, et restent le jour cachés sous les feuilles et les mottes de terre. Ils s'accouplent vers la fin de juin.

Le mâle de la grande espèce est un petit scarabée ailé, à ailes couvertes d'étuis bruns, plats et mous, relevés de deux nervures longitudinales; le corselet aplati à bords aigus, et la tête cachée en dessous. Il a six lignes au plus de longueur; il n'a que quatre points de lumière, deux sous chacun des demi-anneaux de son ventre, qui sont moins lumineux que ceux de la femelle.

Celle-ci a sept à huit lignes de longueur. Elle ressemble à une larve sans ailes; elle a le corps brun noir, elliptique, très-plat, composé de quatorze anneaux, y compris la tête. Ces anneaux portent chacun une petite tache blanche triangulaire sur les côtés. Ils ont, outre cela, un sillon qui les coupe longitudinalement en deux, et on voit neuf stigmates de chaque côté de l'insecte. Les trois derniers anneaux sont jaunâtres en dessous seulement et sur les côtés, et répandent par ce seul endroit une lumière morte ou terne, pour ainsi dire comparable à celle du phosphore ou à celle d'un charbon presque éteint, ou à cette lumière bleue verdâtre du soufre au moment où il est le plus échauffé, avant que de s'enflammer. Cependant trois ou quatre de ces vers, mis dans une fiole de verre blanc et très-mince, donnent assez de lumière pour pouvoir lire pendant la nuit.

Il n'est pas vrai, comme l'ont dit quelques auteurs, que le mâle ne donne de la lumière qu'après l'accouplement.

Lorsqu'on écrase ces animaux sur la main, ils y laissent une trace phosphorique qui dure quelques minutes, c'est-à-dire jusqu'à ce que la matière qui la produit soit desséchée entièrement; si on la mouille, elle reprend encore sa lumière, mais c'est pour un instant et pour disparaître à jamais. Leur lumière diminue à proportion de leur sécheresse et de leur faiblesse; aussi, lorsqu'ils sont morts et desséchés, disparaît-elle entièrement. Plus au contraire ils sont tenus humidement, plus ils éclairent; ils sont d'autant plus lumineux qu'ils sont plus en mouvement, et il suffit d'agiter la bouteille où on les tient pour en augmenter la clarté. La matière qui produit cette clarté paraît être due à des bulles qui s'y forment, comme celles qui produisent la lumière dans l'eau de la mer et sur les poissons lumineux.

Quoique ces animaux soient lumineux, même dans leur état de larve, cela n'empêche pas que cette lumière ne paraisse destinée à diriger les mâles vers les femelles; car, si l'on met dans sa main quelques femelles vers la fin de juin, qui est le temps de l'accouplement, on voit des mâles approcher, voltiger autour d'elles, et se laisser prendre.

2ᵉ Famille. LES CANTHARIDES, *CANTHARIDES*.

Les insectes de cette famille se distinguent de ceux de la famille des scarabées, qui ont comme eux des ailes en étuis, en ce que leurs quatre pattes antérieures ont *cinq tarses*, pendant que les deux pattes postérieures n'en ont que *quatre*. Ils comprennent vingt-six genres, parmi lesquels on peut remarquer la cantharide proprement dite, et le méloé, ou scarabée des maréchaux.

La CANTHARIDE, *cantharis*, Offic., ou mouche d'Espagne, se reconnaît à sa forme allongée et à son corselet, qui *est cubique* et *plus étroit que le ventre*.

Elle varie beaucoup pour la couleur et pour la grandenr.

Certains mâles ont à peine cinq lignes de longueur, pendant qu'on voit des femelles qui ont jusqu'à onze lignes.

Leur couleur ordinaire est un très-beau vert luisant, mais qui est doré dans quelques-uns, ou bleu tirant sur l'azur dans d'autres.

La larve d'où provient la cantharide est allongée comme une chenille et reste dans la terre, surtout autour des fourmilières, pour se nourrir de fourmis et de leurs nymphes.

L'espèce en est répandue dans toute l'Europe, mais elle est beaucoup plus commune dans les provinces méridionales. C'est en mars qu'elle se métamorphose en insecte ailé, en cantharide; c'est alors qu'elle s'accouple sur les arbres, surtout pendant les plus grandes chaleurs du jour et au soleil. La femelle, quoique pleine d'œufs, monte quelquefois sur son mâle, comme il arrive à quelques autres insectes.

On trouve ces insectes plus communément sur le lilas, sur le troëne et sur le frêne, qu'ils dépouillent de leurs feuilles; quelquefois ils y sont réunis en si grand nombre que leur odeur les fait reconnaître d'assez loin.

Cette odeur, qu'on pourrait comparer à celle de la souris, est aussi désagréable que pénétrante. On la sent surtout les soirs aux approches du coucher du soleil. Les parties volatiles qui la composent sont si corrosives qu'il suffit de s'endormir sous un lilas ou sous un autre arbrisseau couvert de cantharides, ou d'en respirer longtemps l'odeur, pour être attaqué de la fièvre.

Ceux qui ramassent sans précaution avec les mains nues une grande quantité de ces insectes, ou qui en tiennent pendant quelque temps enfermés dans le creux de la main, sont attaqués d'une ardeur d'urine si vive que quelquefois elle est suivie d'un pissement de sang. On a vu des personnes empoisonnées pour avoir avalé de ces insectes; en pareil cas, on leur sauve la vie avec l'huile d'olive ou d'amandes douces, ou avec le camphre, en faisant en même temps dans la vessie des injections avec de la décoction de graine de lin, de la racine de nénuphar et de la guimauve.

On sait que la médecine emploie utilement cette vertu des cantharides, soit en les faisant prendre intérieurement avec un correctif dans l'hydropisie, dans les suppressions d'urine et même dans les premiers symptômes de l'hydrophobie ou de la rage, soit en les appliquant extérieurement en onguent comme vésicatoire pour réveiller le sentiment, ou pour procurer une issue aux humeurs qui menacent d'un dépôt. Pour prévenir les suites de la morsure des animaux enragés, il suffit d'en prendre pendant six semaines chaque jour un grain incorporé dans le mucilage de la gomme adragant avec dix grains de camphre et un grain et demi de mercure doux.

Pour faire mourir les cantharides, on les tient au-dessus de la vapeur du vinaigre bouillant; quand elles sont desséchées elles deviennent si légères que cinquante pèsent à peine un gros.

Le PROSCARABÉE, *meloe*, Paracelse, ou *scarabée onctueux, scarabée des maréchaux, proscarabœus,* Mouffet, est un insecte très-commun dans les terres humides et surtout dans les lisières des bois, où la larve vit de vers et de feuilles de renoncule, de pied-de-veau, *arum,* et de violette.

Elle devient insecte parfait sur la fin d'avril ou en mai. On reconnaît cet insecte à sa couleur noir bleuâtre luisant et à ses étuis, qui sont elliptiques, plus courts que le ventre, croisés obliquement en partie l'un sur l'autre à leur origine, souples, mous comme un cuir et sans ailes en dessous. Le mâle a à peine une ligne de long; il est une fois plus petit que sa femelle, qui a douze lignes de long Lorsqu'on le renverse sur le dos, il représente en quelque sorte les premiers linéaments principaux d'une face humaine. La femelle pond environ deux cents œufs en mars dans la terre auprès des violettes; il se traîne pesamment et lentement.

Pour peu qu'on touche cet insecte, il fait sortir de toutes les jointures de ses pattes une huile jaune, limpide, d'une odeur assez agréable et pleine d'un sel volatil.

Cette huile est un bon topique pour les plaies, et on la fait entrer dans les emplâtres contre les bubons et les charbons pestilentiels. L'huile dans laquelle on a fait infuser cet insecte est employée contre la piqûre des scorpions. C'est de l'usage que les maréchaux font de cet insecte pour certaines maladies des chevaux que lui est venu son nom de *scarabée des maréchaux.*

3ᶜ Famille. LES CHARANÇONS, *CURCULIONES.*

Je comprends sous ce nom tous les insectes qui, comme le charançon, n'ont que *quatre tarses à toutes les pattes.*

On peut diviser cette famille en trois sections, dont la première contiendra tous ceux qui ont ces quatre tarses *cylindriques.* La deuxième section comprend ceux qui ont un de ces quatre tarses *en cœur et les yeux entiers.* Dans celle-ci se trouve le charançon proprement dit, le clairon, *clerus,* Arist., la bêche et le gribouri. Dans la troisième section viennent ceux qui ont comme dans la deuxième un *tarse en cœur,* mais les *yeux échancrés;* le cosson et le capricorne sont de cet ordre.

Le charançon, *curculio,* Virgil., *populatque ingentem farris acervum curculio,* Georgiq. liv. I, vers 185 à 186.

Cet insecte qui ravage nos grains, paraît être originaire des pays chauds, au moins y est-il plus commun dans les provinces méridionales de l'Europe que dans les septentrionales.

Il est brun ou marron noir, et diffère seulement de l'espèce du Sénégal qui ravage les grains du panis ou mil en chandelle, *panicum spica typhina,* en ce que : 1° il est un peu plus grand, ayant deux lignes de longueur sur deux tiers de ligne de largeur ; 2° les neuf sillons de ces étuis ne sont pas pointillés ; 3° les ailes sont une fois plus courtes que son ventre.

Il paraîtra sans doute étonnant que Redi et Leuwenhoëck, tous deux bons observateurs, et dont les yeux étaient faits pour les observations microscopiques les plus délicates, aient avancé que cet insecte n'a point d'ailes ; il faut que ces auteurs n'aient point cherché à les trouver, car en soulevant leurs étuis c'est la première chose qu'on aperçoit avec le secours d'une loupe même assez faible, et je les ai toujours aperçues sans peine avec mes yeux sans ce secours. Elles sont communément pliées en deux et comme chiffonnées, d'un blanc jaunâtre ; il s'en sert si rarement que l'on est d'abord porté à croire qu'il n'en a point.

Le charançon provient, comme tous les autres scarabées, d'une larve blanche à six pattes écailleuses peu sensibles et de forme presque ronde, qui vit et croît dans le centre d'un grain de froment où elle a été pondue ; elle en mange toute la substance farineuse, ne laissant que l'écorce qui lui sert de coque dans laquelle elle se métamorphose en nymphe et où elle ne devient ailée ou insecte parfait qu'au printemps, c'est-à-dire en avril, temps où elle la perce pour en sortir et aller s'accoupler.

Sa vie ou sa durée, depuis le moment où il est pondu, c'est-à-dire depuis son état de larve jusqu'à celui de son parfait accroissement ou d'insecte ailé, ou en état de pondre, est de quarante-cinq à cinquante jours en Provence, et de cinquante à soixante aux environs de Paris.

Chaque femelle pond vers le 15 avril environ, un œuf par jour, non pas aux champs où il n'y a point de grains, mais dans la grange où elle est née, chaque œuf dans chaque grain.

Les petits de cette première ponte, ne vivant que quarante-cinq à cinquante jours, sont en état d'engendrer dès le 10 ou le 15 juin, et pondent de même encore dans les greniers avant que de sortir.

Les pontes continuent ainsi pendant cinq mois environ, depuis le 15 avril jusqu'au 15 septembre, c'est-à-dire pendant cent cinquante jours en Provence, et seulement quatre mois ou cent vingt jours dans le climat de Paris, depuis le 1er mai jusqu'au 1er septembre, c'est-à-dire tant que le thermomètre marque quatorze à quinze degrés de chaleur la nuit comme le jour, car il est à remarquer que cet insecte ne pond et ne mange plus au-dessous de ce terme, qui est celui où les mouches commencent à souffrir, et la végétation à s'arrêter.

Il y a donc trois ou quatre pontes successives pendant l'été même dans le climat de Paris, savoir : la première au 1er mai ; la deuxième au 15 juin ; la troisième au 1er août ; la quatrième au 15 septembre dans les années chaudes ; en n'en supposant que trois à un œuf par jour, chaque paire de charançon produirait donc 1535 charançons par an.

Il est assez difficile de reconnaître à l'extérieur les grains de blé qui sont ainsi attaqués par les charançons ; ce n'est que par leur poids qu'on les distingue, et on s'assure aisément qu'ils sont plus légers, lorsqu'en les mettant dans l'eau, on les voit surnager pendant que les autres tombent au fond.

Un insecte dont la multiplication est si prompte et la fécondité aussi grande deviendrait bientôt un fléau terrible, qui, en ravageant nos grains dans les granges, les réduirait en un tas de son, si par des soins continuels on ne s'étudiait à le chasser et à le détruire.

On a remarqué qu'il aime la tranquillité et l'obscurité, et qu'il pénètre rarement au-dessous de six pouces dans les tas de blé ; en conséquence on le trouble et on le chasse en palliant et en remuant souvent le blé.

Mais ce moyen qu'on met ordinairement en usage donne trop de soins et occupe trop de temps. On a cherché à en découvrir un qui pût, non pas les chasser et les faire changer de lieu, ce qui au lieu de remédier au mal ne fait que le propager et l'étendre, mais en étouffer la race dès l'instant de sa naissance. De tous les moyens qui ont été proposés et essayés jusqu'ici, aucun n'a réussi aussi complétement que celui de l'étuve qui fait passer le blé et les charançons qui les infestent, à une chaleur capable de les faire périr. On sait qu'ils résistent à une chaleur de cinquante degrés, mais qu'ils périssent constamment à celle de cinquante-cinq à soixante degrés, laquelle fait perdre au blé sa propriété de germer. On sait qu'un œuf de poule est cuit mollet par une chaleur de soixante degrés continue pendant une demi-heure. Lorsque l'étuve a cinquante à soixante ou soixante-dix degrés de chaleur, deux jours suffisent pour sécher le blé. L'étuvage est moins coûteux que le palliage ordinaire, que le ventilateur ; l'étuve elle-même sera le meilleur grenier, le meilleur magasin pour conserver le blé tant qu'on voudra, pour épargner les frais de conservation. Le blé ainsi étuvé se sèche et durcit assez pour que le charançon ne puisse l'entamer ; il est dans le cas de froment glacé ou vieux, dont la croûte, le gruau ou la semoule est rarement attaqué par le charançon à cause de sa sécheresse ; il en attaque plus volontiers le centre ainsi que les blés mous ou jaunes non glacés, dont la farine est tendre partout, comme il arrive aux grains des climats froids et des terres humides, ou dans les étés très-pluvieux.

Le charançon a pour ennemi une espèce d'ichneumon qui dépose un œuf dans chacun des grains où il sait qu'il y a une larve de charançon.

Le CLÉRON, *clerus*, Arist., *clairon*, Geoffr., p. 303, ainsi nommé par Aristote, l. VII, *Anim.*, c. 4, est ce joli scarabée noir, à trois bandes rouges et velu, qui se trouve communément, depuis le mois de mai jusqu'en août, sur les fleurs des plantes, surtout du fraisier et de la verge dorée.

Cet insecte n'a rien d'intéressant que par les dégâts que sa larve fait dans le nid des abeilles maçonnes. Cette larve est d'une belle couleur de rose, à tête noire ; son œuf y est déposé par sa mère. Elle y croît aux dépens des larves des abeilles maçonnes, dont elle se nourrit en perçant leurs cellules. Elle vit ainsi pendant trois ans, et, dans une des cellules, elle se file une coque de soie brune, épaisse et ferme comme un parchemin, dans laquelle elle se métamorphose en nymphe, puis en insecte ailé.

La BÊCHE, *involvulus*, Plaut., est un genre de charançon d'un vert doré, qui, en hiver, s'enfonce dans la terre ou le fumier, où il reste engourdi aux pieds des vignes.

Au printemps, vers le commencement de mai, il monte sur les ceps de vigne, dont il roule les feuilles tendres autour de lui comme un cornet dont il tapisse l'intérieur d'une sorte de toile ou de duvet pour y déposer ses œufs, du 1er mai au 25.

Au printemps, il se nourrit des feuilles de la vigne, et en été il dévore les raisins.

Pour le détruire, il suffit de rechercher avec soin les cornets qui renferment ses œufs, et de les brûler auprès de la vigne.

Le GRIBOURI, *cryptocephalus*, Geoffroy, II, p. 233, le *coupe-bourgeon* ou la *lisette* diffère beaucoup de la bêche, *involvulus*, qui vit comme lui sur la vigne, en ce que 1° il n'a point la tête allongée en trompe ni les antennes coudées et en massue, mais assez semblables à celles de la chrysomelle. Il est noir, à étuis rouge brun.

L'hiver il reste entièrement attaché au cep dont il ronge les racines les plus tendres, et les fait souvent périr.

En mai il sort de terre, ronge les bourgeons, les coupe, ainsi que les jeunes grappes, puis ronge les feuilles, ce qui fait quelquefois mourir le nouveau bois.

Lorsque le raisin est mûr, cet insecte le pique pour y insérer ses œufs qui le détruisent et le font sécher.

Les larves, parvenues à leur grandeur, descendent dans la terre ou le fumier, en juillet et août, pour s'y métamorphoser en nymphes.

Pour les détruire on met le feu, à la fin de l'hiver, aux fumiers qui sont au pied de la vigne.

On extermine par ce moyen le gribouri, la bêche et beaucoup d'autres insectes nuisibles, et les cendres de ce fumier sont un engrais aussi favorable à la vigne que le fumier.

On prétend qu'en semant des fèves dans les vignes le gribouri quitte la vigne pour se rendre sur ce nouveau feuillage qu'on enlève pour le brûler sur le lieu.

Le cosson, *cossonus*, Ad., la *calandre*, *mylahis*, Geoffr., l, p. 267, ne diffère presque du genre du gribouri que parce que ses yeux sont échancrés.

J'en connais environ trente espèces.

Celui qui ravage nos pois en Europe y est pondu, en juillet et août, dans la gousse même sur pied. Chaque pois contient une larve qui y vit depuis le mois d'août jusqu'en hiver, où il se forme une coque au dedans du pois pour se métamorphoser en nymphe, et en sortir au printemps en insecte ailé qui perce le pois d'un petit trou rond fermé par un couvercle qu'il fait sauter.

Le capricorne, *cerambyx*, Plin., forme un genre d'insecte comprenant douze à quinze insectes qui se reconnaissent à leur corselet épineux.

Leur larve vit dans l'intérieur des bois mous ou pourris, où elle se métamorphose en nymphe et en insecte ailé.

On en trouve, en juin et juillet, sur le saule, aux environs de Paris, une grande espèce verte qui répand une odeur de rose assez agréable et assez forte pour se faire sentir de loin. Lorsqu'on la prend entre les doigts, elle rend une espèce de cri produit par le frottement de son corselet sur le collet de son ventre.

4ᵉ FAMILLE. LES GLUTELLES OU BÊTES A DIEU, *GLUTELLÆ*.

Les insectes de cette famille se reconnaissent à ce qu'ils n'ont que *trois tarses à chaque patte*.

J'en connais cinq genres, parmi lesquels la glutelle ou bête à Dieu se fait principalement remarquer.

La GLUTELLE, *glutella*, Goed., ou *bête à Dieu, vache à Dieu, coccinella*, Lin., paraît d'abord sous la forme d'une larve courte, hérissée, noirâtre, bariolée de jaune et de blanc, qui vit de pucerons sur les feuilles des plantes où elle se colle pour se métamorphoser en nymphe qui, au bout de quinze jours, se fend sur le dos et devient volatile ou insecte parfait.

Cet insecte semble aimer l'homme, il affecte de voltiger sur lui, et les enfants en élèvent pendant des mois entiers, et les accoutument à monter à l'échelle sur leurs doigts, et à venir manger dans leurs mains : c'est de là que leur est venu le nom de *bête à Dieu ;* c'est presque le seul insecte qui devienne aussi familier, et qui paraisse susceptible d'une sorte d'éducation.

La femelle pond sous les feuilles des œufs jaunes oblongs.

5ᵉ FAMILLE. LES SAUTERELLES, *LOCUSTÆ*.

Les insectes de cette famille ont les ailes membraneuses, en feuilles, nues, deux mâchoires et *plus de onze articulations aux antennes*. On sait que leurs nymphes marchent et mangent aussi bien que leurs larves et leurs volatiles.

Ils comprennent treize genres, parmi lesquels les plus re-marquables sont le perce-oreille, la courtillière, le grillon, le sautrio, la sauterelle, la mante et le kakerlak.

Le PERCE-OREILLE, *forficula*, Mouffet, *oreillère*, *auricularia*, a été ainsi nommé parce qu'il porte au derrière une espèce de pince dont les branches réunies ressemblent assez aux anneaux qu'on porte aux oreilles nouvellement percées.

La larve de cet insecte et sa nymphe ne diffèrent de l'insecte parfait que par le défaut d'ailes.

On trouve les uns et les autres sous les pierres, dans les écorces des arbres, dans leurs fentes, sous leurs feuilles et dans leurs fruits, leurs fleurs et les jeunes plantes qu'ils mangent dans leur primeur.

Lorsqu'on touche cet insecte, il relève sa queue et cherche à pincer avec ses tenailles; mais il ne faut pas s'imaginer qu'il s'introduise dans les oreilles, qu'il pénètre dans le cerveau, qu'il cause des vertiges, des saignements au nez, et qu'il multiplie entre le crâne et le cerveau, enfin qu'il cause la mort. Toutes les choses extraordinaires que nombre de modernes ont fait imprimer pour persuader le public sont autant de fables. Les anatomistes savent l'impossibilité de l'introduction de ces animaux dans l'intérieur du crâne, faute d'ouverture qui y communique.

Pour les détruire, les jardiniers ont imaginé de ficher au pied des fleurs des baguettes au haut desquelles ils mettent des ongles de pied de mouton. Les perce-oreilles s'y retirent la nuit et pendant la pluie; on les visite tous les matins; on les écrase ou bien on les noie dans l'eau.

La COURTILLIÈRE, la *courtille*, le *grillon-taupe*, le *taupe-grillon*, la *taupette* en Normandie, *gryllotalpa*, est aussi singulière par sa structure intérieure qui fait voir plusieurs estomacs, comme dans les animaux ruminants, que par la

II.   27

conformation de ses pieds antérieurs qui ont l'air de mains, avec lesquels elle creuse des galeries souterraines marquées au dehors par une légère trace comme celles de la taupe; c'est de là et de sa ressemblance avec le grillon que lui vient son nom de grillon-taupe.

Cet insecte se trouve dans toute l'Europe, et diffère de celui que j'ai observé au Sénégal. Il passe la plus grande partie de sa vie sous terre, principalement dans les couches et dans les terres douces et humides, comme le terreau des jardins. Ces galeries horizontales, qui sont très-multipliées et qui ont souvent douze à quinze toises et plus de longueur, se terminent toutes à un canal cylindrique vertical qui va se rendre dans une terre dure, à deux ou trois pieds au-dessous des couches, à un nid ovoïde de deux pouces environ de longueur; il s'y retire le jour et n'en sort que le soir vers le coucher du soleil, et ce n'est que pendant la nuit qu'il fait ses galeries.

Quelques écrivains disent que la courtillière amasse pendant l'été dans son trou des provisions de froment, d'orge et d'avoine pour s'en nourrir en hiver; mais c'est une erreur. Elle est engourdie pendant cette saison. Elle ne sort de sa retraite que vers la fin d'avril et en mai. Alors elle se nourrit simplement de racines de melon, de laitue et de toutes sortes de plantes potagères, parmi lesquelles elle fait de grands ravages.

C'est dans le mois de mai que la femelle pond au fond de son trou onviron cinquante ou soixante œufs, qui éclosent au bout d'une vingtaine de jours.

Les petits en naissant ressemblent à des fourmis, et savent déjà former des galeries sous lesquelles ils se mettent à couvert pour ronger les racines le matin, surtout depuis le lever du soleil jusqu'à neuf ou dix heures.

Dès la fin de septembre, les petits ont déjà un pouce et

démi de longueur, et ils se cachent comme les pères et mères dans des trous qu'ils se creusent à un ou deux pieds de profondeur sous terre pour y passer l'hiver; ce n'est qu'au mois de mai de l'année suivante ou de la deuxième année qu'ils se métamorphosent en nymphes, c'est-à-dire qu'ils prennent des moignons d'ailes, et trois mois après, c'est-à-dire en juillet ou au bout de deux ans révolus, ils prennent des ailes ou deviennent insectes parfaits.

On a essayé divers moyens de destruction d'un insecte aussi dommageable : les infusions de tabac, de poivre, l'huile dont on a abreuvé leurs trous ont été inutiles. Ce qui a réussi le mieux jusqu'ici, ce sont des gobelets ou des pots bien vernis ayant un peu d'eau au fond, et qu'on enfonce jusqu'au niveau de la terre. On en place ainsi plusieurs dans les cantons les plus fréquentés par les courtillières, et il ne se passe pas de jour qu'on n'en prenne plusieurs, qui s'y précipitent en creusant leurs galeries.

Le GRILLON, *gryllus*, Mouffet. Nous ne confondrons point cet insecte avec le criquet ou le cricri domestique, comme font la plupart des écrivains modernes; il forme même un genre différent qui se reconnaît à ce que ses ailes sont cachées entièrement sous les étuis, et à ce que les deux pattes postérieures ont chacune quatre tarses et les autres trois. On a essayé quelquefois d'en mettre dans les cheminées ; mais ils ne peuvent y vivre, et leur antipathie pour les *criquets* est telle qu'ils se battent avec eux et les coupent en pièces.

J'en connais trois espèces, dont deux sont particulières au Sénégal.

Le *grillon ordinaire* des campagnes de l'Europe se trouve communément au pied des collines arides bien exposées au soleil, sous les pierres, où il se forme une petite loge. Lorsqu'il ne trouve point de pierres, il se creuse avec ses mâchoires, dans la terre qu'il repousse avec ses pieds, une petite galerie horizontale, d'abord de deux pouces de longueur, puis verticale, à l'entrée de laquelle il se tient faisant son bruit ordinaire, et au fond de laquelle il entre précipitamment à reculons dès qu'il a vu quelque chose qui l'épouvante.

Le mâle et la femelle habitent séparément, chacun dans son trou, d'où ils sortent en avril pour s'accoupler; alors le mâle appelle la femelle par son bruit, celle-ci monte sur lui dans l'accouplement comme fait la sauterelle, et l'accouplement fini elle retourne dans sa cellule, et pond ses œufs en les enfonçant dans la terre avec les deux lames cylindriques de sa queue.

Les petites larves ne deviennent nymphes qu'au printemps de la deuxième année, et insectes parfaits que pendant l'été de la même année.

Le bruit que produisent les mâles vient du frottement des étuis de leurs ailes qui se croisent l'une sur l'autre, ce que ne peuvent faire ceux de la femelle qui sont plus courts, plus étroits, qui ne se croisent presque point; on le produit même après la mort de l'animal en les frottant de même; lorsqu'ils s'appellent ils le font d'abord par de grands cris; puis ce bruit baisse de ton à mesure qu'ils se rapprochent, et cesse lorsqu'ils sont l'un près de l'autre.

La nourriture ordinaire de ces animaux est les racines et les graines des plantes. Pline dit qu'ils mangent aussi des fourmis, et que pour les attraper il faut attacher une fourmi par le milieu du corps avec un cheveu ou un crin, et la mettre autour du trou; que le grillon ne tarde pas à venir saisir la fourmi, et qu'alors il suffit de tirer le cheveu pour le prendre. On peut encore le faire sortir de son trou en y introduisant à diverses reprises un brin d'herbe, d'où est venu le proverbe : *Sot comme un grillon.*

Cet insecte vole peu; il marche lentement, tantôt en

avant, tantôt à reculons, et ne fait que sauter avec ses grandes pattes postérieures comme les sauterelles.

Le CRIQUET OU CRICRI, *gryllallis,* Ad., ou *grillon domestique,* diffère du grillon. J'en connais trois espèces.

Le *criquet ordinaire*, que l'on appelle encore *cheval du bon Dieu*, se trouve communément dans les murs d'argile ou de brique bien exposés au soleil, et autour des foyers ou des fours où on entretient du feu toute l'année. Il ne sort que la nuit et vole d'une maison à l'autre et beaucoup plus aisément que le grillon, qui n'a pas les ailes aussi longues.

Il n'y a que le mâle qui fasse du bruit, mais non pas dans les grands froids; alors il se retire au fond de son trou. Au printemps et en été il fait entendre continuellement son cri, qui est aigu et très-désagréable.

La femelle pond ses œufs dans son trou toute l'année.

Quelque incommode que soit cet insecte par son bruit, sa malpropreté et sa voracité, le peuple de beaucoup d'endroits est bien aise d'en avoir dans sa maison, et empêche de le chasser et de le détruire, par un préjugé qui lui fait croire qu'il lui porte bonheur. La philosophie, qui s'étudie à éclairer les hommes sur leur vrai bonheur, réussit lentement à détruire de pareils préjugés qui tiennent de la barbarie des mœurs, suite de l'ignorance. Pour guérir certains esprits d'un attachement aussi ridicule, il faut auparavant leur avoir inculqué bien des connaissances préliminaires.

Le SAUTRIO, *mastax,* Græc., *acridium,* Geoff., sautereau, dont nous connaissons plus de trente espèces, forme un genre d'insectes qui diffère de celui de la sauterelle, *locusta,* Plin., en ce que 1° il n'a que trois tarses au lieu de quatre à chaque patte; 2° la femelle n'a point de couteau à deux lames au derrière pour pondre ses œufs; 3° ses œufs ne sont pas séparés, mais réunis au nombre de trente environ en une espèce d'ovaire écailleux appliqué à la surface de la terre sur les plantes.

Le sautrio de passage, qui forme des nuages en Suède, en Allemagne, et celui du Sénégal, sont de ce genre. Nous allons en rappeler l'historique en abrégé.

Nous n'avons point en France le *sautrio d'Allemagne*, gravé et enluminé par Roësel sous le nom de *locusta germanica*, à la pl. XXIV de son *Histoire des insectes*. Cet insecte, qui est le plus grand de toutes les espèces de sautrio qui se voient en Europe, diffère aussi du sautrio du Sénégal. 1° Il est plus grand, ayant trente-trois lignes de longueur du front au bout des ailes, qui sont d'un quart plus longues que le ventre, pendant que celui du Sénégal n'a que trente lignes ; 2° il a le corps plus renflé, moins comprimé par les côtés ; 3° son corselet n'a point au milieu les trois sillons transversaux qu'a le corselet du sautrio du Sénégal ; 4° ses antennes sont plus courtes et moins pointues ; 5° il a le corselet et les grandes pattes vertes, au lieu que celui du Sénégal est partout cendré noir.

Ce sautrio est un insecte de passage qui voyage en Europe à peu près comme le sautrio du Sénégal, s'élève vers le mois de février dans les airs pour traverser l'Afrique. Il paraît que celui d'Allemagne vient dans ces pays des plaines orientales et méridionales de l'Europe. Ce fut ainsi qu'en 1542 les campagnes de la Hongrie, de la Bohême et de l'Allemagne en furent infectées.

Au mois de mai de l'année 1613, sous le règne de Louis XIII, ces insectes se répandirent dans la Provence. Mézerai, après avoir exposé les tristes effets d'une tempête extraordinaire qui s'était élevée au mois de janvier de cette année sur la Méditerranée, dit que quelque grande que fut la perte causée par le vent et par le tonnerre, elle n'approcha pas néanmoins de celle que les sauterelles (sautrios) firent dans la campagne d'Arles, vers le mois de mai. Il s'engendra une si grande quantité de ces insectes dans ce pays qu'en moins de sept ou huit heures elles rongèrent jusqu'à la racine des herbes, dans l'espace de plus de quinze mille arpents de terre; elles pénétrèrent jusque dans les granges et les greniers dont elles consumèrent tous les grains. Lorsque ces sautrios s'attroupaient et s'élevaient en l'air, ils formaient une espèce de nuage qui dérobait le soleil. Dès qu'ils eurent ravagé tout le territoire voisin d'Arles, ils passèrent le Rhône, vinrent à Tarascon et à Beaucaire, et ne trouvant plus de blé sur pied, ils ravagèrent les herbes potagères et les luzernes qu'on avait semées. De là, ils passèrent à Bourbon, à Valaberques, à Monfrins, à Aramon, où ils firent le même dégât; enfin ils furent mangés par les étourneaux. Ceux qui échappèrent, formèrent en terre et principalement dans les lieux sablonneux, une espèce de tuyau semblable à un étui rempli d'une si grande quantité d'œufs que tout le pays en aurait été désolé si on les eût laissés éclore; mais par les bons ordres que donnèrent les consuls des villes d'Arles, de Beaucaire et de Tarascon, on en fut délivré en peu de temps. On ramassa plus de trois mille quintaux de ces œufs qui furent enterrés ou jetés dans le Rhône; on supputa ensuite le nombre des insectes que ces œufs auraient produits, et en comptant seulement vingt-cinq par tuyau (ovaire), on trouva qu'il y en avait un million sept cent cinquante mille au quintal, ou près de deux millions, ce qui pouvait donner au total cinq cent cinquante mille millions de sautrios qui auraient éclos l'année suivante.

Il suffit que l'été soit sec en Ukraine et dans le pays des Cosaques pour qu'on soit inondé de sautrios, qui y sont portés, par un vent d'est ou de sud-est, en si grande quantité qu'ils obscurcissent l'air par les temps les plus sereins, et dévorent tous les blés. Ce fut à la suite d'un semblable fléau que les Cosaques se révoltèrent en 1648.

En 1690, il vint en Russie des sautrios par trois endroits différents, comme en trois corps : le premier alla à l'armée polonaise ; le deuxième, venant de Volhinie, passa à droite de Léopold, et le troisième vint par les côtés des montagnes de Hongrie. Ces insectes se répandirent dans la Pologne et dans la Lithuanie en une si prodigieuse quantité que l'air en était très-obscurci, et la terre toute couverte, comme d'un drap noir ; en perchant sur les arbres, elles faisaient plier les branches jusqu'à terre, tant leur nombre était grand. Les pluies en firent périr beaucoup.

On trouva en certains endroits, jusqu'à quatre pieds d'épaisseur, de ceux qui étaient morts les uns sur les autres ; ils infectaient l'air, et les bœufs, ainsi que les autres bestiaux qui en mangèrent parmi l'herbe, en moururent presque aussitôt.

En 1747 et 1748 la Hongrie, la Bohême et l'Allemagne essuyèrent ce même fléau, qui reparut, avec les mêmes ravages, qu'en 1542.

Enfin, en 1755, nous avons vu les sautrios se répandre sur quelques endroits du Portugal, et ravager les campagnes peu de temps avant le tremblement de terre qui se fit sentir à Lisbonne le 1er de novembre.

Le sautrio, qui cause tant de ravages, s'accouple vers le mois d'août : la femelle monte sur le mâle, comme toutes les autres sauterelles, et elle pond peu après un ovaire brun, ou plutôt vingt-cinq œufs, qu'elle enduit d'un mucilage écumeux, sortant de son derrière, qui lui forme une espèce d'enveloppe écailleuse qu'elle applique au pied des plantes, proche la terre, surtout dans les terrains sablonneux.

Les petits n'éclosent qu'à la fin d'avril ; ils muent trois fois, à peu près tous les vingt-quatre ou vingt-cinq jours, savoir : à la fin de mai, vers la mi-juin, et à la troisième mue, qu'ils subissent vers le commencement de juillet, ils sont dans l'état de nymphes; où ils restent encore vingt-quatre à vingt-cinq jours; de sorte qu'ils ne deviennent insectes ailés et en état de s'accoupler et d'engendrer que vers la fin de juillet ou au commencement d'août.

Les ravages que fait le sautrio d'Afrique diffèrent peu de ceux que nous avons rapportés du sautrio d'Europe, quoiqu'il soit d'un dixième plus petit ; néanmoins, comme il est plus nombreux, qu'il s'élève plus haut, qu'il voyage plus loin, qu'il s'en forme à peu près tous les ans une égale quantité dans un pays sablonneux et très-sec pendant huit à neuf mois, ses ravages sont et plus fréquents et plus étendus. Pour en donner une idée, il suffira de rappeler ici ce que j'observai, au sujet d'un de ces nuages, à mon arrivée à Gambie, en février 1750 (*Voyage au Sénégal*, p. 87). Trois jours après, nous étions en rade : il s'éleva au-dessus du vaisseau, vers les huit heures du matin, un nuage épais qui obscurcit l'air en nous privant des rayons du soleil. Chacun fut étonné d'un changement si subit dans l'air, qui est rarement chargé de nuages dans cette saison; mais on reconnut bientôt que la cause en était due à un nuage de sautrios. Il était élevé d'environ vingt à trente toises au-dessus de la terre, et couvrait un espace de plusieurs lieues de pays, où il répandait comme une pluie de sautrios, qui y paissaient en se reposant, puis reprenaient leur vol. Ce nuage était apporté par un vent d'est. Il fut toute la matinée à passer sur les environs, et on pensa que le même vent le précipita dans la mer. Ils portèrent la désolation partout où ils passèrent; après avoir consumé les herbages, les fruits et les feuilles des arbres, ils attaquèrent jusqu'à leurs bourgeons et leurs écorces; les roseaux mêmes des couvertures des cases, tout secs qu'ils étaient, ne furent point épargnés; enfin ils causèrent tous les ravages qu'on peut attendre d'un insecte aussi vorace ; mais la végétation est si prompte en ce pays que quatre jours suffirent pour couvrir les arbres de nouvelles feuilles, et pour faire oublier tout le mal que ces sautrios avaient fait.

Les Hébreux appelaient ces sautrios *arbé,* à cause de leur multitude.

Orose nous apprend que l'an du monde 3800, il parut en Afrique un nombre incroyable de sautrios qui, après avoir consumé toute la verdure, se noyèrent dans la mer d'Afrique, et jetèrent une puanteur si violente qu'on crut qu'il mourut plus de trois cent mille hommes à cette occasion.

Quand ces insectes volent en société, ils font un grand bruit.

A Bassora, en Perse, il passe quatre ou cinq fois l'année de semblables nuages de sautrios.

En Chine on en voit aussi, mais rarement, et seulement dans les années sèches qui suivent les inondations ; ces nuages sont même si petits que souvent leurs ravages ne se font sentir que dans l'espace d'une lieue pendant que le reste du pays en est exempt.

Quelque dégoûtant que semble le sautrio, il y a cependant des hommes qui en mangent, et il y en a eu de tout temps : saint Jean-Baptiste en a mangé dans le désert ; c'était une nourriture connue dans la Judée, puisque Moïse avait permis aux Juifs d'en manger des quatre sortes qui sont spécifiées dans le *Lévitique,* sous les noms de *arbé, argol, hagab, selbas* (*Lévitique,* c. 11, vers. 21, 22). Selon Aristophane, on les portait de son temps dans les marchés d'Athènes, comme on y vend les oiseaux chez nous. Dans les pays orientaux et dans les déserts de l'Afrique, il y a des *acridophages,* c'est-à-dire des mangeurs de sauterelles. Ces peuples les mangent dans la saison où elles abondent, c'est-à-dire pendant les sécheresses, depuis janvier jusqu'en mai.

Ils les mangent soit rôties, soit frites, soit cuites avec le lait, soit marinées avec le sel, le poivre et le vinaigre, et ils en conservent pour le besoin.

Néanmoins, il ne faut pas croire que tous les peuples qui ont passé jusqu'ici pour acridophages mangeassent des sautrios; il paraît, par exemple, que tous les habitants des côtes maritimes mangent, sous le nom de sauterelles, ces espèces de langoustes et de crustacés que l'on nomme aussi du nom de sauterelle, *locusta*, d'où est dérivé le nom de langouste.

Les cochons aiment beaucoup les œufs du sautrio; le serpent géant du Sénégal en engloutit beaucoup, et il serait utile au genre humain qu'on cherchât les moyens d'en exterminer la race. Les laboureurs chinois, lorsqu'ils aperçoivent un nuage de sautrios, se contentent d'étendre des draps sur leurs champs. En Chypre, il existait autrefois une loi qui obligeait de faire chaque année trois fois la guerre aux sautrios, la première en écrasant leurs œufs, la deuxième en tuant leurs petits ou leurs larves; la troisième en détruisant les insectes lorsqu'ils sont ailés; mais il reste encore à trouver un moyen infaillible d'en purger la terre : qui ferait une pareille découverte se couvrirait de gloire, et d'une gloire immortelle : on oublierait le nom des conquérants, et le sien vivrait autant que l'univers.

Les sautrios communs des champs, à ailes vertes et rouges, sont de ce genre, et se métamorphosent de même dans les prés.

La SAUTERELLE, *locusta*, Plin., quoique conformée à l'extérieur d'une autre manière que le sautrio, en diffère cependant assez peu par les mœurs, quoiqu'elle ne se rassemble jamais comme lui pour s'élever dans les airs ni pour former des nuages.

J'en connais plus de vingt espèces.

La *sauterelle verte*, *locusta*, Plin., a vingt-neuf ou trente lignes de longueur ; la femelle porte au derrière une queue composée de deux lames en couteau, au moyen duquel elle pond en août environ cent œufs, à un pouce de profondeur, dans la terre des champs ou autour des buissons, ou dans les jardins, qu'elle habite communément.

On ne la trouve jamais en grande quantité ; elle se tient communément sur les blés ou sur les feuilles des arbres, à hauteur d'appui.

Dès que la femelle a pondu ses œufs, elle meurt, ainsi que le mâle, qui lui survit peu.

Les larves dont les œufs échappent à l'humidité des hivers qui en fait périr beaucoup, éclosent vers la fin d'avril, et se métamorphosent comme celles du sautrio.

La *sauterelle brune des prés* ne diffère de la verte qu'en ce que : 1° elle est plus petite, longue seulement de vingt-trois à vingt-quatre lignes ; 2° elle a au moins les pattes et le couteau bruns ; 3° elle ne se trouve que dans les prés où elle pond ses œufs.

La MANTE, *mantis*, Diosc., se distingue du genre de la sauterelle en ce qu'elle a le corps beaucoup plus effilé, cinq tarses à toutes les pattes, et les jambes antérieures pliées sur les cuisses, non marchantes et appliquées sur le corselet qui se relève en angle droit sur le corps, de manière qu'il se repose dans cette attitude sur les quatre pattes postérieures, d'où lui est venu son nom de *pregadiou* que lui donnent les Provençaux. Les habitants du Languedoc prétendent qu'il montre les chemins qu'on lui demande, parce qu'il étend ces mêmes pattes antérieures, tantôt à droite, tantôt à gauche. Le nom de *devin*, *mantis* lui a été donné par les

Anciens, parce qu'ils ont imaginé qu'il indiquait avec ses pattes antérieures les choses qu'on lui demandait.

De plus de vingt espèces que je connais, il n'y en a qu'une qui se trouve aux environs de Paris, encore y a-t-elle été trouvée très-rarement. Elle est plus commune dans l'Orléanais, l'Allemagne et la Provence.

Elle est vert brun, et pond ses œufs en un paquet hémisphérique, plat d'un côté, où ils sont disposés sur deux rangs et recouverts d'un rang d'écailles posées en toit les unes au-dessus des autres, et membraneuses comme un parchemin.

La BLATTE, *blatta*, Mouffet, *silpha*, Théoph., est un genre de sauterelle à cinq tarses à toutes les pattes comme la mante, mais à corps elliptique très-déprimé ou très-aplati de dessus en dessous.

J'en connais plus de quinze espèces.

Le *mbott* ou *grand kakerla gris* du Sénégal et des Canaries, est vivipare.

Le RAVET ou *kakerla rougeâtre,* à corselet bordé de noir du Sénégal, est ovipare; son ovaire est cylindrique, tranchant d'un côté, qui a seize à dix-huit dents en scie, et il contient deux rangs, chacun de huit à neuf cellules. Cet insecte vit de racines des plantes et surtout de grains, de farine, de fruits, de viandes et s'accorde généralement de tout.

Il fuit la lumière et se tient caché pendant le jour dans des trous, des fentes des maisons dont il ne sort que la nuit.

Il a pour ennemis l'araignée, la fourmi et la guêpe; celle-ci l'attaque en marchant d'abord à lui; puis s'arrêtant comme pour le considérer, elle s'élance sur lui, lui saisit la tête, qu'elle perce avec ses mâchoires, se replie sous son ventre pour la percer de même, et la laisse ainsi; au bout de quelque temps, elle revient, certaine de la trouver sans force,

II.   28

elle la pince par la tête, et la traîne à reculons jusqu'au nid où elle a pondu ses œufs.

La *blatte de France et d'Europe* ne diffère presque du ravet du Sénégal qu'en ce qu'elle est deux fois plus petite, toute brune et à étuis un peu plus courts que le ventre.

Elle est commune dans les cuisines autour des cheminées et dans les fours des boulangers.

Elle mange la farine, la pâte, le pain, et toutes les autres provisions de bouche.

DIX-SEPTIÈME SÉANCE.

VIe, VIIe, VIIIe, IXe, X^e, XIe, XIIe, XIIIe, XIVe, XVe, XVIe, XVIIe, XVIIIe, XIXe FAMILLES DES INSECTES.

CIGALES, PUNAISES, DEMOISELLES, VAGVAGS, FOURMI-LIONS, PAPILLONS, AMBULONS, PHALÈNES, COSSUS, TEIGNES, DEMI-TEIGNES, LÈVE-QUEUES, DEMI-ARPEN-TEUSES ET ARPENTEUSES.

6e FAMILLE. LES CIGALES, *CICADÆ*.

Je rassemble sous ce nom tous les insectes *à bouche en ai-guillon* à quatre ailes membraneuses, ou en demi-étuis, et à tête ornée de deux ou trois petits yeux lisses.

Parmi les vingt genres de cette famille, on remarque particulièrement la cigale proprement dite et le *porte-lanterne*.

La CIGALE, *cicada*, Plin., comprend environ six ou sept espèces, qui forment un genre d'insecte facile à reconnaître : 1° par ses quatre ailes nerveuses très-transparentes, en toit ; 2° par ses antennes sétacées ; 3° par ses trois petits yeux lisses ; 4° par les deux lames en timbale que le mâle porte sous son ventre ; 5° par la tarière à trois lames que la femelle a couchée dans une fente sous son ventre.

Les plus grandes espèces de cigales se trouvent au Sénégal et aux Indes ; elles sont noirâtres et ont deux pouces et demi de longueur ; on n'en a point encore vu autour de Paris, mais celle de l'Italie, de la Provence et du Languedoc se voit quelquefois dans les provinces méridionales de cette ville, jusque dans le Gatinais, où les paysans la nomment *birnella* ; elle est vert jaunâtre et a tout au plus un pouce et demi de largeur.

On la trouve communément appliquée sur l'écorce du frêne, surtout du frêne nain à feuilles rondes, qui donne la manne, et dont elle pompe la séve en pénétrant l'écorce de ses jeunes branches avec sa trompe.

Le peuple croit communément, en Languedoc et en Provence, que c'est la femelle qui chante, mais c'est le mâle; lui seul a les organes propres à exciter le son. Ce sont deux plaques sèches, arrondies, mobiles, placées au-dessous des pattes postérieures et sous lesquelles répondent deux cavités creusées dans le ventre, contenant chacune une membrane transparente irisée, sous laquelle est un gros muscle dont le tiraillement contractant et relâchant alternativement avec force, y produit des vibrations qui, agitant l'air sur les deux lames ou timbales, occasionnent ce bruit harmonieux mais perçant de la cigale. Quoique la cigale soit morte, on peut exciter encore ce bruit en remuant légèrement, avec une épingle, le muscle qui en est le premier agent; les deux timbales agissent en cette occasion précisément comme un timbre qui, sans être touché, renvoie par vibrations l'air dont on l'a frappé; le plus léger frottement sur ces timbales occasionne des vibrations parcilles; il paraît que le battement des cuisses sur ces timbales se joint aussi à cette action pour en augmenter la force.

C'est surtout le matin, et pendant la chaleur des jours les plus sereins, que le mâle fait entendre son timbre aigu, comme le dit agréablement le poëte des champs :

Sole sub ardenti resonant arbusta cicadis.   Virg., Ecl. II.

Il est probable que cette espèce de chant, qui n'a cependant rien d'agréable, a été accordé aux mâles pour appeler leurs femelles; celles-ci les approchent et s'accouplent en montant sur eux, à la manière propre aux sauterelles, si l'on en croit encore Roësel; cet accouplement se fait au printemps

La femelle ainsi fécondée ne tarde pas à pondre ses œufs.
Pour cela elle choisit un arbre de l'espèce de ceux dont les
sucs lui servent de nourriture, et où ses petits puissent en
naissant la trouver sans être obligés de courir. Ainsi la cigale
de Provence pond les siens sur le frêne, dans des branches
mortes et sèches qu'elle perce avec sa scie jusqu'à la moelle,
où elle dépose à la file huit à dix œufs, c'est-à-dire autant
que le permet la longueur du trou que sa scie a pu percer.
Cela fait, elle perce un nouveau trou plus haut ou plus bas,
toujours dans des branches sèches et exposées au soleil, dont
la chaleur doit les faire éclore, et continue ainsi jusqu'à
ce qu'elle ait pondu environ cinq à six cents œufs.

Le trou par où la femelle a fait passer ses œufs est remarquable par une petite élévation, et c'est par là que doivent
sortir les petits l'un après l'autre à la file dans un ordre in-
verse, c'est-à-dire que le dernier pondu sort le premier. La
chaleur agissant plus immédiatement sur lui, il est aussi le
premier développé.

Ces petits n'éclosent communément qu'à la fin de l'automne; ils sont blancs, à six pattes, et descendent aussitôt
aux racines de l'arbre, dont ils sucent la séve jusqu'au moment de leur métamorphose en nymphe.

Dans cet état de nymphes, elles ont les pattes antérieures
plus grosses que les autres, avec leurs deux tarses aplatis,
dentelés et propres à creuser la terre; en effet, elles s'y enfoncent à deux ou trois pieds de profondeur, sans manger
ni pomper aucuns sucs.

Au retour du printemps, vers le mois d'avril, ces nymphes sortent de terre, remontent sur les branches des arbres et subissent peu après leur dernière mue pour devenir
insectes ailés, cigales enfin, qui bientôt après s'occupent du
soin de leur propagation.

Les paysans aiment à voir la cigale, et surtout à l'entendre chanter, parce qu'alors ils sont assurés qu'il n'y a plus de froids à craindre.

Les médecins ont remarqué que les années où les cigales chantent peu sont sujettes à des maladies épidémiques. En effet, les temps pluvieux et chauds sans soleil contribuent également et à putréfier les humeurs et à empêcher de chanter les cigales, qui ne sont jamais plus gaies que quand elles voient le soleil.

Dans la Grèce et les autres pays orientaux, les enfants percent d'un hameçon le corps d'une cigale qu'ils laissent voler attachée au bout d'un fil, pour prendre par ce moyen, comme ils font avec le hanneton, les oiseaux tels que le guêpier et le martinet, qui aiment beaucoup ces insectes.

Aristote nous apprend que chez ces peuples les nymphes de cigales passaient pour un mets exquis qui se servait sur les meilleures tables, et qu'on les mangeait même après leur métamorphose en cigales, en donnant la préférence aux mâles avant leur accouplement, et aux femelles après l'accouplement, à cause des œufs qu'elles contenaient.

La cigale en poudre est un remède apéritif qui pousse particulièrement les urines, vertu qui paraît dominante dans tous les insectes.

C'est une espèce de ce genre dont la nymphe produit du milieu de son corselet une espèce de champignon, *clavaria*, en Amérique, où elle est commune, surtout à la Martinique et à la Guadeloupe.

Nous avons autour de Paris environ soixante espèces d'insectes, qui ont été improprement nommés *cigales* par les auteurs. Elles doivent former six genres de l'ordre des pro-cigales de M. de Réaumur, qui n'ont que deux petits yeux lisses, et dont les ailes supérieures sont opaques comme des étuis.

C'est depuis le mois de juillet jusqu'à celui d'octobre que

ces insectes sont parfaits, s'accouplent, et pondent comme la cigale.

Leurs œufs n'éclosent qu'au printemps suivant, et les larves de la plupart se couvrent d'une écume, au milieu de laquelle elles se métamorphosent en nymphe et en insecte parfait sans quitter les plantes, sans se mettre en terre; lorsqu'on les a dépouillées de cette écume, elles en ont bientôt produit de nouvelle qui les couvre entièrement.

D'autres espèces n'ont point cette écume, couvent et sautent sur les plantes, dont elles pompent les sucs.

Le PORTE-LANTERNE, *lampis*, Arist., ne doit pas être confondu avec le coucouine ou cucujus, qui est un genre d'élater ou de ressort de la famille des scarabées, lumineux comme le porte-lanterne, par deux espèces d'yeux qu'il porte sur le corselet.

Le porte-lanterne forme un genre qui ne diffère de la procigale que parce que sa tête est prolongée en une espèce de corne ou de masque qui est lumineux dans l'obscurité.

On en connaît trois espèces, dont une de Surinam et les deux autres des Indes.

L'*akudia* ou le *vielleur*, de Surinam, est la plus grande espèce de porte-lanterne; il a trois pouces et demi de longueur. On l'appelle *vielleur* parce que le bruit qu'il fait imite le son d'une vielle.

Il est jaune varié de rouge, et porte un œil rouge de feu sur chacune de ses ailes inférieures.

La forme de sa lanterne est un ovoïde long d'un pouce et relevé en dessus de deux bosses.

Cette lanterne est lumineuse dans l'obscurité, et plus qu'aucun autre insecte connu. Mademoiselle de Mérian assure qu'une seule lui a suffi pour peindre pendant la nuit les figures qui sont gravées dans son ouvrage sur les insectes de Surinam. On lit et on écrit avec un seul porte-lanterne aussi facilement qu'avec une chandelle allumée.

On dit que ces insectes vivent de cousins, et que cette lumière, qui les attire, leur donne la facilité de les attraper.

Les Américains tirent un double avantage de ces deux bonnes qualités de cet insecte. Pour se délivrer des cousins et pour s'éclairer la nuit, ils en prennent plusieurs, qu'ils enferment et laissent courir en liberté dans leurs maisons. Ces insectes ne vivent guère plus de quinze ou vingt jours, ainsi prisonniers; leur lumière s'affaiblit peu à peu et s'éteint entièrement en mourant.

Pour prendre les porte-lanternes, on sort dès la pointe du jour avec un tison allumé avec lequel on fait la roue sur une hauteur. Ces insectes, attirés par la lumière et par les cousins qui la suivent, s'y rendent aussi, et on les prend en les abattant à coups de feuillages.

Lorsque les Américains vont de nuit à la chasse de l'agouti, ils attachent un porte-lanterne à chaque pied et en tiennent un à la main; ils n'ont pas d'autre flambeau pour faire cette chasse.

Il n'est pas inutile de faire remarquer que cette lanterne ne doit guère éclairer l'insecte pendant qu'il vole; comme elle est beaucoup plus large que le lieu de la tête où sont placés les yeux, elle doit faire l'effet d'une flamme plus large que notre front et qui en partirait; on sait que celui qui porte une lumière pendant la nuit voit moins bien que ceux qui sont à une certaine distance de lui.

7e FAMILLE. LES PUNAISES, CIMICES.

Les insectes de cette famille ont *une trompe en aiguillon*, comme ceux de la famille des cigales, et ils n'en diffèrent essentiellement que parce qu'ils *n'ont pas de petits yeux lisses* sur la tête.

Les méthodistes modernes, à l'exemple de M. Linné, qui

à répandu une obscurité étonnante sur ces sortes d'insectes, ont confondu, sous le genre de la punaise des lits, une centaine d'espèces, qui forment environ vingt genres d'insectes, dont la moitié, qui ont des yeux lisses, appartiennent à la famille des cigales, où nous les avons placés, pendant que l'autre moitié appartient à celle des vraies punaises, dont il est ici question.

C'est dans cette famille que se rangent naturellement le scorpion aquatique, *lispe*, Arist., la punaise à avirons, *notonecta*, le puceron, *aphis*, la cochenille, le kermès, la punaise des lits et la puce.

Le SCORPION AQUATIQUE, *lispe*, Arist., *hepa*, Geoffr., 480, est un genre d'insecte dont le corps est cylindrique allongé, avec deux filets à la queue.

On n'en connaît encore qu'une espèce.

Elle est commune en Europe, dans les bassins et mares d'eau bourbeuse, tranquille, herbeuse, pleine d'insectes, surtout de larves, d'éphémères, de demoiselles et semblables qui lui servent de nourriture.

C'est en août que cet insecte prend des ailes; alors il sort des eaux le soir, au soleil couchant, et voltige pendant la nuit pour s'accoupler.

Après l'accouplement la femelle retourne dans sa mare, ou si elle commence à se sécher elle en cherche d'autres pour y pondre ses œufs, qui sont ovoïdes, terminés par deux petites soies roides. Elle en pond ainsi six à huit, qu'elle insère avec sa queue dans des tiges flottantes de scirpus ou souchet, de manière que les deux soies sortent en dehors.

Les petits qui sortent de ces œufs ne sont en nymphe qu'au bout de trois mois, et ils ne prennent des ailes qu'au quatrième.

Un fait qui paraîtra singulier aux anatomistes, c'est que Swammerdam ait reconnu que cet insecte, ainsi que le capucin, *nasicornis*, *monoceros*, a, dans la structure de ses vaisseaux déférents, de ceux des testicules et de ses vésicules séminales beaucoup de rapport avec ceux de l'homme.

Le NÉPALIS, Arist., ou *grand scorpion aquatique*, a le corps plus large que le *lispe* et vit de même, seulement les œufs couronnés par sept soies.

La PUNAISE A AVIRONS, *notonecta*, Linn., a le corps demicylindrique, les pattes postérieures très-longues et nage sur le dos. La femelle pond des œufs ovoïdes, sans filets.

Le TIGANA ou la *punaise-tigre des jardins*, qui suce et dévaste les feuilles des poiriers en espaliers, en juillet et août, forme un genre particulier.

C'est à ce genre qu'appartient l'espèce dont la larve cause, en suçant, une galle dans la fleur de la germandrée, *Chamedrys*, ce qui la fait croître beaucoup sans pouvoir s'ouvrir, de sorte que l'insecte s'y trouve enfermé et y subit toutes ses métamorphoses.

Le PUCERON, *aphis*. Nous divisons ce genre d'insecte en trois, en distinguant ceux qui ont deux ou trois cornes sur le derrière et ceux qui ont le corps velu ou hérissé de longs poils. On le reconnaît à ce que son corps est ovoïde, sans écusson, en ce que ses pattes n'ont que deux tarses; la femelle mue sans changer sa forme de larve.

Elle a deux autres singularités : la première, c'est qu'elle est hermaphrodite en été, ou, pour parler plus exactement, elle est féconde alors sans l'approche d'aucun mâle ; la seconde, c'est qu'elle est vivipare pendant tout l'été et ovipare en automne, où elle est fécondée par le mâle.

Comme ces insectes périssent pendant l'hiver, il était nécessaire qu'il restât des œufs fécondés pour perpétuer leur espèce; aussi les femelles pondent-elles en automne sur les branches des arbres, après avoir été fécondées par le mâle, qui a des ailes et qui monte sur elles.

Ces œufs éclosent au printemps, et les petits qui en sortent s'attachent sous les feuilles des plantes dont ils sucent les sucs, qui font leur unique nourriture. Dès qu'ils ont fait leur mue et qu'ils sont en état d'engendrer, les femelles vierges encore, c'est-à-dire sans aucune espèce d'accouplement préliminaire, mettent au monde leurs petits vivants; la même mère en fait ainsi quinze à vingt en un jour, sans paraître moins grosse qu'auparavant. On peut même, en lui pressant légèrement le ventre, en faire sortir un beaucoup plus grand nombre, qui sont de plus en plus petits et qui filent comme des grains de chapelet. Elle continue ainsi à pondre tous les jours, sans cesser, jusqu'en automne, où elle devient ovipare.

Il n'est rien de plus certain que ces insectes sont féconds par eux-mêmes en été, on s'en convaincra aisément en recevant un puceron femelle au moment où elle sort du ventre de sa mère, et en le nourrissant isolément dans un bocal suffisamment fermé; on verra ce puceron vierge faire, au bout de dix à douze jours, des petits; et ces petits enfermés et nourris de même produiront également. M. Bonnet de Genève, à qui nous devons nombre de découvertes aussi curieuses, en a élevé ainsi neuf générations dans l'espace de trois mois, et on ne peut pas raisonnablement attribuer cette faculté productive à une superfétation qui s'épuiserait peu à peu dans les générations suivantes, comme le pensent quelques auteurs, puisque cette faculté est constamment la même tant que l'insecte est vivipare, c'est-à-dire tant qu'il fait chaud, puisque ce n'est que le froid qui change sa faculté vivipare en celle d'ovipare, et qui lui rend l'accouplement ou l'approche du mâle nécessaire pour féconder ses œufs, qui sans cela seraient probablement stériles, car je ne vois pas qu'on ait encore fait des expériences pour s'assurer si les œufs que pondrait en automne une femelle vierge, sevrée de tout mâle depuis sa naissance, seraient féconds et donneraient des petits au printemps suivant.

Je connais plus de trente espèces de pucerons, *aphis*, autant de pucerons à cornes, *cornafis*, Ad., et dix espèces de *mallos* qui vivent toutes sur les plantes, et dont les plus remarquables sont l'*aphis* du térébinthe, le *cornafis* du peuplier et le *mallos* de l'orme.

Tous vivent en société et souvent rassemblés au nombre de cent à cinq cents, autour de leur mère, et fixés au-dessous des feuilles, dans lesquelles leur trompe est enfoncée pour sucer ; ils restent quelquefois un mois entier, ou depuis leur naissance jusqu'à leur mue ou leur métamorphose en insectes ailés, sans autre mouvement que celui du derrière ou des pattes postérieures, qu'ils relèvent quelquefois tous ensemble en l'air.

Les feuilles de certains arbres ainsi piquées se recoquillent et forment une vessie dans laquelle la mère se trouve enfermée ; elle y met bas ses petits qui, en enfonçant pareillement leur trompe dans la vessie pour en pomper les sucs, les font quelquefois extravaser, au point que la vessie est pleine d'eau. On voit sous les feuilles de l'orme de ces vessies qui ont la grosseur du poing, à la fin de l'automne, où la séve diminue, et où les pucerons cessent d'être vivipares ; ces galles se sèchent, se fendent, et les pucerons en sortent pour aller pondre leurs œufs sur les branches de l'orme ; ce sont des *mallos*.

Toutes les galles semblables du tilleul, du peuplier, etc., ont à peu près la même origine et la même fin. Celle du térébinthe, que l'on appelle pour cette raison *arbre à mouches*, à Avignon, *bazgendges* en Turquie, et *baisonges* en France, présente un objet réel d'utilité. Ces galles, dans lesquelles on trouve une centaine de pucerons rassemblés, s'élèvent, depuis le mois de juillet jusqu'à celui de septembre, sur le bord des feuilles de cet arbre, sous la forme d'une sphère ou d'un croissant rougeâtre de huit à neuf lignes de diamètre. M. Granger nous a appris que les Turcs, habitants de Damas en Syrie, mêlent trois parties de la poudre de ces gálles avec une partie de cochenille, pour faire leur écarlate ou leur teinture de cramoisi sur la soie. Celles qu'on emploie en Chine, pour les mêmes teintures, leur ressemble aussi, selon M. de Réaumur. Quel avantage pour le commerce si on s'appliquait à multiplier ces galles sur les térébinthes de la Provence! on épargnerait deux tiers sur la cochenille, que l'on ne tire qu'à grands frais de l'Amérique.

Les *cornafis* ou pucerons à deux ou trois tuyaux en cornes au derrière, rendent continuellement par leurs cornes une eau sucrée et mielleuse qui attire les fourmis qui viennent la sucer. Les aphis qui n'ont pas ces cornes rendent cette liqueur par l'anus; enfin le *mallos* a, au lieu de cornes, un duvet blanc, qui paraît n'être autre chose que cette liqueur, qui suinte et transpire de son corps.

Parmi ces insectes il y en a une espèce dont la trompe s'allonge, au point que, lorsqu'elle la couche entre ses jambes, elle passe deux à trois fois la longueur de son corps.

Les pucerons font en général beaucoup de tort aux plantes qu'ils attaquent; les unes sont défigurées par le coquillement de leurs feuilles, les autres souffrent par la perte des sucs qui en sortent. On a tenté divers moyens pour les détruire, mais toujours inutilement. Cet insecte est si fécond que, pour peu qu'il en échappe un seul, il a bientôt reproduit une autre peuplade. Un des moyens qui semblent devoir réussir serait de mettre sur les plantes qui en sont attaquées quelques larves de la bête à Dieu ou glutelle, appelée *barbet*, ou le *lion des pucerons*, ou des vers des mouches aphidivores, qui s'en nourrissent et en détruisent d'autant plus qu'elles sont très-voraces, et qu'elles prennent leur accroissement en très-peu de temps et souvent en moins de quinze jours. Les fourmis ne leur font aucun mal et ne les détruisent pas en leur suçant l'intérieur du corps, comme l'ont avancé quelques auteurs; elles se contentent de recueillir les petits grains de sucre ou les gouttes de la liqueur mielleuse qui sort de leur corps.

La COCHENILLE, *cochenilla*, dont on fait usage pour la teinture, comme écarlate cramoisi, a été prise longtemps pour le fruit d'une espèce de figuier d'Inde, *opuntia*, sur laquelle on le recueille.

C'est un genre d'insecte de la famille des punaises qui ne diffère presque de celui du puceron, *aphis*, qu'en ce que 1° son corps est duveté comme celui du mallos, mais d'un duvet plus long; 2° elle pond ses œufs dans un amas de duvet; 3° le mâle a deux ailes verticales.

On en connaît quatre espèces, parmi lesquelles les plus remarquables sont : 1° la cochenille d'Amérique; 2° celle de Pologne.

La cochenille d'Amérique est un petit insecte sphéroïde, d'environ trois lignes de diamètre, rouge noir, qui, en se desséchant, devient hémisphérique.

Il est vivipare.

Cet insecte est originaire du Mexique, où on le trouve sur diverses plantes, et surtout sur la grande espèce de figue d'Inde ou raquette, *opuntia*. On l'a transporté depuis à la Jamaïque et dans d'autres îles de l'Amérique, où on le multiplie avec grand soin, parce qu'il est d'un rapport considérable.

On le sème, pour ainsi dire, sur l'opuntia. Pour cela on a, autour des habitations, des jardins plantés uniquement en *opuntia* de l'espèce appelée *domestique* ou *pencas*, qui a beaucoup moins d'épines que le sauvage. On fait avec de la mousse, ou du foin, ou de la bourre de coco, des petits nids appelés *pastles*, dans chacun desquels on met douze à quatorze cochenilles. On place deux ou trois de ces nids sur chaque feuille ou articulation de la plante, en les assujettissant entre leurs épines; quelques jours après, ces cochenilles mettent au monde des milliers de petits vivants qui n'ont pas un quart de ligne de grandeur et qui se dispersent bientôt assez également sur toute la surface de chaque articulation, choisissant les endroits où l'écorce est plus verte, plus succulente, pour s'y fixer en y enfonçant leur trompe en aiguillon et en pomper continuellement le suc qui doit les nourrir jusqu'à leur entier accroissement.

Ce n'est qu'au bout de quatre mois que ces petits y parviennent, et ils sont en état d'être cueillis. On fait tous les ans trois récoltes : la première est la moins considérable, elle consiste à enlever au bout d'un mois les nids et les cochenilles qu'on avait mis dedans pour multiplier; la seconde récolte se fait le quatrième mois, c'est-à-dire trois mois après, c'est le produit de la première génération semée qu'on enlève avec un pinceau. On laisse sur chaque articulation environ trente femelles ou grosses cochenilles qui produisent une seconde génération qu'on recueille au bout de trois ou quatre autres mois, c'est la troisième et dernière récolte. On laisse encore quelques mères pour multiplier et produire la troisième génération.

Lorsque la saison des pluies et des froids approche, les Américains coupent les pencas ou les articulations de la raquette, qui sont chargées de jeunes cochenilles de la troisième et dernière génération, et les transportent dans leurs habitations, où elles croissent à l'abri, parce que ces articulations se conservent vertes pendant trois ou quatre mois; c'est de ces cochenilles qu'on tire les plus grosses pour mettre dans des nids, comme nous l'avons dit, sur l'*opuntia*. Dès que la mauvaise saison est passée, on racle ensuite ces tiges ou articulations séparées pour enlever les cochenilles qui sont de différentes grandeurs et mêlées avec les nouveau-nés ; cette dernière cochenille est inférieure, et les Espagnols lui donnent le nom de *granilla*.

La cochenille recueillie sur les pencas ou raquettes cultivées, est plus estimée que celle qui vit sur les raquettes sauvages et plus épineuses ; elle fournit plus de teinture et de plus belle qualité.

Dès qu'on a recueilli la cochenille, il faut la faire mourir et sécher aussitôt si on ne veut pas risquer de la voir moisir ou diminuer par la sortie des petits, que les mères mettraient au monde si on leur en laissait le temps. Il y a trois manières de la faire sécher et de la faire périr : la première, c'est en la mettant dans des corbeilles qu'on plonge dans l'eau chaude ; par ce moyen leur corps se dépouille en partie de son duvet blanc et paraît brun rouge ; on la nomme *renegrida*. Dans la seconde, on la met sur des plaques appelées *comales*, qui ont servi à faire cuire le maïs ; comme elles sont sujettes à être trop chauffées on les nomme *negra* ; la troisième manière, qui est la meilleure, consiste à les faire sécher dans des fours nommés *temascales* ; elle est blanche, sur un fond rongeâtre ou jaspé, et on l'appelle *jaspeada*.

Trois livres de cochenille vivante ainsi desséchée ne pèsent plus qu'une livre. Elle conserve sa vertu colorante sans aucune altération, pendant plus de cent trente ans suivant les expressions de M. Hellot.

Le Mexique fournit tous les ans à l'Europe environ neuf cent mille livres pesant de cochenille, dont un tiers seulement de cochenille sauvage, qui produisent au commerce plus de quinze millions en argent.

La plus grande partie de ce qui se consomme de cochenille en Europe est employée dans la teinture en écarlate ou en cramoisi, ou pour faire le carmin ou le plus beau rouge à farder la peau. A Constantinople, on teint, c'est-à-dire on imbibe d'une teinture de cochenille très-vive, du crépon ou linon très-fin qui se vend dans le commerce sous le nom de *bezetra*, qui sert à colorer les liqueurs à l'esprit-de-vin et à farder, après l'avoir imbibé d'un peu d'eau. Celui qu'on contrefait à Strasbourg est bien inférieur, ainsi que la *laine nakara* du Portugal, qui s'emploie aux mêmes usages.

La cochenille est sudorifique et diurétique; on dit que les Italiennes en font usage pour empêcher l'avortement; on l'emploie dans l'hydropisie et l'ischurie.

Le KERMÈS, *chermès,* Offic., forme un genre facile à distinguer de celui de la cochenille, en ce que : 1° sa femelle n'a point d'ailes, et forme une espèce de coque lisse comme cartilagineuse en bateau renversé; 2° son mâle a deux ailes horizontales croisées, et deux à quatre filets à la queue.

J'en connais plus de vingt espèces, parmi lesquelles on peut compter celle de l'oranger, de la vigne, du tilleul et du chêne vert.

Le kermès du petit chêne vert est commun en Provence, en Espagne et en Grèce, dans l'île de Candie, où on s'étudie à le multiplier, pour en tirer la teinture appelée proprement l'écarlate ou cramoisi, mais qui est inférieure à celle de la cochenille.

C'est un insecte semblable à une coque hémisphérique, comme membraneuse, lisse, luisante, de trois lignes de diamètre, qui vit sur les feuilles et les jeunes branches du petit chêne vert, appelé *ilex cocciglandifera,* qui croît à la hauteur de deux à trois pieds sur les collines pierreuses des côtes de la Méditerranée.

Vers le commencement du mois de mars, les femelles qui ont passé l'hiver dans les enfourchures des branches, pondent sous elles, avant de mourir, environ deux mille œufs sphéroïdes, qui éclosent bientôt après, se dispersent sur les *yeuses*, et se fixent pour jamais dans un lieu où ils parviennent à toute leur grosseur vers la fin de mai, temps où ils pondent leurs œufs pour mourir aussitôt après. Ces œufs éclosent sous le ventre de la femelle, qui en est pleine, et semblable à une peau fine, brune, hémisphérique, collée et appliquée si étroitement sur les branches que les petits sont souvent forcés de la percer pour voir le jour. Ces petits du mois de mai sont ceux dont les femelles doivent passer l'hiver, pour multiplier au premier printemps prochain. Parmi eux, il y a des mâles qui, dans les premiers instants de la naissance, ne diffèrent pas de la femelle; qui se fixent d'abord comme elle, mais qui se métamorphosent sous leur coque en une nymphe, qui, devenue insecte ailé à deux ailes horizontales comme le cousin, soulève sa coque, en sort le derrière le premier, saute brusquement comme la puce, et voltige pour chercher les femelles sur lesquelles il monte, se promène de la tête à la queue, et avec lesquelles il s'accouple.

Le kermès qui vit sur les yeuses voisines de la mer est plus gros, plus rougeâtre que celui des arbrisseaux qui en sont éloignés. Sa récolte se fait avant le lever du soleil; des femmes le détachent avec leurs ongles et font attention pendant la récolte à ne les pas laisser manger par les pigeons, qui les aiment beaucoup, quoique ce soit pour eux une mauvaise nourriture, et à arroser de vinaigre celui qu'on destine pour la teinture, et à le faire sécher. Ce premier lavage leur procure une couleur rougeâtre; on les lave ensuite dans du vin; on les fait sécher au soleil, on les frotte dans un sac pour les lustrer; ce frottement en fait sortir les œufs sous la forme d'une poudre rouge; on les enferme ensuite dans des sachets où l'on a mis suivant la quantité qu'en a produit le grain, dix à douze livres de cette poudre par quintal. Plus il y a de cette poudre, plus les teinturiers prisent le kermès. La coque qui enferme cette poudre s'appelle la *graine d'écarlate*.

Le kermès sert pour la teinture de la laine et de la soie en un cramoisi, moins beau que celui de la cochenille.

On l'emploie aussi en médecine, comme astringent corroborant et aphrodisiaque, pour l'avortement; en pulvérisant ses coques, les laissant digérer pendant sept à huit heures dans un lieu frais, et en exprimant le suc, qui, dépuré et mêlé avec deux fois autant de sucre, forme une conserve liquide et cordiale connue sous le nom de sirop de kermès; avec la poudre rouge ou les œufs du kermès pressés avec les doigts, on forme des pastilles qu'on fait sécher au soleil, et qu'on envoie dans les pays étrangers sous le nom de pastilles d'écarlate, ou écarlate de graine.

La PUNAISE, *cimex*, Plin. Je ne connais encore que deux espèces d'insectes de ce genre, quoique les modernes aient, comme nous l'avons dit, confondu sous ce nom plus de soixante-dix-sept espèces qui forment plus de vingt genres, dont la moitié appartient à la famille des cigales.

La *punaise des lits*, *cimex*, Plin., est un insecte particulier aux climats tempérés, surtout de l'Europe et de l'Asie vers la Chine; je ne l'ai point rencontrée dans mes voyages au Sénégal; elle ne vit guère qu'une année, périssant communément pendant l'hiver vers le mois d'octobre, après avoir pondu environ quarante à cinquante œufs cylindriques, oblongs, ouverts en haut, appliqués par le côté le long des murs et des bois de lits, ou des cloisons en sapin.

On reconnaît aisément cet insecte à ce que son corps est lenticulaire, très-déprimé, un peu plus long dans les mâles qui semblent pointus, et à ce qu'il n'a jamais d'ailes, mais seulement des moignons, lorsqu'après avoir subi plusieurs mues, il est parvenu à sa dernière période de grandeur. Personne, avant moi, n'avait aperçu ses moignons. Alors ils s'accouplent, le mâle montant sur sa femelle, et ensuite lui tournant le derrière, queue à queue, les têtes opposées sur le même plan.

Les petits naissent vers le mois de mai, temps où sortent les vieilles punaises qui ont résisté aux froids de l'hiver.

Quoique la punaise se nourrisse du sang de l'homme, elle suce aussi quelquefois ses semblables. Elle fuit la lumière et ne sort que la nuit; une chose qui lui est particulière, c'est qu'à moins qu'elle ne soit très-proche du corps humain, elle aime mieux se laisser tomber perpendiculairement du haut du lit ou du plancher sur son visage, que sur quelqu'autre partie nue de son corps, que de voyager sur son lit.

On assure que les Chinois aiment l'odeur de la punaise.

De tous les moyens qui ont été employés jusqu'ici pour faire périr ces insectes, comme les fumigations de tabac, de soufre, etc., il n'y en a point de plus efficace qu'un extrait du suc d'ail et de poireau, dont on frotte exactement et avec le dernier scrupule tous les endroits où il y a des œufs de ces insectes; je parle d'après l'expérience.

Après la punaise vient naturellement la PUCE, que tous les modernes ont placée avec les crustacés, quoiqu'ils sussent qu'elle est sujette à une métamorphose, qu'elle naît d'abord d'un œuf sous la forme d'un ver allongé, cylindrique, à quatorze anneaux et à six pattes.

La puce diffère de la punaise en ce que 1° son corps est ovoïde, très-comprimé par les côtés; 2° ses tarses ont chacun cinq articulations au lieu de trois; 3° elle saute. Nous en connaissons plus de six espèces; les chiens, les chats, les lapins, les rats ont chacun leur espèce; on en trouve dans les nids des hirondelles de rivage : ce qui prouve que ce sont des espèces, c'est qu'indépendamment de la différence de leurs formes, il est rare qu'elles attaquent l'homme.

La *puce humaine*, *pulex*, Plin., est répandue sur les hommes de tous les pays, et il y en a une petite espèce, très-commune dans les sables des tropiques, qui est différente de celle des lits en ce qu'elle ne s'élève jamais à plus de cinq à six pouces, et reste toujours attachée aux jambes, vers le coude-pied et les chevilles. La puce n'attaque pas les morts ni les personnes dans lesquelles le sang ne circule pas.

Cet insecte se rencontre toute l'année, mais il est beaucoup plus commun pendant l'été, où il s'accouple et pond presque continuellement; on le nourrit dans des boîtes avec des mouches, dont il suce le sang.

La femelle pond ses œufs un à un, à la base des poils des animaux ou dans leur lit, où elle les colle; mais, selon Roësel, c'est dans les fentes des planches.

Ces œufs sont ovoïdes, oblongs; les petits sont roulés en cercle, comme la chenille du ver à soie l'est dans son œuf; ils en sortent au bout de quatre à cinq jours en été, et de onze en hiver, et se nourrissent de la sueur de la peau et de celle qui s'attache aux vêtements.

Au bout de onze jours en été et de quinze jours en hiver, ces larves sont parvenues à toute leur grandeur; alors elles se filent de leur bouche une coque ovoïde, blanche, dans laquelle elles se métamorphosent en nymphe, qui, au bout de quinze jours, sort de la coque sous la forme d'une puce, qui saute d'abord.

Ses sauts sont cent fois plus élevés que la longueur de son corps.

La force de la puce est telle qu'elle peut porter et traîner des corps cent fois aussi pesants qu'elle. On sait par Hoock qu'un ouvrier anglais ayant construit en ivoire un carrosse à six chevaux, avec un cocher sur le siége, un chien entre ses jambes, un postillon, quatre personnes dans le carrosse et deux laquais derrière, il employait une puce pour traîner tout cet équipage.

Les Indiens, qui croient à la métempsycose, traitent les puces aussi favorablement que tous les autres animaux qu'ils craignent. Il y a, au rapport d'Ovington, près de Suratte, un hôpital fondé pour les quatre mendiants, c'est-à-dire pour les quatre sortes de vermines ou insectes qui sucent le sang des hommes, savoir les puces, les punaises, les poux et les morpions. On soudoie de temps en temps un pauvre qui se vend pour laisser sucer son sang à ces insectes pendant une nuit; on l'attache nu sur un lit dans la salle du festin, c'est-à-dire la salle où on nourrit de ces insectes par principe de religion.

8ᵉ Famille. LES DEMOISELLES, *LIBELLÆ*.

Les insectes de cette famille se reconnaissent à ce que, 1° ils ont quatre ailes nues, plates, membraneuses, transparentes; 2° ils n'ont que trois tarses à chaque patte.

Des six genres qui la composent, la plus remarquable est la demoiselle, *libella*.

La DEMOISELLE, *libella*, ainsi appelée du mot *libellum*, niveau, parce qu'elle tient ses ailes étendues horizontalement, ou parce qu'elle plane en fendant l'air, forme un genre d'insecte qui comprend au moins vingt espèces.

La demoiselle, *libella*, de la grande espèce a trente-six lignes de longueur de la tête au bout de la queue.

Elle est commune en Europe dans tous les bassins herbeux et les mares, au-dessus desquels elle vole et s'accouple depuis le mois d'avril jusqu'à celui d'octobre. Nous avons parlé de son accouplement, qui se fait en anneau, le mâle pinçant la femelle par le cou avec son derrière pour la forcer à porter le sien sous le premier anneau de son ventre, près des pattes, où est placée la partie qui caractérise son sexe masculin. Ils volent tous deux ainsi accouplés, et ne se séparent qu'au bout de quelques heures.

La femelle va ensuite déposer, à la surface de l'eau ou à ses bords, dans la vase, ses œufs, tous séparés les uns des autres, au nombre de douze à quinze; ils sont ovoïdes, noirâtres, longs d'une ligne ou environ.

Les petites larves qui en éclosent ont chacune six pattes; elles ont un masque ou une lèvre inférieure en masque. Celles qui sont pondues en avril et mai paraissent se métamorphoser en nymphe et en insecte ailé au bout de trois à quatre mois, c'est-à-dire en août et septembre, quoique quelques auteurs disent qu'elles restent onze mois dans l'eau, c'est-à-dire jusqu'en avril de l'année suivante; et celles qui sont pondues en août et septembre y restent environ sept mois, c'est-à-dire jusqu'en avril, où elles prennent des ailes. La plupart deviennent nymphes avant l'hiver.

Lorsqu'elles sont prêtes à changer de peau pour passer de l'état de nymphe à celui de volatile, chaque nymphe sort de l'eau, et se fixe d'abord verticalement, la tête en haut, sur une plante aquatique ou sur une muraille bien exposée au soleil; la peau se fend sur le milieu du corselet, et le volatile en sort la tête pendante en bas et renversée sur le dos.

10ᵉ Famille. LES FOURMILIONS, *FORMICALEONES.*

Quatre ailes membraneuses nues, cinq tarses à chaque pied et un ventre sans aiguillon, distinguent cette famille de toutes les autres.

-Des dix genres qui la composent, nous examinerons :

1º Le Fourmilion, *formicaleo.*
2º L'hémérobe ou petit lion des pucerons, *hemerobius.*

3° La CHARRÉE ou teigne papillonnacée.
4° La PANORPE ou mouche-scorpion.
5° L'ÉPHÉMÈRE, *ephemera*.

Le FOURMILION, *formicaleo*, Réaum., *scalops*, Arist., se distingue assez par ses antennes en massue; ses ailes sont comme une gaze et couchées en toit aplati.

J'en connais dix à douze espèces.

Le fourmilion ordinaire de l'Europe se voit dès le commencement de juillet, où il sort de sa coque et de son état de nymphe.

Son accouplement n'a point encore été aperçu : peut-être se fait-il de nuit.

La femelle pond, peu après sa métamorphose en volatile, c'est-à-dire en juillet, un petit nombre d'œufs qu'elle pose un à un, séparément, à de grandes distances, dans le sable, en des lieux abrités, communément au pied des murs ou sous des avances de rochers ou de berges des grands chemins, bien exposés au midi, et souvent sous des buissons. Ces œufs sont ovoïdes, bruns, un peu renflés par un bout.

La larve en éclôt peu après, c'est-à-dire en juillet ou en août et même septembre. Elle a à peu près la forme de l'araignée porte-croix de jardin, mais plus aplatie ou déprimée, et deux pinces à la tête qui lui servent de suçoir, pour sucer les insectes qui font sa nourriture.

A peine le petit est-il éclos qu'il commence à se faire une fosse en trémis ou en entonnoir; pour cela, comme il marche plus facilement à reculons qu'en avant, il courbe son derrière, qui est pointu, il l'enfonce comme un soc de charrue en labourant le sable à reculons; il trace ainsi à plusieurs reprises qui sont autant de secousses vives, un sillon spiral, dont le diamètre est égal à la profondeur qu'il veut donner à la fosse. Sur le bord du premier tour de spirale, il en creuse un deuxième, puis un troisième, et enfin d'autres toujours plus petits que les précédents en s'enfonçant dans le sable qu'il jette avec ses pinces sur les bords, de manière qu'il forme un cône renversé, ou un entonnoir dont les parois ont la plus grande inclinaison possible sans se toucher, c'est-à-dire une pente de quarante-cinq degrés. Cette forme est proportionnée à la grandeur de la larve ; dans les premiers jours elle est fort petite ; mais lorsqu'elle est parvenue à toute sa grandeur, elle a jusqu'à deux pouces de diamètre et de profondeur.

Lorsque sa fosse est finie, il se met en embuscade au fond en cachant son corps sous le sable, et ne laissant passer que ses yeux et ses pinces qui embrassent exactement le point qui termine le fond de l'entonnoir ; malheur à la fourmi, au puceron, au cloporte, à un autre fourmilion, enfin à tout insecte malavisé qui rôde au bord de ce précipice ; le fourmilion, qui en est averti par les grains de sable qui roulent au fond, sur ses yeux et ses pinces, se retire un peu à reculons, ébranle par son mouvement le pied du sable, qui s'éboule et lui amène sa proie ; si elle remonte vite il lui lance une quantité de sable qui l'accable et la fait retomber entre ses pinces ; alors il les lui enfonce dans le corps et l'attire sous le sable où il la suce ; lorsqu'il n'en reste plus que le cadavre, il l'étend sur ses deux pinces, et d'un mouvement brusque, il le rejette souvent à un demi-pied au delà des bords de sa fosse. Lorsqu'elle est entièrement remplie, il en retravaille une nouvelle à côté de l'autre.

Cette larve est si sobre qu'on en a vu vivre plus de six mois dans une boîte exactement fermée où il n'y avait que du sable.

Lorsqu'elle est parvenue à toute sa grandeur, ce qui arrive communément du 1ᵉʳ au 15 mai, elle ne creuse plus de fosse ; elle s'éloigne un peu en traçant des sillons irréguliers dans le sable ; lorsqu'elle a trouvé un endroit convenable, à un pouce ou deux au plus de profondeur, elle se file avec son derrière, une coque d'une soie bien blanche intérieurement, et recouverte de sable au dehors, dans laquelle elle se métamorphose en nymphe.

Elle reste dans cet état de nymphe six semaines à deux mois, c'est-à-dire jusque vers le commencement de juillet, où elle se métamorphose en volatile ou en insecte parfait.

L'HÉMEROBE, *hemerobius*, le petit lion des pucerons, Réaum., forme un genre différent de celui du fourmilion, en ce que : 1° ses antennes sont sétacées, longues ; 2° que ses ailes sont relevées en toit aigu ; 3° sa coque est appliquée sous les feuilles des arbres.

J'en connais environ dix espèces.

L'*hémerobe vert* ou le *lion des pucerons* se voit assez communément en juillet et août. Il s'accouple alors, il sent mauvais, d'où lui vient son nom de *perla merdamolens* et vole pesamment. Son nom d'hémerobe n'est pas bien exact, car cet insecte vit plusieurs jours.

La femelle pond en juillet et août douze à quinze œufs environ, ovoïdes, blancs, d'une demi-ligne, pendant à un long fil sous chaque feuille des arbres qui sont couverts de pucerons, comme le sureau, le rosier, l'orme, le tilleul. Pour former ce fil, l'insecte pose d'abord sous une feuille son œuf qui est enduit de gomme, laquelle file à mesure qu'il relève son derrière en entraînant l'œuf qu'il laisse ensuite attaché au bout de ce fil.

Au bout de quelques jours, la larve sort de cet œuf, et remonte, le long du pédicule de son œuf, sur les feuilles, où elle vit de pucerons, et où elle mange souvent ses semblables ; elle a le corps allongé, pointu aux deux bouts, hérissé et armé de deux pinces en suçoir, comme la larve du fourmilion.

Après quinze ou seize jours de vie, elle se retire sous des

feuilles éloignées des pucerons, et y file avec son derrière une petite coque blanche sphérique, dans laquelle elle se métamorphose en nymphe.

Dix à douze jours après, c'est-à-dire en août ou en septembre, cette nymphe devient ailée et ouvre sa coque par un trait circulaire, en y laissant un petit couvercle qui y tient par un côté.

La CHARRÉE, Belon, ou *teigne papillonnacée aquat.* Réaum., diffère du genre de l'hémerobe, en ce que : 1° ses ailes sont roulées sur le corps, à bout pincé en queue de poule ; 2° sa larve est une teigne, qui se forme un fourreau qu'elle traîne dans l'eau.

J'en connais plus de vingt espèces.

La *charrée fauve, phrygana*, Geoff. I, 246, se voit fréquemment voltigeant par troupes, le soir, en juillet, autour des eaux.

Elle s'accouple alors, et pond un peu au-dessus de l'eau sur les feuilles des plantes qui croissent dans les eaux courantes, vives et herbeuses, environ trois cents œufs rapprochés côte à côte, cylindriques, cendrés noirs, une fois plus longs que larges, fourchus en haut en deux pointes, entre lesquels le petit éclôt.

Six à huit jours après qu'ils sont pondus, les larves en sortent. Elles ressemblent à une chenille à six pattes, et deux crochets écailleux au derrière, et quatorze anneaux, dont le quatrième, y compris la tête, porte une corne cylindrique relevée en dessus.

Cette larve se file avec la filière de sa bouche un tuyau de soie cylindrique allongé, qu'elle recouvre de portions de feuilles, de bois, de fragments de coquilles, et autres matières. Elle tient fortement au fond de son fourreau, par les deux crochets écailleux de sa queue, et elle le promène avec elle partout où bon lui semble. Si on l'en retire et qu'on la pose à côté de lui, elle y rentre la tête la première par le bout antérieur qui est ouvert, et ensuite elle se replie en deux pour se retourner bout à bout, et faire reparaître sa tête par l'ouverture par laquelle elle est entrée ; mais si elle ne retrouve pas son fourreau, elle en reconstruit un nouveau.

Sa nourriture consiste, comme celle des chenilles, en feuilles de plantes aquatiques.

Lorsqu'elle veut se métamorphoser en nymphe, elle fixe son fourreau en l'attachant avec plusieurs fils contre quelques corps solides, près de la surface de l'eau ; ensuite elle en bouche l'entrée, qui est la seule qui soit ouverte avec de gros fils de soie croisés en grillage, qui, en laissant un passage libre à l'eau, interdisent l'entrée aux insectes qui pourraient lui nuire. Ainsi enfermée, et à l'abri dans son fourreau qui lui sert de coque, cette larve se métamorphose en une nymphe grande et allongée, qui porte à la queue deux petites cornes charnues semblables à deux stigmates promptes à pomper l'air, et à la tête deux mâchoires coniques en pinces qui doivent lui servir à déchirer la grille qui l'enferme dans son fourreau.

La nymphe reste dix-sept à dix-huit jours dans cet état après lequel elle devient insecte ailé et parfait vers le mois de juillet de la seconde année ; elle a quatre antennules à la bouche et une trompe, les deux mâchoires en pinces de la nymphe n'étant sans doute que le fourreau des quatre antennules.

Dans son état de larve cet insecte est la pâture des poissons, et surtout des truites, qui l'aiment beaucoup et auxquelles il sert même d'appât.

La MOUCHE-SCORPION, *panorpa*, n'a rien de singulier que sa tête prolongée en trompe, dure, cylindrique, à quatre antennules, et sa queue qui, dans les mâles, a trois anneaux articulés, avec une pince au bout; ses ailes sont horizontales mais plates.

On la trouve en mai et juillet sur les collines, près des eaux, et il y a apparence que sa larve vit dans des trous, dans la vase, sous l'eau comme la phrygane.

L'ÉPHÉMÈRE, *ephemera*, genre d'insecte ainsi nommé parce qu'il ne vit pas plus d'un jour dans l'état de volatile, et que, parmi les dix espèces que l'on connaît il y en a qui ne vivent que quatre à cinq heures.

L'*éphémère blanche* se voit communément autour des eaux depuis le mois de mai jusqu'en août. C'est surtout en août qu'elle est plus commune et qu'on la voit par nuages autour de Paris, le long de la Seine, peu à près le soleil couché. Il y a même des années où elle est si abondante qu'on la voit tomber comme par flocons sur les eaux et sur le bord des rivières, où elle forme une couche épaisse de quelques doigts; aussi les pêcheurs donnent-ils à ces insectes le nom de *manne des poissons*. Comme tous ne parviennent pas en même temps à leur perfection et ne sortent pas en même temps de l'eau, on en voit ainsi pendant trois jours de suite avec cette abondance et pendant une demi-heure seulement chaque jour.

Cet instant de vie leur suffit pour perpétuer leur espèce. M. de Réaumur croit qu'ils s'accouplent, quoiqu'il n'ait jamais pu en trouver d'accouplés. Il n'y a en effet aucune sorte d'accouplement entre ces insectes. La femelle s'abaisse sur l'eau, se soutient en battant des ailes appuyée sur ses filets à la surface, où elle jette d'un seul coup son ovaire ou son frai composé de deux grappes, chacune de trois à quatre cents œufs sphériques, contigus, réunis par des filets. Ces grappes flottent d'abord à la surface, le mâle va aussitôt les féconder en répandant dessus sa liqueur spermatique, à peu près à la manière des poissons, et devenues par là plus pesantes, et pressées même par le mâle elles plongent et tombent au fond.

Ceux de ces œufs qui échappent à la voracité des poissons donnent bientôt de petites larves à six pattes, à trois nageoires à la queue et cinq à neuf paires d'ouïes en palette le long du ventre. Je n'ai vu que cinq paires de ces ouïes, Roësel et Geoffroy six, et M. de Geer neuf; peut-être le nombre varie-t-il suivant les espèces ou plutôt suivant l'âge, comme les stigmates; des larves en auront neuf paires et leurs nymphes seulement cinq ou six.

Comme elles ne font que ramper sans nager il leur faut un abri contre la poursuite des poissons, qui en sont très-friands. Elles se creusent, à deux ou trois pieds au-dessous du niveau de l'eau dans les terres glaiseuses qui bordent les eaux courantes des rivières, comme la Seine, la Marne, etc., chacune un trou horizontal de deux à trois lignes de diamètre, coudé comme un tuyau, qui a deux ouvertures proches l'une de l'autre et proportionnées à sa grandeur, de sorte qu'elles entrent par l'une et sortent par l'autre. Lorsque les eaux baissent jusqu'au niveau de leurs trous, elles en creusent d'autres plus bas; quelquefois le lit de la Marne, autour de Charenton, en est entièrement criblé.

La glaise ou la terre limoneuse végétale paraît être la seule nourriture de ces larves.

Elles vivent ainsi trois années, selon quelques auteurs; mais il paraît que c'est à la seconde année, vers le mois d'avril, qu'elles se métamorphosent en nymphe qui a des moignons d'ailes.

Vers les mois de mai, juin, juillet et août, ces nymphes, prêtes à se métamorphoser et gonflées, s'élèvent à la surface de l'eau, et sortent dans l'instant de leur peau de nymphe sous la forme d'insecte ailé qui vole aussitôt et va s'attacher au premier endroit qu'il rencontre, un arbre, une muraille, où il reste quelquefois vingt-quatre heures pendant lesquelles il change pour la dernière fois de peau sans changer de forme. Cette mue si extraordinaire d'un insecte pendant son état de volatile ne s'est encore montrée que dans le seul genre de l'éphémère, et ce n'est qu'après qu'elle est faite que l'insecte est parfait et en état d'engendrer.

Les mâles se distinguent des femelles à ce qu'ils ont les yeux beaucoup plus grands.

11ᵉ Famille. LES PAPILLONS, *PAPILIONES*.

Quoique dans l'usage ordinaire on confonde sous ce nom tous les insectes qui ont quatre ailes couvertes de petites écailles, sous la forme d'une poussière qui s'enlève au moindre attouchement, néanmoins le nom de *papillon* a été particulièrement consacré à un de ces insectes, qui est plus commun, et dont la chenille dévaste le chou et les autres plantes potagères de la famille du chou ou des familles voisines, comme le navet, la rave, la capucine, etc. Nous étendons ici ce nom sur tous les insectes qui peuvent être regardés comme formant la même famille, ayant les mêmes caractères que le papillon du chou, savoir : 1° les antennes en massue ; 2° les ailes relevées verticalement pendant leur repos ; 3° une chrysalide nue ; 4° une chenille à seize pattes.

Ces caractères sont communs à treize genres qu'on peut diviser en deux sections ; dans la première seront ceux dont le papillon a la première paire de ses pattes relevée en palatine non marchante, leur chenille est épineuse ; et dans la seconde ceux dont le papillon marche sur les six pattes : leur chenille est lisse et sans épines.

Parmi les premiers, on remarque particulièrement le

mars, et parmi les seconds le *makaon,* ou le papillon de l'oranger et le papillon du chou, *papilio.*

Le MARS, *mars,* ou la GRANDE-TORTUE, est un papillon des plus commun de l'Europe ; on le voit communément paraître dès le premier printemps, souvent depuis février jusqu'en mai, dans tous les jardins, surtout dans les cantons plantés en ormes. On l'appelle *grande-tortue* à cause de sa couleur qui imite assez celle de l'écaille de la tortue, c'est-à-dire du caret ; ses deux pattes antérieures en palatine ne lui servent qu'à nettoyer ses yeux ou écarter les étamines des fleurs pour en pomper le miel.

Dès que ce papillon a vu le jour il s'accouple, le mâle montant sur la femelle ; celle-ci pond aussitôt ses œufs sur les jeunes branches des ormes.

Les chenilles, qui en éclosent cinq à huit jours après, sont noirâtres, épineuses, à épines creuses et branchues, qui muent comme la peau ; elles filent continuellement en marchant un fil qui leur sert de soutien pour passer d'une feuille à l'autre. Elles vivent ainsi en société, faisant quatre mues de cinq à cinq ou de huit en huit jours.

Parvenues à leur grandeur, qui égale un tuyau de plume d'oie, elle se disposent à leur quatrième mue pour passer à leur deuxième état, celui de chrysalide. Pour cet effet, elles choisissent un lieu à l'abri, comme le dessous d'une branche, ou, par préférence, un mur bien exposé au midi ; elles y collent horizontalement quelques fils, auxquels elles se suspendent par leur partie postérieure, la tête pendante en bas, mais courbée en crochet contre le ventre. C'est dans cet état qu'elles muent et qu'elles quittent leur peau pour devenir une chrysalide anguleuse, pendante, à deux cornes à la tête, à six paires de tubercules sur le dos, avec une espèce de nez avancé, et quatre à huit points dorés. On sait que ces points sont exactement ce que sont nos cuirs dorés sans or, c'est-à-dire un vernis brun, épais, appliqué sur une feuille blanche d'argent ou d'étain, dont l'éclat perce au travers, et le fait paraître d'un jaune doré.

Cette chrysalide reste plusieurs jours dans cet état, après quoi elle se métamorphose en papillon mars, en grande-tortue, en répandant quelques gouttes d'une liqueur rougeâtre, qui sort de sa bouche pour humecter la peau sèche de la chrysalide et en faciliter la sortie. Ces gouttes forment autant de taches semblables à des larmes de sang sur les murailles : il n'en faut pas davantage pour donner l'alarme aux gens qui ignorent ces phénomènes, surtout dans les années où ces insectes abondent. C'est ce qui arriva en 1608 à Aix, en Provence, dont les murs parurent un matin, comme subitement, couverts de semblables taches, ce qui fit penser au peuple qu'il avait tombé pendant la nuit une pluie de sang ; mais un philosophe instruit, M. de Peirick, dissipa bientôt son alarme en lui faisant voir une de ces chrysalides répandant de semblables gouttes en quittant sa peau pour devenir ailée, et pour aller rejoindre les autres papillons de son espèce, dont l'air était alors rempli.

Le MAKAON, *bassela reine*, Aubr., le papillon à queue du fenouil est assez rare aux environs de Paris et dans le reste de l'Europe. Il ne paraît guère que vers le mois d'août.

C'est un des plus beaux et des plus grands de ce pays-ci ; il a vingt-quatre lignes de longueur, et est varié de jaune et de noir, comme sa chenille, avec trois points rouges sur le dessus des ailes inférieures, et un seul sur le dessous.

La femelle, aussitôt après l'accouplement, pond ses œufs, séparés les uns des autres, sur le fenouil, la carotte, la ciguë, et autres plantes ombellifères.

Ils éclosent le trentième jour, selon Roësel, et donnent une chenille lisse à seize pattes, vert jaunâtre, à anneaux noirs, portant chacune six points rouges. Ce que cette chenille a de remarquable, c'est que, lorsqu'on l'irrite, elle fait sortir du dessus de son cou, entre sa tête et son premier anneau, une corne à deux branches, ou plutôt deux cornes charnues, rougeâtres, réunies à leur origine sous la forme d'un V, susceptibles de rentrer en elles-mêmes, comme celles du limaçon, et dont on ignore l'usage.

Lorsque cette chenille est prête à se métamorphoser en nymphe, elle se fixe horizontalement dans un endroit, contre un mur par exemple ; elle y file un petit tapis de soie de toute sa longueur, puis, ayant bien cramponné ses deux pattes membraneuses postérieures, elle se file sur le dos, entre le sixième et le septième anneau, y compris la tête, un lien, une ceinture composée de quarante à cinquante fils. Cette ceinture la soutient horizontalement, et c'est dans cet état qu'elle change de peau et se métamorphose en chrysalide, qui est anguleuse et pointue par les deux bouts.

Quinze jours après, cette nymphe se métamorphose en papillon.

Le PAPILLON, *papilio*. Le grand papillon du chou, à ailes rondes, sans queue, se voit pendant tout l'été. Ceux que l'on rencontre dès le mois d'avril proviennent de chrysalides qui, formées trop tard pendant l'automne, c'est-à-dire sur la fin de septembre et en octobre, ont passé l'hiver dans cet état pour se métamorphoser aux premières chaleurs de quatorze à quinze degrés des mois de mars ou d'avril.

Après l'accouplement, la femelle pond, sous les feuilles des choux, une cinquantaine d'œufs rapprochés, mais non contigus, d'où sortent des chenilles velues finement, qui, après deux mois, se métamorphosent, en se liant horizontalement le corps, en une nymphe anguleuse, pointue aux deux bouts et tuberculée, qui devient papillon le quinzième our, et s'occupe aussitôt du soin de sa multiplication.

C'est principalement dans cette chenille que certaines espèces d'ichneumons pondent leurs œufs, en les piquant dans certaines parties qui ne les empêchent pas de vivre, de prendre tout leur accroissement, et même de se métamorphoser en nymphes : de sorte qu'on voit souvent leurs petits sortir ailés de ces nymphes peu après leur métamorphose.

Pour détruire ces chenilles il faut visiter les choux la nuit avec le flambeau.

12e Famille. LES AMBULONS, AMBULONES.

Les insectes de cette famille se reconnaissent à ce que, 1° leurs antennes sont en soie, excepté dans les tages et les maba; 2° leurs ailes sont horizontales; 3° leur chenille a seize pattes, à moitié couronnées de crochets, et est velue; 4° leur chrysalide est dans une coque, excepté l'*alusita*.

Ils comprennent douze genres qui forment deux sections : la première est de ceux qui ont un suçoir en trompe à deux lames, comme l'*alusita* ou le papillon à ailes en plume, Réaum.; l'ambulon ou la chenille martre, ou hérisson; le *fanera* ou l'apparent, la chenille commune et la chenille à brosses. La deuxième section contient ceux qui n'ont pas de suçoirs, comme la phalène de la chenille à poils contournés, *ovatrix*, et la processionnaire, *processionea*, Ad.

PREMIÈRE SECTION.

L'ALUSITA, ou papillon à ailes en plumes, l'éventail, forme un genre dont je connais six espèces, qui ont toutes les antennes sétacées, les ailes fourchues à plusieurs branches, qui volent de jour comme les papillons, et non de nuit comme les phalènes, et dont la chrysalide est hérissée et couchée nue horizontalement, sans coque, sur les feuilles, dont elle vit, dans les prés des environs de Paris.

L'*alusita* blanc a les deux ailes antérieures à deux branches, et les postérieures à trois branches.

On le trouve en mai et juin.

Sa chenille est verte, en cloporte, hérissée de faisceaux de poils, et vit sur les feuilles de la patte d'oie, *chenopodium*.

Le papillon à ailes en plumes brun, Réaum., ou le ptérofore éventail, Geoffr., est commun en septembre et décembre dans les prairies.

Il a huit rayons aux deux ailes antérieures et quatre aux postérieures.

Sa chenille vit sur les feuilles du chèvre-feuille.

L'AMBULON, *ambulo*, Mouffet, forme un genre qui comprend plus de vingt espèces, qui se reconnaissent à ce que, 1° le mâle a les deux antennes à deux peignes tournées d'un seul côté; 2° leurs ailes sont en toit écrasé contiguës, non croisées; 3° leur chenille est couverte de poils très-longs, couchés vers la queue, et elle court très-vite, d'où lui vient le nom de lièvre. Elle se roule en hérisson, et se laisse tomber à terre au moindre attouchement à l'extrémité de ses poils, d'où lui vient son nom de hérissonnée; 4° elle se file, au pied des arbrisseaux une coque horizontale d'un tissu très-lâche, formée extérieurement de tous ses poils, et tapissée intérieurement d'une coque soyeuse dans laquelle elle se transforme en une chrysalide ou fève ovoïde assez courte.

La *chenille martre* de l'orme est ainsi nommée à cause de la couleur de son corps, qui est jaune brun.

La phalène de ceux dont les coques ont passé l'hiver paraît en avril, s'accouple et pond environ deux cents œufs verdâtres, séparés les uns des autres, sur le gazon, l'ortie, l'orme, dont sa chenille fait sa nourriture.

Cette chenille se voit dans les prés depuis mai jusqu'en juillet, où elle fait sa coque pour se métamorphoser en nymphe.

En août, elle devient papillon qui s'accouple et pond, et dont les chenilles font leur coque en octobre pour passer dans cet état l'hiver.

Les poils de cette chenille occasionnent des démangeaisons lorsqu'on les touche, comme font ceux du manteau royal, de la processionnaire, etc.

Le FANERA, Ad., ou l'*apparent*, forme un genre qui diffère de celui de l'ambulon en ce que, 1° le papillon a les ailes rapprochées en toit arrondi ou en demi-cylindre; 2° sa chenille est couverte de poils rapprochés en faisceaux; 3° la chrysalide a une pointe sensible à l'anus; 4° ses œufs sont rassemblés en un paquet ovoïde recouvert de bourre de poils.

Il y en a environ vingt espèces.

La *commune*, ou la *chenille commune*, Réaum., naît en mars et avril d'œufs qui ont été pondus en automne sur le tronc des ormes et autres arbres, en paquets recouverts d'un duvet roussâtre, et toujours du côté exposé au midi. Ces œufs, ainsi que leurs chenilles, résistent à un froid de dix-sept à dix-huit degrés, c'est-à-dire de trois à quatre degrés plus violent que celui de 1709. Chaque paquet contient environ trois à quatre cents œufs, et, comme ils sont très-répandus non-seulement sur l'orme, mais encore sur les pommiers, les pruniers et quelques autres arbres fruitiers, ces chenilles ont souvent dévoré en avril les bourgeons de ces arbres, et en mai elles les ont quelquefois dépouillés entièrement de leurs feuilles, au point qu'elles moissonnent en peu de jours les plus belles espérances.

Ces chenilles sont noirâtres, à poils blonds, avec des taches blanches et deux mamelons rouges vers l'anus. Elles ont à peine la grosseur d'un tuyau de plume et la moitié de la longueur du doigt.

Elle vivent en société pendant toute leur vie et filent de concert, à l'extrémité des branches, une toile qui leur sert de tente pour se mettre à couvert et d'où elles sortent pour aller ronger les feuilles des environs.

Elles ne quittent cette toile et ne se séparent que pour faire leur coque vers le mois de juin. Alors elles vont cha cune de leur côté et se filent sous les feuilles des arbres ou même entre plusieurs feuilles, qu'elles courbent pour suppléer à l'épargne de la soie une coque brune, fort menue, dans laquelle elles se métamorphosent en chrysalide.

Cette chrysalide, au bout de trois semaines, devient une phalène blanche à cul brun renflé de poils, qui s'accouple aussitôt, c'est-à-dire en juin ou juillet, après deux ou trois mois de vie, et pond son paquet d'œufs qu'elle recouvre du duvet de poils bruns qu'elle a à l'entour de l'anus.

Ces œufs éclosent aussitôt; leurs chenilles vivent comme les premières et leurs phalènes pondent elles-mêmes au bout de deux mois, c'est-à-dire en septembre, une troisième génération en comptant celle de l'automne pour la première; de sorte que, dès la troisième génération, une seule chenille peut être mère de plus de six millions d'enfants.

Ce sont les œufs de cette troisième génération qui, lorsque l'automne est trop froid, restent en paquets sur les arbres pour éclore au printemps suivant, et qui, au contraire, lorsque les mois de septembre et octobre sont chauds, éclosent et dépouillent les arbres de leurs feuilles, comme il arriva en 1731. Ces chenilles se forment au bout des branches un nid de soie au milieu des feuilles qu'elles entrelacent et enveloppent en se doublant à mesure que le froid augmente. Elles forment en dedans plusieurs cellules dont chacune a sa porte qui répond à des routes communes qui conduisent au dehors. Chaque cellule contient cinq ou six chenilles. Quoique ces chenilles aient à peine deux lignes de longueur elles résistent ainsi sous cette enveloppe aux froids les plus rigoureux, de sorte qu'elles dépouillent les arbres de leurs feuilles en mai; c'est ce qui arriva en 1732.

Il faut s'y prendre de bonne heure pour ôter les paquets d'œufs et les nids de ces chenilles; mais, quelques soins qu'on se donne, rien ne contribue aussi efficacement à leur destruction que les oiseaux, qui en mangent et surtout les pluies froides, qui les exterminent en une ou deux matinées lorsqu'elles les surprennent dispersées.

La CHENILLE A BROSSES du chataigner, du pommier et de l'abricotier, appelée aussi la *patte étendue*, parce que sa phalène tient les deux pattes antérieures étendues en avant et la tête baissée entre elles, forme un genre qui se reconnaît à ce que 1° sa chenille a, sur le milieu de son dos qui est vert, quatre brosses de poils tronqués et une aigrette pointue de poil couleur de rose sur la queue; 2° ses ailes sont plus longues que le corps.

Elle se file en août sous les feuilles des arbres une coque qui est comme double, et dont l'extérieure est formé en partie de ses poils. Dans la deuxième, qui est toute de soie, elle se métamorphose en une chrysalide qui est garnie de petits faisceaux de poils.

Un autre genre de chenilles à brosses se fait reconnaître à ce que les femelles de ses papillons n'ont point d'ailes, mais seulement des moignons beaucoup plus courts que leur corps. Leurs chenilles ont deux aigrettes à la tête et deux à la queue.

DEUXIÈME SECTION.

La CHENILLE PROCESSIONNAIRE, Réaum., ou l'*évolution-naire*, ainsi nommée parce qu'elle a une marche réglée, naît des œufs que pond sur le chêne une petite phalène sans suçoirs, à ailes horizontales, triangulaires, contigües, grises, avec trois bandes noires.

Ses œufs, au nombre de sept à huit cents, sont figurés en barillets, disposés en tas oblongs sur deux lignes parallèles et recouverts de poils à peu près comme ceux de la chenille commune, *fanera,* Ad.

Les chenilles qui en éclosent sont grandes comme la commune, d'un brun presque noir, à côtés blancs couverts de poils très-longs, disposés par faisceaux ou aigrettes sur dix tubercules à chaque anneau. Elles ont seize pattes dont les dix membraneuses ont chacune une demi-couronne de crochets.

Chaque couvée, ou plutôt chaque portée, chaque ponte, chaque tas d'œufs, qui rend jusqu'à sept cents chenilles, ne se désunit jamais. Elles filent ensemble une toile commune qui leur sert de domicile où elles se cachent pendant le jour, et dont elles ne sortent que la nuit pour aller ronger les feuilles voisines. Lorsqu'elles ont consommé toutes celles de l'arbre qu'elles occupent, elles se mettent en marche le soir pour passer sur un autre chêne. C'est cette marche qui a quelque chose de surprenant par l'ordre et la règle qui y règnent ; et elle n'a point d'exemple dans aucun autre insecte. Une chenille, qui est comme le chef de la troupe, ouvre toujours la marche : celle-ci est suivie immédiatement de deux autres qui marchent de front. Ces deux sont suivies de trois qui le sont de quatre, et ainsi de suite tant que la largeur du terrain et du tronc le permet. Il n'y a que cette variation de largeur qui cause quelque différence dans le nombre des chenilles qui doivent former chaque rang ; mais elles tiennent ces rangs si serrés à la queue les uns des autres, qu'elles imitent fort bien une procession ou une évolution militaire bien disciplinée.

Ces chenilles passent ainsi près de deux mois ou les deux tiers de leur vie à voyager de leur arbre à ceux d'alentour, se filant un autre domicile semblable à une vieille toile d'araignée, qui se confond facilement avec ces grosses bosses qui se forment sur le tronc des arbres. Ce nid est remarquable par son volume : il a souvent un demi-pied de largeur sur un demi-pied de longueur ; elles le fortifient d'une toile doublée et redoublée ; il a deux ouvertures, l'une pour entrer, l'autre pour sortir. Dans l'intérieur elles se filent chacune leur coque, dont l'assemblage forme des espèces de gâteaux. Leurs poils entrent dans la construction de leurs coques, mais non pas entiers ; elles les coupent en plusieurs morceaux, et de soyeux et souples qu'ils étaient sur leur corps, ils deviennent si piquants que lorsqu'on ouvre ces nids ils voltigent comme une poussière qui, entrant dans la peau, y cause de fortes démangeaisons.

13ᵉ Famille. LES PHALÈNES, *PHALÆNÆ*.

Les papillons de cette famille ne diffèrent presque de ceux de la famille des ambulons que parce que leurs chenilles, qui ont pareillement seize pattes, portent *des tubercules sensibles* ou *une corne sur la queue.*

Ils comprennent treize genres qui peuvent se diviser en trois sections, dont la première, des sphinx, contient ceux dont la chenille a une corne sur la queue, comme l'*elpénor,* le papillon tête de mort, *morosphinx,* le sphinx et le ver à soie, *bombyx ;* la deuxième section, des phalènes, contient ceux dont la chenille est tuberculée, sans corne sur la queue, et le papillon sans suçoir, comme la phalène, *phalæna,* ou le papillon-paon, la livrée, *annularis,* ou le zigzag, la chenille à oreilles de l'orme. La troisième section comprend les papillons à suçoir, dont la chenille est tuberculée, sans corne sur la queue.

1re Section. LES SPHINX A CHENILLE A CORNE SUR LA QUEUE.

L'ELPÉNOR, ou la *chenille du tithymale*, est une des plus belles de l'Europe, et mérite par là d'être connue. Elle est de celles dont la tête ou le cou s'allonge en groin de cochon. Sa tête est ronde et son corps chagriné.

Dans sa jeunesse elle est verte, avec trois lignes jaunes et des points blancs; adulte elle est noirâtre, avec trois lignes rouges et des points jaunes, mais luisante comme le plus beau vernis.

Le papillon de celles qui ont passé l'hiver dans leur coque, maçonnée sous terre dans le sable, est lilas ou incarnat, taché de vert, avec du rouge aux ailes inférieures. Il ne sort que la nuit, voltige en planant, comme l'épervier, mais d'un vol précipité et roide, pour sucer le miel des fleurs avec sa trompe; ses antennes sont prismatiques, à trois angles.

Il sort de sa coque en mai, s'accouple et pond aussitôt ses œufs sur le tithymale à feuilles de cyprès, *tithymalus cyparissius*. Les petites chenilles en éclosent dans le même mois ou en juin. On les trouve alors en quantité jusqu'en juillet sur le tithymale, surtout entre Verberie et Compiègne. On peut les nourrir également avec les feuilles de toute autre espèce de tithymale, comme le réveil-matin ou même l'épurge. Quoique le lait de cette dernière soit très-âcre et purgatif, il ne lui fait aucune impression; elle en mange même quelquefois en vingt-quatre heures le double de ce qu'elle pèse, comme font presque toutes les chenilles de cette section, qui sont appelées *cochonnes* aussi bien à cause de leur voracité qu'à cause de leur forme.

C'est à la fin de juillet ou en août que cette chenille s'enfonce à deux pouces sous le sable, pour s'y filer une coque maçonnée en partie avec le sable, dans laquelle elle se métamorphose en fève ovoïde, avec une longue pointe au derrière.

Quelquefois cette nymphe se métamorphose en papillon en automne, c'est-à-dire en septembre et octobre, lorsqu'il fait chaud ; et alors ce papillon s'accouple, fait sa ponte sur le tithymale ; mais pour l'ordinaire elle passe l'hiver sous terre pour se métamorphoser en mai.

Le MOROSPHINX, ou le *papillon tête de mort*, est plus rare aux environs de Paris que celui du tithymale ; je l'ai cependant trouvé dans les bois de Verrières, au-dessus de Châtillon. Celui du Sénégal paraît être de la même espèce, et on le trouve en Égypte et en Angleterre ; son nom lui vient de ce que, indépendamment de sa couleur noire veinée de fauve obscur, son corselet porte une espèce de face fauve, avec deux points noirs qui imitent en quelque sorte une tête de mort. A cette image funèbre se joint une espèce de cri qui n'a été observé dans aucun autre papillon, et qui est dû à un frottement rude de sa trompe entre ses deux antennules. Ce papillon fut plus commun que d'ordinaire, il y a quelques années, dans certains cantons de la Basse-Bretagne. Dans un temps où il régnait des maladies, il n'en fallut pas davantage pour répandre l'alarme et l'effroi dans l'esprit du peuple, qui lui donna, pour cette raison, le nom de *papillon de la mort*, le regardant comme le présage du malheur et comme l'avant-coureur de la mort.

Ce papillon vit à peu près comme l'elpénor du tithymale, c'est-à-dire que, pour l'ordinaire, il passe l'hiver dans sa coque, sous le sable, et ne devient papillon qu'en mai, où il s'accouple et pond aussitôt sur le jasmin, le troëne, le lilas, la fève de marais et le chou.

La chenille qui en naît diffère de celle de l'elpénor du tithymale seulement en ce qu'elle n'a pas le cou allongé en groin de cochon ; elle est jaune, avec des boutonnières bleuâtres, et sa queue est roulée en spirale à son extrémité.

A la fin de juillet et en août, elle se file sur le sable une coque dans laquelle elle se change en fève pour prendre des ailes le quarante-cinquième jour, c'est-à-dire en septembre et en octobre, s'accoupler et pondre ses œufs.

La chenille qui porte le nom de SPHINX tient ordinairement sa tête relevée comme l'animal fabuleux que les peintres et les sculpteurs représentent sous le nom de *sphinx*. Elle est lisse, à corne simple.

Celle du liseron, *convolvulus major,* Alb., est plus grande que celle du troëne et du lilas, verte de même, mais à boutonnières jaunes et non pas violettes.

Vers la fin d'août et en septembre, elle se file sous le sable une coque dans laquelle elle se métamorphose en une chrysalide dont la trompe est dégagée, et forme une espèce d'anse ou d'anneau.

Elle passe ainsi l'hiver, et ne devient papillon que huit à neuf mois après, c'est-à-dire en mai. Ce papillon est cendré brun, veiné de gris, à corps annulé de noir et de rouge.

Le VER A SOIE, *bombyx,* Plin., diffère de tous les autres genres de cette section des sphinx en ce que, 1° ses antennes, au lieu d'être prismatiques, sont à deux peignes tournés du même côté ; 2° il n'a point de suçoir ; 3° sa chenille est lisse, à tête ronde ; 4° elle se file une coque sur les plantes.

On n'en connaît qu'une seule espèce, qui fournit deux variétés : l'une à chenille blanche, dont la soie est blanche ou verdâtre ; l'autre à chenille noire, qu'on appelle *provençale*, qui est plus grosse, dont les cocons sont plus gros et d'une soie jaunâtre. Elles ont une corne sur le douzième anneau et quatre petites taches en croissant qui indiquent la place qu'auront par la suite les ailes du papillon, savoir : deux plus grandes sur le sixième anneau, y compris sa tête, et les deux autres sur le neuvième, c'est-à-dire sur la troisième paire des pattes membraneuses.

Cet insecte est originaire du pays des Sères, en Asie, suivant les anciens, c'est-à-dire de la Chine. On le trouve naturellement sur les mûriers sauvages de ces pays, surtout dans la province de Canton, et dans le Tunquin, où le printemps presque perpétuel couvre ces arbres d'une verdure rarement interrompue. Son papillon y produit deux fois l'an : celui qui paraît en automne colle sur les branches du mûrier ses œufs, qui y passent l'automne et l'hiver sans danger, et qui n'éclosent en chenille que vers la fin d'avril ou en mai, temps où le mûrier commence à se couvrir de nouvelles feuilles ; au bout de cinq semaines, c'est-à-dire vers le comcement de juin, les chenilles de cette première ponte se filent, entre les branches de ces arbres, une coque où elles se métamorphosent en nymphes, et deviennent papillons vers la fin du même mois, au plus tard vers le commencement de juillet; de sorte que leurs œufs qui sont pondus alors sont devenus de même papillons deux mois après ou vers le 1ᵉʳ septembre, et ce sont les œufs de ceux-ci qui n'éclosent qu'au printemps suivant.

Néanmoins, comme ces insectes sont du goût de nombre d'oiseaux qui en rendent l'espèce moins commune, et quoique l'on puisse les préserver de ces oiseaux au moyen de filets tendus sur les mûriers, les Chinois, qui font dans leur vaste pays une consommation de soie beaucoup plus grande que tous les autres pays de l'univers, suivent de tout temps la pratique de les élever dans des appartements destinés à en multiplier l'espèce.

Il n'y a pas encore longtemps que nous avons fait passer en Europe cette branche précieuse d'un commerce presque aussi avantageux que celui de l'or. Ce ne fut que sous le règne de Henri II qu'on apporta les premières chenilles à soie, qu'on en fila les coques dans nos manufactures; et ce prince fut le premier de sa cour qui porta des bas de soie. Les étoffes de soie étaient si rares alors qu'elles se vendaient au poids de l'or, et les empereurs seuls en portaient. Aujourd'hui il n'y a presque pas de pays, entre la Chine et le Danemark, qui ne s'occupe de ces objets.

La Chine et l'Indostan, quoique très-riches en soie, en fournissent peu à l'Europe, parce que leur soie y est moins estimée pour l'usage des fabriques que celle que l'on tire du Levant; le peu qui en vient est destiné entièrement à la fabrique des gazes.

Celles que nous préférons pour nos fabriques viennent de la Perse par les caravanes qui les apportent à Smyrne; mais les guerres cruelles qui dévastent cet empire en ont beaucoup diminué l'exportation.

Le fil de soie que fournissent les îles de l'Archipel est dur et trop cassant dans le travail, et par là peu recherché.

L'Espagne recueille beaucoup de soies de Grenade, qui sont très-fines, très-unies, lustrées et très-estimées.

La Sicile est encore très-riche par les siennes, dont les Florentins, les Génois et les Luquois font le principal négoce.

Celles du Piémont sont très-estimées, et la France en recueille d'une qualité presque aussi belle, surtout dans les provinces méridionales, où la culture des mûriers est encouragée, au point qu'aujourd'hui la somme de nos récoltes annuelles en soie égale celle que nous achetons à l'étranger.

Enfin, quoique les climats tempérés soient les plus propres à élever des vers à soie, néanmoins plusieurs états du nord, comme la Prusse et le Danemark, commencent à cultiver des mûriers et à élever des vers à soie; mais, comme il n'y a que peu de cantons où l'exposition soit favorable au mûrier, on peut prédire d'avance que les fabriques de soie seront toujours très-bornées dans ces pays et dans ceux des climats aussi froids.

La bonté et la beauté de la soie dépendent des climats sous lesquels les chenilles à soie ont été élevées, des soins qu'on prend d'elles et de l'espèce de mûrier dont on les nourrit. Nous allons exposer en abrégé les pratiques qui réussissent le mieux dans nos climats tempérés.

La chambre ou les chambres qu'on destine à l'éducation des chenilles à soie doivent être exposées dans un lieu bien sec, au soleil levant, à l'abri des vents du nord et du midi, et si exactement closes que les oiseaux, les chats, les rats, les souris, lézards et animaux semblables ne puissent y entrer. Les fenêtres doivent être vitrées et couvertes de fortes toiles si elles sont exposées au midi. Au milieu de chaque pièce ainsi conditionnée, on élève plusieurs carrés longs, distants de trois pieds, de trois pieds de largeur, formés par quatre colonnes, partagés en trois ou quatre étages ou davantage sur la hauteur du plancher, de planches à coulisse distantes d'un pied et demi à deux pieds les unes au-dessus des autres. Sur chaque étage on étend des claies qui ont un rebord de deux à trois pouces. Ces lieux d'éducation de chenilles à soie s'appellent *tabarinages*.

On donne le nom de *graine* aux œufs de la chenille à soie. Celle du Piémont et de la Sicile passe pour la meilleure, et ensuite celle de l'Espagne. Quelques auteurs disent qu'il faut la renouveler tous les quatre ans; d'autres prétendent que celle qu'on recueille dans les cantons où on en élève, résiste mieux au climat avec lequel elle est naturalisée, et a plus d'analogie avec le mûrier qui y croît; et ce dernier sen=

timent nous paraît plus vraisemblable. Un gros de graine contient environ cinq mille œufs, qu'il faut réduire à deux mille cinq cents, parce qu'il périt ordinairement la moitié des chenilles avant qu'elles filent leurs cocons; et deux mille cinq cents cocons rendent environ une livre de soie. Cette graine est gris-bleuâtre.

Il ne faut faire éclore la graine des chenilles à soie que lorsque les feuilles du mûrier commencent à se développer, c'est-à-dire que lorsque la température de l'air se soutient entre quinze et seize degrés à midi, ce qui arrive entre le 10 et le 15 avril dans le midi de la Provence et du Languedoc, et seulement vers le 10 ou 12 de mai dans celui de Paris. Cette même chaleur, continuée pendant trois jours, fait éclore la graine, et elle est préférable à la chaleur artificielle, parce qu'elle fait éclore plus également et en plus grand nombre les œufs, au lieu que la chaleur artificielle en fait périr souvent plus de la moitié. Néanmoins l'usage de la chaleur artificielle est plus général dans les pays où l'on fait deux couvées successives dans la même année, comme la Toscane, et dans les climats sujets à de grandes variations, comme la Touraine.

La couvée artificielle se fait ainsi : on divise la graine par petits paquets d'une once, qu'on enferme dans un nouet de toile fine recouvert d'un morceau de drap. Ces paquets se portent de jour dans les poches de la veste, et se mettent la nuit sur la couverture du lit, qui ne leur donne qu'une chaleur de quinze à vingt degrés; ils ne doivent jamais approcher davantage de la peau, parce que la chaleur humaine, qui va communément de trente-un à trente-trois degrés, en ferait périr la plus grande partie. Au bout de deux ou trois jours, la moitié des œufs sont éclos; on les verse dans des boîtes sans odeur, foncées d'un papier blanc, sur un lit de coton ou de laine sans odeur, en mettant par-dessus eux de

jeunes feuilles de mûrier. Les boîtes doivent être entrete-
nues dans une chaleur continuelle de quinze à seize degrés. Cette chaleur est même la plus convenable à la chenille pendant toute sa vie, et ne doit pas dépasser dix-huit
degrés. Par ce moyen, les œufs qui sont en bon état éclosent
en moins de trois ou quatre jours ; ceux qui ne sont pas
éclos au cinquième, n'éclosent jamais, et alors on recommence la couvée, ou on la continue avec de nouvelle
graine.

On visite deux fois par jour les boîtes dans lesquelles on
a versé la graine et les chenilles qui en sont écloses, et, à
chaque fois, on ôte les feuilles anciennes qui sont couvertes
de chenilles ; on les place ainsi dans d'autres boîtes, foncées
pareillement de papier, sur du coton, et on remet de nouvelles feuilles sur elles et sur les œufs, et on continue ainsi
jusqu'à ce que tous soient éclos, ce qui dure environ quatre
à cinq jours.

Le mûrier blanc de Provence, à feuilles entières, épaisses,
lisses et luisantes, appelé aussi *mûrier romain, mûrier d'Espagne, mûrier de bonnes feuilles*, est préféré à celui qui a
les feuilles découpées et à toutes les autres espèces par ceux
qui élèvent des chenilles à soie, parce que ses feuilles sont
plus tendres, et qu'ils les mangent entièrement. La pratique des Piémontais, qui divisent leurs plantations de mûriers en trois, quatre ou cinq coupes pour en éteter un tous
les ans, est la meilleure de toutes, parce que, en tenant ces
arbres toujours nains, leur feuille est plus large, plus aisée
à cueillir ; ces arbres sont plus vigoureux et ne deviennent
pas rabougris, comme ceux qu'on effeuille deux fois dans la
même année, ou qu'on retaille à chaque cueillette. Dans le
Levant, où la graine de mûrier lève plus facilement que
dans le reste de l'Europe, on fait de grands semis de mûriers qu'on laisse croître pendant deux ou trois ans. C'est ce

II.   32

qu'on appelle la *pourette*, avec laquelle on nourrit les chenilles à soie depuis leur naissance jusqu'à ce qu'elles filent ; mais dans nos pays il est plus avantageux de border les terres et les champs de mûriers qu'on tiendra nains, et qu'on divisera par coupes suivant la méthode du Piémont.

Il faut avoir une grande attention de ne point donner aux chenilles à soie des feuilles mouillées pour qu'elles les dévorent : pour cela on ne les cueille que quand le soleil en a dissipé la rosée ; ou, si le temps menace de pluie, on les cueille d'avance en les gardant dans un lieu frais ; si on a été prévenu par la pluie, on les fait sécher avant que de les leur donner.

On recommande encore aux cueilleurs d'avoir les mains nettes, sans odeur de musc, d'ail, de tabac, etc. ; néanmoins le peuple de la Provence, du Languedoc, de l'Italie, sent l'ail, et souvent à l'excès, et quelques économes prétendent qu'on ranime les chenilles en les parfumant avec la fumée du tabac et des plantes aromatiques ; toutes les fois qu'on les nettoie, on frotte aussi les planches de l'atelier avec du fort vinaigre.

Il faut les nettoyer une fois par jour, ce qui se fait après avoir présenté un filet chargé de feuilles sur lesquelles les chenilles montent et qu'on enlève après pour nettoyer les claies ; on leur donne une fois par jour des feuilles dans les premières mues, et quatre fois dans les dernières.

Chaque millier de chenilles consomme cinquante livres pesant de feuilles depuis leur naissance jusqu'à leur filage, et depuis sa quatrième mue jusqu'à sa montée, il consomme à peu près le double de ce qu'il a consommé depuis sa naissance jusqu'à cette mue. C'est en tout trois gros pesant pour chacun.

Il est certain qu'il y a un grand avantage à faire éclore les chenilles à soie de bonne heure, c'est-à-dire vers le 1ᵉʳ d'avril, afin de leur faire filer leur coque avant le 15 juin, soit pour leur sauver le temps des orages, qui commencent à devenir plus fréquents alors, soit pour en faire une seconde couvée, depuis le 15 juin jusqu'au 15 août ou au 1er septembre. Mais il est rare qu'on ait des feuilles nouvelles dès le 1er avril, même des *pourrettes* qu'on sème quelquefois dans cette vue sous des abris bien exposés au soleil. Dans ces cas, on peut hâter quelques pieds de mûrier en les arrosant avec de l'eau chaude, ou en fouillant les racines et en les arrosant de chaux vive; mais ces arbres périssent infailliblement. Les Chinois, pour n'être pas surpris, cueillent en automne les feuilles du mûrier avant qu'elles commencent à jaunir; ils les font sécher au four et les broient presqn'en poudre, puis les conservent dans des pots de terre bien bouchés. Quelques économes les font sécher dans un grenier, et, dès que la chenille est éclose, ils les font bouillir dans l'eau, puis les laissent tremper pendant une minute, ce qui leur rend leur verdure, et, après les avoir essuyées, ils les donnent aux chenilles.

On sait que les chenilles à soie mangent aussi des feuilles de mûrier blanc, de laitue, de chou, d'ormeau, d'ortie, de figuier, de rosier et de ronce; mais ce changement de feuilles leur fait beaucoup de tort. Lorsqu'on leur donne des feuilles trop jeunes, ils deviennent gras et meurent de cette maladie.

Les mûriers dépouillés de leurs feuilles en mai, en reprennent de nouvelles en juin.

Les chenilles à soie sont sujettes à quatre mues, chacune de sept à dix jours environ, qui comprennent cinq âges de leur vie, dont le premier se compte depuis leur naissance jusqu'à la première mue, et le cinquième depuis la quatrième mue jusqu'au moment où elles filent leurs coques et deviennent chrysalides. Elles sortent de l'état de chrysalide pour prendre des ailes, au bout de vingt jours, et vivent encore cinq à six jours, dans l'état de papillon, jusqu'au moment de la ponte de leurs œufs, de sorte que, quoiqu'on en voie encore vivre quelque temps après, leur vie totale, depuis la naissance jusqu'à la ponte, peut être fixée à soixante-quinze jours ou deux mois et demi; deux jours et demi à trois jours avant chaque mue, elles se tiennent tranquilles, la tête levée, sans manger.

Lorsqu'elles vont faire leur coque, elles se promènent toujours sans penser à manger, et deviennent jaunâtres; alors on dispose entre les tablettes des brins de bruyère en arcade, dans lesquels elles montent pour filer. Elles sont deux à trois jours à la filer entièrement.

Chaque femelle pond environ cinq cents œufs, et cent papillons, ou une livre de beaux cocons, donnent à peu près une once de graine. On se règle sur cela pour savoir la quantité de cocons qu'on doit garder, et on préfère pour cela les cocons doubles, qui seraient à rejeter pour la soie.

Les autres cocons se passent au feu vers le quinzième jour, à compter depuis le moment où les chenilles ont commencé à filer, pour en faire périr les chrysalides avant le temps où elles doivent devenir papillons et percer leurs coques.

Dans nombre d'endroits, on les plonge dans l'eau bouillante; et dans d'autres on les étouffe dans un four assez chaud pour les faire périr sans altérer leur soie et sans la faire roussir.

La soie qui peut se dévider de dessus une coque moyenne est de près de douze cents pieds, ou de deux cents toises de long, et sa bourre a presque autant.

L'usage ordinaire pour retirer la soie de dessus les coques, consiste à ôter d'abord le duvet : on jette ensuite les cocons dans l'eau chaude, on les agite avec quelques brins de balai pour en tirer les têtes ou les commencements des fils.

On assemble ainsi six à huit ou même plus de fils, suivant qu'on veut rendre la soie plus ou moins forte; on les fait passer par de petits anneaux, afin que les cocons ne montent pas plus haut, pendant que le dévidoir auquel ils sont attachés est mis en jeu; les cocons restent toujours dans l'eau jusqu'à ce qu'ils ne fournissent plus de fils. Les ouvriers n'attendent pas que tout soit épuisé, parce que la couleur du fil change sur la fin et s'affaiblit. Cependant ce dernier fil a encore sa beauté, et on le dévide à part; pour cela on laisse les cocons dans l'eau jusqu'à ce que la glue soit enlevée, ensuite on les carde comme la bourre, alors on en fait une filasse de soie qu'on file au rouet pour faire des étoffes de moindre prix.

On distingue les soies en trois espèces et qualités, suivant les divers apprêts qu'on leur donne, savoir : 1° les soies crues; 2° les cuites; 3° les décreusées.

1° On appelle *soies crues* celles qui n'ont pas passé au feu, et que l'on dévide sans les faire bouillir ni rôtir.

2° On nomme *soies cuites* celles qu'on a fait bouillir pour en faciliter le filage et le dévidage, ce sont les plus fines de toutes celles qu'on emploie dans nos manufactures, où on fabrique les plus beaux ouvrages de rubanerie et les plus riches étoffes, telles que les velours, les satins, les damas, les taffetas, etc.

3° Les *soies décreusées* sont celles qui ont passé à l'alcali de savon ou à l'alcali pur de la soude, qui leur enlève une certaine quantité de parties gommeuses, qui diminue leur ressort, et les rend par là plus souples, plus faciles à travailler.

On donne le nom de *soie grége* à la soie crue que l'on tire de dessus les cocons, sans la filer et sans lui donner aucun apprêt. Les pelottes ou masses qui viennent du Levant sont la plupart de cette sorte.

La soie apprêtée et moulinée se nomme *orgamin*.

L'étoupe, ou filasse soyeuse, ou filoselle, qui recouvre les cocons et tous les bouts de soie cassés, se cardent ensemble et font une bourre soyeuse dont on fait les petites étoffes appelées *serges*.

Deux mille cinq cents cocons choisis rendent une livre de soie, poids de marc, ce qui fait trois grains et demi et un huitième pour chaque cocon; il y en a qui rendent quatre grains trois quarts, ceux-ci ont leur brin long de neuf cents aunes, et ceux de trois et demi n'ont que sept cent cinquante aunes.

On fait plusieurs usages des coques entières ou dont on dévide la soie; on les teint en diverses couleurs pour en faire des fleurs artificielles qui imitent beaucoup la nature.

La médecine fait encore usage de la soie comme astringent pour l'épilepsie et l'hémorrhagie.

2e Section. LES PHALÈNES A CHENILLE TUBERCULÉE ET PAPILLON SANS SUÇOIR.

La PHALÈNE, *phalæna,* forme un genre qui se reconnaît par les antennes, qui sont à deux peignes ouverts dans les deux sexes.

On en connaît vingt espèces.

Le *paon* est le plus grand des papillons de l'Europe, il a cinq pouces et demi d'envergure et un œil bleu et rouge à chaque aile sur un fond brun, avec des zigzags blanchâtres.

Il paraît vers le 1er mai, ne voltige que la nuit où il s'accouple et pond sur les branches de l'abricotier, du prunier et des autres arbres à fruits en noyau, environ deux cents œufs sphéroïdes assez gros, jaunâtres, disposés sur plusieurs rangs.

La chenille qui sort de ces œufs, peu de jours après, est

la plus grande de toute l'Europe, longue et grosse comme le doigt *medius*. Elle est d'un vert jaunâtre et porte sur chaque anneau six tubercules bleus, terminés par un faisceau de sept poils rayonnants.

Cette chenille file vers la fin de juillet ou au commencement d'août, sous les pierres ou vers le pied des arbres, horizontalement, une grosse coque brune dans laquelle elle se métamorphose en chrysalide pour y passer l'hiver, jusqu'en mai suivant où elle devient papillon. Cette coque est entièrement dure et, pour cette raison, formée de fils qui, à l'une des extrémités, sont rapprochés en une pointe qui imite les nasses d'osier disposées en entonnoir, et qui, par leur ressort, peuvent permettre au papillon d'en sortir, et en empêcher l'entrée aux autres insectes; c'est de là que lui vient son nom de *coque en nasses;* sans cette précaution, il n'aurait pu sortir d'une coque aussi dure.

La LIVRÉE ou *l'annulaire* est une petite phalène jaunâtre avec une bande brune qui traverse ses ailes, et à antennes à deux peignes tournés du même côté, qui paraît à la fin de juillet et en août, où elle pond ses œufs au nombre de deux cents environ, disposés sur douze à quatorze rangs, et réunis en un anneau circulaire autour des branches, des poiriers et pommiers, où il tourne quelquefois comme un anneau, d'où lui vient son nom.

Ces œufs résistent aux froids les plus rigoureux de l'hiver, et il en sort au printemps des chenilles bleuâtres avec un filet blanc et quatre rouges le long du dos, qui leur ont valu le nom de *livrée*. Ces chenilles vivent en société, se filent en commun une toile où elles se retirent, et lorsqu'elles ont dévoré les feuilles d'un arbre, elles vont établir leur nid sur un autre, et le ravagent en peu de jours. Dans leur repos, on remarque une singularité, c'est qu'elles donnent toutes ensemble, en tout sens, des coups de tête très-brusques et assez forts pour faire résonner une cloche de verre sous laquelle on les tiendrait enfermées.

En juin, elles se dispersent pour se filer entre les feuilles une coque jaune clair, dans laquelle elles se métamorphosent en chrysalides qui deviennent papillons un mois après, c'est-à-dire à la fin de juillet et en août.

La CHENILLE A OREILLES DE L'ORME ET DU CHÊNE a été ainsi nommée par M. de Réaumur, parce qu'elle a, aux deux côtés de la tête, deux faisceaux de poils noirs plus longs que les autres, qui lui forment comme deux oreilles, elle est noire, semée de tubercules rouges.

Elle est commune en avril, sur l'orme, et file en juin et juillet sur les arbres et dans les encoignures des fenêtres des maisons, une coque verticale si mince, qu'elle ne paraît composée que d'un réseau que forment ces poils, dans laquelle elle se métamorphose un mois après, ou en juillet et août, en une phalène dont le mâle est brun noir, une fois plus petit que sa femelle, qui est blanche avec trois lignes transversales ondées en zigzag.

Elle pond en août sur le tronc des ormes et sur les murailles, des plaques de plus de cinq cents œufs, couverts d'un poil gris blanc.

3ᵉ SECTION. LES PHALÈNES A SUÇOIR ET CHENILLE TUBERCULÉE SANS CORNE SUR LA QUEUE.

Le PAPILLON FEUILLE MORTE, *follina*, Ad., ou *paquet de feuilles sèches*, ainsi nommé parce que, lorsqu'il est en repos, on le prendrait pour un paquet de feuilles sèches, paraît en août et pond sur le poirier, le pêcher, des œufs arrondis gris-bleu qui passent l'hiver pour n'éclore qu'au printemps.

Il y en a qui éclosent en novembre et dont les chenilles

mangent, pendant l'hiver, les bourgeons des arbres; ces chenilles sont ou grises ou blanchâtres, et appliquées si étroitement sur les arbres qu'on a peine à les distinguer.

Elles se filent en juillet, en peu d'heures, sur les arbres et entre les feuilles, une coque verticale grise dans la construction de laquelle elles font entrer leurs poils.

Leur chrysalide se métamorphose un mois après, c'est-à-dire en août, en papillon.

14ᵉ FAMILLE. LES COSSUS, *COSSI*.

Les papillons de cette famille se distinguent seulement de ceux des phalènes, en ce que leur chenille est lisse ou à poils solitaires et fort rares.

Ils comprennent vingt-deux genres qui peuvent se diviser en deux sections, la première de ceux dont le papillon a un suçoir, et la deuxième de ceux qui n'ont pas de suçoir.

Dans la première section, on voit la *paresca*, dont la chenille roule les feuilles de l'ortie; la pronube, dont la chenille ravage les légumes; la chenille lieuse de feuilles ; celle qui forme ses coques en bateau, *batela;* la chenille cloporte du chêne, à coque en œuf, *clopora;* la longue antenne, *lontenna;* la chenille en société du fresain, *sociella;* la rouleuse des feuilles, *roulella;* la mineuse des fruits, *fructella;* la chenille qui vit dans les grains, *granella;* celle qui mine en grand les feuilles, *minella;* celle qui les mine en galerie, *lonmina;* celle à coque en réseau, *retella*.

Le cossus de Pline, ou la chenille du tronc des arbres, est de la deuxième section.

La GRANELLE, appelée *chenille des grains*, vient d'un petit papillon de nuit, roux pâle, à ailes entières, à bout frangé, à toit aplati, ou horizontales, à antennes sétacées de quarante articulations, à trompe assez courte, spirale, de deux lames et à deux antennules en cornes de deux articulations chacune ; ce papillon paraît deux à trois fois dans l'année, d'abord dans le mois de mai, ensuite en août et quelquefois en novembre, ce qui fait deux ou trois générations successives ; il ne vit que vingt à trente jours pendant lesquels il s'accouple et pond environ soixante à cent œufs, partagés en plusieurs paquets de cinq à trente œufs sur chaque grain ; en pondant, la femelle allonge son anus en tuyau.

Ces œufs sont ovoïdes, striés par ondes, blancs et grands environ d'un douzième de ligne. Les papillons qui sortent en mai, avant que le grain soit formé à la campagne, posent les leurs dans les grains de la grange où ils sont, ou dans d'autres granges ; mais, dès que les épis ont paru, ils vont les poser dans les épis mêmes, à la base d'une arête, et tous les soirs on les voit tenter de sortir du grenier.

C'est de là que les petites chenilles sortant de l'œuf six à huit jours après la ponte, ayant à peine la longueur d'un quart de ligne et la grosseur d'un cheveu, se dispersent pour s'emparer chacune d'un grain de l'épi, dans lequel elles entrent en perçant dans un sillon la peau qui les recouvre et les enferme. Chaque chenille vit ainsi pendant deux mois environ dans son grain, qu'elle ne quitte point et qui lui suffit ; elle y subit ses quatre mues et ses trois métamorphoses ; lorsqu'elle a pris tout son accroissement, elle est blanche, lisse, sans cornes et sans antennes sensibles, longue de deux lignes et demie sur une demi-ligne de largeur. Alors, comme si elle prévoyait que sous la forme de papillon elle n'aura aucun organe capable d'entamer la peau du grain, elle fait vis-à-vis l'endroit où doit être sa tête une entaille circulaire pour une trappe ou un couvercle qui reste fermé jusqu'à ce qu'elle soit devenue papillon.

Cela fait, elle se file une coque dans la moitié du grain

qui n'est point remplie par ses excréments, et y devient chrysalide; elle reste dans cet état huit à douze jours au plus, après lesquels elle se métamorphose, en août, en papillon, qui s'accouple et va pondre ses œufs dans les greniers; on en voit ainsi voltiger pendant un mois ou environ.

On remarque dans les greniers qui fournissent de ces insectes que, peu avant leur métamorphose en papillon, en avril et mai, il s'excite dans le tas de blé une chaleur de vingt-cinq à cinquante degrés, pendant que la température extérieure n'est qu'à treize ou quatorze. Avant ce moment, voisin de la sortie des papillons, la chaleur du tas n'excède pas sensiblement celle de l'air.

Lorsqu'on ne suit pas exactement les métamorphoses de ce papillon, on est sujet à regarder les derniers papillons de la volée de mai, qui dure jusqu'en juin, comme une deuxième génération, et les derniers de la volée d'août comme une autre génération née en septembre. C'est ce qui a fait dire à quelques auteurs que chaque génération s'accomplit en vingt-huit ou vingt-neuf jours, et qu'il y a des années si favorables à la génération de ces insectes qu'il s'en fait cinq : la première en mai, provenue de la ponte de novembre; la deuxième en juillet; la troisième à la fin d'août; la quatrième en septembre, et la cinquième en novembre; mais nous pouvons assurer avoir observé et observer encore depuis plus de treize ans, entre 1759 et 1769, que ces insectes, qui nous furent envoyés avec des blés de l'Angoumois et de nombre d'autres provinces de la France et d'autres pays à blé de l'Europe, n'ont donné constamment que deux générations par an dans le climat de Paris, savoir : la première en mai et la deuxième en août; de sorte que chacune de ces générations vit au moins trois mois en été et neuf mois en hiver; et nous n'avons point aperçu que dans les étés les plus chauds et dans les temps les plus favorables de ce climat, ces générations se soient accouplées en un aussi petit espace que celui de vingt-huit ou vingt-neuf jours.

Au reste, il n'est pas nécessaire que cet insecte fasse plus de deux générations par an pour causer tous les ravages qu'il fait depuis plus de quarante ans dans l'Angoumois, et qui consumèrent presque toutes les récoltes de plus de deux cents paroisses de cette province.

De tous les moyens qui ont été employés pour détruire cet insecte dans son origine, le meilleur est sans contredit celui qu'on emploie pour faire périr le charançon. Il consiste à passer le blé au four deux heures après que le pain en a été ôté, c'est-à-dire lorsqu'il a encore cent degrés de chaleur et de les laisser ainsi pendant deux ou trois jours en le remuant de temps en temps; après l'avoir retiré de l'étuve, on peut empêcher les papillons d'y venir encore déposer leurs œufs en couvrant les tas d'une couche de chaux en poudre ou de cendre d'un pouce d'épaisseur, ou en les mettant dans des tonneaux ou dans des sacs de toile. Ces moyens, appliqués pendant un ou deux ans à toutes les récoltes d'une province ainsi attaquée, opéreraient la destruction totale de cet insecte.

La chaleur que nous venons de prescrire pour étuver le blé en fait périr le germe; mais on pourrait lui en procurer une beaucoup moindre qui ferait périr cet insecte sans lui faire perdre sa faculté germinative. On sait par expérience qu'une chaleur de trente-trois degrés, continuée pendant deux jours, suffit pour faire mourir cet insecte, et qu'une chaleur de soixante degrés pendant onze heures les détruit également sans en altérer le germe. Pour s'en procurer une pareille, il suffit de mettre pendant deux jours le blé dans un four cinq à six heures après qu'on en a retiré le pain. Le blé ainsi étuvé et qu'on destine aux semailles se plonge ensuite pendant deux minutes dans une forte lessive de cendres, mêlées d'un peu de chaux vive, pour achever de détruire les insectes qui auraient pu résister à la chaleur, et pour préserver les moissons du noir ou de la carie, qu'on appelle *pourri*, comme dans certaines provinces comme l'Angoûmois.

On trouve dans toutes les saisons de l'année, sur les jeunes branches du pin, des galles ovoïdes d'un pouce environ, blanc sale d'abord, mais brunes en vieillissant, de substance résineuse, soluble dans l'esprit de vin, qui contiennent chacune une petite chenille (*minella*) qui se nourrit au-dessous de la substance ligneuse de la branche. Cette chenille résiste donc à l'odeur de cette résine pendant que toute autre chenille en périt au bout de deux ou trois minutes.

15ᵉ Famille. LES TEIGNES, *TINEÆ*.

Les insectes de cette famille se reconnaissent à ce que leur chenille, qui a seize pattes, est *toujours enfermée dans un fourreau qu'elle porte avec elle*.

On peut les diviser en six genres qui comprennent : 1° la teigne aquatique, *tinala ;* 2° la teigne des feuilles, *tinderma ;* 5° la teigne des murs, *tinala ;* 4° la teigne cartonnière, *tincarta ;* 5° la teigne des habits, *tinea ;* 6° la *tessephore*, ou teigne couverte des fragments de plantes.

La TEIGNE DES MURS, *tinala*, qui se forme un fourreau conique des grains qu'elle détache des pierres, se trouve communément sur les murs de pierres calcaires, et même de laves exposés au midi, surtout le long du petit mur de la terrasse des Tuileries, du côté du manége, où sont plantés des jasmins.

La chenille qui est dans ces fourreaux vit des lichens qui croissent sur ces murs.

II.   33

Elle se métamorphose, en juin, en chrysalide dans son fourreau, dont elle bouche l'entrée inférieure avec une plaque de soie qu'elle applique sur la pierre, et devient papillon en juillet. Le mâle de ce papillon est vif, léger, bronzé ; la femelle est grise, à moignons sans ailes et à queue fort longue par où elle pond ses œufs, qui sont jaunes, oblongs.

Ces œufs éclosent peu après et vivent sous la forme de *teigne* jusqu'au printemps suivant, comme en mai, où elle devient ailée et pond ses œufs.

Ce sont ces insectes qui causent dans les pierres ces dégradations que le peuple attribue à l'effet de la lune ou des fortes gelées.

La TEIGNE DES LAINES et des étoffes de laine ne vivait sans doute que dans la laine des animaux morts avant que l'homme s'en fût fait des étoffes ; et il est probable que nous avons propagé beaucoup la race de cet insecte en multipliant ainsi ces étoffes. On remarque qu'il s'attache surtout à celles qui sont d'un tissu plus lâche, comme sont les tapisseries d'Auvergne et les meubles de Cadis et de Serge, et qu'au contraire il épargne celles qui, comme les tapisseries de Flandre, sont d'un tissu plus serré et d'une laine bien torse et plus rase qu'il a plus de peine à couper. Les lieux les plus obscurs d'un appartement sont ceux qu'il préfère ; aussi le trouve-t-on plus souvent sur le dos des fauteuils que sur le devant ; et ceux qu'on laisse exposés à la lumière y sont moins sujets que ceux qu'on tient couverts ou enfermés. Enfin il ne s'attache aucunement aux laines des animaux vivants ou nouvellement morts, parce qu'elles sont enduites d'un suin ou d'une graisse dont l'odeur leur déplaît.

Il se fait tous les ans deux générations de ces petits insectes, la première en mai, et la deuxième en août ; de sorte qu'on voit pendant ces deux mois voltiger beaucoup de petits papillons dans les appartements. Le papillon du mois de mai ou de la fin d'avril sort alors des chrysalides des fourreaux qui ont passé l'hiver attachés, pendant la tête en bas, aux planchers; il ne diffère guère du papillon du grain de froment qu'en ce que ses ailes forment un toit plus aplati. On ne le voit voltiger que la nuit, et l'éclat de la lumière l'attire tellement qu'il vient s'y brûler, comme font toutes les phalènes ou les papillons nocturnes, et c'est un des meilleurs moyens à employer pour leur destruction.

La femelle reste communément sept à huit heures accouplée avec son mâle, après quoi elle va pondre sur les étoffes de laine les plus à l'abri, les moins exposées au frottement, ses œufs, qui sont ovoïdes, blancs, transparents, peu sensibles.

Les petites chenilles en éclosent quinze à vingt jours après, et travaillent d'abord à se couvrir d'un petit fourreau de soie qu'elles filent autour d'elles-mêmes. Ce fourreau est cylindrique, ouvert par les deux bouts; elles le transportent partout avec elles; il leur sert de couverture et d'abri pour ronger la laine, qui lui sert de nourriture, et dont les pointes ou les bouts, plus secs, servent à agrandir son fourreau.

Ces chenilles éprouvent, comme toutes les autres chenilles, quatre mues pendant leur vie avant que de se métamorphoser en chrysalides. Et c'est un peu avant chacune de ces mues qu'elles élargissent leur fourreau sans en faire un nouveau pour cela; elles le coupent dans sa longueur et y ajoutent une pièce qui est de soie au dedans et de poils au dehors. Il est un moyen facile de s'assurer de la quantité de cette élargissure en posant dans cet instant la teigne sur des laines de diverses couleurs, soit rouges, soit jaunes, vertes, bleues, etc. Ces quatre mues seront indiquées par quatre bandes de ces diverses couleurs, qui donneront à son fourreau l'air d'un habit d'arlequin. Pour fendre leur fourreau, les teignes ont pour instrument leurs deux mâchoires, et leur filière leur sert à l'élargir et à en coudre pour ainsi dire les pièces. Lorsqu'elles veulent l'allonger, elles font sortir leur tête par un des bouts ouverts, coupent les poils de laine à leur gré et les collent à ce bout de leur fourreau; puis elles se retournent dedans sans en sortir et l'allongent de même par le bout opposé.

La chenille de la teigne parvenue à sa dernière grandeur a environ trois lignes un tiers de longueur; elle est blanc sale, à tête brun marron; l'anneau qui suit la tête a quatre taches, dont deux très-grandes et deux petites. Comme son estomac est voisin du dos, il paraît à travers la peau former le long du dos une ligne qui a la couleur des laines dont elle fait sa nourriture.

Cette chenille a seize pattes, dont les dix membraneuses sont bordées d'une couronne complète de crochets.

Vers le commencement de juillet, c'est-à-dire au bout de deux mois à deux mois et demi, elle a acquis à peu près toute sa grandeur. Alors elle abandonne les étoffes sur lesquelles elle a vécu; elle va suspendre son fourreau verticalement au plancher, dont elle ferme les deux bouts avec de la soie, en commençant par celui d'en haut; puis elle se retourne la tête en bas pour fermer le bout inférieur, et se change ainsi en chrysalide.

Elle reste dans cet état quinze à vingt jours, après lesquels elle se métamorphose en papillon qui s'accouple et pond vers le commencement d'août une deuxième génération qui vit comme celle du mois de mai, mais beaucoup plus longtemps, car elle ne devient chrysalide qu'en octobre ou novembre pour ne se métamorphoser en papillon qu'en mai suivant.

Une chose que les teignes ont de commun avec les autres chenilles, c'est que leurs excréments prennent la teinture des matières dont elles se nourrissent sans les altérer, de manière qu'en les amollissant dans l'eau, on peut en faire des laques ou des pâtes à l'usage des peintures en détrempe.

Ce point d'utilité que peut apporter la teigne est bien mince comparé aux ravages qu'elle fait dans nos ouvrages de laine; on a donc cherché et trouvé plusieurs moyens d'opérer sa destruction : le soufre altère les couleurs; le mercure est dangereux à notre santé; la fumée du tabac doit être continuée pendant ving-quatre heures et se dissipe difficilement; l'huile essentielle de térébenthine, mêlée dans deux parties d'esprit de vin, dont on frotte les étoffes avec une brosse, les extermine entièrement, ainsi que les punaises, les puces et leurs œufs, et a l'avantage de se dissiper en peu de temps sans laisser aucune odeur; on sait d'ailleurs que loin de gâter les étoffes on l'emploie pour enlever les taches de toutes les espèces d'huiles, de graisses et même de cambouis. Cette opération doit se faire plus avantageusement en juin, où tous les papillons ont fait leur ponte, qu'en avril ou mai; néanmoins on la pratique communément en avril, fondé sur ce que les papillons ne pondent point sur les étoffes qui ont été ainsi passées à l'huile essentielle de térébenthine, et cela suppose par conséquent que toutes les étoffes d'un appartement doivent avoir subi cette opération.

La TEIGNE DES PEAUX ou des poils diffère de celle des laines en ce que : 1° elle est plus petite; 2° le papillon est gris plombé, sans taches, très-luisant; 3° lorsque la chenille est jeune, elle ne peut vivre de laine, quoiqu'elle s'en accommode assez étant vieille; 4° son fourreau est une espèce de feutre qui approche de la qualité des étoffes de nos chapeaux, au lieu que celui des teignes de la laine approche plus de la qualité de nos couvertures.

Les dégats que fait cette teigne sont plus prompts que ceux que les autres font dans les étoffes de laine parce qu'elle y trouve plus de facilité ; elle coupe le poil à fleur de peau ; le crin même du cheval n'en est pas exempt malgré sa dureté ; elle le hache en morceaux.

La TEIGNE DES FEUILLES, *tinderma*, au lieu de se faire un fourreau de soie comme la teigne des laines, s'en forme un avec les deux membranes qui composent l'épaisseur d'une feuille dont elle mine et mange auparavant la substance. Ce fourreau n'est pas pris dans le milieu de la feuille, mais sur une portion de ses bords ; et c'est pour cette raison que la plupart de ces fourreaux sont dentelés comme les feuilles dont ils sont tirés. Comme ils ne peuvent s'agrandir, la chenille en change à mesure qu'elle grandit, c'est-à-dire à chaque mue, ou quatre fois dans sa vie, parce qu'elle mue quatre fois avant que de devenir chrysalide. Pour le faire, elle perce d'abord un trou rond vers le bord de la feuille qu'elle s'est choisie ; elle mine ce bord, et quand les deux épidermes en sont bien détachés, elle le coupe et le sépare avec ses mâchoires, puis elle se glisse dedans, en réunit les bords avec des fils de soie, et y reste cachée comme dans un fourreau qu'elle transporte partout avec elle. Lorsqu'on lui a retiré son fourreau, il ne lui faut que douze heures pour en refaire un pareil.

Sous ce couvert elle pénètre dans les feuilles par un petit trou rond qui lui permet d'en ronger et miner la substance qui lui sert de nourriture, et elle s'y enfonce d'une longueur égale à la moitié de son corps. Lorsqu'elle a ainsi épuisé une place, elle recommence un trou dans un autre endroit de la même feuille ou d'une autre feuille, qu'elle mine de même ; jusqu'à ce qu'elle soit parvenue à toute sa grandeur, elle ne mine qu'en dessous des feuilles ; mais lorsqu'elle veut se métamorphoser en chrysalide, elle fixe en juin à leur partie supérieure son fourreau, dans lequel elle devient papillon en juillet.

Ce papillon est jaune pâle, long de trois lignes dans la teigne du chêne, et d'ailleurs très-semblable à celui de la teigne des laines. Il s'accouple dans le même mois et pond sous chaque feuille du chêne deux à cinq œufs qui éclosent peu après et deviennent de même chrysalides et passent ainsi l'hiver dans leur fourreau pour se métamorphoser en avril et mai en papillon qui pond ses œufs.

16ᵉ Famille. LES DEMI-TEIGNES, *SEMITINEÆ.*

Les teignes proprement dites portent avec elles leur fourreau, au lieu que celui des demi-teignes ou des fausses teignes est fixé de manière qu'elles ne font que l'allonger. Cette famille comprend quatre genres, qui sont :

1° La FAUSSE TEIGNE des laines, *kokella.*
2° La FAUSSE TEIGNE du froment, *fromella.*
3° La FAUSSE TEIGNE des cuirs, *coriella.*
4° La FAUSSE TEIGNE de la cire, *ruchella.*

La FROMELLA, ou la *fausse teigne du froment,* diffère essentiellement de la vraie teigne du froment *granella* en ce que : 1° elle ne se loge point dans l'intérieur des grains ; elle en ronge seulement l'extérieur en sortant d'un fourreau fixe qu'elle s'est filé entre plusieurs grains qu'elle a liés ensemble en y entremêlant du son, de la farine, ses excréments mêmes. Lorsqu'il y en a un grand nombre dans un grenier, tous les grains de la superficie du tas sont liés les uns aux autres par des fils de soie, de manière qu'ils forment souvent une croûte de trois pouces d'épaisseur.

2° Les demi-teignes ne rongent jamais les grains en entier ; elles en attaquent plusieurs à la fois et toujours sans ordre, grugent un peu de l'un et un peu de l'autre.

3° Elles paraissent ne faire qu'une génération par an, vers

le mois de juin; c'est alors qu'on en voit le papillon, qui a les ailes roulées en cylindre autour du corps, avec le bout pincé, relevé en queue de coq et frangé; il est gris-blanc, argenté, avec de grandes taches brun clair. Lorsqu'on remue un tas de grains bien fourni en demi-teignes, on les voit voltiger sur les murailles voisines; mais bientôt après elles rentrent dans le tas, qui le lendemain se trouve couvert d'une nouvelle nappe de soie.

4° La femelle, après s'être accouplée dans le même mois de juin, pond dans le tas de blé ses œufs, dont les chenilles éclosent peu après, vivent de même, passent l'hiver dans le grenier, se filent, en avril suivant, au milieu des grains, une coque longue de cinq lignes comme elles, où elles se métamorphosent en chrysalides et deviennent ailées en juin.

Tel est le cercle de la vie de ces demi-teignes, qui peuvent se détruire en étuvant le blé, comme on fait pour les teignes.

La FAUSSE TEIGNE DE LA CIRE, Réaum., *ruchella,* Ad. Qui croirait qu'un animal sans défense, qu'un insecte à corps mou, qu'un papillon enfin osât pénétrer dans l'intérieur d'une ruche peuplée de plus de quinze mille abeilles et pondre ses œufs dans quelques gâteaux, et les forçât quelquefois à les abandonner? C'est cependant ce qui arrive dans les mois de juin et juillet. Ce papillon paraît alors et ne vole guère que de nuit, comme la phalène; il est cendré, à dos et ventre jaunâtre; il porte les ailes en toit arrondi et à bout pincé.

Dès que la femelle a pondu ses œufs en paquets de cinquante à soixante, il en sort autant de petites chenilles qui se filent chacune un fourreau en galerie, appliqué sur les gâteaux de cire dont elle fait sa nourriture, à l'abri comme sous un chemin couvert. A mesure que la chenille croît et qu'elle a besoin de nourriture, elle élargit sa galerie en la prolongeant sur les gâteaux ; l'intérieur de ce fourreau, en galerie, est de soie, et l'extérieur est recouvert de grains de cire qu'elle hache et de ses excréments.

Lorsque la chenille est parvenue à toute sa grandeur, vers le mois d'avril suivant, elle a un bon pouce de longueur ; alors elle se file hors de sa galerie en dessus ou vers son extrémité une coque cendrée grise de même grandeur, dans laquelle elle se métamorphose en chrysalide et dont elle sort en papillon en juin et juillet.

Comme ces papillons pondent leurs œufs par tas dans divers endroits des ruches, leurs chenilles s'y multiplient quelquefois à un tel point qu'elles en détruisent les alvéoles et forcent les abeilles de les abandonner, de se réfugier dans la ruche voisine, ce qui occasionne des combats et la perte des mouches à miel. Il périt aussi beaucoup d'abeilles, dont les pieds se prennent dans le tissu de soie de ces fourreaux sans pouvoir s'en dégager. Lorsque les papillons ont déposé leurs œufs à la base de la ruche, comme il arrive quelquefois, il suffit de les brosser pour les enlever avec les commencements des galeries de leurs jeunes chenilles.

17e Famille. LES LÈVE-QUEUE, *ALTICAUDÆ*.

Je donne le nom de *hausse-queue* à trois genres de papillons dont la chenille n'a que quatorze pattes, et dont la queue, qui n'a point de pattes, est toujours *relevée en l'air*.

La VINULA, Mouffet, ou *chenille à double queue,* du saule à feuilles opposées, est remarquable par la beauté de ses couleurs, par sa figure et son port, par le jeu de ses deux cornes et de ses deux queues, et par la liqueur qu'elle jette.

Son papillon, qui paraît en avril et mai, n'a rien de singulier ; ses ailes sont à points et veines noires et en toit arrondi.

Sa femelle, aussitôt après l'accouplement, pond isolément, sur les feuilles du saule, ses œufs qui sont assez gros et bruns. Les chenilles qui en sortent au bout de quelques jours, sont d'abord brun noirâtre, puis jaunes à dos brun, enfin vertes à dos bleuâtre.

Leur grosseur égale celle du petit doigt, mais elles ont moins de longueur.

Leur forme est aussi singulière que leur attitude. Elles sont presque triangulaires, à tête fort grosse, avec une bosse conique sur le quatrième anneau, y compris la tête; elles ont sur le cou, proche la tête, deux mamelons d'où sortent deux cornes qui rentrent à volonté comme celles du makaon des fenouils, et deux tuyaux de corne à la queue, d'où sont lancés pareillement deux filets rouges avec lesquels elle chasse comme avec un fouet qui se replie en différents sens, les ichneumons qui viennent pour la piquer ou pondre leurs œufs sur son dos; cette queue est toujours relevée en l'air. Enfin, au-dessous de la bouche, derrière sa filière, elle a, sous le premier anneau, quatre mamelons qui, lorsqu'on la touche, seringuent au loin une liqueur forte, acide très-caustique, de la saveur du vinaigre, qui rougit les fleurs bleues de la chicorée sauvage, qui coagule le sang et l'esprit de vin.

Ces chenilles muent comme toutes les autres quatre fois avant que de devenir chrysalides, et elles sont du nombre de celles qui mangent et avalent leur peau dès qu'elles ont mué. Elles ne s'en dépouillent pas comme les autres : au lieu de se fendre derrière la tête, c'est la tête elle-même qui se décole la première comme un bonnet, celle qui lui succède paraît au-dessous trois fois plus grosse qu'elle, et elle lui ouvre passage pour en sortir comme d'un sac. Quelquefois elles perdent dans cette opération une de leurs queues ou elles les retirent mutilées, parce qu'elles se détachent difficilement de leurs étuis ; comme ces parties deviennent superflues à la chrysalide, le papillon qui en provient n'est pas mutilé.

En juillet et août elles se filent ou plutôt se mastiquent sur le tronc du saule une coque horizontale, formée pour la plus grande partie de la râpure de son écorce. Lorsqu'on la met dans une boîte de bois ou de carton, elle ronge de même la boîte ou le carton, parce que n'ayant pas de soie, mais une matière propre à mastiquer, il lui faut des matières solides, avec lesquelles elle se forme une coque de bois très-dure ; c'est dans ce tombeau qu'elle devient chrysalide et et passe ainsi l'hiver pour se métamorphoser en papillon au mois d'avril ou mai suivant.

L'ÉRUCARANEA, la chenille araignée du charme et du noisetier est plus rare, et singulière seulement par la longueur de ses pattes d'araignée, par ses deux queues simples et par son attitude, qui est telle que sa tête et sa queue sont relevées en l'air.

18ᵉ FAMILLE. LES DEMI-ARPENTEUSES, *SEMI-GEOMETRÆ*.

Cette famille prend son nom des chenilles qui la composent et qui n'ont que douze ou quatorze pattes, et qui forment neuf genres qu'on peut partager en trois sections.

La première section est de cinq genres à quatorze pattes, disposées de manière que c'est la paire du dixième anneau qui leur manque. Elle comprend :

1º Les teignes à fourreau en crosse.
2º Les teignes mineuses des feuilles.
3º Les minarpes ou les chenilles mineuses en grand.
4º Les chenilles mineuses en galerie, *longarpa.*
5º Les chenilles rouleuses des feuilles.

Le CROSSARPA ou teigne à fourreau en crosse recouvert

d'un manteau du chêne, fait son fourreau, non pas de feuilles, mais tout de soie brune très-solide et semblable à un tuyau de feuilles, le bout supérieur ou la queue en est contourné en crosse et recouvert d'une peau de soie, semblable à un manteau, comme formé de deux coquilles attachées simplement, pendantes au haut de la crosse, sans être appliquées contre le fourreau ; le tissu de ces deux coquilles est de soie et comme composé d'écailles imbriquées comme celles des poissons, argentines et luisantes.

Lorsque ce fourreau devient trop étroit, la chenille le fend pour l'élargir comme font les teignes de la laine.

C'est en avril et mai que ces fourreaux donnent de petits papillons blancs argentins, qui s'accouplent et pondent sous les feuilles du chêne cinq à six œufs qui éclosent peu après.

Les petites chenilles, après s'être fait d'abord un fourreau, font un trou circulaire dans les feuilles dont elles minent le parenchyme qui est entre les deux épidermes, comme la teigne des feuilles.

Elles sont parvenues à toute leur grandeur au bout de deux mois, c'est-à-dire vers le mois de juillet, où elles fixent leur fourreau verticalement sur le dessus des feuilles pour devenir chrysalides; à la fin de juillet ou en août, elles se métamorphosent en papillons qui pondent des œufs dont les chenilles passent l'hiver dans leurs fourreaux pour devenir papillons en avril et mai suivants.

Le MINARPA. Jusqu'ici nous n'avons parlé que des teignes mineuses; les minarpes dont il est ici question, sont des chenilles à quatorze pattes qui sont nues, sans fourreau, et qui minent les feuilles entre leurs deux épidermes pour s'en nourrir. Celles qui minent en grand font communément leur coque dans la mine même où elles deviennent papillons.

Il y a apparence que ces insectes font deux générations par an, car les chenilles qu'on trouve en septembre et oc—

tobre dans ces mines et avec leurs coques, ne se métamorphosent qu'au printemps, c'est-à-dire en avril et mai, en papillons dont les œufs éclosent aussitôt et donnent, en juillet et août, de semblables papillons dont on trouve les chenilles en septembre et les coques en octobre.

Le LONGARPA, Ad. Nous appelons ainsi les chenilles mineuses en long ou en galeries, qui ne diffèrent des mineuses en grand que par la forme de leur mine et parce qu'elles sortent de cette mine pour faire leur coque dans les fentes des écorces ou dans la terre.

La deuxième section des demi-arpenteuses comprend trois genres, dont les chenilles ont *quatorze pattes disposées de manière que c'est la paire du septième anneau qui leur manque;* ces genres sont : la phalène à bec en cornes du bouillon-blanc, Réaum., *naroula;* la phalène à bec en bécasse, Réaum., *nasutarpa,* Ad., et le *tectarpa.*

La troisième section ne comprend qu'un genre qui est le *lambda*; il n'a que douze pattes.

A la fin d'avril, et plus communément au mois de mai, le papillon LAMBDA commence à sortir de sa coque; il est long d'un pouce, cendré roux, marqué sur chacune des deux ailes supérieures d'une tache dorée faite en Y, ou plutôt en λ, qui lui a valu son nom. Il a les antennes sétacées, les ailes en toit écrasé, et une trompe égale à son corps, à deux lames, avec laquelle il pompe continuellement le suc mielleux des fleurs en voltigeant et planant comme les sphinx, sans se reposer; quoique ce soit une phalène ou un papillon de nuit, on le voit voler souvent ainsi pendant le jour.

Il s'accouple en mai et pond aussitôt ses œufs séparément sur les plantes potagères, et surtout sur les feuilles du chou, sur la laitue, le tabac, le chanvre, les pois, les haricots, etc.

La chenille qui en sort peu de jours après est verte.

II.   34

C'est à tort qu'on l'a confondue jusqu'ici avec les arpenteuses ; elle ne peut être placée que parmi les demi-arpenteuses, puisqu'elle a douze pattes, et que sa marche n'est pas aussi marquée en anneau que dans les vraies arpenteuses. C'est la seule chenille connue qui n'ait que douze pattes ; celles qui lui manquent sont les deux paires du septième et du huitième anneau.

En juillet, c'est-à-dire au bout de deux mois ou deux mois et demi, elle se file, sous les feuilles qu'elle plie, une coque horizontale d'un tissu très-mince et transparent dans laquelle elle se métamorphose en chrysalide, pour en sortir en papillon le vingtième jour, vers la fin de juillet ou au commencement d'août ; ce papillon s'accouple aussitôt et pond ses œufs dont il éclôt dans le même mois des chenilles qui font en octobre leur coque sous terre, pour devenir papillon au mois d'avril ou de mai suivant.

Ce fut la chenille de ce papillon qui causa tant de ravages, en 1735, dans les plantes potagères des environs de Paris et de plusieurs provinces de la France ; jamais on ne les avait vues qu'en petit nombre dans les campagnes et vers les lisières des bois, mais cette année elles multiplièrent comme un fléau ; elles ne laissèrent que les tiges aux légumes des environs de Paris ; quelques avoines furent endommagées, mais heureusement elles ne touchèrent point au froment ni aux seigles. En Alsace, des champs, qu'on voyait le matin couverts de belles et larges feuilles de tabac, étaient entièrement dépouillés le soir. Ce fléau se fit sentir pendant un mois, après quoi les chenilles filèrent leurs coques et se changèrent en papillons qui périrent aux approches de l'hiver.

19ᵉ Famille. LES ARPENTEUSES, *GEOMETRÆ*.

Nous appelons de ce nom tous les insectes dont les chenilles n'ayant que *dix pattes, disposées de manière* que les trois paires des septième, huitième et neuvième anneaux leur manquant, et laissant sous le milieu de leur corps un trop grand espace, sont forcées en marchant de relever en arc cet espace en amenant les quatre jambes postérieures à la place où étaient les six jambes écailleuses antérieures, et paraissent par là arpenter le terrain et le mesurer avec la longueur de leur corps.

Ces chenilles ont encore une autre particularité. La nature, si variée dans les moyens qu'elle a accordés à chaque espèce pour sa conservation, a voulu que celles-ci filassent continuellement afin qu'elles pussent faire usage de leur fil dans les instants pressants. Elles ne font pas un pas qu'elles ne filent et n'en laissent la trace sur les corps où elles passent. Ont-elles à éviter un insecte, un oiseau, elles se précipitent le long d'un fil qu'elles tirent aussitôt de leur filière ; veulent-elles remonter à leur branche, elles grimpent le long de ce fil avec leurs pattes de derrière, et, arrivées en haut, elles coupent avec leurs mâchoires le paquet de fil qu'elles avaient replié entre leurs pattes intérieures en montant.

Dix genres de papillons ont ce caractère, et on peut le diviser en deux sections, dont la première contiendrait ceux dont les chenilles ont le corps en bâton et sans articulations sensibles, et la seconde, ceux dont les chenilles ont le corps articulé sensiblement.

PREMIÈRE SECTION. ARPENTEUSES A CHENILLE EN BATON.

Voici comment se distinguent les quatre genres qui forment cette section : 1° le *geangula* et le *geometra* ont leur chenille lisse mais avec une tête bicorne, et le papillon du *geangula* a les ailes anguleuses, pendant que celui du *geometra* les a arrondies ; 2° le *spithometra* et l'*extensor* ont les ailes rondes ; mais la chenille du *spithometra* a le corps lisse, pendant que celle de l'*extensor* l'a tuberculé et comme raboteux.

L'attitude de ces chenilles en bâton est bien singulière et digne de remarque. Lorsqu'elles sont en repos elles se tiennent aux branches d'arbres, élevées sur leurs quatre pattes postérieures, le corps si bien étendu, si roide, si tranquille, si fixe, et d'une couleur si semblable à celle des arbres sur lesquels elles vivent, qu'on les prend ordinairement pour des petites branches de bois mort.

GEOMETRA. Le papillon de l'arpenteuse du groseillier, du pommier et du fraisier se voit quelquefois dès le mois de février ou mars sur la terre dans le parc de Saint-Maur, sortant de la terre où il s'était fait une petite coque très-mince avant l'hiver. Il est blanc, ondé et piqueté de noir ; il s'accouple et pond, dès mars ou avril, sur les feuilles du groseillier, du pommier ou du fraisier une centaine d'œufs ovoïdes, chagrinés. Les chenilles qui en éclosent sont brun rougeâtre, entrent, à la fin de mai ou au commencement de juin, sous terre pour s'y métamorphoser en chrysalide, et en sortent en papillon, sur la fin du même mois de juin ou au commencement de juillet, qui s'accouple et pond des œufs dont les chenilles entrent en terre en août pour y filer une coque mince dans laquelle la chrysalide reste jusqu'aux premiers jours de février ou mars suivant, où elle devient papillon.

DEUXIÈME SECTION. ARPENTEUSES A CHENILLE ARTICULÉE.

Les cinq genres qui entrent dans cette section peuvent se distinguer ainsi :

1° Le SPIX ou la PHALÈNE JASPÉE , les ailes sinueuses, et sa chenille tuberculée.

2° Le GRALLATOR ou l'ARPENTEUSE DU CHÊNE, est lisse, et son papillon a les ailes rondes.

3° L'EXTATOR, Gred., ou la PHALÈNE MOUCHETÉE, a sa chenille velue et ses ailes rondes.

4° L'EXTALA, Ad., ou l'ARPENTEUSE DE L'ABRICOTIER, a sa chenille lisse et les ailes très-petites, en moignons.

5° Le GENARPA ou l'ARPENTEUSE DU GENET, a la chenille lisse et les ailes arrondies, verticales, comme les papillons.

DIX-HUITIÈME SÉANCE.

XXe, XXIe, XXIIe, XXIIIe, XXIVe, XXVe, XXVIe, XXVIIe, XXVIIIe, XXIXe, XXXe, FAMILLES DES INSECTES.

LES MOUCHES A SCIE, LES ICHNEUMONS, LES ABEILLES, LES OESTRES, LES TIPULES, LES MOUCHES, LES MICONES, LES SUNATRES, LES TAONS, LES COUSINS, LES ASILES.

20e FAMILLE. LES MOUCHES A SCIE, *TENTHREDINES.*

Les insectes de cette famille ont, comme les cigales, *quatre ailes membraneuses et un aiguillon hors du corps, couché sous lui dans une fente sans le déborder,* mais ils diffèrent des cigales, en ce que leur bouche a, au lieu d'un aiguillon, *deux mâchoires horizontales.*

Cette famille comprend vingt genres qui peuvent se partager en deux sections.

La première section comprendra ceux dont le corps est cylindrique ou déprimé.

La deuxième contiendra ceux dont le corps est comprimé par les côtés.

Cette famille approche plus qu'une autre de celle des papillons ou au moins autant des *papillons mars* ou des *phalènes* que les fourmilions (famille X) approchent des arpenteuses, car leurs larves sont des espèces de chenilles qui ne diffèrent des vraies chenilles qu'en quatre points : 1° leur tête, au lieu d'être formée de deux ou trois pièces, consiste en une seule pièce ou une calotte; 2° elles ont dix huit à vingt-quatre pattes, au lieu que les chenilles qui en ont le plus n'en ont que seize; 3° leurs pattes membraneuses sont nues, au lieu d'être bordées de crochets; 4° enfin, elles n'ont, de chaque côté de la tête, qu'un seul œil assez gros, au lieu que les chenilles en ont cinq ou six très-petits. Comme ces différences réelles n'empêchent pas que ces larves n'aient d'ailleurs une ressemblance frappante avec les chenilles, tant par leur forme extérieure que par leur manière de marcher, de vivre, de filer leur coque, M. de Réaumur a cru pouvoir leur donner le nom de *fausses chenilles*, nom qui leur est resté.

Les fausses chenilles ont toutes une attitude singulière qui les fait remarquer : la plupart, dans leur repos, ont le corps roulé en un ou deux tours de spirale comme de petits serpents, ce que ne font pas les chenilles; d'autres, tenant la tranche d'une feuille pincée entre leurs premières jambes, élèvent le reste de leur corps en l'air, en le contournant en S, telles sont celles du *pemphredo* du saule et du *triedo* du rosier. Enfin, pour peu qu'on les touche, elles se roulent en spirale, et si on continue, elles se laissent aussitôt tomber par terre comme mortes, tel est le *tenthredo* de l'oseille.

La fausse chenille du saule, *pemphredo,* a quelque chose de bien plus extraordinaire : lorsqu'on la touche, non-seulement elle se contracte en spirale, mais encore elle lance, de divers endroits de son corps, de petits jets d'eau qui vont quelquefois à plus d'un pied de distance.

Les fausses chenilles ont pour leur nourriture la plus ordinaire les feuilles des arbres. Les groseilliers en sont quelquefois entièrement dépouillés dès le mois de mai. Il en est une petite, lente, à peau gluante et sale, semblable à une petite limace, qui est quelquefois si commune sur les feuilles de divers arbres fruitiers qu'elle en ronge tout le parenchyme, n'en laissant que le squelette. Le *pemphredo* du chèvre-feuille suinte de même de tous les pores de sa peau une eau gluante d'une odeur forte et désagréable.

Quelques-unes de ces chenilles se filent, avec une filière de leur bouche, une coque pendante sous les feuilles des arbres. Les autres quittent la plante sur laquelle elles vivaient, descendent et vont s'enfoncer sous la terre où elles font leur coque; et c'est pour cette raison qu'on voit souvent un groseillier ou un rosier sans aucune fausse chenille, le soir, pendant que le matin du même jour il en était tout couvert.

La plupart de ces coques sont doubles et d'un tissu en réseau très-fort et à mailles larges, pour laisser pénétrer l'humidité de la terre, sans laquelle leurs nymphes périraient. C'est ordinairement faute de cette humidité que celles qu'on élève chez soi dans des boîtes réussissent rarement, au lieu que les chenilles des sphinx et autres phalènes qui font parallèlement leur coque dans la terre, réussissent ordinairement parce qu'elles n'exigent pas autant d'humidité.

Au lieu de se métamorphoser en chrysalides comme les papillons, les fausses chenilles se métamorphosent en nymphes dont toutes les parties sont distinctes à l'extérieur comme celles des larves; les nymphes des fausses chenilles qui ont été pondues en avril, et qui ont fait leur coque six semaines après, c'est-à-dire en mai, deviennent ailées ou mouches à scie vingt jours après, ou en juin au plus tard.

Les mouches à scie diffèrent beaucoup entre elles par la forme de leurs antennes, par le nombre de leurs articulations, par la position de leurs pattes et par la forme de leur ventre; toutes portent les ailes croisées et horizontales.

Leur couleur dominante est le noir; il y en a de vertes, de rougeâtres et de jaunes, qui imitent un peu la couleur des guêpes. Celles qu'on appelle *guêpes cartonnières de Cayenne* sont de ce genre : elles font un guêpier de carton pendant aux arbres.

Ces mouches à scie s'accouplent peu après leur transformation en insectes ailés, et la femelle pond peu après.

Toutes les femelles portent, couchée dans la coulisse qui est sous l'extrémité de leur ventre, une tarière comparable à celle de la cigale, composée de trois pièces dont deux lames et un aiguillon; les lames sont chagrinées et font l'effet d'une râpe ou d'une lime, pendant que l'aiguillon, qui est barbelé ou denté, fait l'effet d'une scie.

C'est avec cet aiguillon qu'elles déposent leurs œufs, soit dessus soit dessous les corps qui doivent servir de nourriture à leurs petits.

Celles qui, comme la mouche à scie du rosier, les enfoncent dans les jeunes branches, s'occupent, dans les beaux jours du mois d'avril et de juin, vers les dix heures du matin, à faire cinq à dix entailles par jour, pour déposer un œuf dans chacune. Les entailles ne ressemblent d'abord qu'à une fente, à une saignée; mais, au bout de quelques jours, elles prennent de la convexité, de sorte que leur file représente une file de grains de chapelet, par l'accroissement des œufs qui y grossissent avant que d'éclore et non par l'épanchement des sucs dans la plaie.

D'autres espèces écartent tellement les lèvres des plaies qu'elles font aux plantes que leurs œufs paraissent à découvert, rangés par paires comme les graines des gousses de plusieurs plantes.

D'autres les insinuent dans le pistil des fleurs, des arbres fruitiers, tels que le poirier, le pommier, le pêcher, etc. C'est ce qui occasionne la chute de tant de boutons de fleurs qu'on attribue faussement à des vents froids; à peine ces fruits sont-ils tombés que la petite larve en sort, entre en terre où elle se file une coque d'où sort une petite mouche à scie. La fausse chenille qui éclôt de l'œuf que quelques-unes déposent dans un bouton de rose ne reste pas dans ce bouton; elle s'y enfonce, pénètre le centre de la petite branche qui porte ce bouton, et gagne le long de la moelle en descendant.

Enfin, il y en a qui, comme le pemphredo et le triedo du rosier, posent tout simplement leurs œufs en forme de plaque sur les nervures des feuilles. Ces œufs, ainsi que ceux des entailles du rosier, grossissent considérablement avant que d'éclore, par la seule transpiration de la feuille qui en pénètre les pores. On peut s'assurer de la vérité de ce fait, en prenant deux feuilles chargées de semblables œufs, et mettant la queue de l'une dans l'eau, et l'autre sur une table sans eau. On verra que ceux-ci se sécheront pendant que les autres grossiront et éclorcront ensuite.

Les fausses chenilles des œufs ainsi pondus en juin filent leur coque en juillet et deviennent insectes ailés, ou mouches à scie, en août, et pondent une autre génération dont les fausses chenilles filent en octobre leur coque, sous terre, à deux pouces de profondeur où elles passent l'hiver dans l'état de nymphe, pour devenir insecte ailé en avril de l'année suivante.

On trouve aux environs de Paris, surtout au bois de Boulogne, sur le chêne, autour des nids de chenilles processionnaires, depuis le mois de mai jusqu'à celui de janvier, trois sortes de coques qui sont suspendues aux branches par un fil long de trois à quatre pouces, et qui ont la faculté de sauter lorsqu'on les expose sur une table ou à une température chaude, telle que celle de la main. Ce saut, qui va jusqu'à trois à quatre pouces, était nécessaire à l'insecte pour remettre cette coque en suspension toutes les fois que le vent la fait reposer sur une feuille ou sur une branche.

Pour l'exécuter, l'insecte, contenu dedans dans l'état de nymphe, replie son corps en demi-cercle, de manière que son dos, touchant au dos de la coque, et sa tête et son anus aux deux bouts, il se laisse débander ; alors son ventre devient convexe comme était le dos, et les deux bouts de son corps frappent le haut de la coque avant que le ventre soit parvenu à en frapper la partie inférieure.

L'espèce la plus commune de ces coques a deux lignes de longueur sur une largeur de deux lignes.

Le ver qui la forme est blanc, à tête noire, écailleuse, à deux mâchoires, semblable à celui des guêpes, et se transforme en nymphe sans quitter sa peau ; transformation qui est d'un genre particulier.

La nymphe devient ailée en juin et donne un petit tenthredo à antennes à massue, coudée, de douze articles dans le mâle, et de onze dans la femelle qui, après s'être accouplée, va pondre ses œufs dans les chenilles processionnaires ou dans une chenille qui vit des feuilles du lilas.

Les vers qui en naissent, ou leurs nymphes, sont quelquefois mangés par une espèce de carnips qui y pond ses œufs, de même que le salticoque pond les siens solitairement dans autant de chenilles.

Le RUCHIPS ou le *ver mangeur de chenilles,* Réaum., a cela de particulier que ses larves qui ont six pattes écailleuses, douze à seize membraneuses et une tête écailleuse à deux mâchoires comme celles des ichneumons et des abeilles, en sortant des corps des chenilles se filent leurs coques sans duvet, distribuées de manière qu'étant les unes au-dessus des autres, comme on range des tonneaux, avec cette seule différence qu'elles sont collées ensemble, elles ont l'air d'un gâteau ou d'un côté de rayon de ruche à miel.

Le CARNIPTA et le PSEN, Arist., sont des genres de tenthredo qui ont une autre singularité, c'est qu'ils savent choisir parmi les pucerons et les œufs de punaise, de papillon et autres, les œufs qui ont déjà été piqués par une espèce d'ichneumon pour y déposer un œuf dans la larve de cet ichneumon, qui se nourrit de la substance du puceron; la larve du psen vient à éclore, se nourrit de celle de l'ichneumon, qui périt peu après. Nombre de psens sortent ainsi des coques d'ichneumons qu'ils ont fait périr, et qui, eux-mêmes, avaient vécu dans des chenilles ou dans d'autres insectes.

21ᵉ FAMILLE. LES ICHNEUMONS, *ICHNEUMONES*.

La seule différence qui distingue ces insectes de ceux de la famille des mouches à scie, *tenthredo*, c'est que leur aiguillon, qui est également composé de trois lames, n'est *caché ni dedans le corps ni dessous lui,* mais le déborde toujours sans pouvoir y rentrer.

Parmi les douze genres qui la composent et qui n'en forment que deux dans tous les auteurs, savoir : 1° l'uroceros, 2° l'ichneumon, il y en a trois qui ont le ventre comprimé et qui peuvent faire une première section, savoir : 1 le *corniceris*, 2 le *mulio* et le *gallips ;* la deuxième section comprendra les neuf autres genres qui ont le ventre cylindrique, tels que le *massichnis,* l'*uroceros*, le *sirmius*, le *mollips*, le *vibrio*, l'*ichnalis*, le *brurichni*, le *medichni* et l'*ichneumon*.

Les femelles de tous ces insectes ont un long aiguillon, une longue tarière au derrière pour pouvoir pénétrer dans l'intérieur d'une branche, d'un fruit, d'une galle même, au centre de laquelle ils sondent et cherchent le ver qui a occasionné la galle pour déposer dans son corps un œuf dont la larve doit se nourrir; les uns font souvent autant de trous qu'ils ont d'œufs à déposer ; les autres qui, comme le mollips, le vibrio, l'ichneumon les déposent dans les corps des chenilles, les y déposent tous à la fois et souvent par centaines.

L'ichneumon pressé de pondre va se poser sur une chenille dont le corps est ordinairement beaucoup plus grand que le sien. La chenille a beau s'agiter, se tourmenter, l'ichneumon enfonce sa tarière dans sa peau, pénètre le corps graisseux et y coule ses œufs l'un après l'autre, en nombre variable suivant la grosseur. D'autres ichneumons se contentent de coller un ou plusieurs œufs sur le corps de la chenille ; les larves y pénètrent en sortant par la pointe qui touche immédiatement leur corps.

Ces larves sont très-blanches et molles, ont une tête écailleuse, six pattes écailleuses et douze à seize membraneuses peu sensibles et semblables à des mamelons. Il y en a qui, comme celles des galles, ont, outre cela, sur le dos neuf mamelons au moyen desquels elles peuvent se retourner dans la cavité de leur galle.

Une chose qui paraîtra singulière, c'est que ces larves des galles et des chenilles, quoiqu'elles mangent et grossissent, ne paraissent pas rendre d'excréments. Celles des chenilles n'attaquent point les viscères principaux qui les feraient bientôt périr, mais seulement le corps graisseux qui est à côté des deux vaisseaux filiers ou à soie et qui semble ne leur être utile qu'au temps de leur transformation. La chenille vit ainsi longtemps, mangeant à son ordinaire, et ce n'est qu'après que les petites larves en ont détruit tout le corps graisseux qu'on la voit languir et périr peu après ; alors ces larves en percent la peau avec leurs mâchoires et en sortent pour se filer avec la bouche une coque analogue à celle des chenilles, dans laquelle elles se métamorphosent en nymphes.

On voit souvent des chenilles qui, quoique remplies de larves d'ichneumons, parviennent à se changer en chrysalides, parce qu'elles étaient plus avancées lorsqu'elles en ont été attaquées ; mais elles périssent bientôt après par les trous que ces larves percent dans leur peau pour en sortir et se filer leur coque.

D'autres larves ne sortent ni de la chenille ni de la galle où elles ont été pondues; elles restent dans le corps de la chenille après l'avoir fait périr, elles s'y transforment en nymphes, puis en sortent en ichneumons à quatre ailes, au lieu de papillons qu'on s'attendait à voir.

Les larves de quelques genres de grands ichneumons ne se filent point de coques, mais elles se transforment en nymphes dans l'intérieur des chenilles ou de leurs chrysalides qui leur servent de coques.

Celles des galles, *gallips*, se métamorphosent aussi en nymphes dans le centre de leurs galles, où elles restent tout l'hiver pour n'en sortir en insecte ailé qu'au printemps suivant.

Celles qui ne pondent qu'un ou deux œufs au plus dans le corps des chenilles en sortent pour se filer des coques solitaires ou séparées.

Les autres, au contraire, qui habitent en grand nombre dans le corps d'une chenille et qui en sortent en même temps, filent leurs coques les unes à côté des autres, et souvent rassemblées en une masse ronde recouverte d'une bourre ou d'un duvet semblable à du coton, comme le mollips.

Parmi les divers genres d'insectes de cette famille, les uns ont les antennes en massue de onze à douze articulations, les autres les ont sétacées de quinze à cent soixante articulations. Le corps des uns est attaché immédiatement au corselet, pendant que dans les autres il est attaché à un long fil; enfin il y en a dont les femelles, comme l'ichnalis, n'ont point d'ailes.

Si ceux de ces insectes qui causent des galles sur les plantes font quelque tort à ces plantes, ceux qui détruisent les pucerons, les chenilles nous rendent de grands services. On sait les alarmes que causa en France la multiplication extraordinaire de la chenille commune, *fanera*, pendant l'automne de 1731 et le printemps de 1732, qui ravagea en peu de temps toutes les feuilles des ormes et des arbres fruitiers. Tous les soins que se donnèrent les hommes pour exterminer ces chenilles firent moins que les ichneumons qui, ayant multiplié cette année dans la même proportion, attaquèrent les trois quarts et plus de ces chenilles, dont le corps s'en trouva farci même après leur métamorphose en chrysalide.

GALLES. Le genre des insectes qui forment sur les feuilles et les branches des plantes ces excroissances qu'on nomme *galles*, comprend plus de cent espèces qui sont toutes différentes par leur forme, leur grandeur, leurs mœurs, et par la diversité des plantes ou des parties des plantes qu'elles choisissent pour former leurs galles, et par la figure même de ces galles.

Telles sont les galles lisses, sphériques, en groseille, du dessous des feuilles du rosier; celles des fleurs ou fruits de l'églantier, qui sont lisses; celles des bourgeons du même églantier, qui sont chevelues, et qu'on nomme improprement *benguar*, nom turc qui appartient à un chardon; celles des feuilles du chêne; celles qui sont en éponge hérissée sur les tiges du GRAMEN, *Poa, spongiolonem;* les galles lenticulaires qu'on trouve communément en avril sous les feuilles du laitron; celles en cloche operculée sous les feuilles de la lampsane; les galles en noix des branches du cirsion, ou *chardon hémorroïdal,* que le peuple porte sur lui croyant qu'elle guérit des hémorroïdes; les galles blanches grumelées sur les tiges de l'absinthe blanche d'Espagne; celles des tiges renflées du caille-lait blanc, *gallium album,* et du jaune; les galles en dents molaires élevées au-dessus des feuilles du cornouillier ; celles des branches du *vitex agnus castus ;* celles des bourgeons de la véronique à feuilles de chamœdrys ; celles des tiges et du dessous des feuilles du lierre terrestre, qui sont aromatiques, colorées en rouge violet, comme les plus beaux fruits, et que quelques paysans des environs de Charenton et de Saint-Maur mangent ; celles de la sauge, que l'on appelle aussi *pommes de sauge*, parce qu'on les mange et qu'on les porte au marché à Constantinople ; celles en artichaud des bourgeons du chêne ; celles en pomme des branches du chêne ; celles des chênes du Levant ou d'Alep, que l'on appelle *noix de galle*, qui sont rondes, lisses, de huit lignes de diamètre, percées d'un trou, partagées intérieurement en une ou plusieurs cellules qui contiennent chacune une larve ; on préfère celles de ces galles qui sont noires et pesantes à celles qui sont blanches et légères ; elles sont astringentes, et procurent à la solution du vitriol une couleur violette et noire ; par cette propriété elles font la base de l'encre et de nombre d'autres teintures noires ou violettes. La galle à l'*épine du Levant* est encore une autre espèce que les teinturiers emploient ; elle croît sur les branches d'arbres qui la traversent ; elle est sphérique, toute chagrinée, percée de plus de trente trous, par où sont sortis autant d'insectes ; les galles rougeâtres élevées, en septembre et octobre, au-dessus et au-dessous des feuilles du saule ; les galles en clou des feuilles du tilleul.

La galle du chêne est un astringent corroborant qui se donne dans les hémorragies.

Toutes ces galles se forment de la même manière : la *gallips volatil* perce en avril ou mai, avec sa tarière, dans une nervure des feuilles et des tiges, un petit trou dans lequel elle pond un œuf ; quelquefois elle en pond plusieurs dans diverses nervures voisines les unes des autres : c'est de là que vient la différence des galles, dont les unes ne contiennent qu'un insecte pendant que les autres en contiennent plusieurs séparés les uns des autres par une cloison; toutes s'y métamorphosent en nymphes, puis en sortent ailées, en juin ou juillet, en perçant un petit trou. Les galles qui n'ont point encore de trou annoncent par là que l'insecte y est encore; celles où l'on voit plusieurs trous prouvent qu'elles étaient habitées par autant d'insectes.

La GALLIPS ou le *volatil* a le ventre comprimé par les côtés, les antennes en massue, coudées, pendantes, de onze articulations dans les mâles et de douze dans les femelles. Celles qui sortent en juin ou juillet de leurs galles, aussitôt après s'être accouplées, pondent sur les plantes leurs œufs, dont les larves produisent des galles où elles passent tout l'hiver pour devenir ailées au printemps suivant, c'est-à-dire en avril.

L'ICHNEUMON a été ainsi nommé par les modernes parce que cet insecte fait aux chenilles et à nombre d'autres insectes malfaisants une guerre comparable à celle que l'ichneumon, petit quadrupède de la grandeur d'un rat, faisait, selon les anciens, au crocodile en mangeant ses œufs et en sautant dans sa gueule, pendant qu'il dort au soleil, pour ronger et déchirer ses entrailles.

Nous en connaissons plus de trente espèces qui toutes ont la tarière égale à la longueur de leur corps, ou même jusqu'à trois fois aussi longue.

Toutes pondent leurs œufs ou sous l'écorce des arbres, ou dans des chenilles, ou dans leurs œufs, ou dans des pucerons, ou même dans les larves des galles, *gallips*, dont nous venons de parler; les espèces mêmes qui pondent ainsi dans les galles sont si communes qu'il sort de ces galles beaucoup plus d'ichneumons qu'il n'en sort de gallips, qui sont leurs habitants naturels, et qui les ont formées.

22ᵉ Famille. LES ABEILLES, *APES*.

Ce qui distingue les insectes de cette famille de ceux de la famille des mouches à scie, *tenthredo*, et de celle des ichneumons, c'est que leur aiguillon n'est point placé au dehors du corps, mais *renfermé toujours au dedans sans paraître*, sinon dans les instants où l'animal le fait sortir pour le darder au dehors.

Vingt genres ont ce caractère et on peut les partager en deux sections :

La première, des abeilles, *apes,* comprend ceux dont les yeux sont entiers ;

La deuxième, des frelons, *cabrones* , est de ceux qui ont les yeux échancrés.

PREMIÈRE SECTION. ABEILLES A YEUX ENTIERS.

La FOURMI, *formica* , se reconnaît à une écaille verticale qui forme le premier anneau de son ventre.

J'en connais plus de trente espèces, parmi lesquelles les plus remarquables de ce pays-ci sont la *grosse noire* des bois et la *petite rouge* des jardins.

La grande fourmi des bois a trois sortes d'individus, savoir : des *mâles* et des *femelles,* qui ont des ailes sans aiguillon, et des *neutres,* ou *asexes* , qui n'ont point d'ailes, mais un très-petit aiguillon, rarement sensible. Les mâles sont trois fois plus petits que les asexes, et cinq à six fois plus petits que leurs femelles ; on les voit rarement dans la fourmilière, mais on les trouve souvent accouplés le soir, au mois d'août, avec leurs femelles, qui les emportent avec elles en volant. Les mâles ont, comme ceux des mouches et de beaucoup d'autres insectes, les yeux beaucoup plus grands que les femelles.

Ces insectes vivent environ quatre à cinq ans; ils se réunissent au nombre de deux à trois mille dans une voûte souterraine, une fourmilière, remarquable au dehors par un monticule de deux pieds environ de diamètre sur un pied de hauteur, et qui est creusé sous terre à un pied ou deux de profondeur. Cette fourmilière est placée ordinairement dans un terrain sablonneux, au pied d'un arbre ou d'un mur, toujours du côté exposé au soleil du midi; une, deux et quelquefois trois entrées conduisent à son intérieur, qui forme une cavité très-irrégulière, sans cloisons et sans galeries.

Il n'y a que les neutres ou les asexes qui travaillent à à creuser la fourmilière; les mâles et les femelles ne font rien. Ce travail commence au printemps, vers le mois de mai; alors les fourmis sortent de l'état léthargique où elles étaient entassées, les unes sur les autres, dans l'ancienne fourmilière; elles se partagent en deux bandes, dont l'une emporte la terre au dehors pendant que l'autre rentre pour travailler; de manière que l'ouvrage continue sans interruption, et elles ne mangent point qu'il ne soit entièrement fini.

Les fourmis ouvrières ont un grand soin des coques des nymphes qui ont passé l'hiver enterrées. Elles les apportent tous les matins, pendant le soleil, à l'entrée de la fourmilière pour leur faire sentir les influences de la chaleur, et le soir elles les redescendent au fond pour les préserver du froid; c'est entre leurs mâchoires qu'elles les prennent sans les blesser, quoiqu'elles soient beaucoup plus grosses qu'elles.

Ce n'est qu'en août que ces nymphes deviennent des insectes ailés, et s'accouplent surtout le soir en l'air, et non pas dans la fourmilière, la femelle emportant le mâle.

Les femelles fécondées entrent ensuite dans la fourmilière pour y pondre trois ou quatre mille œufs blancs, petits, peu sensibles; après quoi elles périssent pour la plupart, ainsi que tous les mâles, et il ne reste que des ouvrières pendant l'hiver.

Ce sont ces ouvrières seules qui ont soin de ces œufs et des larves qui en éclosent au bout de quelques jours; ces larves sont des vers blancs, apodes, à quatorze anneaux, mais à tête écailleuse de fausse chenille.

Elles les portent le jour à l'entrée de la fourmilière pour leur faire respirer l'air chaud, et les rentrent la nuit où elles les gardent.

Elles les nourrissent avec autant de soin, en leur apportant des grains, des cadavres d'insectes ou d'animaux, du miel qu'elles ont sucé sur les pucerons. Si les vivres sont rares, elles leur donnent tout et font diète; elles commencent par leur donner à manger d'abord, et ne mangent qu'après qu'ils en ont eu suffisamment.

Lorsqu'elles ont trouvé quelque butin, elles vont le porter à la fourmilière; il semble qu'elles en font part à leurs compagnes, car, dès qu'elles y sont arrivées, on voit toute la fourmilière se mettre en marche, et former une espèce de procession, composée de deux files dont l'une vient pendant que l'autre revient avec beaucoup d'ordre. Quelqu'une vient-elle à périr, son corps est bientôt emporté à une grande distance. Si l'on jette à l'entrée de la fourmilière un mulot, une grenouille, une vipère, un oiseau, on les trouvera, après quelques jours, parfaitement disséqués, c'est même un moyen d'avoir des squelettes préparés avec le plus grand ménagement. On sait que la liqueur mielleuse qui suinte des pucerons est du goût des fourmis, qui la recherchent, et que c'est sur cela qu'est fondée l'amitié qu'on a prétendu que ces insectes avaient pour les pucerons, et elles ne les sucent pas au point de les faire périr, comme l'ont assuré quelques auteurs, quoique M. de Réaumur se soit assuré du contraire.

Ces larves, si bien nourries, croissent fort vite; bientôt elles parviennent à leur grosseur, semblables à un œuf allongé. Elles se filent en octobre une coque semblable à une peau très-fine, blanc jaunâtre, dans laquelle elles se métamorphosent en nymphes pour passer ainsi l'hiver jusqu'au mois de juillet ou août suivant, où elles deviennent insectes ailés.

Comme les fourmis ouvrières s'entassent pendant l'hiver et restent engourdies au fond de leur fourmilière, ainsi que leurs nymphes, elles n'ont pas besoin de provisions. Aussi tout ce qu'on a dit de leur prévoyance est-il fabuleux.

La fourmi, selon Pline, est le plus fort des animaux, parce qu'il n'en est point qui, à proportion de sa grandeur, puisse porter ou traîner des fardeaux aussi pesants.

Lorsqu'elle est irritée, elle darde son aiguillon et insinue dans la plaie une liqueur âcre, acide, qui cause une enflure avec inflammation.

Les fourmis font du tort aux prairies sèches et aux arbres, dont elles lient les feuilles avec une espèce de fil qu'elles filent pour se former un nid comme font certaines espèces au Sénégal. On détruit leurs fourmilières en les bouleversant en hiver, ou en temps de pluie, car le froid et les pluies fréquentes les font périr, ou bien on jette sur la fourmilière un morceau de chaux vive, et de l'eau par dessus, ou on y répand de l'huile de térébenthine, de la lie de vin ou de l'huile de noix. On prétend qu'en Russie on les éloigne des arbres en les frottant avec un drap ou un linge imbibé de suc de poisson, et qu'elles meurent lorsqu'on enfonce des entrailles de poisson dans une fourmilière.

Les appâts offrent encore un moyen de les détruire, elles aiment l'eau miellée, et on les attire dans des bouteilles qui en sont pleines, et où elles se noient. Un os à demi rongé, posé autour de leur habitation, est un moyen au moins aussi efficace; elles se rendent en foule dessus, et lorsqu'il en est bien couvert, on le jette dans l'eau avec les convives.

Quoique les fourmis ne fassent aucun tort aux arbres, on les empêche d'y monter en induisant leur pied de marc de café, ou le tronc avec un anneau de coton ou de matières visqueuses. On sait qu'on en garantit les orangers en plongeant les pieds de leurs caisses dans des cuvettes pleines d'eau.

La perdrix, les pies, le renard et le blaireau en détruisent beaucoup.

Si les fourmis causent quelques dommages aux prairies et aux arbres au pied desquels elles établissent leurs fourmilières, on peut dire aussi qu'elles rendent de grands services. En Suisse et à Lusace, on en tire un parti avantageux pour détruire les chenilles; lorsqu'un arbre en est infesté, on enduit le bas du tronc de poix gluante ou de glaise molle, et on suspend à une branche du haut de l'arbre un sachet rempli de fourmis, auquel on laisse une ouverture pour les laisser passer. Les fourmis arrêtées par la poix restent sur l'arbre, et, pressées par la faim, elles se jettent sur les chenilles, qu'elles dévorent entièrement.

Les fourmis contiennent un acide si développé que, lorsqu'on jette une fleur bleue de chicorée ou autre dans une fourmilière, elle devient rouge. Distillées avec l'esprit de vin, elles rendent ce qu'on appelle l'eau de *magnanimité*, à cause de sa vertu tonique et corroborante dans toutes les faiblesses et paralysies. Cette eau porte singulièrement aux parties de la génération, et surtout aux conduits urinaires comme les cantharides et les autres insectes.

(1) Selon Bontius, la LAQUE est une gomme résine due à une sorte de fourmi du Pégu qui la prépare et la travaille pendant huit mois, pour la production et la conservation de ses petits. Elle forme sur les branches d'arbres plusieurs alvéoles ou cellules à cloisons extrêmement minces, comparables à celles des ruches des mouches à miel; ces alvéoles contiennent des petits corps rouges qui y sont moulés, qui dans l'eau se renflent comme la cochenille, et la teignent d'une couleur presque aussi belle.

Cette laque se sépare des bâtons en la faisant fondre; on la lave ensuite, on la jette sur un marbre où elle se refroidit en lames, et prend le nom de *laque plate*. C'est elle qu'on emploie pour la belle teinture d'écarlate qui se fait au Levant, et pour colorer les peaux de chèvre du Sénégal, appelées *maroquins*.

La *laque en grain* est ce qui reste de résineux et de plus grossier après qu'on en a tiré la teinture. C'est cette laque qu'on emploie dans certains vernis et pour la cire à cacheter.

Les auteurs nous font entendre que la laque est une espèce de cire recueillie sur les plantes et travaillée par les fourmis, pour en faire des alvéoles à peu près comme les abeilles font leurs rayons; mais il nous paraît que ces prétendus alvéoles ne sont que des insectes eux-mêmes, des espèces de kermès ou de céréole, réunis et collés plusieurs ensemble, dont la partie résineuse qui les recouvre est moins colorante que la partie charnue, qui est analogue à celle du kermès.

Les VAGVAGUES, qu'on appelle *fourmis blanches*, et *poux de bois* entre les tropiques; dont les unes bâtissent des galeries

---

(1) Ce paragraphe et les quatre suivants, quoique placés ici dans le manuscrit d'Adanson sont enfermés dans une accolade, probablement pour être reportés dans la famille des vagvagues qui est dans son tableau des Familles immédiatement avant celle des fourmilions.   J. PAYER.

au moyen desquelles elles s'insinuent à travers les cabanes de paille, les planchers, les coffres qu'elles percent pour détruire le linge, les habits, le sucre et autres provisions; dont les autres forment des fourmilières en grosses loupes, avec le bois des arbres qu'elles détruisent, et d'autres des moles coniques de dix à douze pieds de hauteur, qui s'élèvent comme des villages au milieu des campagnes du Sénégal, ne sont pas des fourmis, mais des insectes qui approchent de la famille des fourmilions et qui ont, comme les fourmis, trois sortes d'individus, savoir des neutres sans ailes, et des mâles et des femelles ailés. On dit même qu'il n'y a dans chaque *vagvagine*, qu'une seule femelle, qu'on appelle *reine*, comme la mère abeille, et qui est grosse comme le doigt.

L'ABEILLE, *apis*, Plin. On a confondu jusqu'ici sous le nom d'*abeille* trente espèces d'insectes, dont les unes vivent solitaires et les autres en société; mais les premières n'ont que deux sexes, au lieu que les dernières en ont trois, et cette différence seule aurait dû les faire distinguer et rendre aux premiers leur nom ancien de *bourdon*.

Je ne connais que cinq espèces d'abeilles qui sont : 1° la mouche à miel ordinaire d'Europe; 2° celle du Sénégal, qui est plus petite; 3° trois espèces d'abeilles à nid de mousse.

L'abeille, *apis*, diffère essentiellement de la fourmi en ce que, quoiqu'elle ait comme elle trois sortes d'individus dans son espèce, toutes trois ont des ailes, le premier tarse des pattes élargi en palette, le ventre sans écaille, une langue en trompe avec quatre antennules et deux mâchoires à la bouche, un aiguillon à l'anus des femelles et des neutres seulement; les mâles se prennent par conséquent sans aucun danger, mais il faut les reconnaître; ils sont un peu plus gros, à yeux contigus et plus grands que dans les neutres; ils ont treize articles aux antennes et les ailes plus longues que le

corps; les femelles ont, comme les neutres, les yeux petits
et les antennes de douze articulations, mais leur corps
est presque une fois plus long, et leurs ailes plus courtes
à proportion. Toutes ont le corps brun noir luisant, semé
de quelques poils. Les vieilles de l'année précédente ont
les poils roux et les anneaux moins bruns.

Leur ventre contient quatre parties : les intestins, la
vésicule de miel, celle du venin et l'aiguillon. La vésicule
du miel est grosse comme un pois, transparente comme le
cristal; quand elle est remplie, elle sert de réservoir au miel
que les abeilles vont recueillir sur les fleurs; une petite
partie passe dans leur nourriture et le reste est rapporté et
dégorgé dans les cellules du magasin pour les nourrir en
hiver. L'aiguillon est composé de trois parties qui consistent
en deux pointes acérées ou dentelées, et en une gaîne qui
les reçoit; cette gaîne aboutit à la vésicule du venin qui,
dans le temps qu'elle pénètre dans quelque corps, y laisse
couler une goutte dont l'action est beaucoup plus forte l'été
et qui cause des enflures plus ou moins vives, selon les tempéraments. Il en est qui n'en sont presque pas incommodés.
Quelquefois l'aiguillon tient si fort à la peau qu'il y reste,
alors l'abeille en meurt et l'inflammation est plus violente;
il faut le retirer et imbiber la place avec le lait.

Il est étonnant que les auteurs regardent l'abeille domestique comme originaire des forêts et des rochers des pays
froids du Nord, surtout de la Pologne ou de la Moscovie,
d'où les hommes les ont soumises à leur domaine pour faire
multiplier leur produit, tandis que l'on sait, et par les écrits
des anciens et par ceux des voyageurs modernes, qu'on les
trouvait sauvages dans les contrées méridionales de l'Europe,
comme l'Italie, la Provence, l'Espagne, comme on les trouve
encore au Sénégal, dans les creux d'arbres de l'Afrique surtout qui fournit, comme l'on sait, beaucoup de cire à l'Europe.

La situation la plus favorable aux ruches à abeilles, dans le climat de Paris, est le pied d'une colline exposée au midi, et assez haute pour les abriter contre les injures du temps, assez près de la maison pour être soignées, et pas assez pour être exposées à la fumée et à l'égout de ses eaux.

Selon M. Wildman, leur porte, ou ouverture, doit être tournée au S.-O. plutôt qu'au S.-E., afin que le soleil couchant, les éclairant plus tard, permette aux paresseuses d'en trouver l'entrée sans peine; jamais elle ne doit être au nord.

Il faut que ce soit un jardin dont le terrain ne soit jamais nu au moins à une petite distance des ruches, car, en hiver, il serait très-humide et tuerait les abeilles qui y tomberaient; et en été il serait trop poudreux, de manière que leurs pattes, encore mouillées par la rosée, s'en chargeraient au point de ne pouvoir plus se relever ni prendre leur vol. Ce terrain sera à une petite distance de la ruche, couvert d'un gazon qu'on tiendra court en le coupant ou en le fauchant souvent, afin que les grandes herbes n'empêchent pas les jeunes abeilles qui tomberont dedans de s'élever et de gagner la ruche, ce qui arriverait dans les temps de rosée ou de pluie, et en ferait périr une grande partie. Les environs des ruches seront remplis de baume, de thym, de serpolet, de romarin, de sauge, de lavande, de genêt, surtout de genêt d'Espagne, d'asphodèle, de violette, primevères, giroflée, fraisiers, souci, archangélique, aubépine, sureau, mûres de ronces, origan, hyssope, bourache, persil, moutarde graine, rosier rouge, pouliot, chêne vert, euphraise, et autres herbes odoriférantes qui peuvent procurer au miel une qualité aromatique. Le mont Hybla, en Sicile, et le mont Hymette n'étaient célèbres autrefois, comme le sont aujourd'hui les coteaux de Narbonne, que par la quantité de leurs herbes fines qui procurent au miel une qualité

supérieure. Ces herbes fines seront plantées autour du rucher. Un peu plus loin seront plantés des arbres fruitiers
tels que le poirier, le pommier, le cerisier; plus loin encore
des prairies émaillées continuellement de fleurs qui se suc-
cèdent, telles que la luzerne, le sainfoin et le sarrasin. Ces
prairies leur seront encore plus agréables si elles sont traversées par quelques ruisseaux d'une eau vive; de grosses
pierres jetées de distance en distance, à fleur d'eau, sont
de petites îles où elles vont se baigner avec une telle vo-
lupté qu'on ne la peut voir sans la partager.

Les ruches doivent être placées sur des bancs à un pied et
demi au-dessus de terre, ni plus haut pour ne pas exposer
les abeilles à être abattues par les vents, ni plus bas pour
ne pas être baignées par les pluies qui rejaillissent de dessus
la terre.

Il faut soigneusement arracher et éloigner du voisinage
des ruches les mauvaises herbes qui pourraient donner une
qualité nuisible à leur miel, telles que la ciguë, la morille,
le coquelicot, la matricaire, le sceau, le buis, l'if.

On a imaginé un moyen de procurer aux abeilles une
ample moisson, c'est de les faire voyager. Les Égyptiens,
ces sages, ces heureux, promenaient leurs abeilles en trans-
portant leurs ruches dans des bateaux qui côtoyaient lentement le Nil, dont les bords étaient émaillés de fleurs; lorsqu'on jugeait par leur ralentissement qu'elles avaient mois-
sonné les environs à deux lieues à la ronde, car elles vont
jusqu'à cette distance, alors on conduisait les bateaux plus
loin, et on leur faisait parcourir ainsi quarante à cinquante
lieues de pays. Les Italiens, voisins du fleuve le Pô, suivent
encore aujourd'hui la même pratique. Au défaut des routes
par eau, on les fait voyager avantageusement par terre. Les
Grecs transportaient ainsi leurs ruches de l'Achaïe dans
l'Attique; la même chose se pratique encore dans le pays

de Juliers. On voit dans le Gatinais des particuliers qui après la récolte du sainfoin, et après que les abeilles ont essaimé, c'est-à-dire vers le mois de juillet, transportent leurs ruches dans les plaines de la Beauce, où abonde le mélilot, puis en Sologne, pour butiner sur le sarrasin, qui reste en fleur jusqu'à la fin de septembre.

Les ruches, ainsi conduites, sont d'un rapport considérable.

Les ruches ordinaires sont des paniers coniques, de deux pieds environ de long, ouverts en dessous avec une petite échancrure qui doit servir de porte aux abeilles. Lorsqu'on les a posées sur un petit banc, il faut qu'elles soient exposées au soleil du levant et du midi.

Quoiqu'on retire d'un pareil panier tous les ans jusqu'à soixante-dix livres de miel et deux livres et demie de cire, dans les meilleurs cantons, comme le Gatinais, et dans les meilleures années, en suivant la pratique de faire voyager les abeilles; néanmoins un bon essaim de deux ans, c'est-à-dire un panier rempli vers le commencement de juillet ne produit communément que *vingt-cinq à trente livres de miel et deux livres et demie de cire* jusqu'au mois de juillet suivant où il commence à essaimer.

Pour présenter avec ordre l'histoire d'un insecte aussi intéressant, en supprimant tout le merveilleux qui a été débité à son sujet, nous considérerons une ruche ordinaire et telle qu'on la trouve à la fin de l'hiver, vers le mois d'avril ou le commencement de mai.

Alors le couvain, ou les jeunes abeilles pondues, éclosent et c'est de là qu'est venu le proverbe que les abeilles et les hirondelles paraissent en même temps. Dès ce moment le travail commence dans la ruche sans discontinuer, jusqu'au commencement d'octobre. Il roule entièrement sur les abeilles neutres appelées pour cette raison *les ouvrières*, car les mâles restent autour des femelles sans rien faire. Les ouvrières se partagent en trois bandes pour le travail; les premières vont chercher les matériaux, c'est-à-dire la cire et le miel; les deuxièmes attendent à l'entrée de la ruche pour les décharger de la cire qu'elles vont porter dans les cellules destinées au dépôt; les troisièmes reprennent cette cire brute, la mangent, en tirent la portion mucilagineuse qui doit leur servir de nourriture, puis elle sort de leur estomac par leur bouche, sous la forme d'une bouillie blanche dont elle forme les alvéoles et qui durcit en séchant; les quatrièmes apportent le miel dont elles nourrissent les ouvrières qui restent dans la ruche et déposent le reste dans les alvéoles.

Leur premier travail, dans une ruche nouvelle, consiste à en induire les parois intérieures d'une couche épaisse d'une résine odoriférante, plus dure que la cire, qui sert à en boucher les petites ouvertures et à la garantir du froid, même dans les ruches vitrées. Cette matière s'appelle *propolis*. Elles la tirent, dit-on, des bourgeons du peuplier, du saule et de plusieurs autres arbres qui en fournissent beaucoup, mais on ne les a pas encore vues faire cette récolte.

Dans les ruches vitrées, elles ne posent de propolis que lorsqu'elles sont à jour et non lorsqu'on les recouvre contre la lumière, ce qui prouve qu'elles ne portent le propolis que là où la lumière pénètre.

Lorsque l'essaim continue ses rayons jusqu'au-dessous du bord extérieur de la ruche, c'est un signe certain qu'il ne sortira pas. Alors il faut mettre sous cette ruche une autre ruche à ciel de bois grillé en dessus, avec une trappe.

Les mâles ne vivent guère que six semaines, à compter du jour de l'établissement de la nouvelle colonie, tandis que les femelles et les neutres vivent deux à trois ans. C'est pour cela que les essaims sortis en mai ont fait une nouvelle ruche en juin et juillet. On ne voit plus de ces mâles en juillet; dès qu'ils sont reconnus inutiles à la propagation ou qu'ils ont fécondé la mère, les abeilles neutres les chassent de la ruche ou bien ils sortent d'eux-mêmes pour mourir naturellement. Les mâles sont au nombre de cent à deux cents (quelques-uns disent trois cents); ce nombre est proportionnel à celui de l'essaim.

M. Daniel Wildman prétend trois choses qui lui seront contestées : 1° que *plus il y a de mâles dans une ruche, plus cette ruche rend de miel*, parce qu'ils couvent, dit-il, les petits, auxquels les abeilles apportent du miel; et que si l'on tue ces mâles, les ouvrières apportant toujours du miel dans les cellules dont les vers morts ne font plus la consommation, ce miel reste abandonné ; 2° il prétend que les abeilles neutres sont *femelles et produisent des mâles et des abeilles neutres semblables à elles*, tandis que la reine ne produit selon lui que des reines, fondé sur ce qu'un rayon n'ayant qu'une reine en nymphe, prête à sortir quatre jours après, et des cellules soi-disant vides ayant été mises dans une ruche nouvelle avec une suffisante quantité d'abeilles mâles et neutres, de nouveaux rayons formés depuis dans cette ruche se sont trouvés alors avoir des petits dans presque chaque cellule; mais cette expérience n'a pas été faite avec assez de précaution pour conclure au contraire de ce que d'autres observations ont appris ; 3° que ces vieilles abeilles neutres ou ouvrières ayant fini leur première ponte d'abeilles neutres (qu'il regarde comme femelles productives) dans un rayon, pondent ensuite des mâles dans un rayon de mâles, rayon dont il n'y a qu'un et jamais davantage dans chaque ruche.

Dans les deux ou trois temps de la fécondation de la reine, les mâles lui sont plus soumis et plus caressants que dans les autres temps.

Dès que l'intérieur de la ruche est ainsi enduit, les abeilles ouvrières s'occupent à faire leurs gâteaux ou rayons en commençant toujours par le haut de la ruche, d'où ils pendent perpendiculairement en bas. Les plans de ces gâteaux sont distants de quatre lignes environ, c'est-à-dire autant qu'il faut pour laisser passer deux abeilles dos à dos ou l'une sur l'autre, et ils sont soutenus à cette distance par des traverses de cire qui les unissent ensemble. Outre ces traverses, ils sont encore percés par intervalle de plusieurs trous qui leur servent de passage pour abréger le chemin. Chaque rayon a environ un pouce d'épaisseur ; il est formé de deux plans de cellules hexagones de cinq lignes environ de longueur et de deux lignes de diamètre intérieur, c'est-à-dire un peu moins que le corps des abeilles ouvrières, qui est d'une ligne trois quarts. La cause principale de l'uniformité et de l'égalité de ces cellules est due non-seulement à la proportion de leurs pattes, mais encore à la forme cylindrique de leur corps, qui, en travaillant à les faire rondes, les fait néanmoins hexagonales par leur compression mutuelle, qui fait prendre à la cire cette forme qu'affectent tous les corps sphériques mous que l'on presse également de tout côté, de manière qu'elles contiennent dans le plus petit espace possible le plus grand nombre de cellules les plus grandes possible avec très-peu de matière, problème des plus difficiles de la géométrie, et qui se trouve résolu dans leur travail, qui, tout symétrique qu'il paraît, n'est qu'un effet purement mécanique et dépendant de l'instinct du désir de travailler à la multiplication de leur espèce sans la participation d'aucun raisonnement.

Ces rayons, c'est-à-dire la ruche, sont partagés en trois étages : la partie supérieure est dans les vieilles ruches destinée en automne au couvain, c'est-à-dire aux œufs qui doivent y être pondus, et les deux autres sont pour le miel et la cire. Sur six à sept mille cellules que bâtissent cinq mille ouvrières dans l'espace de dix à douze jours, elles en construisent cent à deux cents un peu plus grandes au bord des gâteaux, destinées à autant de mâles, et outre cela vingt-trois où vingt-quatre autres, qui sont cylindriques, beaucoup plus grandes, guillochées, et telles qu'elles contiennent autant de cire que cent ou cent cinquante cellules ordinaires; elles sont destinées à recevoir les œufs d'autant de femelles ou de reines.

La femelle ou la reine est fécondée environ vers le mois de juin par les mâles qu'elle agace, et sur lesquels elle monte pour accomplir l'acte de la génération. Dès que la femelle est en état de donner de la postérité, les ouvrières tuent les mâles et jettent dehors leurs cadavres.

Ce n'est qu'un mois après qu'elle a été fécondée qu'elle pond ses œufs, c'est-à-dire en juillet et août. Suivant les auteurs, la deuxième ponte qu'elle fait, quelquefois en septembre suivant dans les bonnes années, ou au moins, disent-ils, au mois de mai de l'année suivante, est une superfétation puisque ces derniers œufs ont été fécondés neuf ou dix mois avant leur ponte, et dans un temps où ils devaient être d'une petitesse infinie, et cependant cette ponte du mois de mai est ordinairement la plus forte.

Au reste, la femelle va de cellule en cellule, enfonce dans chacune l'extrémité de son ventre et y dépose un seul œuf, qui s'attache au fond ou aux parois : ils sont oblongs, transparents, un peu courbes et plus menus par le bout qui les colle à la cellule. Elle en dépose ainsi deux à quatre centaines par jour; et elle sent apparemment ceux qui sont plus gros pour les déposer dans les grandes cellules destinées aux femelles. Chaque ponte est de quatre à cinq mille œufs, et dure environ quinze à vingt jours.

Quatre ou cinq jours après la ponte, il sort de ces œufs autant de petites larves sans pattes, à quatorze anneaux, dont le premier est une tête écailleuse, et à dix-neuf stigmates de chaque côté ; elles sont blanches, toujours courbées en demi-cercle. Les abeilles ouvrières, quoiqu'elles ne soient pas leurs mères, en ont le plus grand soin ; elles se promènent de cellule en cellule, leur portant fréquemment à manger du miel qu'elles leur dégorgent, et en laissant une quantité suffisante dans la cellule.

Ces larves si bien nourries prennent promptement tout leur accroissement, non pas en moins de six à douze jours, comme le disent quelques auteurs, mais au bout de vingt jours au moins, et pendant cet espace de temps elles changent, comme les chenilles, trois ou quatre fois de peau dont elles tapissent l'intérieur de leur cellule, ce qui se fait avec tant d'adresse qu'elles la fortifient sans la rétrécir sensiblement.

Parvenues à toute leur grandeur elles cessent de manger, et les ouvrières ont l'attention de ne plus mettre de miel dans leur cellule ; alors elles se filent, avec la filière de la lèvre inférieure de leur bouche, non pas une coque séparée, mais une toile mince dont elles tapissent exactement toute leur cellule, puis elles muent pour se métamorphoser en nymphe. Les vieilles abeilles ouvrières n'attendent pas que la métamorphose soit accomplie ; dès qu'elles voient la larve filer elles bouchent aussitôt la cellule avec un couvercle de cire. Elles restent ainsi vingt et un jours enfermées, après quoi elles quittent leur peau de nymphe qui se colle encore exactement contre les parois de la cellule, et deviennent insectes ailés ou abeilles parfaites qui sortent de leur prison, dont elles déchirent le couvercle avec leurs mâchoires.

Au sortir de cet état de nymphe les jeunes abeilles sont encore humides, elles s'essuient ; les autres les lèchent, et à peine leurs ailes sont-elles déployées et sèches qu'elles vont butiner à la campagne, qu'elles savent, sans l'avoir appris, recueillir la cire et le miel, en sorte qu'elles reviennent un quart d'heure après leur première sortie, chargées de miel ou de cire, comme les anciennes ouvrières. Il sort ainsi deux à quatre cents abeilles de leurs cellules chaque jour, et, dans l'espace de quinze à dix-huit jours, tout le couvain de quatre à sept mille abeilles est sorti et forme ce qu'on appelle un *jeton* ou un *essaim*. Il se passe donc sept à huit semaines entre la ponte des œufs et la sortie de l'essaim. La ponte de mai sort en juillet, et celle de juillet sort en août et septembre.

Lorsque les ruches sont vastes ou peu remplies les essaims les abandonnent rarement; ils ne les quittent même que quand ils ont une femelle à leur tête, au point que lorsqu'ils n'en ont point, et que la ruche est trop pleine, les abeilles anciennes sont forcées de les chasser.

Le temps le plus ordinaire de la sortie des essaims, dans le climat de Paris, dure deux mois, depuis le 1er mai jusqu'au 1er juillet. Ces essaims sont ordinairement les plus forts. Ceux qui viennent plus tard sont trop peu nombreux et réussissent rarement, à moins qu'on ne les marie, c'est-à-dire qu'on les réunisse à d'autres, et ils ne produisent jamais dans la même année; au lieu que ceux du mois de mai donnent quelquefois eux-mêmes un autre essaim vers le mois d'août ou en septembre.

M. Daniel Wildman s'est assuré que les vieilles ruches, c'est-à-dire les rayons de l'année précédente examinés au mois de mai ou de juin avant que d'essaimer, n'ont jamais plus d'une reine, qui est de l'année précédente, comme les abeilles neutres ou ouvrières.

Il y a des ruches qui essaiment deux ou trois fois dans la même année, savoir : 1° en juin; 2° en juillet; 3° en août et septembre; mais ces derniers essaims d'août ou septembre, sont appelés des *avortons* ou des *rebuts*, parce qu'ils sont plus petits que celui du mois de mai ou de juin.

Dans le même temps on trouve dans les rayons de l'année précédente du couvain, c'est-à-dire un essaim de quatre à sept mille jeunes abeilles qui ont passé l'hiver en nymphes, parmi lesquelles sont cent à deux cents nymphes et deux à trois reines, quelquefois moins et jamais plus ; la première sortant de la cellule, la seconde en nymphe, qui n'en sortira que dans trois semaines, et la troisième encore en ver, qui ne doit se métamorphoser en abeille qu'au bout de cinq à six semaines. (Ceci est douteux ?)

Cette reine doit être jeune, ou tout au plus de mai ou septembre de l'année précédente, si l'on veut qu'elles essaiment ; car les vieilles de deux ans, soit par âge, soit par faiblesse, sont stériles, et c'est pour cela qu'on voit certaines ruches sans essaim nouveau quoique bien fournies d'abeilles.

Le temps le plus ordinaire des essaims nouvellement éclos est, dans le climat de Paris et de Londres, en mai et juin jusqu'au 1er juillet. Si les ruches sont vastes ou peu remplies, ces essaims les abandonnent rarement, même quand ils ont une femelle à leur tête, et alors, comme le remarque Pline, les abeilles tuent toutes ces femelles, excepté une, qui est souvent la plus jeune comme la plus féconde, et les jettent hors de la ruche ; car en aucun temps elles ne souffrent ni plus ni moins qu'une femelle dans la ruche, et on a vu de grandes ruches de quarante-cinq mille abeilles avec une seule mère. Lorsqu'au contraire la ruche est trop remplie, relativement à sa grandeur, alors les anciennes chassent ces nouveaux essaims pour conserver leur ancienne habitation lorsqu'elles s'y trouvent bien, car on en voit qui la quittent lorsqu'elle est trop petite ou mal située.

On est averti qu'un essaim sortira bientôt d'une ancienne

ruche, qui, comme l'on sait, a été purgée de tous les mâles avant l'automne, lorsqu'on entend le soir un bourdonnement considérable et différent de celui que fait ordinairement la mère, ou lorsqu'on voit de nouveaux mâles sortir de la ruche, se suspendre au-dessous d'elle ou voltiger au-devant; enfin, on est certain qu'il sortira, où, malgré le beau temps sec et chaud, les abeilles, au lieu d'aller à la campagne, restent chargées de leur récolte auprès de la ruche. Les essaims ne quittent la ruche que pendant la grande chaleur du jour, à Paris, entre dix heures du matin et trois heures du soir; en Angleterre, entre onze heures du matin et quatre heures du soir. Un moment avant le départ il se fait un grand silence, puis la reine et toutes les abeilles qui doivent composer l'essaim sortent en moins d'une minute de la ruche en se dispersant d'abord par pelotons ou flocons, ensuite sous la forme d'un nuage qui va s'attacher à un arbre. Lorsqu'il fait du vent et qu'il les élève beaucoup, il les emporte si loin que souvent on les perd. Pour les déterminer à s'arrêter dans un endroit, il suffit de leur jeter quelques gouttes d'eau ou de sable, elles s'abaissent à l'instant, prenant sans doute les grains de sable pour de la pluie. Dans nombre d'endroits l'usage est de suivre l'essaim en frappant sur des cloches ou des chaudrons, dont le bruit les fixe bientôt comme fait le bruit du tonnerre et la crainte de l'orage, car cet insecte sait les prévoir et rentrer avec précipitation dans la ruche dès qu'il en aperçoit les indices.

Quoique la mère ou la reine soit toujours environnée de ses mâles et d'un grand nombre d'abeilles, il ne paraît pas que ce soit elle qui choisisse le lieu où l'essaim doit se rassembler; elle se joint toujours au gros de la troupe qui grossit peu à peu et qui se trouve complet souvent en moins d'un quart d'heure. Quelquefois l'essaim, qui a deux ou plusieurs reines, se divise en deux pelotons qui se posent chacun sur une branche; mais comme les abeilles n'aiment point à vivre en petite société, souvent celles du petit peloton s'en détachent peu à peu et vont rejoindre le gros.

Dès que les abeilles sont ainsi fixées, on les fait entrer dans une ruche frottée de miel et de plantes aromatiques, surtout de baume. Si les deux pelotons ne se sont pas réunis auparavant on les secoue tous deux dans la ruche, parce que la mère pourrait se trouver dans ce peloton, et, dans ce cas, les abeilles quitteraient bientôt la ruche pour regagner la branche où est la mère, comme il arrive quelquefois qu'elles retournent à la ruche ancienne lorsque la jeune mère est restée à sa porte faute d'avoir pu se servir de ses ailes pour les suivre. En effet, ce qui détermine un essaim à se fixer dans une ruche, sur une branche ou en un endroit quelconque, c'est la présence d'une mère ; tant qu'elles la voient elles se tiennent autour d'elle et ne la quittent point; elles se laissent transporter avec elle partout où l'on veut sans remuer, sans paraître inquiètes, et c'est vraisemblablement en cela que consiste le merveilleux dé ces hommes appelés maîtres des abeilles, qui disent avoir le secret de les charmer, et qui en portent un essaim à la main, le long du bras, sur leur tête, sur leur menton ; une mère abeille, c'est-à-dire une reine ou une femelle détenue dans une boîte et fixée à volonté, suffit pour opérer ces prestiges ou ces prétendus miracles. Ces insectes se laissent périr plutôt que de quitter leurs femelles. En attachant cette femelle avec un fil on se fait suivre d'un essaim, comme un troupeau suit son berger.

On sait par expérience que cinq mille trois cent soixante-seize abeilles font le poids d'une livre. Quelques auteurs disent qu'un essaim de quatre livres, c'est-à-dire de vingt mille abeilles, n'est que médiocre; qu'un bon essaim doit

II.   37

peser six livres, et être par conséquent de plus de trente
mille abeilles, et qu'on en a vu de huit livres, c'est-à-dire
de quarante mille mouches. Ces auteurs n'entendent parler
que des ruches de deux ans, ou considérées dans leur
deuxième année, et ils comprennent sans doute leur premier
essaim du mois de mai, qu'ils supposent n'être pas sorti de
la ruche, et y avoir produit ainsi que l'ancien essaim un
autre essaim dans le mois d'août, ce qui, sur le pied de six
à sept mille abeilles par essaim, ferait vingt-quatre à trente
mille pour les quatre essaims produits dans une ruche dans
l'espace de quatorze ou quinze mois, depuis celui de juin ou
juillet de la première année, jusqu'en août et septembre de
la deuxième année; mais ces essaims si forts, disent-ils, ne
sont pas toujours les meilleurs, parce qu'étant composés
d'abeilles de tous les âges, il en reste aussi de tous les âges
dans la ruche ancienne, et que contenant trop de mâles ou
de faux bourdons que les abeilles ne peuvent tuer avant
l'automne, ces mâles affament la ruche pendant l'hiver; ce
sont sans doute de ces vieux mâles qui, selon M. Wildman,
sortent avec les jeunes abeilles de l'essaim de mai.

Parmi les abeilles du premier essaim, qui sort en mai, il
sort avec les jeunes abeilles des vieilles qui s'y mêlent indistinctement. (A vérifier?)

Nous n'avons considéré jusqu'ici le travail des abeilles
que dans une ruche d'un an dépourvue de mâles; elle se
trouve au premier printemps, c'est-à-dire en avril ou mai.
Il faut encore savoir ce qui se passe dans une ruche nouvelle,
habitée par de jeunes abeilles, en juillet et août : d'abord
elles ne travaillent point avec continuité et avec ordre
qu'elles ne soient assurées d'avoir avec elles une mère féconde et unique. Quelquefois elles n'en ont point ou elle
vient à périr, alors leurs travaux cessent comme l'espérance
de leur multiplication, et la ruche dépérit. Si on leur donne

une autre femelle, ou seulement un œuf ou une larve de femelle, l'espérance de multiplier leur postérité renaît et leur fait reprendre l'ouvrage. Chaque essaim contient communément trois ou quatre femelles et cent à deux cents mâles. Ces trois ou quatre femelles vivent souvent ensemble lorsque l'essaim qui peuple la ruche n'est pas considérable; mais si cet essaim est fort et que les abeilles craignent une trop grande multiplication, surtout à l'entrée de l'hiver, où la disette est à craindre, ces abeilles tuent toutes les femelles à l'exception d'une seule, soit la plus grande, soit celle qui promet une postérité plus nombreuse et plus prompte.

Un essaim de six mille abeilles, ainsi animé par la présence de sa femelle, travaille avec une telle ardeur qu'après avoir enduit et tapissé l'intérieur de sa ruche d'une couche de propolis, il y fait en vingt-quatre heures un gâteau d'un pied de longueur sur un demi-pied de largeur, au point que souvent la moitié de la ruche est remplie de cire en quatre ou cinq jours. Il fait souvent plus de cire dans les quinze premiers jours que dans tout le reste de l'année, surtout lorsqu'il sort en mai ou juin et qu'il est considérable; alors il donne quelquefois un autre essaim dès le mois d'août de la même année; mais lorsque le premier essaim ne sort qu'en juillet ou qu'il est faible, il n'en donne un autre qu'au mois de mai de la deuxième année.

La femelle sort rarement de sa ruche, ou, si elle en sort, c'est pour peu de temps; elle est toujours environnée de ses mâles et des autres abeilles qui, se joignant par les pattes, forment autour d'elle et des bourdons un nuage qui n'a encore pu être pénétré par aucun observateur, même dans les ruches vitrées, et qui est toujours suivi de la fécondation. Elle reste ordinairement dans la partie supérieure de la ruche, et est fécondée cinq à six jours après.

Sa ponte ne se fait qu'un mois après qu'elle a été fécondée, c'est-à-dire en juin si l'essaim est sorti en mai, ou en juillet ou août s'il n'est sorti qu'en juin ou juillet, et elle est fécondée, suivant les auteurs, pour toutes les générations qui doivent se faire jusqu'au mois de mai suivant; car elle pond, selon eux, jusqu'à l'hiver et au mois de mars et d'avril du printemps suivant, quoiqu'elle n'ait aucun mâle; les ouvrières ne laissent vivre ces mâles que six semaines au plus, à compter du jour de l'établissement de la nouvelle colonie; de sorte que dans les essaims sortis en juin et juillet, on ne voit plus de mâles en août et septembre. Nous pensons néanmoins que cette superfétation n'a point lieu, car soit que les essaims sortent en mars et produisent un deuxième essaim en août, soit qu'ils sortent en juin et juillet, le couvain qui passe l'hiver en nymphe contient des mâles qui sont en état de féconder les femelles anciennes en mai.

Les troisièmes et derniers essaims, c'est-à-dire ceux qui sortent en août, ne sont pas plus capables de produire un autre essaim que les seconds sortis en juillet, et ils sont encore plus faibles qu'eux et composés à peine de deux ou trois mille abeilles; aussi est-on dans l'usage de marier deux ou trois de ces essaims ensemble, ce qui se pratique de la manière suivante : 1° on met le plus grand essaim dans une ruche embaumée que l'on pose vers l'autre; 2° on secoue le plus petit dans une autre ruche non embaumée; 3° on tient celle-ci renversée au-dessous de la première, qui lui sert de couvercle, et on frappe dessous tout autour pour déterminer la reine à venir voir sur les bords ce qui cause le désordre. Dès qu'on l'aperçoit, on la prend pour la tuer et la jeter au dehors; alors cet essaim sans reine sera inquiet, montera sans peine dans l'autre ruche, où, voyant une reine, il s'apaisera en se joignant à l'autre essaim.

Si l'on met ces deux essaims chacun avec leur reine, sans

avoir pris la précaution de tuer l'une des deux, alors les abeilles murmurent, se battent vivement, et, quand elles ont décidé laquelle des deux reines doit mourir, trois ou quatre abeilles neutres la saisissent, la jettent en bas au milieu de la ruche, comme pour l'exécuter, puis elles la rentrent de nouveau dans la ruche. Ce combat continue ainsi pendant une heure environ, c'est-à-dire jusqu'à ce que la pauvre reine soit traînée hors de la ruche et mise à mort devant la porte, selon les observations de M. Butter. (Voy. Daniel Wildman, *Complet guide,* p. 10, 1773.)

Si l'essaim de mai a essaimé ou produit un essaim en juillet ou août, si la reine est prête à pondre de nouveau, alors les abeilles ouvrières vident les cellules du deuxième étage du miel qu'elles contiennent, afin que la femelle puisse y pondre ses œufs, qui éclosent, comme nous l'avons dit, cinq ou six jours après, et se métamorphosent deux jours après en nymphe avant l'hiver pour rester dans cet état jusqu'en avril ou mai, où ils donnent le premier essaim. Elles transportent ce miel dans les cellules supérieures qui ont servi au couvain du premier essaim, comme dans les ruches ordinaires ou tardives de deux ans. Ces cellules sont tapissées par la peau et la soie de la nymphe qui en est sortie; l'abeille les nettoie de la peau de nymphe, y fait entrer par l'ouverture que laisse cette membrane soyeuse. Lorsque ces cellules où elles veulent conserver du miel pendant l'hiver sont pleines, les abeilles les bouchent avec un couvercle de cire, pendant que celles qui sont destinées à leur nourriture journalière sont ouvertes.

Ce miel se trouve, comme l'on sait, presque tout fait dans diverses parties des plantes, surtout dans leurs fleurs, mais il a besoin de subir une préparation dans leur estomac; lorsqu'elles recueillent du miel, rarement elles s'occupent à recueillir en même temps de la cire; de sorte qu'en rentrant dans la ruche elles paraissent revenir à vide, n'ayant rien à leurs pattes; et elles n'y rentrent point que leur estomac, qui est comme une vessie, ne soit entièrement plein; elles le vident dans des cellules, dont elles bouchent les unes avec de la cire pour les découvrir en hiver, et dont elles laissent les autres ouvertes pour l'usage journalier.

Celles, au contraire, qui recueillent de la cire ne portent pas autre chose; elles la recueillent du matin au soir en avril et mai, et dans les jours plus chauds de juin et juillet. Elles n'en font la récolte que le matin jusqu'à dix heures, parce qu'alors, étant humectées par la rosée de la nuit, elles sont plus propres à être réunies en une masse et à former une espèce de pelotte à leurs pattes, où elles les amassent en nettoyant avec leurs pattes leur corps, qui s'en est couvert en s'enfonçant dans les fleurs. Cette cire, qui est tirée de la poussière des étamines, n'est pas encore de la cire; car mise sur le feu elle forme un charbon sans couleur et plonge au fond de l'eau au lieu de surnager. Elle a besoin d'être travaillée dans l'estomac des abeilles avant que d'avoir les qualités de la cire; aussi la mettent-elles en magasin dans des cellules, d'où elles la retirent ensuite pour se nourrir de la plus grande partie et en extraire tout ce qui n'est pas cire. M. de Réaumur s'est assuré, par un calcul ingénieux, que huit pelottes de cire égalent le poids d'un grain; et chaque abeille pouvant faire quatre à cinq voyages par jour, une ruche de dix-huit mille abeilles devait rapporter pendant sept à huit mois consécutifs environ cent livres de cette matière, et que par conséquent pareille ruche ne rendant au bout de l'année que deux livres de vraie cire, les quatre-vingt-dix-huit autres livres devaient avoir passé en partie dans leur nourriture, en partie dans leurs excréments. Tous les moyens qu'on a employés pour faire de la cire n'ont point réussi, et il faut nécessairement qu'elle subisse une préparation convenable dans l'estomac des abeilles, après leur avoir servi d'aliment, pour être de la vraie cire. Elle est fort blanche d'abord et presque liquide en sortant de leur estomac pour faire les gâteaux ; elle durcit et jaunit en séchant.

C'est à ces provisions qu'elles ont recours pendant l'hiver, surtout s'il est doux et pluvieux ; car alors elles ne peuvent aller plus de trois jours sans manger ; mais lorsqu'il est froid elles restent engourdies ; elles ne sortent au plus que quelques instants dans les jours où l'air est doux et le soleil continuel. Dans les hivers longs, doux et pluvieux, où elles ne peuvent sortir, il faut avoir soin de leur donner un peu de miel dans leur ruche au autour d'elles.

Comme le dernier essaim se fait en août, de même aussi la dernière ponte se fait en septembre ; mais cette dernière n'essaime point. Les œufs du couvain deviennent vers et nymphes dans l'espace de trois semaines, c'est-à-dire avant l'hiver ou dans le courant d'octobre, dont la chaleur n'est pas capable de les développer ; de sorte qu'au lieu des trois semaines qu'il leur faut en été, elles passent dans cet état de nymphe tout l'hiver jusqu'au mois de mai, dont elles forment le premier essaim.

Il faut qu'il reste toujours une reine dans une ruche, sans quoi, quelle que bien fournie qu'elle soit d'abeilles neutres et de miel, ces abeilles quittent la ruche, ou bien elles ne travaillent plus, ne mangent plus et voltigent tout autour avec un bruit confus, jusqu'à ce que l'entière ruche soit perdue. La même chose arrive quand la reine vient à mourir.

Comme le temps des derniers essaims finit au plus tard en septembre, et qu'il n'y a plus assez de chaleur ni de temps pour élever un nouvel essaim jusqu'au commencement de l'hiver, alors les abeilles neutres poursuivent les mâles, qui affameraient la ruche pendant cette saison, les chassent de la ruche et les tuent. Elles tuent même, selon quelques auteurs, ceux qui sont encore en nymphes, douze et quinze dans les cellules, et se remettent à amasser du miel pour se nourrir pendant l'hiver; mais ceci ne doit arriver que dans les cas extraordinaires d'une ruche affamée par plusieurs couvains ou plusieurs essaims, dont les ouvrières sacrifient tous les mâles excepté ceux d'un couvain.

Si l'on peut préserver les abeilles de la disette pendant l'hiver en leur donnant du miel, on peut aussi les garantir du froid en couvrant la ruche d'un auvent en-dessus, et en leur mettant un abri de paille du côté du nord. Les moineaux, les guêpes, les frelons en détruisent beaucoup, ainsi que la teigne, *ruchella,* et le cler, *clerus*, dont on ne peut guère les préserver. On peut les mettre à l'abri des ravages des mulots et des lézards en mettant à leur porte un grillage proportionné à leur grosseur, et qui les laisse passer librement en refusant l'entrée à d'autres animaux plus gros. En hiver le grillage est si serré qu'elles ne peuvent sortir, mais seulement prendre l'air. Lorsqu'un animal qui peut les infecter par son odeur, vient à entrer dans la ruche, comme serait un limaçon, alors après l'avoir tué à coups d'aiguillons elles le recouvrent d'une couche épaisse de cire brute.

On sait qu'en général les mâles des abeilles ne vivent guère plus de six semaines dans l'état de volatil, soit qu'ils meurent naturellement, soit qu'ils soient tués par les ouvrières qui en débarrassent la ruche dès qu'ils ont fécondé la femelle. Quelques auteurs prétendent que les abeilles ouvrières vivent six à sept ans, mais comme il en périt tous les ans une grande quantité, il est probable qu'une ruche se renouvelle entièrement à peu près tous les deux ans.

Le travail entier des abeilles semble fait pour l'usage de l'homme; en effet, il se fait une consommation étonnante de cire et de miel, surtout en Europe.

La cire, qui est originairement blanche dans les gâteaux nouvellement faits, jaunit d'abord, puis noircit en vieillissant, par les vapeurs qui règnent dans la ruche; mais on lui rend sa blancheur en l'exposant à la rosée réduite en lames extrêmement fines; il y a néanmoins des cires que ce moyen ne peut blanchir, parce que la nature des poussières dont elles ont été tirées s'y oppose.

Il en est à peu près de même du miel, il prend la qualité des plantes dont il a été tiré; il est pernicieux dans les endroits où il y a beaucoup de plantes venimeuses; mais ces lieux sont rares. Xénophon rapporte que des soldats devinrent furieux-ivres pour avoir mangé du miel des ruches de Trébisonde. M. de Tournefort pense que ce miel pouvait bien devoir ses mauvaises qualités au *chamœrodendros* dont il avait été extrait. Cette plante, commune dans ces pays, est, selon lui, très-venimeuse. La jusquiame, la belladone et le stramonium pourraient bien être aussi dangereux. L'if, selon Virgile, et le buis, selon Pline, procurent une saveur amère au miel de Cyrmie et de Corse.

Au reste, le miel le meilleur doit être blanc et se durcir. On l'appelle *miel vierge* ou *miel de goutte*, parce qu'on le fait couler des gâteaux de miel que l'on rompt et que l'on pose sur des claies d'osier pour le recevoir dans des vases bien propres. Comme tout le miel ne coule pas de la sorte, on exprime les gâteaux sous la presse en l'aidant d'une douce chaleur; mais ce second miel n'est pas si beau, parce qu'il se rencontre dans les gâteaux des mouches et des vers que la presse écrase. La meilleure méthode est de laisser les gâteaux sur les clayons assez longtemps pour que le miel puisse s'écouler, et de lui procurer sur la fin une douce chaleur; on peut ensuite laver les gâteaux avec de l'eau pour en faire de l'hydromel.

Le miel fait au printemps, et des jeunes essaims, est plus estimé que celui d'été et des vieilles abeilles, et celui d'été plus que celui d'automne, à cause de la force des fleurs.

Le miel blanc jaunit en vieillissant; le jaune est moins estimé. Celui des bruyères est jaune; il y en a de vert qui n'est tel que par la disposition des abeilles.

Le miel est pectoral, incisif, laxatif et légèrement sudorifique. La cire est émolliente, anodine, résolutive.

Pour peu que l'on considère la structure ordinaire des ruches, on se persuade aisément qu'elles sont sujettes à bien des inconvénients. D'abord elle force les abeilles à essaimer, c'est-à-dire à en sortir par essaim dès qu'elles sont pleines, et cet essaim, avant que de sortir, se rassemble autour de la porte de la ruche, bouche le passage aux ouvrières, les gêne, les estropie en leur accrochant les pattes, leur déchire les ailes et retarde leurs travaux dans la saison qui est la plus avantageuse. Quelquefois l'essaim reste ainsi quinze jours ou trois semaines sans sortir; quelquefois le mauvais temps le fait rester dans la ruche sans essaimer et il l'affame ou la rend languissante en gênant les travaux. Enfin, la manière violente dont on les fait passer dans de nouvelles ruches, ou en les enfumant, ou en les étourdissant à coups de baguettes sur la ruche, en fait périr un grand nombre et affaiblit les autres. Il y en a qui, pour retirer une partie de la provision des abeilles, renversent les ruches, les enfument et coupent les gâteaux avec un couteau; d'autres les font périr entièrement à la vapeur du soufre.

Pour parer à ces inconvénients, quelques économistes, et en particulier M. Palteau, a imaginé des ruches composées de plusieurs hausses ou boîtes de sapin d'un à cinq pieds en carré, et de trois pouces de hauteur sans fond. La partie supérieure se recouvre d'une planche qui sert de couvercle ; elle porte en-dessous sur un plateau de bois, percé à son milieu, où l'on adapte un tiroir pour leur donner du miel dans le besoin. L'été on substitue à ce tiroir un grillage de crin pour leur procurer de l'air. La hausse inférieure porte sur le devant un modérateur en cadran de trois pouces de diamètre, tournant autour d'un clou et divisé en quatre parties, dont la première a une grande ouverture destinée à laisser passer les abeilles dans l'été, ou le temps du travail ; la deuxième est percée de plusieurs arcades, hautes de cinq lignes sur quatre de largeur, pour empêcher l'entrée des bourdons dans le temps du pillage ; la troisième est criblée d'une infinité de petits trous capables de donner de l'air aux abeilles sans les laisser sortir, comme en novembre et février ; la quatrième enfin est pleine pour fermer entièrement la ruche quand le froid est excessif, comme en décembre et janvier. Cette méthode a deux avantages : le premier, c'est que l'on peut disposer les mouches et les faire rester quand on veut ; le second, c'est qu'au moyen d'un fil de fer, qu'on passe entre les deux hausses supérieures, on peut châtrer la ruche, enlever les gâteaux de la hausse supérieure toutes les fois que le couvain n'y est point et qu'elle est remplie de miel, comme en automne ; mais elle est encore susceptible de perfection, et elle est toujours sujette à couper du couvain.

M. Delaporte, chirurgien à Saint-André-de-Chauffour, en Normandie, vient de présenter à l'Académie royale des sciences de nouvelles ruches de son invention, qu'il prétend parer à tous les inconvénients. Ces ruches consistent chacune en trois corps de boîtes de sapin carrées, longues d'un pied et demi, larges et hautes de huit pouces en dehors, partagées intérieurement en deux parties égales par une cloison verticale de. devant en arrière ; cette cloison a une ouverture en sillon horizontal de trois lignes de largeur sur toute sa longueur, dans sa partie supérieure, qui se ferme par une petite plaque de fer-blanc glissant dans une coulisse de six lignes de diamètre ; cette coulisse sert à séparer les abeilles, quand on veut, dans les boîtes ; au-dessus de cha-que boîte, on fait deux petites ouvertures pareilles à la pre-mière, c'est-à-dire longues de six pouces sur six lignes de largeur, fermantes de même à coulisse au moyen de deux plaques de fer-blanc ; ces ouvertures se trouvent toutes deux sur la même moitié de la boîte ; l'une des trois boîtes doit avoir ces trous à la gauche afin de pouvoir s'accorder en s'u-nissant à l'une des deux autres qui les auront à droite ; chaque boîte aura en bas sur le devant, vers le milieu de chacune de ses deux divisions, deux portes carrées de trois pouces de long sur un pouce de hauteur, distantes de six pouces, fer-mées avec deux petites coulisses de bois en forme de trap-pes garnies de fil d'archal distant de trois lignes à un bout, pour laisser passer les abeilles, et d'une ligne au plus à l'au-tre bout pour empêcher les abeilles de sortir et les autres animaux d'entrer dans la ruche. Les trois boîtes s'assujétis-sent avec des crochets ; elles se posent sur une espèce de table de trois pieds de longueur sur dix pouces de largeur, ayant à son milieu deux ouvertures longues de quatre pou-ces sur deux de largeur, distantes d'un pouce l'une de l'autre, et qui se ferment ensemble avec une seule coulisse de fer-blanc qui se tire en devant. Les quatre pieds de la table qui sont posés carrément et de la hauteur d'un pied, ont à huit pouces une ligne de distance du dessous de la table, deux traverses longitudinales fixées l'une aux deux pieds de derrière, l'autre aux deux pieds de devant, liées ensem-ble par deux barres transversales en coulisse, distantes d'un pied et demi et deux lignes qui doivent servir de lintau pour laisser glisser une des boîtes sous la table, lorsqu'on veut en faire sortir les abeilles.

Voici quel est l'usage de ces boîtes : d'abord on fait entrer, une fois seulement pour toujours, un essaim en mai, juin ou juillet dans une des boîtes, comme on le ferait entrer dans une ruche ordinaire. On la pose sur une planche de même grandeur, que M. Delaporte appelle planche à récolter à cause de son usage, et comme il reste encore des abeilles qui voltigent autour de la boîte, on met un petit morceau de bois entre cette planche et la boîte afin de leur laisser la liberté d'entrer, après quoi on ferme la boîte pour l'emporter et l'ajuster sur deux autres boîtes vides, de manière que chacune de ses deux chambres intérieures corresponde aux deux ouvertures supérieures de chacune des deux boîtes inférieures. De ces ouvertures, les deux des coins, qui répondent au milieu de la boîte supérieure, sont destinées à laisser passer les abeilles pour former deux essaims dès le mois de mai de l'année suivante sans être obligé d'essaimer, et si elles produisent une deuxième fois en juillet ou août, on ouvre alors les coulisses de communication par lesquelles elles entrent dans la deuxième division de chacune des boîtes inférieures.

On laisse, pour la première fois seulement, les abeilles travailler deux années de suite dans ces trois boîtes avant que de faire la récolte, c'est-à-dire depuis le mois de mai ou de juin de la première année, jusqu'à celui de septembre de la deuxième année, afin qu'elles se fortifient et qu'elles aient toujours de la cire et du couvain de l'année précédente qui leur donne de nouvelles abeilles au printemps suivant. Toutes les autres années qui suivent, on récoltera au mois de septembre, c'est-à-dire au temps où les abeilles cessent de travailler, qui est le plus favorable pour éviter de retrancher du couvain ou de blesser des nymphes toutes formées et prêtes à éclore au printemps suivant. Si à la deuxième année ou les années suivantes il arrivait que les abeilles eussent rempli toutes les trois boîtes vers le commencement de juin, alors, afin qu'elles ne manquent pas de place, on ajoute deux autres boîtes vides sous les trois autres, et on est certain d'avoir double récolte l'année suivante.

La récolte annuelle est toute dans la boîte supérieure dont les gâteaux sont pleins de miel en septembre, pendant que les deux autres contiennent du couvain pour l'année suivante et de la cire pour faire la récolte de cette boîte supérieure; il faut d'abord tourner en bas les petites grilles des coulisses pour empêcher les abeilles de sortir le soir après qu'elles sont rentrées; ensuite on soulève doucement la boîte pour empêcher les abeilles d'en sortir, on fait passer au-dessous la planche à récolter, puis on renverse doucement la boîte, on la pose légèrement sur les barres des pieds qui sont au-dessous de la table en la faisant glisser entre les deux traverses à coulisse, et retirant à mesure la planche à récolter. À mesure qu'elle entre sous la table, on ouvre la trappe à coulisse pour laisser remonter dans les deux boîtes qui restent les abeilles qui pourraient y être restées. Cette opération se fait le soir, et le lendemain matin on porte cette boîte avec les autres boîtes de récolte au fondoir pour en tirer tous les gâteaux sans les rompre, en les séparant au moyen d'un couteau.

Ces ruches doivent être placées près d'un petit mur et bien couvertes. On les ferme par devant avec des claies pendant l'hiver, afin de les rendre plus hâtives au printemps suivant. M. Delaporte prescrit d'exposer tout le rucher au midi vers le milieu d'un coteau, non sur sa crête ni dans le voisinage des grandes eaux, comme étangs ou fleuves, parce que, dans les grands vents et les pluies orageuses, on perd beaucoup d'abeilles, et il donne un plan facile pour les gouverner dans les divers mois de l'année, et dont voici le précis :

En novembre , décembre, janvier et février, on baisse les grilles au petit jour pour empêcher les abeilles de sortir, même quelque beau temps qu'il fasse en apparence.

Le mois de mars est un de ceux qui exigent le plus d'attention ; il faut alors diviser les ruches, ou d'une seule en faire deux ; cela se fait aisément en plaçant chacune des boîtes de l'année précédente sur deux autres boîtes vides pour ne pas interrompre leur travail, qui consiste à employer les magasins de cire à faire des gâteaux nouveaux. Une opération aussi essentielle, c'est de saisir les jours favorables pour permettre aux abeilles de sortir et aller recueillir le premier miel du printemps.

En avril , on n'a d'autre soin que de choisir les jours favorables pour les laisser sortir.

En mai , juin , juillet et août , on met le jour les grilles à grand jour aux six portes de la ruche , et la nuit on les retourne en mettant les petites grilles pour empêcher l'accès des insectes.

La fin de septembre est le temps favorable pour la récolte, parce qu'elle se fait alors sans aucuns inconvénients.

En octobre , tout le soin consiste, comme en avril , à ne laisser sortir les abeilles que pendant les jours sereins et calmes.

Les avantages de cette méthode sont évidents : 1° les ruches se partagent naturellement sans contrainte et n'essaiment jamais, on ne perd pas une seule abeille , on fait la récolte , on sépare les essaims sans, pour ainsi dire, que les abeilles s'en aperçoivent , ce qui n'interrompt aucunement leurs travaux ; enfin , comme cette tranquillité leur est favorable, et qu'on peut les gouverner plus facilement que dans toutes les autres ruches , elles y multiplient bien davantage ; 2° comme on fait la récolte d'un tiers de chaque ruche tous les ans, il reste deux tiers aux abeilles pour continuer leur ouvrage, et, par ce moyen, elles n'ont pas de cire de deux ans, ce qui leur est contraire et engendre la vermine. Ce tiers, ou chaque boîte, produit au moins deux livres de cire et douze à quinze livres de miel ; 3° enfin, le miel et la cire qu'on retire sont nouveaux et sans mélange, sans couvain.

Les vues de M. Delaporte s'étendent non-seulement sur le perfectionnement des ruches, mais encore sur les moyens de tirer une plus grande quantité de miel et de cire de la première qualité. En suivant les pratiques ordinaires, on retire plus de miel pressuré que de celui qui coule des gâteaux, et il est toujours mêlé du couvain, qui lui donne un mauvais goût et un principe de corruption. Pour retirer plus de miel vieux que de miel pressuré, M. Delaporte se sert d'une boîte à laquelle il donne le nom de fondoir ou de chauffoir ; c'est une espèce d'armoire carrée, longue, qui se ferme en devant par une porte comme une armoire, et dans laquelle s'élèvent dix à douze étages des planches inclinées, de manière que les gâteaux que l'on met dessus laissent couler le miel dans un tamis de crin qui arrête les grains de cire et autres ordures, et d'où il passe ensuite dans une cuve placée au-dessous. Avant de placer les gâteaux sur ces planches, on ratisse légèrement leur surface pour enlever le couvercle de cire qui bouche les alvéoles dans lesquels le miel est contenu. Lorsque toutes les planches du couloir sont garnies de gâteaux ainsi ratissés, on met un peu de braise dans deux chaudrons ou chaufferettes qui sont dans le bas, et on ferme la porte de l'armoire pour concentrer la chaleur, qui est douce et suffisante pour faire couler le miel jusqu'à la dernière goutte sans fondre les gâteaux, que l'on retourne ainsi des deux côtés.

La cire qu'on met au pressoir au sortir de là, ne rend pas un sixième de miel, au lieu que dans les pratiques anciennes, on n'a pas un tiers de miel fin.

Pour fondre la cire au sortir de la presse, on met dans un chaudron environ un tiers d'eau qu'on fait bouillir et qu'on verse ainsi sur les gâteaux qui sont dans un sac tendu sur la boîte du pressoir. On exprime ensuite bien le tout.

Il suit de cet exposé que les nouvelles ruches de M. Delaporte et sa manière de tirer le miel sont préférables aux pratiques anciennes par les avantages qui en résultent, soit pour la multiplication facile des abeilles, soit pour la quantité et la qualité du miel et de la cire, qu'on a toujours nouveaux et sans mélange ; mais toutes simples que paraissent et que soient en effet ces ruches, il est probable que les paysans auront de la peine à les adopter, si l'on en juge par les difficultés qu'ils trouvent à faire usage des ruches à hausses de M. Palteau, qui sont également simples ; aussi M. Delaporte a-t-il en vue de lever cette difficulté en demandant à l'Académie une approbation qui, en accordant à la bonté de sa méthode les éloges que nous croyons qui lui sont dus, le mette à portée d'obtenir du gouvernement un établissement, une espèce d'école pour former sous ses yeux des sujets en état de gouverner les nouvelles ruches et les propager ainsi peu à peu dans toutes les paroisses du royaume.

Nouvelle ruche de bois de Mahogany, avec trois tiroirs et deux glaces, imaginés par M. Wildman, en 1773, pour en retirer du miel toujours frais tous les jours pendant les mois de mai et de juin, et même jusqu'en novembre, et pour voir les abeilles travailler.

Cette ruche est une boîte cubique de dix pouces de diamètre, fermée partout, excepté sur ses côtés, qui sont à glaces attachées seulement par des broquettes, mais qui se referment aussi au moyen de deux volets horizontaux à charnières à bouton. Son intérieur est partagé en trois parties égales par deux coulisses verticales en forme de bandes qui retiennent trois tiroirs verticaux à jour, qui se tirent par des anneaux par derrière. Ces tiroirs, vus par leur plan ou par le côté de la ruche, ressemblent à un cadre traversé dans son milieu par une barre qui le coupe en deux parties égales pour faciliter la séparation de la partie supérieure du rayon qui contient du miel de la partie inférieure qui contient du couvain. Le dessus de ces tiroirs est percé de cinq trous d'un pouce au plus de diamètre, dont un à celui du milieu et deux à chacun des deux autres, qui répondent à autant de trous percés à la partie supérieure de la ruche, que l'on recouvre d'autant de verres en cloche renversée, dans lesquelles les abeilles doivent monter pour y former leurs rayons et les remplir de miel. Le devant de la ruche a en bas deux petites ouvertures qui se ferment par des coulisses horizontales et un petit marche-pied qui avance de deux pouces pour les recevoir à leur arrivée de la campagne.

Voici la manière de se servir de cette ruche :

1° On la place à la campagne sur une tablette dans une chambre exposée au midi, laissant le châssis vertical d'une fenêtre baissé jusqu'au-dessus des ouvertures, dont on n'en laissera qu'une d'ouverte.

2° On détache une des glaces de côté fermant toutes les autres ouvertures ; on y met un essaim d'une autre ruche ou d'une branche. Sur le soir, au crépuscule, on replace la glace ôtée ; on en ferme le volet, puis on ouvre les registres des cinq ouvertures du dessus de la ruche pour y placer les cinq bocaux en cloche que l'on recouvre d'une chemise de paille de manière à en ôter tout le jour ; car sans cela les abeilles n'y monteraient pas pour travailler ; ou bien elles les recouvriraient d'une couche épaisse de propolis qui leur sert pour boucher tous les jours à la lumière dans les ruches ordinaires ; elles en enduisent pour la même raison les glaces des côtés lorsqu'on en tient les volets ouverts.

Lorsqu'on a tenu la ruche assez longtemps obscure pour que les abeilles y suspendent leurs rayons, alors on peut en découvrir de temps en temps les glaces et cloches de verre pour les voir travailler.

Comme les abeilles commencent toujours par travailler à l'endroit le plus élevé de la ruche, elles travaillent dans les cinq cloches de verre de manière qu'un essaim ordinaire de cinq à dix mille abeilles ou d'une livre les remplissent d'une livre au moins de miel vierge par jour, ce qui fait soixante-dix à soixante-douze livres pendant le courant de mai et de juin.

Passé ce temps, c'est-à-dire en juillet, on supprime les cinq cloches en bouchant leurs trous avec les registres, et on fait travailler les abeilles dans les tiroirs, qui sont remplis tour à tour en dix jours, alors on retire celui qui est plein d'un rayon, dont on coupe la moitié supérieure qui est remplie de miel, et on laisse la moitié inférieure qui est pleine de couvain pour essaimer en août. Le couvain de septembre doit rester dans la ruche pendant l'hiver pour essaimer en mai. Une semblable ruche ainsi conduite rend plus de cent livres de miel pendant les cinq mois d'été entre mai et octobre.

Autre ruche de paille à deux ou trois parties de M. Wild-man, en 1773, qui revient à celle à hausser, de M. Palteau.

Cette ruche est composée de deux parties ; la première est toute de paille roulée et liée en hémisphère d'un pied de diamètre que l'on peut traverser de deux ou trois bâtons pour servir d'appui aux rayons. La partie inférieure est aussi de paille, mais seulement de huit à neuf pouces seulement de hauteur, sur un pied de diamètre, foncée en dessus d'une planche de sapin, ouverte d'une trappe carrée à trois barreaux, qui se ferme au moyen d'une planche qui glisse horizontalement.

Voici l'usage de cette ruche :

1° En mai, on prend une branche d'arbre chargée d'un essaim qu'on secoue dans la ruche, qu'on pose sur la deuxième ruche qui n'est qu'accessoire et dont la trappe est fermée. On la laisse ainsi pendant les mois de mai et juin. Dans cet espace et souvent en moins de trois semaines, elle est entièrement remplie de miel au poids de quarante à quarante-cinq livres, sur deux à deux livres et demie de cire. Car ces premiers rayons ne contiennent communément que du miel sans couvain.

2° Alors, c'est-à-dire en juillet, on ouvre la trappe de la ruche inférieure où les abeilles entrent pour y travailler, la ruche supérieure étant pleine. Lorsqu'elles y sont toutes entrées, pendant la nuit on enlève la ruche supérieure dont on ôte proprement tous les rayons, après quoi on la remet sur la ruche dont on ouvre aussitôt la trappe par laquelle les abeilles rentrent le lendemain dans l'ancienne ruche vidée au haut de laquelle elles travaillent à faire de nouveaux rayons qui doivent contenir le couvain comme sont la plupart des rayons faits en juillet. Elle est encore remplie comme en mai et en juin dans l'espace de trois semaines. Ce couvain éclot et sort en août ou septembre, dans la ruche accessoire, où on les enferme la nuit pendant qu'on vide la ruche supérieure que l'on remet ensuite comme auparavant sur la ruche dont on ouvre la trappe, afin qu'elles rentrent de nouveau dans la ruche et y forment de nouveaux rayons de couvain qui doit n'essaimer qu'en juin de l'année suivante.

Ruche plus simple qui n'essaime point, de mon invention.

Les ruches assez grandes pour ne point essaimer dehors et distribuées de manière que les jeunes essaims ne se mêlent point avec les vieux, étant les plus avantageuses, celles à trois boîtes divisées chacune en deux, de M. Desportes, simplifiées, m'ont paru plus convenables pour le produit et plus commodes pour le service.

Je les composerais de la manière suivante :

Chaque ruche consisterait en trois boîtes rondes, de paille, assez semblables à celles de M. Wildman, c'est-à-dire cylindriques, d'un pied de diamètre sur huit à neuf pouces de hauteur, fermées en dessus par un fond de sapin percé vers le quart de son diamètre, d'un trou rond d'un pouce pouvant se fermer par un registre tournant et ayant à son bord inférieur une petite porte pour laisser passer les abeilles.

La première année, en mai, on ferait entrer un essaim dans une de ces boîtes qu'on poserait sur un banc à un pied au dessus de terre, et on la laisserait remplir de rayons de miel, ce qui serait fait dans l'espace de trois semaines, c'est-à-dire en mai et juin.

Dès qu'on s'apercevrait, en examinant tous les jours cette première ruche en juillet, qu'elle serait presque pleine, on la poserait sur deux autres ruches parfaitement semblables, sur le même banc, alors les abeilles entrant dans ces deux ruches par leurs ouvertures supérieures, y formeraient ces rayons qui doivent contenir les essaims dont le premier sortirait en août et septembre, si elles étaient remplies alors, ce qui exigerait qu'on séparât ces deux ruches pour les placer chacune sur deux autres ruches semblables, en retirant, dès cette année, le miel de la première ruche dès le mois de juillet, et celui des autres ruches en septembre, s'il n'y restait plus que du miel sans couvain. Mais, pour cela, il faudrait une année bien favorable, car chacune de ces ruches pouvant contenir quarante à quarante-cinq livres de miel, ce serait pour les trois ruches au moins cent vingt livres sans compter les rayons faits dans les autres ruches, qui seraient gardés pendant l'hiver avec leur couvain qui sortirait en essaim au mois de mai de l'année suivante.

Ruches de Madagascar.

Les habitants de Madagascar emploient une sorte de ruche plus commode que les nôtres, pour en tirer les rayons à miel proprement quand on veut, et pour y laisser les rayons à couvain; mais elles ont l'inconvénient des autres qui est de laisser essaimer.

Ces ruches consistent en un cylindre de paille tortillée de deux pieds de longueur sur un de diamètre ayant deux fonds dont le postérieur est armé de trois pointes, et ferme exactement tandis que l'antérieur a une ouverture qui sert d'entrée aux abeilles.

En voici l'usage :

Ces ruches posées sur des fourches croisées à un pied et demi au-dessus de la terre, les abeilles posent d'abord vers leur fond, leurs rayons pendant verticalement de manière que les premiers faits en mai et juin ne contenant que du miel, peuvent être enlevés; les autres qui contiennent du couvain, se fichent aux trois pointes du fond pour essaimer en juillet.

Un autre avantage de ces ruches consiste en ce que, pendant l'hiver, on peut les empiler dans un cellier jusqu'au retour de la belle saison.

Mais elles ont deux inconvénients, le premier en ce qu'on n'est pas maître des essaims, le deuxième en ce que la longueur de ces paniers rend l'examen et le choix des rayons beaucoup plus difficiles que dans les paniers ordinaires.

ABEILLES CARDEUSES. Après l'abeille ordinaire viennent naturellement les trois espèces d'ABEILLES CARDEUSES, qui font des nids de mousse sur la terre et que quelques écrivains appellent improprement *abeilles bourdons*.

La plus grande de ces trois espèces a onze lignes et demie de long ; elle est noire avec deux anneaux jaunes ; la deuxième a onze lignes et l'anus roux, le reste du corps noir, et la troisième sept lignes et le corselet roux.

Leur nid se voit communément dans les prairies hautes au milieu du sainfoin et de la luzerne depuis le mois de juin jusqu'en septembre.

Il ressemble à une motte de mousse élevée de quatre à cinq pouces sur cinq à sept pouces de largeur, avec un petit trou qui sert de porte sur le devant.

La mère cardeuse le construit d'abord seule en arrachant avec ses dents brin à brin de la mousse fine qu'elle arrange en forme de voûte d'un à deux pouces d'épaisseur. Elle va recueillir sur les fleurs de la cire et en forme un amas de deux à trois cellules qu'elle remplit de miel et de cire mêlés, et dans chacune desquelles elle pond un œuf. Elle continue ainsi pendant que les premiers œufs éclosent, se filent une coque dans laquelle ils se changent en nymphes, puis en volatils qui travaillent de concert avec leur mère et augmentent ce nid au point qu'en septembre il contient jusqu'à cinquante ou soixante cardeuses ; ce sont les plus considérables. La mère pond presque autant d'œufs de femelles que de *mâles* et d'*ouvrières*, et tous travaillent également à la construction des gâteaux. Si on détruit leur nid, ce qui se peut sans danger, parce qu'elles sont plus pacifiques et moins ardentes que les abeilles, on les voit travailler aussitôt à le rétablir. La mère va d'abord chercher la mousse qu'on a dispersée, et, tournant le derrière à son nid, elle saisit la mousse avec ses dents, ses premières pattes en éclaircissent les brins comme pour les carder , d'où leur est venu le nom d'*abeilles cardeuses*. La mousse passe ainsi des premières jambes aux deuxièmes et de celles-ci aux troisièmes, qui la poussent aussi loin qu'ils peuvent. Par ce travail répété, la cardeuse forme un petit tas. Si elle se trouve seule, elle se remet devant ce tas et recommence la même opération pour porter la mousse jusqu'au nid. Pour l'ordinaire, plusieurs abeilles cardeuses se mettent à la file les unes des autres; la première pousse la mousse à la deuxième, celle-ci à la troisième, et ainsi de suite jusqu'à ce qu'elle soit apportée au nid, où elle en arrange et entrelace les brins avec beaucoup d'adresse et de propreté.

La mousse seule ne suffit pas pour garantir le nid de la pluie. Les cardeuses y appliquent une voûte de cire brute, gris jaunâtre, épaisse comme une feuille de papier, qui unit les brins de mousse ensemble, les retient contre l'effort du vent. Une galerie de mousse conduit à un trou placé au bas du nid , par où elles entrent à couvert sous cette voûte où elles font une masse irrégulière de la grosseur et figure d'une truffe, composée d'un amas de coques sans ordre, dans lesquelles on trouve vingt ou trente œufs ou leurs larves qui mangent cette masse ; c'est un composé de miel et de cire brune au milieu duquel elles se nourrissent. Souvent exposées à l'air, la mère ou d'autres abeilles rapportent de la pâtée sur les endroits où elle a été consommée , afin de tenir toujours la masse dans une épaisseur suffisante. Lorsque les larves ont filé leur coque, les cardeuses enlèvent la pâtée dont elle est couverte pour la porter par un autre côté ou pour la manger elles-mêmes.

Les abeilles cardeuses sont sujettes aux pous, c'es-à-dire à des cirons ou mites qui s'y attachent par centaines. Un gros ver de frelon en mange la pâtée, les vers et les nymphes. Enfin elles sont fort recherchées par les mulots et les fouines. Par ce moyen, leur multiplication est moins nombreuse et se tient dans un équilibre avec les autres êtres.

Le BOURDON, *bombylius,* forme un genre qui, comme nous l'avons dit, ne diffère de celui de l'abeille que parce qu'il n'y a que deux sexes, c'est-à-dire des mâles et des femelles seulement pour tous les individus. Les mâles n'ont pas d'aiguillon.

On en connait environ trente espèces, parmi lesquelles on distingue particulièrement les perce-bois, les maçons, les coupeurs de feuilles, etc.

Le bourdon proprement dit, *bombylius,* Arist., ou le bourdon perce-bois, le charpentier, est ce gros insecte noir violet qu'on voit voler fréquemment le long des murs les plus exposés au soleil, surtout autour des treillages ou des bois morts, comme arbres et échalas, qu'il doit percer longitudinalement avec les mâchoires d'un canal qui a souvent jusqu'à douze ou quinze pouces de longueur, et qu'il partage en dix à douze cellules dans chacune desquelles il pond un œuf qu'il recouvre de pâtée et de miel. Les cloisons sont formées de la sciure même du bois qu'il a mastiquée avec un mucilage sorti de sa bouche. Le premier œuf ayant été pondu dansla cellule inférieure éclôt le premier, celui d'au-dessus le second, et ces volatils sortent de leurs loges dans cet ordre, de sorte que le dernier, qui est en haut traverse les loges des autres pour sortir.

Le *maçon* ou *bourdon maçon* n'a pour but dans son travail, ainsi que le perce-bois et l'abeille que de loger ses petits, et par conséquent de propager son espèce.

C'est ordinairement sur les murs exposés au midi ou dans leurs angles que cet insecte bâtit son nid. Pour cela la femelle pétrit du sable et de la terre, qu'elle détrempe avec un mucilage qu'elle dégorge de son estomac, et forme ainsi en un jour une cellule d'un pouce de long sur six lignes de diamètre, au fond duquel elle pond un œuf, remplissant le reste d'une pâtée de miel et de cire brute, c'est-à-dire de poussier d'étamine. Elle bâtit ainsi sept à huit cellules sans ordre et séparées les unes des autres par un massif de maçonnerie, puis elle recouvre le tout d'un enduit épais de mortier qui donne à ce nid la forme d'un demi-œuf pierreux.

Ce travail, qui commence vers le 15 avril, dure environ quinze jours. Les larves y vivent onze mois à un an, et, pendant ce temps, elles sont dévorées par des ichneumons qui y déposent depuis deux jusqu'à trente œufs dans le corps de chacun, ou par la larve du cler, *clerus*, Arist., figuré par M. de Réaumur sous le nom de *ver rouge*, vol. 6, p. 92; vol. 8, fig. 7 à 11.

D'autres bourdons-maçons choisissent un trou fait naturellement dans la pierre ou le bois, le tapissent d'un mastic de terre, y pondent un œuf en lui apportant une provision de pâtée, puis bouchent l'alvéole avec le même mastic. Le volatil en sort le vingtième jour après la ponte de l'œuf. Réaumur, 6, p. 87 et 88.

Les *bourdons coupe-feuilles* choisissent, les uns des feuilles de rosier, les autres des feuilles de marronnier, dans lesquelles ils coupent avec leurs dents trois sortes de pièces, les unes demi-ovales, d'autres ovales et d'autres rondes comme taillées avec un emporte-pièce. Ces pièces sont destinées à former plusieurs alvéoles composées de petits gobelets enchâssés et disposés comme des dés à coudre, mis les uns dans les autres et enfoncés ainsi dans des tuyaux cylindriques longs et gros comme le doigt creusés dans la terre, à cinq ou six pouces de profondeur.

Chaque alvéole contient un œuf avec de la pâtée, la larve s'y file une coque de soie dans laquelle elle passe l'hiver sous la forme de nymphe ou de volatil.

L'ichneumon, qui dépose ses œufs dans le nid des bourdons-maçons, sait aussi percer ces tuyaux pour les y déposer dans le corps des larves qui les occupent.

Le *bourdon-tapissier* diffère seulement des coupe-feuilles en ce que son nid, qui est un trou perpendiculaire de trois pouces de profondeur, plus étroit à l'entrée et évasé au fond, est tapissé de pétales de coquelicots taillés en demi-ovales et appliqués plusieurs les uns sur les autres, de manière que les dernières pièces débordent l'entrée du trou, ce qui forme un petit ruban qui fait remarquer ces trous dans les sentiers et au milieu des champs de blé.

Trois jours suffisent à la femelle pour faire ce nid et en remplir le tiers ou un pouce de pâtée sur laquelle elle replie les pétales du coquelicot, puis bouche les deux autres pouces de terre bien mastiquée. La larve ne devient ailée que l'année suivante, dans le temps où le coquelicot est en bouton.

Le *bourdon à membrane soyeuse* est le seul qui fasse son nid au nord dans le mortier qui unit les pierres des murailles.

La femelle le fait en mai ; il consiste en plusieurs cellules en dés à coudre longs de cinq lignes sur deux lignes de diamètre, mises bout à bout et fermées d'une matière soyeuse, dégorgée de sa bouche sous la forme d'une écume.

Dans chaque cellule elle pond un œuf et de la pâtée. Le volatil en sort en juillet.

Le *bourdon-mineur* ne sait que creuser la terre ; il y fait, soit verticalement dans les allées de battues de jardin, ou plus ordinairement le long des berges ou des sables gras coupés à pic et exposés au midi, un trou, d'abord horizontal, ensuite vertical, au fond duquel la femelle pond, en mars ou en avril, un œuf avec de la pâtée et bouche le trou avec de la terre.

La GUÊPE, *vespa*, Plin. On confond communément sous ce nom, et sous celui de *guêpe-frelon*, le frelon; mais ces animaux diffèrent beaucoup et par leurs mœurs et par leur forme. Là guêpe a les yeux entiers et les ailes développées mais croisées, et elle maçonne son nid avec de la terre, au lieu que le frelon le compose de carton ; il a les yeux échancrés et les ailes pliées en deux sans être croisées. J'en connais dix espèces qui n'ont rien de remarquable.

2e Section. ABEILLES A YEUX ÉCHANCRÉS OU FRELONS.

La CARTONNIÈRE, *kartonna*, du Sénégal et des pays chauds, qui pond son guêpier de carton aux branches des arbres, ne diffère du frelon qu'en ce que son ventre est attaché au corselet par un filet assez long.

Le FRELON, *crabro*, Virgile, comprend au moins vingt espèces d'insectes, dont les plus remarquables sont le grand frelon des arbres et des murs, celui à grand guêpier de papier sous terre.

Le *frelon des arbres* fait son nid quelquefois dans les trous de murailles, mais plus souvent dans les creux d'arbres, où il est suspendu sous la forme d'une cloche; il est tout fermé d'une sorte de papier grossier composé de sciure de bois pourri, mastiqué avec le mucilage qui sort de leur bouche. L'entrée de ce nid est un trou percé dans le bois vif de l'arbre. J'ai vu leur accouplement le 10 octobre, il se fait de côté. Cet insecte est très-vorace, il dévore les abeilles et les autres insectes, mais son vol est pesant.

Le *petit frelon à nid de papier sous terre* a, comme le grand frelon et l'abeille, des individus des trois sexes; son nid, qui contient depuis quinze jusqu'à trente mille frelons à la seconde année, est l'ouvrage d'une seule mère qui a été fécondée en octobre pour pondre en avril.

Elle creuse elle-même, en mars ou avril, la cavité qui contient le guêpier, ou bien elle profite d'un trou de taupe dans lequel elle construit des alvéoles où elle pond des œufs. Vingt jours suffisent à ces œufs pour devenir larves, nymphes et frelons qui l'aident aussitôt dans son travail. Tous les individus qu'elle pond depuis avril jusque vers la fin d'août sont des neutres ou des frelons ouvriers; ce n'est qu'en septembre que le frelonnier ou le nid est complet, et que la mère commence à sortir avec les mâles et les femelles. Ces mâles travaillent presque autant que les neutres à tenir le guêpier net. En octobre, une espèce de fureur s'empare des mâles et des neutres; ils jettent hors des cellules les œufs, les vers, les nymphes, tout languit et périt bientôt de faim et de froid, et il n'y a que les femelles qui ont été fécondées qui, échappant aux rigueurs de l'hiver dans un trou de mur, peuvent au printemps jeter les fondements d'une nouvelle république.

Un guêpier complet, de quinze à trente mille frelons, tel qu'on en voit en septembre, a jusqu'à un pied de diamètre; il est de forme à peu près sphérique, recouvert en dessous de plusieurs enveloppes, et formé de sept à quinze gâteaux étagés chacun de dix à quinze cents cellules hexagones soutenues par de petites colonnes distribuées çà et là par intervalles. Il n'y a que les cinq derniers étages qui contiennent des cellules à mâles et à femelles; il y a deux ouvertures, dont l'une sert d'entrée et l'autre de sortie.

Ces insectes vivent de miel, de fruits, d'insectes et de chair; aussi se logent-ils dans le voisinage des abeilles, des vignes et des cuisines : non contents de voler le miel des abeilles, ils les tuent et les mangent. Ce sont eux qui entaillent, en août et septembre, dans les plus belles poires de doyenné, de beurré et autres , et dans des pièces de boucherie de campagne des morceaux si pesants qu'ils sont quelquefois obligés de se reposer à terre , mais pour un peu de viande qu'ils emportent ils garantissent les boucheries de ces grosses mouches bleues qui viennent pour y déposer leurs œufs, et les font bientôt disparaître. Ils retournent ainsi chargés au frelonnier, où ils dégorgent aux larves le sirop de ces fruits et le jus des viandes qu'ils ont hachées. Les larves, arrivées à leur grosseur, se filent une coque qui tapisse et bouche leurs cellules, passent à l'état de nymphes, et peu à peu à celui des frelons, qui vont aussitôt butiner comme leurs nourriciers.

Le papier de ces frelonniers, quoique grossier et quoique susceptible d'être blanchi, peut cependant être employé à faire du carton ou du gros papier ; il est, comme notre papier, fait des fibres de l'écorce intérieure des plantes ; et on pourrait, avec de la patience, en faire avec de semblables , comme les Japonais font leur papier, qui vaut bien le nôtre, en pilant les écorces de certains arbres à bois blancs qu'ils réduisent en bouillie.

La GUÊPE AÉRIENNE, ou des arbres, suspend son nid à une branche d'arbre ; il est sphéroïde, cendré, de deux pouces au plus de diamètre, et formé d'un seul rang de quarante à cinquante cellules.

Selon l'auteur du *Spectacle de la nature* (vol. I, p. 136), c'est la même espèce qui fait son nid sous terre.

23ᵉ FAMILLE. LES OESTRES, *OESTRA*.

Les insectes de cette famille sont des mouches à deux ailes qui se reconnaissent à ce que leur bouche n'a qu'une ouverture simple.

L'OESTRE, ou le VER DU NEZ des moutons, est déposé dans les lèvres du nez de ces animaux par la mouche, qui y entre en avril ou mai pour y pondre ses œufs; ils éclosent peu après, et causent aux moutons des douleurs si aiguës qu'on les voit quelquefois bondir et se frapper la tête contre les pierres, les arbres, les murs, etc.

Lorsque ces vers sont près de leur métamorphose en nymphe, ils se laissent glisser avec la mucosité qui sort abondamment du nez du mouton, et entrent dans la terre, où ils deviennent nymphes, puis oestres.

Les vers du fondement des chevaux et des tumeurs du dos des bœufs sont différents.

24e FAMILLE. LES BIBIONS OU TIPULES, *BIBIONES*.

La BIBION, ou MOUCHE SAINT-MARC, ainsi appelée parce qu'elle paraît communément vers la Saint-Marc, pond ses œufs dans les bouses de vaches.

La larve qui en sort a l'air d'une chenille à tête écailleuse, et reste sous terre pendant un an, jusqu'en mars, où elle devient ailée.

La TIPULE diffère du bibion en ce qu'elle a quatre antennules à la bouche au lieu de deux.

Il y en a plus de quinze espèces aux environs de Paris.

Leurs larves ont le corps long, cylindrique, très-vif, avec quatre stigmates, dont deux antérieurs et deux postérieurs, en tuyaux imitant des moignons de pattes. Elles habitent dans l'eau où elles se filent une espèce de fourreau fixe et horizontal, où elles se retirent comme les demi-teignes.

Leurs nymphes nagent dans l'eau avec vivacité, et vont à la surface où elles se soutiennent pour respirer par leurs deux tuyaux, qui ressemblent à des cornets.

Les femelles diffèrent des mâles en ce que leurs antennes

ne sont pas crochues, en panache, et elles pondent sur l'eau leurs ovaires en batteau de plus de deux cents œufs, dont les petits plongent à mesure qu'ils éclosent.

Le MOUCHERON, *moscinus*, Ital., diffère de la *tipule* en ce qu'il porte ses ailes en toit et non pas horizontales, croisées.

25ᵉ FAMILLE. LES MOUCHES.

Les insectes de cette famille ont une trompe molle et deux antennules.

Elle comprend quinze genres, dont les plus remarquables sont : la *couturière*, *sartor*, la *mouche armée*, *mirio*, le *télescope de Gambie*, *telops*, la *mouche*, la *trupanière*, *trupanis*, le *vaspion*, *vaspio*, à queue de rat, et l'*aphidivore*, ou *mangeur de pucerons*.

La COUTURIÈRE, *sartor*, Goed., est ainsi nommée parce que ses pattes sont si longues qu'elles semblent se croiser pour coudre en volant ; ce sont comme des échasses qui leur facilitent le moyen d'enjamber les herbes des prairies.

Ce genre, qui contient plus de trente espèces, et qui a été confondu jusqu'ici avec les tipules, en diffère non-seulement comme genre, mais encore il se range dans une autre famille, à la vérité très-voisine. Sa trompe, qui est au bout de sa tête, porte deux antennules, chacune de dix à quinze articulations.

Sa larve, qui est comme épineuse, à tête variable, vit d'herbes naissantes dans la terre humide et légère, à l'ombre, dans les prés et dans le tan des arbres; vit deux à trois ans en terre avant de devenir nymphe, qui s'enfonce en terre verticalement, la tête débordant un peu avec ses deux stigmates en corne.

J'en ai trouvé une espèce à Sainte-Geneviève qui se fait une coque comme de bave pour devenir nymphe.

La MOUCHE ARMÉE, *mirio*, Ad., a une singularité, c'est que sa larve, qui vit dans l'eau, qui est très-longue, aplatie, pointue par les deux bouts, renferme sa nymphe dans la peau qui ne change aucunement.

La MOUCHE, *musca*, est un genre qui comprend plus de cinquante espèces, toutes ovipares, excepté la *grande grise*, à anus rouge, qui est vivipare et moins féconde que les autres qui sont ovipares. Elle ne pond que deux petits à la fois ; les ovipares, au contraire, pondent environ deux mille œufs dans des matières animales corrompues, ou seulement fétides, comme la mouche bleue de la viande, qui les pond dans le crapaud vivant et le fait périr ; la mouche les pond dans les chrysalides des chenilles ; d'autres minent les feuilles de la jusquiame et de l'oseille, d'autres dans les enveloppes de laitue.

Lorsque les ovipares s'accouplent, leur ventre est déjà rempli d'œufs dont la plupart ont toute leur grosseur ; mais lorsque les vivipares s'accouplent, les embryons ne sont aucunement sensibles dans leurs corps.

La MOUCHE STERCORAIRE, à laquelle je donne le nom de *mumera*, parce qu'elle forme avec quatre autres espèces un genre différent de la mouche ordinaire par la palette de ses antennes qui est lenticulaire, a cela de singulier que ses œufs ont, à une de leur extrémité, deux ailerons qui empêchent que les femelles, en les pondant dans les excréments des animaux, ne les y enfonce trop.

L'APHIDIVORE OU MANGEUR DE PUCERONS vit sur les feuilles des plantes, devient nymphe dans sa peau de ver qui prend la forme d'une larve collée avec une liqueur sortie de sa bouche, le gros bout ou l'anus en haut auquel répond la tête de la nymphe, qui paraît y avoir changé de place bout pour bout ; cette larve devient nymphe le 1ᵉʳ juillet, et ailée dix jours après.

28ᵉ Famille. LES TAONS, *TABANI.*

Les insectes de cette famille ont la bouche formée d'un aiguillon, d'une trompe et d'antennules ; ils comprennent trois genres dont le taon et la mouche du ver à queue de rat, *ejula,* sont les plus remarquables.

Le taon est la mouche qui inquiète le plus les chevaux, les bœufs, les rennes, les serpents et l'homme pendant l'été par ses piqûres. Sur dix espèces que je connais, il y en a une qui a un pouce de longueur.

La larve de ces insectes n'a pas encore été trouvée par les auteurs ; quelques-uns soupçonnent qu'elle vit dans l'eau, parce que ces mouches se trouvent près des lieux aquatiques ; mais il nous paraît que c'est dans les tumeurs du dos des animaux qu'elles sont pondues en août et septembre.

L'ejula ou ver a queue de rat, mérite bien d'être connu à cause de la singularité de sa queue, qui consiste en deux anneaux semblables à deux tuyaux de lunettes qui s'allongent jusqu'à cinq ou six pouces pour aller respirer l'air à la surface de l'eau. Ces larves vivent dans les eaux bourbeuses et puantes des cloaques et des tonneaux qui reçoivent l'eau des toits ; quoique les auteurs disent qu'elles ne se voient point dans les eaux plus profondes que la longueur de leur queue, qui ne peut parvenir à leur surface, néanmoins j'en ai élevé plus d'une centaine dans un tonneau plein de trois pieds d'eau qui venaient du fond le long des parois, et qui, lorsqu'ils étaient en haut, se retournaient pour faire sortir le bout de leur queue qui, en s'épanouissant en entonnoir, les soutenait ainsi suspendus à la surface de l'eau.

Cette larve se métamorphose en nymphe dans sa peau de ver, conservant sa queue, et donne de juin à août une mouche assez semblable à une abeille , qui diffère du taon en ce que sa trompe a quatre antennules au lieu de deux.

29ᵉ Famille. LES COUSINS, *CULICES.*

Les insectes de cette famille ont une bouche à aiguillon et deux antennules.

Le cousin , *culex*, Plin. , ou *moucheron*, est un insecte qui se voit toute l'année en grande quantité et quelquefois par nuages , depuis le mois de mai jusqu'en novembre ; il y en a cinq à six espèces parmi lesquelles se trouve celle qu'on appelle *maringoin* dans les pays chauds.

Son accouplement se fait en l'air, en volant ou suspendu.

Peu après la femelle s'attache à une feuille à la surface de l'eau, croise ses jambes postérieures, pond dans l'angle qu'elles forment un œuf, puis successivement jusqu'à deux cents ou trois cent cinquante autres œufs qui se collent pour former par leur assemblage une espèce de bateau qui flotte, et d'où sortent autant de petites larves qui plongent dans l'eau pour s'y nourrir du mucilage de la terre.

Ces larves ont l'air d'une massue à tête fort grosse, avec deux yeux, deux mâchoires et deux tuyaux, parce qu'elles sont toujours suspendues pour respirer l'air extérieur. Elles changent trois fois de peau en quinze à vingt jours pour devenir nymphes.

Cette nymphe est bossue ou courbée communément comme celle de la tipule, les deux cornets ou stigmates de la respiration tournés en haut. Elle reste dans cet état huit à dix jours, après lesquels sa peau se gonfle et se fend par le dos entre les deux tuyaux respiratoires, par où elle sort dans l'état de volatil qui s'élève dans l'air , laissant sa dépouille flottante dont il se débarrasse sans tomber dans l'eau, où il périrait.

Chaque génération n'est donc guère que d'un mois, et ces insectes en font six à sept par an, de sorte que nous en serions fort incommodés si les oiseaux, et surtout les hirondelles, ne nous en débarrassaient.

Ce que le cousin a de plus singulier après ses ailes bordées de poils qui imitent une frange ou un falbalas, c'est la trompe qui, outre les deux antennules barbues et à quatre articles qui l'accompagnent, est composée de cinq pièces, dont quatre forment deux tuyaux en suçoir et barbelés, l'un extérieur plus grand formé de deux lames collatérales en demi-canal, et l'autre intérieur formé de même, et qui laisse sortir un aiguillon si fin, qu'on le voit à peine au microscope : c'est avec ces tuyaux qu'il se procure sa nourriture ; le tuyau extérieur lui sert à pomper les liqueurs, les sucs des fruits ou des chairs ; lorsqu'il est forcé de percer une peau qui fait de la résistance, il enfonce son tuyau ou ses deux lames barbelées qui, dès qu'elles ont pénétré les chairs et ouvert un passage, rentrent dans le tuyau extérieur pour en tirer le sang comme dans une pompe, au moyen de l'aiguillon qui va et vient comme un piston.

Pendant l'hiver, le cousin ne mange plus, il reste comme les mouches dans les carrières, dans les caves ou des souterrains semblables, d'où il sort au retour du printemps pour multiplier et pondre sur les eaux croupissantes.

30ᵉ Famille. LES ASILES, *ASILI.*

L'ASILE, *asilus*, Arist., a, comme les deux autres genres de mouches à deux ailes de la famille à laquelle elle donne son nom, une bouche à aiguillon seulement. La forme allongée de son corps, qui est menu et pointu par les deux extrémités, la fait reconnaître aisément.

On en connaît plus de dix espèces.

Ce sont les *mouches-loups* de Mouffet. Elles piquent non-seulement et incommodent beaucoup les bestiaux, mais même elles déposent leurs œufs dans la peau de leur dos. Les larves qui naissent de ces œufs vivent du pus qui se forme dans les tumeurs qu'elles font élever entre le cuir et la chair de ces animaux.

Le *curbura* de Laponie paraît en être une espèce qui s'attache particulièrement aux rennes; ils en portent dans chaque tumeur ordinairement six à huit qui les inquiètent tellement, qu'ils fuient avec fureur dans les montagnes, et se précipitent dans les vallons. Ils souffrent ainsi pendant tout l'hiver, et ce n'est qu'au printemps que ces larves, parvenues à toute leur grandeur, sortent de la tumeur par un trou qu'elles font au cuir pour se laisser tomber dans la terre, où elles deviennent nymphes, puis insectes ailés en juin, qui vivent jusqu'en septembre et octobre.

La grande espèce, qui est noire, à ventre jaune doré, et qui a quatorze lignes de longueur, se trouve communément accouplée dans nos prés en août et septembre, et pond peu après ses œufs sur le dos des bœufs, des ânes et autres bestiaux.

La MOUCHE-ARAIGNÉE, *hippobosca*, ainsi appelée parce qu'elle marche sur les bestiaux et se tapit comme une araignée. On l'appelle encore *mouche à chien*, parce qu'il y en a une espèce qui s'attache sur les chiens; on en trouve aussi jusque dans le nid des hirondelles, et j'en connais ainsi quatre espèces.

Cet animal est le plus singulier, non-seulement des mouches à deux ailes, mais encore de tous les autres insectes et animaux par sa manière de pondre. Tous les autres animaux connus pondent des œufs ou des petits vivants. Tous les insectes connus passent par l'état de larve avant que de devenir insectes parfaits ou ailés. On ne voit rien de tout cela dans la mouche araignée ; elle pond, non pas un œuf, mais une nymphe, sous sa peau de ver, aussi grosse qu'elle, semblable à une lentille, blanche d'abord, ensuite noire, dans laquelle elle devient réellement nymphe, puis volatil, semblable à sa mère et en état de pondre. J'en ai cependant quelquefois trouvé sans ailes au Sénégal, où on les appelle *pou du bœuf*, ce qui semblerait annoncer que cette mouche serait nymphipare et quelquefois vivipare ; mais dans ces deux cas la singularité n'en subsiste pas moins. L'insecte, en voyant le jour, ne paraît que dans son second état, et n'a qu'une seule métamorphose à subir ; il est donc connu, démontré, que cet insecte vit d'abord sous l'état de larve dans le ventre de sa mère, et qu'il s'y métamorphose en nymphe sous sa première peau de ver, telle qu'elle est pondue.

Dans la prochaine séance nous examinerons la huitième classe, celle des vers et la neuvième, celle des coquillages

DIX-NEUVIÈME SÉANCE.

VIIIᵉ ET IXᵉ CLASSES.

LES VERS ET LES COQUILLAGES.

Les animaux qui nous restent à traiter pour finir entièrement l'histoire du règne animal renferment ceux que l'on appelle communément *animaux imparfaits;* M. Linné les comprend tous sous le nom général de *vers;* mais le plus grand nombre des auteurs les confondent avec les insectes.

Il y en a même qui en mettent quelques-uns, comme le polype (poulpe), la sèche, au nombre des poissons. Nous ne nous arrêterons point à discuter les défauts des diverses méthodes qui font des associations ou des divisions aussi opposées à la marche simple et toujours nuancée de la nature; les définitions que nous allons donner de chacune de ces classes, en présentant le tableau des faits qui les caractérisent comme leur étant propres et particuliers, indiqueront assez les genres et les espèces d'animaux qui doivent y être rapportés.

Tous ces animaux qui nous restent à traiter diffèrent essentiellement des crustacés en ce qu'ils n'ont aucune mue, aucun changement de peau à subir; ils diffèrent des insectes en ce qu'ils ne sont sujets à aucune métamorphose. Leur corps a en naissant une forme qu'il conservera toute sa vie, à la grandeur près, dont l'accroissement a une période et des limites marquées. Ce qui a induit en erreur les auteurs qui les ont placés parmi les insectes, c'est qu'il y en a quelques familles qui ont le corps articulé comme eux; mais ce caractère isolé de ressemblance ne suffisait pas : le test ou la coquille et la croûte de quelques autres les a fait ranger parmi les crustacés. La considération d'un plus grand nombre de parties eût fait éviter ces confusions, et l'on verra par ce que nous allons dire qu'il n'y avait que ce moyen de mettre de l'ordre, de la clarté, de la précision même dans l'exposition des six à sept mille êtres qui les composent.

Tous ces animaux n'ont ni oreilles ni nez. Ceux qui ont des pieds les ont sans articulations et différents de ceux des insectes. La plupart n'ont pas de tête et sont androgynes ou hermaphrodites.

VIIIe CLASSE.

LES VERS PROPREMENT DITS OU INTESTINS, *VERMES*.

Nous mettons cette classe d'animaux immédiatement à la suite de celle des insectes, parce que c'est celle qui a avec eux un plus grand nombre de rapports.

Les vers ont le corps articulé comme les insectes ou comme les scolopendres parmi les crustacés, sans stigmates, sans pieds ni antennes articulées, mais souvent avec des cornes et des filets qui leur tiennent lieu d'antennes et de pieds. Ils sont ovipares. On peut les diviser en cinq familles, savoir :

1° Celle des SANGSUES, qui n'ont aucune sorte de pieds ;
2° Celle des NÉRÉIDES ou des LOMBRICS, qui ont des poils qui leur tiennent lieu de pieds ;
3° Celle des PINCEAUX, *penicilla*, qui ont le corps enfermé dans un tuyau ;
4° Les POUSSE-PIEDS, qui n'ont d'articulé que les cornes ;
5° Les DOUVES.

1re Famille. LES SANGSUES, *HIRUDINES*.

Cette famille de vers sans pieds comprend six genres, qui
sont :

1° Le DRAGONNEAU, *gordius ;*
2° Le STRONGLE, *strongulus ;*
3° L'ENCÉPHALE ;
4° L'HIRUDINELLE DES POISSONS ;
5° La SANGSUE, *hirudo ;*
6° Le VER SOLITAIRE, *tœnia.*

Le DRAGONNEAU, *gordius*, Lin., *dracunculus*, Galien, *vena
medina*, ver de Guinée, est un ver blanc, long d'un pied et
deux tiers, cylindrique, d'une ligne de diamètre, articulé,
qui se forme dans les jambes des nègres de la Guinée et des
Indes, entre la peau et les muscles charnus. Quelques voyageurs disent que les Européens qui restent deux ou trois
ans dans ces pays, et qui en boivent les eaux, y sont sujets.

On ne s'aperçoit point de la présence de ce ver tant qu'il
est plein de vie, et il meurt rarement avant que d'avoir
pris toute sa grandeur, c'est-à-dire avant que d'avoir atteint
la longueur de la jambe ; car sa tête, qui est un peu échancrée, à deux pointes obtuses, tient au périoste vers le genou,
sur la face interne de la jambe, et son extrémité postérieure
répond à la malléole interne. Dès qu'il est mort, sa partie
postérieure, qui tourne la première en pourriture, forme
au-dessus de la malléole un ulcère par lequel sort le pus
dont son corps était rempli. Alors on en voit le bout qui
commence à sortir ; on le roule autour d'une petite paille ou
d'un bâton gros comme une allumette, et on attend au lendemain qu'il soit encore allongé pour le rouler de même. Il
sort ainsi tous les jours de la longueur d'un pouce environ.
Il faut faire attention de ne pas le casser en tirant trop fort,
car alors il est plus longtemps à sortir de lui-même, et l'eau
âcre qui en coule occasionne souvent la gangrène et la mort.
Avec des précautions, on parvient à le retirer entièrement

en vingt à vingt-deux jours, et à avoir la tête, qui sort la dernière. Nous en avons retiré ainsi plusieurs pendant notre voyage au Sénégal.

L'usage des liqueurs spiritueuses préserve de ces vers.

Le STRONGLE, *strongulus*, est ce ver gris blanc, semblable à un ver de terre cylindrique, pointu aux deux bouts, long de dix à douze pouces, qui vit dans l'estomac des hommes et surtout des enfants dans lesquels la bile circule difficilement. Nous avons vu des enfants dont le conduit biliaire qui répond à l'estomac était bouché par la quantité de strongles dont cet estomac fourmillait et était criblé. Quelques cuillerées d'une huile amère aromatique avalées, sauvaient la vie à tous ceux qui se trouvaient dans le même cas, et on en a des indices lorsqu'on en voit rendre quelques-uns par la bouche ou par le fondement.

Le strongle a la bouche composée de trois mamelons sous lesquels sont trois dents cartilagineuses. Le mâle a la partie de son sexe cylindrique, longue d'une demi-ligne, placée au tiers de la longueur de son corps près la tête, et la femelle porte environ dix mille œufs insensibles à la vue et presque aussi menus que les globules du sang, au point qu'il est probable qu'ils passeraient par divers vaisseaux du corps. Ce ver est ordinairement vivipare et quelquefois ovipare.

L'ENCÉPHALE, *encephalus*. J'appelle de ce nom un ver qui n'est guère connu que par les ravages qu'il fait en certains temps dans les chenils, où il fait périr une grande quantité de chiens.

Il se trouve dans les cornets de leur nez. Il est blanc, figuré en massue, et composé de quatre-vingt-quatre articulations, et long de quatre pouces.

L'HIRUDINELLE n'a de singulier que son pied qui forme une espèce de vessie placée sous le milieu de son corps, de manière que lorsqu'elle s'applique dessus en relevant les deux extrémités, elle prend l'air d'une aiguière.

Ce ver vit dans l'estomac des poissons et des oiseaux aquatiques, comme le héron.

La SANGSUE, *hirudo,* a, comme l'on sait, une ventouse vers l'anus qui lui sert de pied ou de point d'appui pour marcher en tirant avec sa tête, comme si elle arpentait le terrain.

Sa bouche, qui forme une espèce de lèvre ou d'ouverture triangulaire, est armée de trois dents aiguës triangulaires avec lesquelles elle peut couper et percer la peau de l'homme et même celle d'un cheval ou d'un bœuf.

Elle fait trois plaies à la fois ou trois incisions qui paraissent encore sur la peau trois ou quatre jours après que le gonflement en est dissipé. Le fond de sa bouche fait l'effet d'un suçoir qui attire le sang de l'animal qu'il suce, et elle en suce assez pour grossir huit fois autant que son volume ordinaire, au point que son poids ordinaire d'un demi-gros augmente jusqu'à quatre gros. Il y reste longtemps, mais non pas sans digérer, comme le disent tous les auteurs qui prétendent que ce ver n'a point d'anus. Nous pouvons assurer qu'il en a un ; nous l'avons vu dans cette espèce et dans toutes les autres. C'est une petite ouverture ronde, placée directement au-dessus de la ventouse qui sert de pied à cet animal.

Lorsque la sangsue s'attache à un animal pour le sucer, on ne peut guère l'en arracher sans la déchirer, et pour lors il y a souvent inflammation et suppuration, quoique cet animal ne soit pas venimeux. On la fait quitter en répandant dessus un peu de sel pulvérisé qui la fait entrer en concrétion et même périr. Les alcalis et les liqueurs acides font à peu près le même effet. Les sangsues vivent plusieurs mois sans nourriture dans l'eau douce, pourvu qu'il y ait un peu de terre. La plaie qu'elles font est moins sensible dans l'eau que hors de l'eau, et moins que la piqûre d'une puce affamée. Elles piquent indistinctement tous les vaisseaux sanguins et y restent pendant six heures. Le sang coule encore quelquefois vingt-quatre heures après, quand les eaux des étangs où on se baigne sont tièdes ou suffisamment chaudes, et on dit avoir vu la nuit des personnes tombées dans un étang plein de sangsues, y périr par la perte de leur sang.

Tous les auteurs disent que la sangsue est vivipare comme l'anguille; c'est une erreur aussi grande que celle de dire qu'elle n'a point d'anus. Elle pond, ainsi que la sangsue des poissons, un œuf ou plutôt un ovaire long de neuf lignes, large de cinq, cendré roux, comme spongieux, qui contient dix petites sangsues vivantes. Elles ne sont pas hermaphrodites, comme dit l'Émery.

Selon Redi, les mâles et les femelles ont les organes de la génération conformés comme ceux des limaces et des limaçons; mais ces deux organes sont un peu distants l'un de l'autre, le masculin au vingt-cinquième anneau et le féminin au trentième, près de la tête.

Il n'est pas douteux que l'usage des sangsues ne soit très-utile dans les abondances de sang, pour apaiser les migraines invétérées, en les appliquant au front; les fluxions des dents, en les appliquant aux gencives; les hémorroïdes, en les appliquant sur elles; enfin pour rétablir le cours des règles, en les appliquant à l'orifice interne de la matrice, mais cela exige quelque attention. D'abord la sangsue noire ordinaire doit être rejetée; sa morsure est ordinairement suivie d'inflammation, de fistule ou de gangrène. Celle qui a le dos verdâtre et le ventre rougeâtre, qui vit dans les eaux marécageuses, mais courantes et vives, est préférée. On les fait jeûner quelque temps dans l'eau claire, puis on les applique, en leur tenant la tête entre les doigts; mais comme elles sont fort glissantes et qu'elles peuvent s'échapper et s'introduire soit dans le rectum, lorsqu'on les applique sur les vaisseaux hémorroïdaux, soit dans l'œsophage, pendant leur application aux gencives ou à la langue, on les assujettit dans un petit tuyau de roseau. Lorsqu'on a avalé des sangsues qui, s'attachant aux veines de l'estomac, occasionnent des cardialgies, dans ce cas il faut boire de l'eau salée; on chasse celles qui se sont glissées dans les boyaux en prenant force lavements de la même eau salée.

On a remarqué que la sangsue coupée en deux répare les pertes qu'elle a faites du côté de la tête, pendant que la partie postérieure périt et tombe en pourriture.

Le TÉNIA ou *ver solitaire* est nommé *tænia* parce qu'il est plat comme un ruban. Sa longueur ordinaire est de treize à quatorze pieds sur six à sept lignes de largeur à son milieu; mais ses extrémités sont extrêmement fines. Il est composé de deux mille deux cent quarante articulations, dont les premières ou les plus proches de la tête sont courtes et quatre à cinq fois plus larges que longues, pendant que les postérieures sont au contraire une fois plus longues que larges. Ces articulations ont chacune sur le côté une bouche ou un suçoir semblable à une ventouse orbiculaire, qui est placé alternativement à droite dans une articulation et à gauche sur l'autre. Elles ont encore à leur milieu en dessus une tache en rose à huit ou douze rayons, qui indique la forme de leur estomac et de leurs intestins, de sorte que chaque articulation a sa bouche et son estomac particuliers. Mais on n'y voit pas de conduit excrémentitiel, et c'est pour cette raison que les observateurs qui lui ont cherché une bouche analogue à celle des autres animaux, ou placée de même à l'extrémité de leur corps, n'ont pas réussi à en trouver, quoique quelques-uns aient cru apercevoir quatre

mamelons ou suçoirs à la première des articulations antérieures.

Quelques auteurs ont avancé, sans le prouver, que le ténia est un animal de la nature du polype, qui se reproduit
par ses articulations, de manière que, pour peu qu'il en
reste une articulation dans le corps, il se régénère et se
propage par extension sans multiplication par génération.
Mais l'observation contredit entièrement cette opinion,
ainsi que celle de ceux qui prétendent qu'ils ont plus de
quatorze pieds de longueur. D'abord il est constant qu'on a
vu rendre deux ténias entiers à la même personne. En second lieu, si l'on suppose que le ténia se propage par une
addition d'articulations nouvelles ajoutées à une des anciennes, ces articulations auront nécessairement toutes la
même grandeur que l'articulation primitive, ou bien elles
tendront à diminuer ou à augmenter de grandeur; or, c'est
ce qui ne se voit pas; au contraire, les articulations sont,
dans tous les individus, constamment plus étroites aux
deux extrémités du corps, plus courtes vers la tête et plus
longues vers la queue; d'où il suit que ce ver se multiplie
par une vraie génération.

Ce ver se rencontre dans les intestins des hommes de tous
les pays, même chez les nègres du Sénégal ; mais on remarque qu'il est plus commun en Hollande, en Allemagne et
dans l'Ukraine. On en trouve aussi de deux sortes dans les
chiens, dans les tanches, etc.; mais ce sont d'autres espèces.

Un animal qui a autant de bouches et une longueur de
quatorze pieds et peut-être de trente aunes, comme Boer-
have dit en avoir vu, doit affamer l'estomac en suçant la
substance mucilagineuse la plus nourrissante qui passe par
les intestins; aussi les personnes qui en sont attaquées tom-
bent-elles dans une maigreur déplorable.

Les moyens les plus efficaces pour les détruire sont l'usage des liqueurs spiritueuses, des remèdes mercuriels et des huiles amères et aromatiques.

2ᵉ Famille. LES NÉRÉIDES OU LOMBRICS.

Les vers de cette famille ont sur les côtés du corps des poils qui leur tiennent lieu de pieds. Ils comprennent neuf genres, dont les plus remarquables sont :

1° Le séta ou *ver de la boue;*
2° Le ver de terre, *lumbricus;*
3° La taupe de mer, *physalus;*
4° La scolopendre de mer, *nereis,* Linn.

Le séta, ou le *ver blanc de la boue,* le ver à tuyau de boue, l'anguille de la boue, a tout au plus cinq à six lignes de long sur un douzième de ligne d'épaisseur. Il est articulé et porte un filet des deux côtés de chaque articulation de son corps; il a une bourse à la partie antérieure, un anus à l'opposé, et un intestin ondé.

Il est commun, en juillet et août, dans la boue du bord des ruisseaux et des rivières d'eau douce, où il se forme un trou vertical d'un à deux pouces de profondeur, et un petit tuyau avec la mucosité qui sort de son corps.

On en peut pêcher beaucoup avec un segment de cercle de fil de fer attaché au bout d'un bâton, et qu'on fait courir sous terre à la profondeur d'un à deux pouces. Ce fil, rencontrant les vers qui s'y sont enfoncés, en entraîne beaucoup avec lui; on les en retire en les trempant dans un verre d'eau et les secouant. Pour les élever et en nourrir des polypes, il suffit de mettre un ou deux pouces de limon ou de sable au fond du vase, et un pouce d'eau au-dessus. Après un ou deux jours, ces sétas forment leurs tuyaux, qui sont de petits cylindres de deux à trois lignes de hauteur sur une demi-ligne à deux tiers de ligne de diamètre, droits pour la plupart, mais dont quelques-uns sont inclinés. Ils font ainsi plusieurs tuyaux, et ne se tiennent pas toujours dans le même.

Leur situation dans ces tuyaux est ramassée, ils s'y tiennent la tête en bas, et en sortent presque entièrement en faisant un mouvement ondoyant continuel, semblable à celui d'une corde arrêtée par un bout au bord d'une eau courante.

Lorsqu'on frappe l'eau ou le verre où sont ces vers, ils entrent aussitôt au fond de leur trou.

Ce que ces animaux ont de plus singulier, c'est que l'on peut les couper en deux, trois, quatre parties, ils réparent leurs pertes dès le troisième jour ; mais les parties intermédiaires les réparent plus promptement que l'antérieure, où est la tête, ce qui est précisément le contraire de ce qu'on observe dans les autres vers.

Il en est un autre genre que j'appelle DISÉTA, parce que les poils de chaque articulation de son corps sont doubles, qui est rougeâtre, long de seize à trente lignes, qui vit de même dans le limon sous l'eau des rivières, et dont la reproduction est encore plus étonnante. On peut le couper en vingt-six portions, chacune de deux articulations. La plupart de ces portions continuent de vivre et deviennent des animaux parfaits ; en sorte qu'au bout de six mois elles ont plus de soixante anneaux, ou deux pouces de longueur ; la tête est en général la portion qui, en temps égal, reproduit une plus longue queue. On peut lui couper et recouper la tête jusqu'à huit fois dans l'espace de deux mois d'été, il en repousse une nouvelle.

Ces vers se multiplient naturellement ou d'eux-mêmes par une section spontanée et encore par génération. Ils sont vivipares et produisent des petits semblables à eux, qui sortent par les anneaux voisins de la tête. Des vingt-sixièmes de vers, coupés depuis treize à quatorze jours seulement, produisent de même depuis un jusqu'à quatre petits vers semblables à eux.

Le LOMBRIC, *lumbricus,* ou *ver de terre,* n'offre pas autant de merveilles dans sa reproduction ; elle se fait tout simplement par une génération qui est le produit d'un accouplement antérieur. Tous les individus ayant les deux parties sexuelles et se les introduisant en même temps pendant l'accouplement, et tous produisant également après cet accouplement un œuf, il n'est pas douteux que ce sont de vrais hermaphrodites ; leurs organes sexuels sont placés, comme dans le strongle, à peu près vers le tiers de la longueur du corps, au dixième et vingt-huitième anneau, un peu plus près de la tête que le renflement du corps ; mais ces organes diffèrent de ceux du strongle en ce qu'ils sont doubles, assez écartés les uns des autres pour laisser voir leur quatre ouvertures, au lieu que dans le strongle ces parties sont simples.

Cet accouplement se fait depuis le mois de septembre jusqu'en mars et avril, entre six heures et dix heures du matin, le corps de l'un et de l'autre enfoncé de moitié en terre ; les deux têtes ne sont pas tournées du même côté, mais elles regardent la queue l'une de l'autre. Ils restent si fort unis qu'on peut les transporter et garder ainsi longtemps.

L'œuf qui est produit peu après l'accouplement est long de quatre lignes, large de deux, membraneux, très-mince, lisse, luisant, rouge clair, à une seule loge, contenant un seul ver long de neuf lignes sur une ligne de largeur, roulé de trois tours de spirale sur lui-même, et qui en sort par un petit couvercle qu'il fait sauter. L'animal produit ainsi jusqu'à deux cents œufs.

Le corps du lombric se fait reconnaître par un renflement composé de six articulations sans filets, qui forment une

espèce d'anneau entre la trente-deuxième et la trente huitième articulation de son corps, qui en contient cent dix-
huit, qui tous ont quatre rangs, deux de chaque côté, de
soies doubles qui leur tiennent lieu de pieds, et qui leur
servent à sortir aisément de leurs trous ou à y rentrer, et à
ramper en tous sens, c'est-à-dire également sur le dos ou
sur le ventre, sur la terre.

Ces animaux ne vivent que des parties les plus grasses de
la terre, dont leur estomac est toujours rempli. Ils suppor-
tent des jeûnes de neuf mois, surtout lorsqu'on les a
coupés.

On n'en voit guère que dans l'Europe. Ils font dans la
terre des trous verticaux, profonds d'un à deux pieds, au
fond desquels ils restent cachés pendant l'hiver. Ils sortent
dès le mois de mars et quelquefois en janvier, quand le
temps est doux. Ils sortent de terre quand il pleut, ou lorsqu'on marche assez pesamment pour qu'ils s'en aperçoivent. Aussi les pêcheurs, qui en font des appâts, se servent-
ils de moyens semblables pour les prendre. Ils trépignent
sur la terre des lieux humides, ou bien ils l'ébranlent avec
un bâton enfoncé profondément qui agit en tout sens; les
vers, qui croient sentir la taupe, en sortent aussitôt; ils l'ar-
rosent avec une eau amère par ébullition avec des feuilles
de chanvre ou de noyer qui les fait sortir.

La reproduction des parties coupées du ver de terre se
fait, mais lentement et avec beaucoup de peine. La nouvelle
partie est d'abord très-effilée, puis elle grossit peu à peu,
comme il arrive dans la végétation des plantes.

On dit que les Indiens sont très-friands de ces vers et les
mangent crus. Les taupes en font leur nourriture ordinaire,
les lézards et les oiseaux en détruisent aussi beaucoup.

On en retire beaucoup d'huile et de sel volatil. L'huile
dans laquelle on les a mis infuser se met en usage dans les

paralysies. Leur infusion dans le vin blanc est apéritive et pousse aux urines. On l'emploie pour guérir les panaris en le roulant autour du doigt, le recouvrant d'un linge et l'assujettissant avec un fil.

Les NÉRÉIDES, ou *scolopendres de mer*, sont des vers à corps très-allongé, qui porte un faisceau de poils sur chaque côté de ses articulations. Ils vivent sur les plantes marines ; ce sont les flambeaux ou porte-lanternes de la mer. Ils sont aussi lumineux pendant la nuit que les scolopendres terrestres, lumineuses à cent pieds.

La PHYSALE, ou *taupe de mer*, forme un autre genre qui en diffère en ce qu'il a le corps court et qu'il s'enfle comme un œuf pour flotter sur les eaux.

On le trouve également dans la Méditerranée et l'Océan.

Il est un autre genre qui a un éventail à la queue comme la sangsue et qui suce la torpille.

3e FAMILLE. LES PINCEAUX, *PENICILLA*.

Les pinceaux ont le corps articulé comme les sangsues et les vers, mais il est recouvert d'un tuyau fixe, membraneux dans les uns, cartilagineux dans les autres, pierreux dans d'autres, et mêlé de sable et de coquillages dans d'autres.

On leur donne le nom de *pinceaux* parce que tous ont au sommet de la tête un nombre de filets dont l'assemblage forme pour l'ordinaire une espèce de pinceau.

Tous les auteurs ont confondu jusqu'ici ceux qui ont des tubes pierreux avec les tubes du vermet, qui est un limaçon operculé, comme nous le dirons ci-après.

Le DENTALE de l'Océan se donne comme absorbant.

4e Famille. **LES POUSSE-PIEDS,** *POLLICIPEDES*, **BALANES OU GLANDS DE MER.**

Ces animaux se reconnaissent à ce qu'ils n'ont d'articulé que les cornes qui leur servent de bras. Leur corps est recouvert en tout ou en partie par cinq à trente pièces de coquilles ; ils sont vivipares.

Cette classe comprend quatre genres, qui sont :

1° Le GLAND DE MER, *balanus* ;
2° Le POLYLOPOS, Klein.
3° Le POUSSE-PIED, *polliceps*, Belon ;
4° Le POLYCLON, Adans.

Le GLAND DE MER, *balanus*, comprend sous lui les espèces que l'on nomme dans les cabinets le *turban*, la *tulipe* ou la *clochette*, la *côte de melon*, le *glaudray*, le *pou de baleine* et de *tortue*.

C'est un coquillage consistant en cinq pièces de coquille, dont la plus grande, qui est fixée sur les rochers, sur les coquillages, sur les bois des vaisseaux, sur la peau des poissons durs comme la tortue ou la baleine, a la forme d'un cône plus ou moins allongé, ouvert par-dessus, qui se bouche par quatre pièces de coquilles triangulaires, ce qui fait en tout cinq pièces.

Dans la cavité de la pièce conique est contenu un animal mou, qui se reconnaît par deux faisceaux, chacun de huit paires, de filets cartilagineux articulés, qui sont dans un mouvement continuel qui les porte dehors en remontant, et qui les retire successivement dans le fond de la coquille en tirant en même temps les quatre battants qui ferment exactement la coquille.

C'est cet animal qui en s'attachant, ainsi que le pousse-pied, en quantité sous les vaisseaux en retarde la marche, comme le remora, ou sucet.

Sa chair est glaireuse, en petite quantité, et mauvaise.

Le POUSSE-PIED, *polliceps*, Belon, appelé aussi *bernacle*, ou *conque anatifère*, par quelques auteurs qui prétendent, contre toute vraisemblance, que le *cravant*, espèce de canard nommé aussi *barnache*, fait son nid dans les plantes marines, mange le poisson de ce coquillage, et met à sa place ses œufs, qui y éclosent.

C'est un coquillage à cinq pièces de coquille, comme le *balanus*, mais toutes plates, et surmontant un tuyau charnu qui fait le corps de l'animal, et qui est susceptible de contraction et de dilatation au point qu'il peut s'étendre jusqu'à six pouces de long; il est de la grosseur du doigt, et est fixé, comme le *balanus*, sur les rochers, sous la carène des vaisseaux; ils contiennent deux faisceaux, chacun de six paires, de filets qui sortent et rentrent, comme ceux du gland de mer.

Cet animal est vivipare, et souvent ses petits s'attachent sur son tuyau, de manière que quelques auteurs l'ont cru ramipare, comme le polype.

Le POLYLOPOS, ou *soulendao* du Sénégal, ne diffère du pousse-pied qu'en ce que, au lieu de cinq pièces de coquille, son tuyau en porte une trentaine.

Son tuyau, qui est chagriné, est plein d'une chair jaune orangée, presque aussi délicate que celle de l'écrevisse, et qui se mange.

Il paraît que c'est cette espèce et la précédente dont Lentulus, au rapport de Macrobe, fit servir des blancs et des noirs dans le festin qu'il donna lors de sa réception parmi les prêtres du dieu Mars.

Le POLYCLON ne diffère du pousse-pied que parce que son tuyau est ramifié.

5ᵉ Famille. LES DOUVES, *DOVÆ*.

Animaux à corps mou articulé, avec une bouche seulement, et quelquefois des parties génitales, sans autres membres. Quatre genres forment cette classe.

La douve, *dova*, Ad., se trouve dans les canaux intérieurs du foie des moutons, du cheval et d'autres animaux.

C'est un animal elliptique, semblable à une feuille brune, long de deux à trois pouces, trois ou quatre fois moins large, ayant trois ouvertures vers l'extrémité antérieure, dont la première est la bouche ; la deuxième laisse sortir la partie masculine ; la troisième, et postérieure, paraît être l'anus.

La sangsue-limace, *vitta*, Ad., est de deux espèces, la blanche et la noire. On les trouve toutes deux sous les pierres, dans les eaux tranquilles des étangs et des ruisseaux ; leur bouche est placée sous le milieu du ventre, et l'anus un peu derrière. Elles paraissent avoir chacune deux yeux, ou deux points noirs ; elles ont un pouce à un pouce et demi de longueur. Toutes pondent par l'anus, chaque mois, un ovaire sphéroïde, d'une ligne de diamètre, brun noir, contenant chacun dix petits, qui sont deux mois à éclore lorsqu'ils ont été pondus en octobre.

IXᵉ CLASSE.

LES COQUILLAGES, *CONCHYLIA*.

1° Ces animaux ont le corps mou, recouvert antérieurement d'une coquille d'une ou plusieurs pièces, sans aucune articulation, mais dont l'assemblage, considéré sous ce point de vue, équivaut à des articulations.

2° Le corps de tous ces animaux n'est attaché à leur coquille que par autant de muscles qu'il y a de pièces de coquille. Cette coquille est composée d'une portion crétacée ou pierreuse qui se dissout entièrement dans les acides, et d'une partie cartilagineuse ou mucilagineuse.

3° L'animal est formé avant sa coquille; il est d'abord en naissant, s'il est vivipare, comme une glaire qui, dans les bivalves qui doivent être fixes, comme l'huître, s'attache à divers corps à mesure que la coquille qui se forme au dehors de cette glaire vient à grandir. L'accroissement de cette coquille se fait par couches qui s'appliquent les unes sur les autres, par la partie inférieure ou contiguë, au corps de l'animal. Son muscle, ou ses muscles, y poussent des ramifications mucilagineuses, pendant que son manteau y dépose, par sa base, un mucilage qui en séchant forme une couche pierreuse, crétacée, qui s'attache à des ramifications cartilagineuses, dont les extrémités forment ce drap marin cartilagineux qui recouvre ces coquilles en débordant comme par écailles, ainsi que les couches pierreuses, dont les dernières sont toujours plus grandes que les premières.

4° Les coquillages sont d'un grand usage chez diverses nations. Le cauris des Maldives a servi longtemps de monnaie en Guinée, et pour faire des bracelets, des tours de ceinture, et pour orner les harnais des chevaux.

La nacre du burgau de l'ormier se polit pour faire des navettes garnies en or. La mère perle donne des perles dont l'Orient les rend aussi précieuses que le diamant. On sait que les perles sont l'effet d'une maladie, que c'est une espèce de calcul.

Les cames sculptées en miniature pour des bagues se nomment *camées;* les Chinois en peignent de grandes pour jouer avec elles comme nous jouons aux cartes. Les peintres y mettent des couleurs. On en fait de la chaux; on en orne des grottes. Les Athéniens les employaient dans leurs suffrages d'exil, nommés pour cette raison ostracismes.

Les Romains employaient les buccins au lieu de trompettes pour la guerre.

Le murex leur fournissait la teinture de la pourpre. Enfin ils employaient le byssus de la pierre marine qui égalait la soie, et on en fait encore aujourd'hui des étoffes en Corse.

5° On peut les diviser, comme nous avons fait en 1757 (*Histoire naturelle du Sénégal, coquillages*), en deux familles, savoir : 1° les limaçons ; 2° les conques. Nous avons démontré dans cet ouvrage que, sans la considération des animaux de ces coquillages, il était presque impossible de fixer par la coquille seule, des familles, des sections et des genres.

6° Les limaçons sont ovipares ; il y en a cependant une espèce, appelée *vivipare*, qui fait ses petits vivaces, comme les bivalves.

1re FAMILLE. LES LIMAÇONS, *COCHLEÆ*.

Les limaçons se distinguent des conques en ce que : 1° ils ont deux yeux ; 2° deux ou quatre cornes à la tête ; 3° un pied, ou un large empatement aplati, avec lequel ils marchent en rampant, en glissant ; 4° une bouche armée de deux mâchoires verticales ; 5° un tuyau simple, plus ou moins long, qui sert de trachée ou de conduit aux ouïes pour la respiration, et qui est formé par l'enroulement d'un manteau, c'est-à-dire de la membrane dorsale, qui tapisse les parois intérieures de la coquille.

On peut distinguer encore les limaçons en trois sections, savoir :

1° Les LIMAÇONS UNIVALVES, ou à une seule pièce de coquille ;

2° LES BIVALVES OU OPERCULÉS, qui ont une deuxième pièce qui, sans être articulée ou unie avec la première par aucun cartilage, est attachée

sur le dessus du pied et sert à boucher, au moins en partie, la coquille
pendant que l'animal y est rentré ;

3° Les MULTIVALVES, qui sont composées de plus de deux pièces de coquilles,
comme les oscabrions.

Dans la nature chaque animal a sa demeure, et chaque
appartement a ses beautés et ses commodités particulières.
Le toit sous lequel le limaçon loge réunit deux avantages
qu'on ne croirait pas pouvoir s'allier : une extrême dureté
avec la plus grande légèreté : par ce moyen, s'il est à couvert de toute injure, il transporte sans peine son logis où il
veut, et se trouve toujours chez lui en quelque pays qu'il
voyage.

1re Section. LES LIMAÇONS UNIVALVES.

Cette section comprend vingt-huit genres, parmi lesquels
les plus remarquables sont le limaçon, *cochlea*, l'ormier,
ou oreille de mer, *haliotis*, le lepas, la patelle, la porcelaine, le pucelage.

Le LIMAÇON, *cochlea*, forme un genre de coquillage à coquille ovoïde, allongée; animal pourvu de quatre cornes,
dont les deux plus longues portent au bout deux yeux, et
qui se forme avant l'hiver une espèce d'opercule dès qu'il
cesse de manger. Cet opercule est en partie pierreux et en
partie mucilagineux ; il s'en forme un nouveau tous les ans.
Il commence d'abord par la partie mucilagineuse qui part
du pied de l'animal, se ramifie, puis se recouvre d'une matière crétacée à laquelle il sert de soutien, et avec laquelle
il forme une espèce d'opercule dont le pied se détache dès
qu'il est formé. Il passe dans cet état, sous un abri, la mauvaise saison, sans manger, jusqu'au printemps, où il ouvre
cette porte pour chercher sa subsistance.

Il y a plus de vingt espèces de limaçons, qui toutes ont
une mâchoire supérieure en fer à cheval, dentée en pei-

gne ou en râteau, et une mâchoire inférieure semblable à une membrane dentelée finement, comme la langue du chat.

Toutes sont hermaphrodites, mais telles qu'elles ne peuvent se suffire à elles-mêmes; elles ont besoin d'un deuxième individu pour se féconder réciproquement et en même temps, l'un servant de mâle à l'autre pendant qu'il fait à son égard les fonctions de femelle. Leurs organes de la génération sont toujours placés dans une ouverture qui se voit à la droite de leur cou, proche des deux petites cornes. Avant l'accouplement, qui se fait tous les ans trois fois en six semaines, ces animaux se lancent un petit dard pyramidal de matière crétacée, qui sort par les parties de la génération et qui se répare à chaque approche; il sert d'aiguillon pour les animer, en les piquant vivement. Leur accouplement se fait au printemps, en relevant leur cou et les appliquant l'un contre l'autre, et ils restent souvent une journée dans cet état, et si bien unis qu'on ne peut guère les séparer qu'en arrachant leurs organes de la génération.

Peu après l'accouplement, toutes pondent en terre vers le 1er avril, à un ou deux pouces de profondeur, quarante à cinquante œufs sphéroïdes crustacés, blancs, qui éclosent deux ou deux mois et demi après.

Le *kambral du Sénégal*, l'*ambrée*, le *grain d'orge*, le *limaçon de Montpellier*, qui casse sa coquille, sont de ce genre. Ce dernier n'a guère que cette singularité. En naissant, il est presque rond et n'a que trois tours de spirale; le cinquième ou sixième jour il en a quatre, et il en a neuf au bout de deux mois et demi. C'est alors qu'il commence à casser les trois premières spires qu'il avait apportées en naissant, de sorte qu'il ne lui en reste plus que six. Quinze jours après la première cassure, la coquille a crû d'une spire et elle en a sept; alors elle en casse trois pour la deuxième fois et il ne lui en reste plus que quatre. En décembre elle a crû de trois spires, de sorte qu'elle en a sept; elle en casse deux, de sorte qu'il ne lui en reste plus que cinq. C'est dans cet état qu'elle s'enfonce sous terre et se forme un opercule pour passer ainsi l'hiver. En août suivant elle sort de terre, et au 1er mai, où elle a acquis six spires, elle en casse une, de sorte qu'il ne lui en reste plus qu'une; alors elle est parvenue à toute sa grandeur, et si elle eût conservé toutes ses spires elle en aurait eu treize. On pense bien qu'avant de casser sa coquille, le limaçon a transporté de un à quatre spires plus haut le muscle qui l'attachait aux dernières spires; il a même bouché la dernière des spires qui doivent lui rester.

Le limaçon terrestre n'est pas le seul qui casse ainsi sa coquille. J'ai découvert au Sénégal une espèce de buccin appelée *barnet,* et une cérite appelée *clocher chinois,* qui se cassent de même.

Le POMATIA. Je distingue du genre du limaçon les coquillages qui ont la coquille ronde ou presque ronde, comme le pomatia, et dont il y a plus de trente espèces, parmi lesquelles on compte le pomatia ou la vigneronne, la jardinière ou l'escargot, le laquais, le rivager, etc.

Ce sont ces espèces, surtout le jardinier et le vigneron, qui se mangent. On sait que les Romains en avaient des garennes où ils les engraissaient pour les faire servir sur leurs tables; ils estimaient ceux des Alpes, de la Sicile, de la Ligurie, des îles de Sardaigne et de Chio, et ceux de l'Afrique.

On dit qu'en Silésie on les nourrit avec certaines plantes pour en faire un régal; et que dans les jardins de Brunswick ceux qui ont été ramassés pendant l'été se gardent dans des fosses carrées dont les côtés sont boisés et le dessus grillé de fil de fer, pour les manger en hiver.

Il y a des années où les négociants de la Rochelle font un

commerce de ces coquillages vivants, surtout de l'espèce appelée le *laquais*, qui est rubanné de noir sur un fond jaune ; ils les mettent dans des barriques remplies de branches d'arbres croisées, afin qu'ils se dispersent sans s'entasser ; ils en passent ainsi des provisions en Amérique.

En Franche-Comté, le peuple en fait une grande consommation, surtout pendant le carême et au printemps. Avant de les faire cuire, il faut les assaisonner avec du poivre et du sel, du vin, du beurre, de l'huile et des aromates.

Leur suc grossier épaissit les humeurs, et on ne les conseille guère qu'aux phthisiques, après leur avoir fait dégorger dans l'eau chaude tout leur mucilage. On en fait des bouillons pectoraux et adoucissants. On guérit les dartres en les laissant baver et ramper ou en les écrasant dessus.

L'ORMIER ou l'OREILLE DE MER (*Haliotis*) est un coquillage très-commun dans toutes les mers de l'Europe, de l'Afrique et des Indes.

Sa coquille représente une oreille bordée d'un côté seulement et percée de ce même côté d'un grand nombre de trous, dont il se forme toujours de nouveaux tant que la coquille croît pendant que les anciens se ferment.

Les nègres font cuire ces coquillages et en mangent beaucoup.

La PATELLE ou *œil de bouc* ou *arapède*, ainsi nommée à cause de sa forme en plat conique, se tient si fortement attachée aux rochers qu'on a beaucoup de peine à l'en séparer.

Le *bouclier*, le *bonnet chinois*, l'*astrolepas*, le *cabochon* et le *concholépas*, qui ressemble à un ormier sans trou, sont de ce genre.

On mange ce coquillage cru ou cuit.

Le LÉPAS. Je comprends sous ce genre toutes les patelles percées en dessus d'un trou par lequel l'animal respire et rend ses excréments.

La NACELLE, *phaselus*, ou la *patelle chambrée*, fait encore un genre différent, dont on trouve trois espèces au Sénégal.

Le PUCELAGE, *venerea cyprœa*, est un coquillage dont l'animal a pour langue une longue trompe à bout dentelé en lime avec lequel il fore les coquillages dont il veut se nourrir, et pour respirer un long canal qui est formé par l'enroulement de son manteau qui sort comme une langue cylindrique par-dessus sa tête, sur la gauche.

Sa coquille ressemble à un œuf qui porte d'un côté une longue fente dentelée, également sur ses deux lèvres, qui sont très-épaisses et rentrantes.

Parmi les cinquante espèces qui composent ce genre, on distingue particulièrement l'œuf, la navette de tisserand, la carte géographique, la peau de tigre, l'argus, l'arlequine le petit âne rayé, le pou de mer, etc.

La PORCELAINE, *porcellana*, ainsi nommée à cause du poli de sa coquille, qui sert à polir. Ce genre diffère de celui du pucelage en ce que sa coquille a un sommet plus marqué et la lèvre droite beaucoup moins grosse.

Ses œufs sont sphériques, isolés avec un petit opercule, et collés sur les plantes marines.

2ᵉ SECTION. LES LIMAÇONS BIVALVES OU OPERCULÉS.

Les rouleaux, les cornets, les murex, les lambis, les buccins, les fuseaux, les cérites, les vignots, les vivipares, les vermets, les sabots, les toupies, les burgots, les nérites, sont de cette famille.

Le ROULEAU, *strombus*, se reconnaît à ce que le sommet de sa coquille est prolongé de manière qu'elle forme deux cônes opposés l'un à l'autre; l'amiral, le vice-amiral, le pavillon d'orange, le drapeau, l'esplandium, la flamboyante, l'aumuce, l'hébraïque, le spectre, l'écorché, l'amadis, le navet, le tigre jaune, le drap d'or, la brunette, etc., sont de ce genre.

Le CORNET, *conus,* a la coquille exactement conique à sa base, c'est-à-dire à sommet tronqué ou aplati ; tels sont la tinne de beurre, le cierge, l'aile de papillon, la couronne impériale et la moire, qui sont dentelées.

La POURPRE, *purpura,* qui donne la teinture de ce nom si connue par les anciens, est un genre de coquillage qui comprend plusieurs espèces qui ont la même propriété. Tous ont une coquille à sommet allongé, à ouverture elliptique, avec deux échancrures, une en bas et l'autre en haut, dont celle-ci laisse passer le tuyau linguiforme de la respiration.

Le suc colorant qui se trouve dans cet animal est, en très-petite quantité, dans un repli placé sur le dos ; lorsqu'on le détache des rochers sur lesquels il rampe, il jette promptement ce suc, qui est perdu à moins qu'on ne le recoive avec précaution ; quand il est bien conditionné il est blanc ; mais exposé au soleil il devient en moins de cinq minutes successivement vert pâle ou jaune, vert foncé d'émeraude, puis bleuâtre, et enfin pourpre vif et foncé. Cette couleur est si tenace sur le linge qu'elle résiste aux débouillis les plus forts ; le sublimé corrosif la rend encore plus tenace.

Les anciens, Aristote et Pline n'ont pas connu ces changements de couleur dans la liqueur pourprée, parce qu'ils la faisaient passer tout d'un coup à la couleur pourpre en la délayant dans une grande quantité d'eau ; ils ne tiraient donc pas cette couleur en cherchant le réservoir dans l'animal ; il y a apparence qu'ils écrasaient le coquillage et qu'ils le faisaient bouillir dans beaucoup d'eau dans des chaudrons d'étain, où ils le laissaient évaporer. Selon M. Turpleman, il faut y ajouter du sel marin, non pour aviver la couleur, mais pour la préserver de corruption pendant l'évaporation.

Le **MUREX** ou **ROCHER** ne diffère de la pourpre que parce que sa coquille a des tubercules en pointe.

Tyrioque ardebat murice lana, dit Virgile, liv. IV. Toutes les espèces de ce genre, ainsi que celle de la pourpre et du buccin, rendent plus ou moins de cette liqueur dont les anciens teignaient leurs robes en pourpre, en quoi les Tyriens excellaient. Elle servait d'encre aux empereurs romains pour signer leurs édits, et nul autre qu'eux ne pouvait user de cette encre sans commettre un crime de lèse-majesté.

A Panama, dans le golfe du Mexique, on trouve deux espèces de ce genre dont les habitants ramassent une quantité suffisante qu'ils écrasent entre deux pierres bien polies et dans le suc desquelles ils plongent aussitôt des fils de coton ou leurs étoffes, qui y prennent aussitôt une couleur rouge qui devient d'autant plus belle qu'on la lave davantage.

Le *pisseur d'Amérique* est encore de ce genre, et rend gros comme une noisette de cette belle pourpre; il faut y joindre le bois veiné, le fondu, la musique, le rocher triangulaire, le turban ou le casque, etc.

Le **BUCCIN**, *buccinum*, ainsi nommé parce que les anciens s'en servaient comme de trompette pour la guerre, ne diffère du genre de la pourpre que parce que sa coquille n'a qu'une échancrure à sa partie supérieure seulement, et que les yeux de l'animal sont placés à la base des cornes et non à leur milieu comme dans la pourpre.

Le *barnet du Sénégal,* qui casse sa coquille, est de ce genre.

Le grand *fuseau blanc*, la *mitre*, la *tour de babel*, la *tulipe*, le *minaret*, la *tiare*, la *grimace* sont aussi de ce genre.

La **CÉRITE**, confondue jusqu'ici avec les genres qui n'ont pas d'opercules, comprend le *clocher chinois*, le *popel* du Sénégal, dont la coquille se casse.

Le **VIGNOT** ou **BIGOURNEAU**, est un coquillage qui a les deux sexes séparés comme dans les pourpres, la coquille épaisse, l'opercule cartilagineux, et qui se mange cuit dans l'eau avec beaucoup de sel sur les côtes de la Bretagne. La *guignette* en est une espèce. En Hollande, où on l'appelle *aluk kruyk,* on l'estime d'autant plus qu'on la sale davantage.

Le VIVIPARE, autre genre de limaçon fluviatile de nos eaux douces de l'Europe, qui pond ses petits vivants et non en œufs, et dont la coquille est mince, verdâtre, avec un opercule cartilagineux, produit cinquante à cent petits vivants. Il ne se mange pas.

Le VERMET, *vermetus*, Ad., est un coquillage à opercule orbiculaire, cartilagineux, à deux cornes et deux filets, à deux yeux à la base des cornes, et dont le tuyau, qui se colle d'abord à tout ce qui le touche, est replié et contourné en différents sens. Tous les auteurs les ont confondus avec les pinceaux, qui ont des tuyaux à peu près semblables, mais reconnaissables à ce qu'ils ont une petite côte aiguë qui règne sur leur longueur, au lieu que ceux-ci sont exactement cylindriques et striés en long.

Le SABOT, *turbo*, a la coquille épaisse, nacrée au dedans, un opercule cartilagineux rond, quatre cornes et des filets sur les côtés de l'animal ; la *magriette* de Normandie, le *cadran*, la *friperie*, le *bouton* sont de ce genre.

La TOUPIE diffère du sabot en ce que 1° sa coquille n'est pas nacrée ; 2° son opercule n'est pas rond ; 3° l'animal n'a que deux cornes et aucun filet.

Le *marnat*, le *boson*, le *daki* et le *rifet* sont de ce genre.

Le BURGO diffère du sabot seulement en ce que son opercule, qui est aussi rond, est pierreux, très-épais, recouvert d'une lame cartilagineuse.

La *veuve*, ou le *lieon*, la *bouche d'or*, la *bouche d'argent*, la *peau de serpent*, le *toit chinois*, la *lampe antique*, le *paon*, le *dauphin*, le *dragon*, la *sorcière* en sont des espèces.

L'olearia, l'huilier des anciens, était assez grand pour contenir deux pintes ou quatre livres de liqueur ; ils en faisaient usage pour mettre de l'huile.

La nacre du burgau, appelée *burgaudine*, est très-épaisse et plus brillante que celle des perles ; les ouvriers en font des couteaux, des navettes, des tabatières et autres jolis ouvrages.

La NÉRITE, *nerita*, coquillage à quatre cornes, dont la coquille est hémisphérique, non nacrée, avec un opercule pierreux sans cartilage, qui approche plus que tout autre des conques par la manière dont son opercule est rapproché et joue dans une espèce de charnière, à peu près comme les deux valves ou battants des conques, mais sans aucun ligament. La forme de l'opercule, qui est toujours plat sans spirale, le différencie encore des conques bivalves.

La *guenotte ensanglantée*, la *pintade*, etc., sont de ce genre.

2ᵉ FAMILLE. LES CONQUES, *CONCHÆ*.

Les conques diffèrent des limaçons 1° en ce qu'ils ont au moins deux pièces de coquille en battants à peu près égaux, et unis étroitement ensemble avec un ligament et souvent avec une charnière dentée ; 2° deux muscles attachant les deux pièces de coquille, une à chaque bout ; ils n'ont ni yeux, ni cornes, ni mâchoires, mais seulement un manteau et un pied.

Le manteau est partagé en deux membranes quelquefois simples, quelquefois frangées ou bordées de filets qui recouvrent tout l'intérieur de la coquille, et qui opèrent tout son accroissement ; l'extrémité supérieure de ce manteau se rapproche ou est réunie pour former deux tuyaux simples ou bordés de filets, dont l'un sert à inspirer l'eau et la nourriture, et l'autre à l'expirer avec les excréments.

C'est au bas de ces tuyaux qu'est l'ouverture de la bouche, qui est placée entre quatre petites lames, ou caroncules en croissant; plus bas on voit quatre ouïes, deux de chaque côté, sous la forme de quatre grandes membranes pareillement en croissant, striées en travers; enfin le corps forme un ovale, et à son extrémité est le pied, qui sert non pas à ramper, parce qu'il n'a pas d'empatement, mais à fendre comme un couteau, ou à appuyer comme un point d'appui pour passer le corps en avant.

Tous ces animaux sont vivipares et hermaphrodites; ils contiennent deux ovaires et deux vésicules séminales, chacune ayant son canal.

Quelquefois, au-dessus du pied, on voit une filière, comme dans les jambonneaux, les noarches, etc.

Cette famille se divise naturellement en deux sections, savoir : 1° les *bivalves*, qui n'ont que deux pièces de coquille; 2° les *multivalves*, qui ont depuis trois jusqu'à sept pièces de coquille.

1re Section. LES CONQUES BIVALVES.

Les conques bivalves comprennent trente et un genres, dont les plus remarquables sont : le couteau ou coutelier, *solen*, la palourde, *peloris*, la chame, ou le lavignon, *chama*, le pétoncle, *petunculus*, la clonisse, *clonissa*, la telline, *tellina*, la moule, *mytulus*, la perlière, *margaritifera*, l'huître, *ostreum*, le spondyle, *spondylus*, l'anomie, *anomia*, la mussole, ou arche de Noé, le peigne, *pecten*, le jambonneau, *perna*.

Le COUTELIER, OU MANCHE DE COUTEAU, *solen, cannulichio* en Italie, *pivot* en Angleterre, a la coquille très-longue, à battants égaux, rapprochés en cylindre ou articulés par les deux bouts, le manteau fermé en tuyau, avec deux cylindres réunis à bords dentés.

Ce coquillage reste dans le sable, où il s'enfonce quelque-fois à deux pieds de profondeur ; il n'a pas d'autre mouvement progressif que d'y monter et d'y descendre.

Il se mange. Pour le tirer de son trou, on se sert d'une longue pointe de fer appelée *dardillon*, ou bien on jette après la retraite de la mer une pincée de sel dans son trou, et on le saisit dès qu'il sort.

La PALOURDE, *peloris*, a la coquille elliptique, béante par les deux bouts, le manteau ouvert en deux membranes, et deux tuyaux frangés au bout, enfoncés de deux à trois pouces dans la vase. Son ligament est placé hors la coquille.

On en mange beaucoup en Provence et en Poitou.

La CHAME, *chama*, a la coquille ovoïde ou ronde avec une petite ouverture, ou béante, d'où lui vient son nom de *chama*. Les filets de ses deux tuyaux sont simples.

Elle vit, comme la palonide, enfoncée dans le sable.

On la mange de même.

La *tricotée,* ou la *corbeille,* la *chagrinée,* la *vieille ridée,* la *calcinelle,* l'*écriture arabique* ou *chinoise,* le *zigzag,* etc., sont de ce genre ; la *flammette,* la *poivrée, piperata* en Italie, se mange à cause de son goût de poivre.

Le LAVIGNON, *hiatula,* ne diffère de la chame qu'en ce que sa coquille a un pli ou une côte sur un des côtés.

Le PÉTONCLE, *petunculus,* a la coquille béante, arrondie, mais plus renflée que celle de la chame, et quatre dents au lieu de deux à la charnière de chaque battant. En fermant sa coquille avec vitesse, il se fait reculer de cinq à six pouces et remonter à la surface de l'eau.

Il se mange.

La CLONISSE, *clonissa,* Massill., et par corruption *clovisse,* diffère de la chame en ce que sa coquille ferme exactement partout, et que chaque battant a trois ou quatre dents contiguës.

Sa chair se mange cuite sous les cendres au Sénégal; elle est saine, délicate et de bon goût.

La TELLINE, ou TENILLE, *flion,* Normandie, diffère de la clonisse en ce que sa coquille est triangulaire, et que son ligament est en partie dans la coquille et en partie au-dessous du sommet.

L'*épaulée,* la *volselle citrine,* la *langue de chat* ou la *rude* sont de ce genre.

Elle vit dans le sable et se mange.

La MOULE, *mytulus,* est un coquillage d'eau douce à coquille ovoïde, nacrée intérieurement, à ligament placé extérieurement au-dessus du sommet, à une à deux grosses dents ridées, fermant la charnière de chaque battant; à manteau bordé de filets et rapproché au bout supérieur pour former deux trachées bordées de filets.

La grande moule d'étang produit souvent des perles grosses de une à deux lignes.

Celle de rivière s'incruste dans la Seine et dans la Marne, et forme des géodes.

La PERLIÈRE ou la MÈRE PERLE, *margaritifera,* diffère de la moule en ce qu'elle est lenticulaire ou triangulaire; elle est attachée aux rochers par des fils, comme le peigne, à huit ou dix toises de profondeur.

On sait que les perles les plus belles et les plus rondes se forment dans le manteau de l'animal, qui abonde en cette matière de nacre, et qui, étant vicié ou piqué, en fait des dépôts plus ou moins gros qui sont autant de perles. Celles qui sont formées dans la coquille même y sont déposées également par le manteau, qui y laisse épancher ses sucs en forme de loupes ou de coques plus ou moins grosses, au lieu que quand il se porte bien les couches en sont régulières.

La mère perle ne se trouve que dans les Indes, surtout

dans le golfe Persique, autour de l'île Barhen, sur la côte de l'Arabie Heureuse, près de la ville de Carifa, sur celle du Japon et autour de Ceylan.

On pêche aussi des perles dans le golfe du Mexique, dans la Méditerranée et sur nos côtes de l'Europe, mais elles sont inférieures en grandeur et en beauté, et elles appartiennent à d'autres genres de coquillages, et l'on sait que toutes les coquilles nacrées en donnent, comme le manteau, la pintade grise, l'hirondelle, la moule, etc.

La pêche des perlières se fait, aux Indes, par des hommes accoutumés dès leur jeunesse à plonger et à retenir leur haleine pendant un quart d'heure. On les descend au moyen d'une corde à cinquante ou soixante pieds de profondeur dans un panier lesté avec une pierre pesant trente livres. Ils détachent les perlières avec un morceau de fer, et quand la corbeille est remplie, ils font un signal pour qu'on les retire. Ces plongeurs, quoiqu'ils voient aussi clair qu'à terre dans ces fonds de mer, risquent cependant beaucoup d'être dévorés par les requins, ou d'être blessés en s'accrochant contre les rochers.

Au reste, dès que les perlières sont tirées de la mer, on les étale au soleil qui les fait ouvrir sans les endommager. Il y en a beaucoup qui ne contiennent pas de perles, et on a remarqué qu'elles sont plus abondantes dans les années pluvieuses. Lorsqu'on laisse trop longtemps ces coquillages pourrir au soleil, les perles y prennent souvent une couleur jaunâtre qui les gâte.

Les plus grosses perles qu'on ait encore vues sont de la forme d'un œuf de pigeon. Elles sont estimées proportionnellement à leur grosseur ; les plus petites, appelées *semences de perles*, ne servent qu'en médecine.

Les perles s'amollissent dans les acides et l'eau chaude, et se réduisent en craie comme talqueuse lorsqu'elles restent longtemps enfouies sous terre. On fait avec le nacre des cuillers, des couteaux, des navettes, des jetons.

L'ʜᴜîᴛʀᴇ, *ostreum,* Plin., ainsi que le spondyle paraît approcher des limaçons operculés, surtout de la nérite, plus que tout autre genre de la famille des conques par son battant supérieur qui est aplati, plus petit que le battant inférieur ; son ligament est carré et placé dans le talon même de la coquille. Les deux lames du manteau sont bordées de filets et ne forment aucune sorte de tuyau. Sa valve inférieure est toujours collée et unie aux rochers, aux bois ou autres corps sur lesquels il pose.

Il y en a plus de quinze espèces parmi lesquelles les plus remarquables sont *l'huître commune,* *l'huître d'arbre* ou la *feuille,* la *crête de coq,* la *belle polonaise.*

L'huître commune est très-commune dans les mers de l'Océan, où on en pêche tous les ans, sans que leur nombre paraisse en diminuer, sur les rochers, d'où on les détache, surtout à Dieppe, à Cancale et à Grandcamp, près de Saint-Malo.

C'est vers la fin d'avril ou au commencement de mai que l'huître fraie, c'est-à-dire qu'elle jette ses petits vivants au nombre de cent à deux cents ; ils ne ressemblent d'abord qu'à une glaire lenticulaire qui se colle aux rochers, sur d'autres coquilles, sur du bois ou sur tout autre corps et qui se recouvre d'une coquille dès le troisième jour.

Dans le temps du frai elles sont maigres, malades et peu propres à être mangées jusqu'au mois d'août et de septembre, où elles ont repris tout leur embonpoint. Quoique l'on dise communément qu'il leur faut deux ou trois ans pour parvenir à toute leur grandeur, néanmoins il est probable qu'elles parviennent en quatre mois de temps, c'est-à-dire depuis mai jusqu'en septembre, à la grandeur que nous leur voyons de deux ou trois pouces, puisqu'en les pêchant tous les ans dans les mêmes lieux, on n'en trouve pas beaucoup de plus petites.

Pour les rendre vertes, il suffit de les faire parquer cinq ou six jours ou même jusqu'à deux mois dans des fosses abondant en plantes marines, comme on fait à Dieppe et en Angleterre, ou seulement sur la plage, que la mer abandonne et recouvre successivement, comme on le pratique à Granville, à l'égard des huîtres qu'on va pêcher à sept lieues de là, aux rochers de Cancale et de Grandcamp. Ces huîtres vertes sont plus estimées que celles qui se mangent fraîchement cueillies sur lerocher. On les recueille à la drague, qui est un couteau de fer attaché par trois branches et un anneau à une corde.

Dans la Méditerranée, dans le Bosphore de Thrace aux environs de Constantinople, les Grecs sèment tous les ans des huîtres dans le mois d'avril en jetant à la pelle à la mer celles dont ils ont chargé plusieurs navires ; ils en recueillent l'année suivante beaucoup dans ces endroits.

L'huître d'arbre ou la *feuille des tropiques*, croît de même, mais seulement sur les racines des mangliers, qui en sont quelquefois si couvertes qu'une seule racine à deux ou trois branches fait la charge d'un homme ; lorsque la mer baisse plus que d'ordinaire, suivant les vents, on les voit au-dessus de l'eau, et c'est ce qui a donné lieu à la fable des voyageurs qui ont voulu persuader qu'au Sénégal et dans d'autres lieux les huîtres perchaient sur les arbres. La rivière de Gambie fournit beaucoup de ces huîtres, et on en voyait encore, il n'y a pas trente ans, dans des marigots du Niger, où leurs dépouilles annuelles, pendant plusieurs siècles, ont formé des bancs de plus de six pieds de profondeur sur une lieue de longueur et cinquante à soixante toises de largeur qui indiquent le lieu où étaient autrefois ces marigots avant d'être comblés par ces huîtres.

Les hommes ont toujours regardé l'huître comme le meilleur des coquillages. Les anciens Romains faisaient l'éloge de celles de Circé, des Dardanelles, du lac Lucrin de Venise, et Apicius savait si bien les conserver, qu'il en envoyait d'Italie en Perse à l'empereur Trajan, qui les recevait aussi fraîches qu'au jour de leur pêche.

Celles d'Angleterre passent pour les meilleures de l'Europe ; les moyennes, et celles qui croissent près des eaux douces, sont les plus délicates. Toutes celles qui se débitent à Paris ont été pêchées à Cancale et apportées par Granville.

Le SPONDYLE, *spondylus*, ne diffère presque de l'huître qu'en ce que ses battants ont chacun deux trous et deux cavités qui lui font une charnière.

C'est de ce genre que sont toutes les espèces appelées *huîtres épineuses*, et les *gaideropes* ou pieds d'âne.

L'espèce appelée *concha citrata*, est un absorbant qui se donne comme l'huître ordinaire.

L'ANOMIE ou la TÉRÉBRATULE, *anomia*, le coq, la poulette a le sommet d'une de ses valves percé d'un trou par lequel passe un nerf qui la tient attachée aux rochers.

On en connaît à peine cinq ou six espèces vivantes dont quelques-unes sont comme cloisonnées, pendant que l'on en trouve plus de cinquante espèces fossiles.

La MUSSOLLE ou l'ARCHE DE NOÉ, *noarca*, forme un genre de coquille qui se reconnaît à ce que les battants sont égaux, plus larges que longs, avec une charnière fermée par quarante ou cent cinquante dents et à ce qu'elle s'attache aux rochers par un byssus qui sort par une échancrure au-devant de ses battants.

Le PAGAN ou BUCARDE, COEUR DE BOEUF, *bucardium*, ne diffère de la mussole qu'en ce que sa coquille est sphéroïde et moins ouverte.

De ce genre est le *cœur triangulaire* ou à *à réseau,* la *sœur de Vénus,* le *cœur en bateau,* la *fraise.*

Le STENKA ou le CHOU, le BÉNITIER, la FAITIÈRE, la CORBEILLE, diffèrent des deux genres précédents en ce que 1° leur coquille n'a point de dents à la charnière ; 2° elle a une ouverture au-dessous du sommet par où passe un cartilage qui les attache aux rochers.

Ces espèces viennent des Indes, surtout des îles de France et de Madagascar.

Le PEIGNE, *pecten,* Plin., le manteau ducal, la râpe, la ratissoire, sont autant d'espèces d'un genre de coquillage qui se reconnaît à ses deux coquilles égales, convexes, lenticulaires, à deux oreilles près du sommet, à charnière sans dents, avec un ligament caché au dedans. Près des oreilles en dessous passe un byssus de fils qui l'attachent verticalement aux rochers.

Se mange cru et cuit, est fort recherché.

Ces coquillages sont ordinairement du plus beau rouge.

L'AILÉE, *myactis,* diffère du peigne en ce que sa coquille est nacrée, et qu'elle a le ligament hors la coquille et une dent longue à la charnière.

L'ailée arrondie du Sénégal et des Indes, l'ailée pointue de la Méditerranée, ou l'hirondelle, sont de ce genre.

Le JAMBONNEAU, *pinne marine, perna,* Pline, la *moucle,* ou moule de mer, *musculus,* la *moule bleue du Languedoc,* la *moule d'Alger,* agate et vineuse, la *moule des Papous,* violette et rose ; la *moule du détroit de Magellan,* nacrée, violette et aurore ; la *gueule de souris,* grise, tachée de violet, à bord rose, forment un genre de conque qui se reconnaît à ses deux battants allongés, ovoïdes, nacrés, à sommet placé à un des bouts, à charnière d'une ou deux dents contiguës, et à son byssus qui sort du dessus du pied entre les deux battants qui s'entr'ouvrent par-devant.

Toutes ces espèces sont attachées au fond de la mer par leur byssus.

La *moule, musculus,* se mange cuite, mais elle est laxative et de mauvais suc.

Nos côtes occidentales de l'Europe en sont couvertes par bancs.

Autour de la Rochelle on les multiplie dans des parcs appelés *bouchots,* formés de clayonnages assujettis à des pieux et des perches entrelacés, auxquels on en attache quelques-unes qui y déposent leur frai; il ne faut qu'un an pour peupler ainsi un bouchot. Il suffit d'en laisser un dixième pour la repeupler également tous les ans.

Comme les chenilles et les araignées sont les fileuses de la terre, de même les moules sont les fileuses de la mer. Leur jambe où leur pied est semblable à une langue qu'elles peuvent allonger de deux pouces et qui forme au-dessus une rainure ou un sillon, le long duquel elle font couler une goutte de liqueur qui en coulant sur les pierres s'y attache.

Ce coquillage détaché du rocher ou du pieu y rejette et porte avec son pied la matière mucilagineuse qui forme ses fils, selon les expériences de Réaumur; mais quelques modernes ont avancé que ce fait était faux, que la moule, une fois détachée, ne filait plus.

Le *byssus,* ou la *pinne marine,* le jambonneau de la Méditerranée, la nacre de perle de Provence a jusqu'à deux pieds de longueur, se pêche principalement en Corse pour en filer le byssus, ou ces fils qui les attachent aux rochers. Ce byssus, appelé *poil de nacre* en Corse, est aussi fin et plus fort que la plus belle soie, et d'une couleur rousse. Aussi rien n'égale la délicatesse des ouvrages qu'on fait avec lui à Palerme et à Tarente, où nombre de manufactures sont occupées de ce seul objet. En 1754, on présenta au pape une paire de bas de cette soie qui garantissait également les jambes du chaud et du froid, malgré leur finesse, qui était telle qu'une petite tabatière leur servait d'étui.

Le jambonneau du Sénégal, qui n'a guère que neuf pouces de longueur, se mange et est très-bon; les nègres le pêchent autour de Gorée en plongeant à sept ou huit brasses de profondeur.

2ᵉ Section. CONQUES MULTIVALVES.

Cette section contient sept genres, dont les plus singuliers sont la *pholade*, le *taret* et le *dail*.

La PHOLADE, *pholas*, n'a que trois valves à sa coquille, dont une dorsale et les deux autres béantes aux deux bouts; le manteau forme un tuyau percé aux deux bouts, dont l'inférieur laisse passer le pied et le supérieur est partagé en deux trachées.

Ce coquillage vit dans la glaise, ou pierre très-tendre des côtes de l'Océan, où il est enfoncé une fois plus que sa coquille n'est longue; il perce le trou par le mouvement continuel de ses deux grands battants, qui sont striés comme une lime, et à l'aide de son pied, et quand il y est une fois entré c'est pour n'en plus sortir.

On connaît cinq ou six espèces de ce genre.

Le TARET, *teredo*, ver rongeur des bois, comprend plus de quinze espèces, dont l'une très-commune sur les bords de l'Océan; les autres sont des mers des tropiques.

Toutes ont cinq valves, ou cinq pièces de coquille, dont une en tuyau ouvert aux deux bouts et qui enveloppe toutes les autres; deux de ces valves, qui tiennent lieu des deux battants de la pholade, et striés de même en lime, sont au bas de ce tuyau, et deux en palettes sont à l'extrémité opposée; le corps de l'animal est semblable à celui de la pholade, à l'exception du manteau qui ne sort pas hors de la coquille, et qui y est à couvert par les deux palettes.

Cet animal, pondu ou frayé sur le bois, s'y attache, le perce, y pénètre pour s'y loger au moyen de ses deux battants en lime, qui, par leur mouvement continuel de systole et de diastole, l'usent à peu près, comme le frottement du doigt répété sur les bénitiers les use à la longue. Ainsi logé dans une pièce de bois il n'en sort plus.

Il ne perce que les bois morts.

Les racines des mangliers du Sénégal en sont remplies.

Celui des côtes de l'Océan est si multiplié dans les bois des digues de la Hollande qu'il y fait des ravages étonnants. On parviendrait sans doute à en garantir ces bois en les enduisant d'un goudron soufré, comme on goudronne la carène des vaisseaux.

Le DAIL, *dactylus*, n'a que trois valves comme la pholade, mais les deux grandes valves se forment exactement. Elles sont nacrées intérieurement.

On en connaît plusieurs espèces.

Toutes vivent dans la substance des pierres les plus dures, comme les marbres, les coquillages; leur façon de se loger, de miner la pierre est la même que celle de la pholade et du taret, par le mouvement continuel de ses battants, qui sont striés en lime.

Le dail, ou la datte des rochers de la Méditerranée est si commun dans les marbres des côtes de la Provence qu'on les casse pour les manger. Leur eau est très-lumineuse dans l'obscurité tant qu'ils sont vivants; de sorte qu'en les mangeant la nuit la bouche paraît tout en feu; mais cette propriété se perd dès qu'ils sont morts.

Dans la prochaine séance, nous compléterons l'histoire des animaux par l'étude des *poulpes*, des *téthyes*, des *méduses*, des *monotubes*, des *hydres*, des *ramistoles*, et des *organiques*, qui sont les animaux les plus voisins des plantes.

VINGTIÈME SÉANCE.

Xᵉ, XIᵉ, XIIᵉ, XIIIᵉ CLASSES.

LES VERS PIERREUX, LES LAPILLÉES, LES HYDRES ET LES ORGANIQUES.

Nous allons examiner maintenant les quatre classes qui restent pour finir l'histoire complète du règne animal, savoir :

10ᵉ CLASSE : Les POULPES, qui se sous-divisent en quatre sous-classes, savoir :
1° Les POULPES proprement dits.
2° Les TETHYES.
3° Les MÉDUSES, qui comprennent ce qu'on appelle improprement les polypes.
4° Les MONOTUBES.

11ᵉ CLASSE : Les LAPILLÉES, comprenant les oursins et les étoiles.

12ᵉ CLASSE : Les HYDRES, animaux à plusieurs têtes, qui comprennent les ÉPONGES, les CORAUX, les LYTHOPHYTES, les MADRÉPORES, etc.

13ᵉ CLASSE : Les ORGANIQUES OU ANIMALCULES.

Xᵉ CLASSE. LES POULPES.

1ʳᵉ SOUS-CLASSE. LES POULPES OU LIMAS.

Les animaux de cette classe ont le corps mou, avec une pièce de coquille pierreuse ou cartilagineuse contenue dans son intérieur. Ils sont ovipares.

On peut les distinguer en deux familles, savoir : 1° celle des polypes, qui n'ont pas de pieds ou d'empattement pour marcher ; 2° celle des limas, dont le corps a un empattement et tous les autres attributs des limaçons, à l'exception d'une coquille extérieure.

1re Famille. LES POULPES, *POLYPI*.

Cette famille comprend trois genres, savoir :

1° Le POLYPE (poulpe).　　　3° Le CALMAR, *loligo*.
2° La SÈCHE.

Le POLYPE, *polypus* ou *poulpe*, *pulpo*, en Italie, est un animal qui a les yeux et la bouche des animaux parfaits et le corps des vers, c'est-à-dire un ventre sphérique semblable à une poche ouverte sous le cou seulement, et la bouche armée de deux mâchoires verticales cartilagineuses de perroquet, couronnée par huit filets rayonnants d'égale longueur et garnis de suçoirs ; il a de chaque côté onze paires d'ouïes en feuilles, et sous le foie une bouteille de fiel rougeâtre dont l'ouverture se rend, comme celle de l'anus, à l'ouverture commune qui est sous le cou.

Sa grandeur ordinaire est de trois pouces à trois pieds de longueur.

Il est commun dans toutes les mers de l'Océan, de la Méditerranée et des tropiques.

Il vit de crustacés, tels que les écrevisses, les langoustes, les crabes et de poissons dont il mange les chairs ; il les enveloppe d'abord avec ses huit bras dont les suçoirs les retiennent et s'y attachent jusqu'à ce qu'il les ait suffisamment rongés ; il se cramponne aussi sur les amorces et sur les hommes qui font naufrage.

Le mâle ne diffère de la femelle qu'en ce qu'il a la tête plus allongée. Ils s'accouplent pendant l'hiver (en s'embrassant mutuellement ventre à ventre).

La femelle qui n'a qu'un ovaire jette son frai ou sa grappe d'œufs au printemps, non pas par la bouche, comme le disent quelques écrivains, mais par l'ouverture qu'elle a au-dessous du cou.

Les petits en éclosent le cinquantième jour.

La chair de cet animal est dure et difficile à digérer. Néanmoins les anciens Grecs en servaient sur leurs tables et en faisaient des présents. On la mortifiait en la battant avec un bâton, et on les aimait mieux bouillis que rôtis. La tête passait pour le meilleur morceau.

C'est à la honte des écrivains modernes que nous citons ici le prétendu *polype*, qu'ils appellent *kraken*, et qu'ils disent habiter les mers du Nord et avoir le corps long d'une demi-lieue.

La SÈCHE, *sepia*, le *boufron*, appelé improprement *ver poisson*, ou *insecte poisson*, ne diffère du polype qu'en ce qu'il a dix bras ou filets, dont deux plus longs que les autres ornés de suçoirs, seulement à leur extrémité, et un os elliptique presque aussi grand que le corps placé intérieurement le long du dos. Cet os est si léger qu'il flotte sur l'eau ; il est formé, comme les coquilles, par couches ou par feuillets cartilagineux surajoutés les uns aux autres à la partie inférieure dont les extrémités forment en dessus comme dans les coquilles une croûte dure d'écailles membraneuses, et chaque couche consiste en un nombre infini de tuyaux verticaux de matière crétacée qui est collée aux ramifications du cartilage, qui part du pédicule pour se diviser et s'étendre jusqu'à ses bords.

Cet animal a deux à trois pieds de longueur ; il a deux estomacs comme le polype et une vésicule du fiel pleine d'une liqueur noire comme de l'encre, qu'il répand pour troubler l'eau quand il veut prendre les poissons ou se cacher à ses ennemis, tels que les loups marins et autres poissons qui en sont très-friands.

Il ne faut qu'une très-petite quantité de cette liqueur pour troubler l'eau suffisamment. On prétend que lorsque la sèche en est épuisée elle meurt bientôt après ; cette liqueur étant desséchée ressemble à un charbon et se réduit en une poussière impalpable et plus fine que celle du carmin.

Le mâle a la partie postérieure du corps plus pointue, son testicule est rempli de petits tuyaux cylindriques très-longs qui contiennent un corps cylindrique qui en sort élastiquement.

Quelques écrivains disent que la sèche s'accouple ventre à ventre. D'autres disent que la femelle pond au printemps, à diverses reprises, de quinze jours en quinze jours, ses œufs; que le mâle la suit à la piste pour répandre sa laite sur ces œufs, qui sont d'abord blancs et semblables à de petits grains de raisin, mais qui noircissent et grossissent dès qu'il a versé de son encre dessus.

Il y a dans tout ce récit nombre d'erreurs; d'abord la ponte de ces œufs ne se fait qu'en juillet et août, selon M. Boadsch. Les œufs ou l'ovaire sont pondus tout à la fois. Ils forment un amas sphérique de cent à six cents chatons portant chacun environ soixante-dix œufs qui lui sont attachés, et dont la somme totale est de quatre mille environ. Ils ne sont guère plus gros qu'un grain de groseille au moment de la ponte, mais peu après ils grossissent dans l'eau comme les œufs de la grenouille et égalent les grains de raisin, c'est ce qu'on appelle un *raisin de sèche*, alors la petite sèche en rompt la peau membraneuse pour sortir. Ce sont les attaches ou les axes des chatons d'œufs que Redi dit avoir longs de quatre à cinq travers de doigt et qui, tirés hors de l'eau, ont un mouvement presqu'insensible.

La sèche est un animal répandu dans toutes les mers du monde. Elle fréquente les rivages où elle séjourne soit entre les rochers, soit en faisant des trous dans le sable.

On les voit souvent deux à deux l'été, et le mâle quitte rarement sa femelle alors; il court à son secours quand elle est blessée, mais elle ne fait pas de même hors du temps des amours, elle l'abandonne en pareille circonstance.

La sèche peut vivre une vingtaine d'années.

Cet animal, malgré sa figure hideuse, malgré la dureté et le peu de goût de sa chair, se mange dans tous les ports de mer.

Elle est meilleure rôtie que bouillie, surtout lorsqu'elle est pleine comme en janvier, février, mars. Selon quelques écrivains, on sale les plus grandes pour les transporter. La meilleure manière de les manger consiste à les attendrir d'abord dans de l'eau salée mêlée de chaux vive ou de cendres gravalées, après quoi on les fait bouillir dans l'eau, puis on les coupe par tranches pour les fricasser avec du beurre, du persil, de la ciboule, de l'oignon, du poivre, ajoutant sur la fin quelques gouttes de vinaigre.

Sa liqueur noire est laxative, ses œufs sont diurétiques ainsi que son os.

L'os de sèche est appelé *biscuit de mer* par les oiseliers, parce qu'ils le donnent aux petits oiseaux qui s'en servent moins pour manger que pour s'user le bec dont le trop grand accroissement les gêne. Comme la partie spongieuse de cet os reçoit aisément l'empreinte des métaux, les orfévres s'en servent beaucoup pour faire leurs moules de cuillers, de fourchettes, de bagues et autres petits ouvrages.

Le suc noir de la sèche produit, selon Swammerdam, sur les étoffes, des taches ineffaçables. Les Romains s'en servaient pour écrire, au rapport de Juvénal ; et Herman prétend que les Chinois le mêlent avec un bouillon mucilagineux de riz ou d'autres légumes pour l'épaissir et en former la composition qui se transporte dans le reste de l'univers sous le nom d'*encre de la Chine*.

La médecine emploie son os comme absorbant et astringent pour la gonorrhée, les flueurs blanches et les fièvres intermittentes.

Le CALMAR, *calamarius*, ou le CORNET, *loligo*, ainsi nommé à cause du rapport qu'il a avec une écritoire, et par sa forme et par son os en plume et par l'encre rougeâtre qu'il répand, ne diffère de la sèche qu'en ce qu'il a le corps plus allongé, comme cylindrique et orné de deux ailerons avec lesquels il vole, c'est-à-dire s'élance quelquefois au-dessus des eaux, et en ce que son os dorsal est cartilagineux, très-étroit.

On le trouve, de même que la sèche et le polype, dans toutes les mers, mais il s'éloigne davantage des côtes; on le voit souvent par troupes; il a deux à trois pieds de longueur.

Le mâle n'a qu'un conduit en dedans; les femelles en ont deux à la vésicule de la liqueur noire.

Tous deux s'accouplent comme la sèche et le polype.

La femelle fraie en octobre et pond sa grappe d'œufs sur les plantes marines. Cette grappe diffère de celle de la sèche en ce qu'elle est simple et qu'elle ne consiste qu'en une soixantaine d'œufs qui, lorsqu'ils sont parvenus à leur grosseur, sont grands de près d'un pouce, avec une petite pointe en crochet à l'extrémité supérieure, et formée de deux peaux noirâtres assez dures.

Lorsque le calmar est poursuivi par les poissons il jette, comme la sèche, sa liqueur pour se couvrir d'un nuage épais. Mais ce moyen lui réussit difficilement; quand il est en pleine eau et poursuivi par des poissons fort vifs, alors il s'élance au-dessus de l'eau comme le poisson-volant, pour les éviter en volant comme un trait; c'est ce qui a fait comparer à cet animal les hommes qui s'enveloppent d'un manteau ou d'un voile épais pour manœuvrer sourdement, et qui, au moment où ils doivent être punis, trouvent tout à coup des ailes qui les sauvent.

Quoique le calmar soit un peu moins mauvais à manger que la sèche, néanmoins on le recherche dans quelques endroits. Les Athéniens en faisaient si peu de cas que quand ils voulaient dire d'un homme qu'il était pauvre, ils disaient qu'il n'avait pas le moyen d'acheter du calmar.

2ᵉ Famille. LES LIMAS, *LIMACES*.

Les animaux de cette famille ont, comme nous l'avons dit, sur le corps un pied ou empattement qui leur sert à ramper, et sur le côté droit une ouverture qui sert de passage à la respiration, aux excréments et à la liqueur noire de ceux qui en ont.

J'en connais six genres, dont les plus remarquables sont :

1º Le lièvre de mer ;   2º La limace.

Le lièvre de mer ou le gornat, *gornellus,* Ald., *gornatus,* Rondelet, est un animal assez semblable à une limace, d'un à deux pieds de longueur, qui a deux cornes coniques comme certains limaçons, et deux yeux au-devant; il a neuf ouïes, une vésicule à liqueur rouge violette, le pylore ou le fond de l'estomac pavé de douze os durs et pointus, distribués sur trois rangs. La partie postérieure de leur dos porte intérieurement un os semblable à un cartilage orbiculaire. La femelle n'a qu'un ovaire, et le mâle, pendant l'accouplement, fait sortir d'un petit trou qui est ouvert à l'origine de sa corne droite, sa partie mâle, qui est conique, composée d'un grand nombre de petits osselets semblables à de l'ivoire et liés ensemble par un filet.

J'en connais plus de dix espèces, dont les unes sont vertes, les autres cendrées, d'autres violettes.

Toutes vivent sur les côtes maritimes, entre les rochers couverts de plantes marines.

Lorsqu'on les touche elles répandent une liqueur violette qui les cache dans les eaux; il semble même que tout leur corps se fond et se réduit en cette liqueur quand on les presse dans la main, au point qu'on a toutes les peines du monde à en retirer l'eau claire en les lavant aussi pendant deux ou trois heures.

On mange cet animal en nombre d'endroits, mais il est encore inférieur à la sèche.

La LIMACE, *limax*, forme un genre d'animal qui ne diffère de celui du limaçon qu'en ce que son corps est nu, sans aucune coquille extérieure ; il a intérieurement deux coquilles cachées l'une sous le manteau, l'autre dans la tête. Son accouplement se fait de même, mais les deux parties sexuelles masculines sont pendantes hors du corps et roulées en spirale l'une autour de l'autre.

On connaît trois espèces de limaces, savoir :

1º La grande limace jaune rougeâtre des prés ;
2º La grande loche cendrée des caves ;
3º La petite loche blanche des jardins ou la licoche.

Toutes vivent de feuilles de plantes.

La limace vit encore quelque temps quoique coupée par morceaux. Lorsqu'on la saupoudre avec du sel, du sucre ou du nitre, elle suinte de tous ses pores une grande quantité de mucilage.

Les charlatans vantent beaucoup la pierre de limace, mais elle n'a qu'une vertu absorbante comme la pierre à chaux.

2ᵉ Sous-classe. LES TETHYES, *TETHYÆ*.

Les animaux de cette classe ont le corps mou, creux intérieurement, et semblable à une vessie à deux ouvertures, dont une supérieure plus grande inspire l'eau et sert de bouche, pendant que l'inférieure, plus petite, sert d'anus ou de passage aux excréments ; ils sont fixés au fond de la mer, ils ressemblent assez à la structure des conques dont le manteau est d'une seule pièce à deux ouvertures. On peut les partager en cinq genres, qui comprennent plus de trente espèces, parmi lesquelles on place communément : *l'orange de mer*, la *grenade de mer*, la *pomme de mer*, la *poire de mer*, la *figue de mer*, le *champignon de mer*.

C'est bien à tort qu'on dit que ces animaux ressemblent aux plantes par la simplicité de leur structure, de leur mécanisme, et qu'on leur donne le nom de *zoophytes ;* leur organisation n'a rien d'analogue à celle du végétal, elle ressemble à celle des autres animaux de leur ordre.

3ᵉ Sous-classe. LES MÉDUSES , *MEDUSÆ.*

Ce nom exprime assez bien le caractère des animaux de cette famille, qui ont la tête couronnée de plusieurs filets qui les rendent comme chevelus, ou imitant la tête de la Méduse.

Cette classe comprend trois familles, savoir :

1º Les MÉDUSES proprement dites ou les POLYPES , *medusæ,* à corps membraneux;

2º Les VELETTES , *velettæ ,* à corps flottant;

3º Les HOLOTHURIES, *holoturiæ ,* à corps fixe dans le sable.

1ʳᵉ Famille. LES MÉDUSES, *MEDUSÆ.*

Cette famille comprend quatre genres dont la *méduse,* ou le *posterol*, et le *polype d'eau douce* sont les plus remarquables.

La MÉDUSE, le POSTEROL, le CUL D'ANE, le CHAMPIGNON DE MER, l'ANÉMONE DE MER, ainsi nommée à cause de sa forme, présente plus de dix espèces.

Il y en a de vertes, de rouges, de brunes.

II.   44

Ces animaux ont dans leur repos la forme d'un hémi-sphère qui s'attache par sa base aux rochers et qui marche rarement. A son extrémité supérieure, on voit une ouver-ture ronde, mais de forme variable, qui est couronnée par quarante à deux cents filets coniques disposés sur deux ou trois rangs, et susceptibles de s'allonger autant que le corps; c'est au moyen de ces filets que l'animal marche, c'est-à-dire change de place, en se renversant sur eux et en se roulant.

L'ouverture qui répond au centre de réunion de ces filets est la seule qu'ait le corps de l'animal ; elle lui sert de bouche et d'anus.

C'est par elle qu'il prend sa nourriture : ce sont des fragments de plantes marines et de petits coquillages, dont il rejette ensuite la coquille par la même ouverture.

Cet animal est hermaphrodite et vivipare ; en le pressant, on fait sortir de sa bouche des petits de diverses grosseurs.

Le POLYPE D'EAU DOUCE, ainsi nommé par M. Trembley à cause des cornes qui en couronnent le corps à la manière du polype de mer, est cet animal qui paraît si extraordinaire par la faculté qu'il a de pouvoir être multiplié, pour ainsi dire, de boutures, et de former autant d'animaux parfaits qu'on fait de portions de son corps. On n'en connaît encore que trois espèces, qui sont :

1º Le polype vert;   3º Le polype brun à longs bras.
2º Le polype brun rougeâtre ;

Le *polype vert* est le plus petit des trois; il n'a guère qu'une demi-ligne de longueur quand il est contracté, et cinq à six lignes étant étendu. Le *polype brun rougeâtre* a une ligne étant contracté, et douze à dix-huit lignes étant allongé ; ses bras ont jusqu'à huit pouces, au lieu que les autres les ont toujours plus courts que le corps.

Ces trois espèces ont toutes la même structure, les mêmes mœurs, les mêmes façons de vivre.

Leur corps représente un tuyau conique lorsqu'il est contracté, et cylindrique quand il s'allonge, percé d'un seul trou par-dessus, qui sert de bouche et d'anus, et qui est couronné par quatre à vingt filets au plus, susceptibles, comme lui, de contraction et de dilatation. Sa base a la facilité de faire l'effet d'une ventouse, de sorte que c'est par son moyen qu'il s'attache ordinairement pendant sous les feuilles des plantes, surtout sous la lentille de marais, dans les eaux tranquilles.

Sa substance est composée entièrement de petits grains contigus quand il est contracté, et très-écartés les uns des autres, surtout dans les bras, quand ils sont extrêmement allongés; et il paraît que ces grains opèrent seuls la viscosité qui les attache aux divers corps qu'ils touchent.

Le polype vit au moins deux ans.

Sa marche s'exécute, comme celle de la sangsue, en arpentant le terrain, c'est-à-dire en étendant son corps placé sur son pied, puis en ramenant ce pied vers la tête, le corps étant plié en anneau.

Tous les petits animaux, surtout les monades, les mille pieds à dard, les vers et nymphes, des gardons même de trois à quatre lignes de longueur leur servent de nourriture; ils les prennent avec leurs bras et les approchent de leur bouche. Les parties solides des aliments, comme les coquilles, sortent par le même trou qui leur sert et de bouche et d'anus.

Les polypes sont des animaux sans sexe, et tous féconds sans aucune copulation. Ils multiplient de trois manières : 1° par œufs; 2° par rejetons ou bourgeons; 3° par sections naturelles ou artificielles.

1° Leurs œufs sortent non pas par la bouche, mais par la surface de leur corps, à laquelle ils sont attachés.

2° La manière la plus ordinaire de se reproduire de ces animaux est par bourgeons. Chaque polype en peut produire vingt par chaque mois d'été; voici comment il peut produire dès le quatrième ou cinquième jour de sa naissance : le premier qu'il produit en donne un deuxième quatre ou cinq jours après, c'est-à-dire le dixième jour, et un troisième pareil de cinq en cinq jours; six ou sept petits sortent de même de divers endroits de son corps et se ramifient de même. Ces petits ont d'abord le bout inférieur de leur corps ouvert en tuyau dans celui de leur mère, et mangent comme elle, de sorte que la nourriture leur devient commune. Ce n'est qu'au bout de quatre à cinq jours que la communication se bouche et que le petit se sépare par un étranglement, et tombe comme un bourgeon ou un cayeu se sépare de la plante pour en produire à son tour d'autres cayeux ou bourgeons.

3° Il arrive très-rarement, et tout au plus une fois tous les trois mois aux polypes, de se partager naturellement tantôt par le milieu, tantôt plus ou moins près de l'une ou l'autre de ces extrémités, ce qui s'opère par un rétrécissement, puis par un mouvement qui opère la séparation entière. Ce n'est qu'après le vingtième jour, en été, que la partie coupée a réparé tout ce qui lui manquait; ainsi cette sorte de multiplication est plus lente que celle par bourgeons.

On opère la même multiplication artificiellement; on donne même par ce moyen au polype différentes formes singulières. Ainsi un polype coupé en deux en long a réuni ses deux bords souvent en moins d'une heure; en cinq à six jours chaque moitié a reproduit les cornes qui lui manquaient.

Si l'on fend la tête du polype en deux, ces deux parties, au lieu de se réunir, se complètent chacune de leur côté, et on a un polype à deux têtes. Ces deux têtes, refendues une deuxième fois, donnent quatre têtes complètes, et, refendues encore, on a eu une hydre à huit têtes. Ces huit têtes étant coupées, il en revient huit autres à la place, et les huit têtes coupées forment chacune un polype complet qui se multiplie ensuite comme les autres.

En fendant la queue d'un polype, on a un polype à deux queues.

Enfin toutes les portions du corps d'un polype, coupées si petites qu'elles soient, redeviennent des polypes parfaits. Formé en tuyau à plusieurs cornes, comme les polypes non coupés, un morceau de peau de polype redevient creux comme un estomac. Il n'y a que les cornes qui ne produisent absolument rien.

Le polype a non-seulement la faculté de se reproduire par section, mais encore celle de pouvoir se greffer souvent au bout d'une heure, mais non pas entre des polypes de diverses espèces ; car s'ils se sont réunis ils se séparent au bout de quinze jours au plus tard. Pour que la réunion se fasse, il faut qu'il y ait une plaie au moins dans l'un des deux. Lorsqu'on introduit un polype dans la bouche d'un autre, il ne s'unit point à lui-même quand on le force à y rester trois ou quatre jours en les perçant d'une soie de cochon ; dans ce cas, il se fend par le côté, et il se forme un trou par où l'autre sort.

Enfin un polype retourné comme un sac mange, croît et multiplie au bout de deux à cinq jours. On peut le retourner ainsi deux fois et même trois fois successivement sans qu'il paraisse en souffrir ; il multipliera trois jours après comme auparavant. Si le polype retourné a des petits, ils se retournent aussi comme les doigts d'un gant; mais s'ils sont trop avancés, ils se séparent.

Le polype est donc un animal d'une nature singulière, mais non pas dans le sens que lui ont voulu prêter quelques écrivains modernes, qui l'ont regardé comme une habitation commune, ou un assemblage de plusieurs petits animaux qui reproduisent, du côté qui se trouve emporté, ou ses grains, chacune de ses molécules, comme autant de polypes complets pourvus d'yeux et de facultés organiques, ou comme autant d'œufs fécondés de polypes qui éclosent et engendrent successivement; c'est un animal solitaire, composé de molécules intégrantes, qui constituent son essence, précisément comme les plantes produisent des bourgeons qui en reproduisent d'autres sans être composées de bourgeons. C'est dans cette conformité, entre la multiplication du polype et celle des végétaux, que consiste la singularité de cet animal, tant il est vrai que pour saisir la marche de la nature, il faut moins chercher à la deviner qu'à l'observer, et la suivre dans toutes ses nuances en passant d'un règne à l'autre.

2ᵉ Famille. LES VELETTES, *VELETTÆ*.

Ces animaux se distinguent des méduses en ce qu'ils sont toujours flottants sur les eaux; ils comprennent huit genres dont les plus remarquables sont : le poumon marin ou bonnet flamand, la velette et la galère ou vessie de mer.

Le POUMON MARIN, *pulmo marinus*, le bonnet flamand, le bonnet de Neptune, le chapeau de mer, la gelée de mer, l'ortie de mer, *urtica*, Rondel., comprend quatre espèces d'animaux semblables à une gelée ferme, hémisphérique, ou en chapeau renversé à huit cornes quadrangulaires, festonnées, pendantes, réunies à leur origine pour former une voûte percée sur les côtés de quatre trous; ce chapeau est toujours flottant sur les eaux, et a un mouvement d'ondulation de haut en bas.

Il est lumineux pendant l'obscurité et cause une cuisson et une démangeaison aux mains lorsqu'on le touche.

Ces animaux sont la nourriture des baleines et des grands poissons; il y en a de deux pieds de diamètre. On en voit dans toutes les mers.

La VELETTE, *veletta*, Ad., l'*armenisten* des Grecs, est un animal commun en août dans la Méditerranée, et flottant sur les eaux comme un bateau à la voile.

Sa forme représente une membrane elliptique cartilagineuse, horizontale, semblable à un talc, marquée de plusieurs cercles concentriques, bordée tout autour par une centaine de filets assez courts, et portant en dessus une autre membrane semblable, demi-circulaire, relevée comme une voile placée obliquement.

Cet animal vit sans bouche et sans anus apparents. Tant qu'il est vivant et dans l'eau sa voile est relevée; mais elle se couche dès qu'il est hors de l'eau, et il meurt.

Il est bleu, à filets argentins, rempli par une liqueur bleuâtre, muqueuse, lubrique et caustique lorsqu'on vient à le toucher.

La GALÈRE, *mauicou*, au Bresil., Pison, est un animal semblable à une vessie ovoïde, longue de cinq à six pouces, d'un beau rouge mêlé de violet, qui flotte sur les eaux de la mer entre les tropiques.

On n'y voit ni bouche ni anus, mais seulement, vers l'extrémité antérieure, une trentaine de filets dont huit sont plus longs. Il semble n'avoir d'autre mouvement que celui que lui imprime le vent en le faisant voguer sur les flots.

Lorsqu'on l'écrase, il rend un bruit semblable à celui d'une vessie de carpe qui vient à crever.

Il est si caustique que le moindre attouchement cause à la peau une inflammation très-vive et qui subsiste plusieurs heures. Il corrompt la chair des poissons qui l'avalent, sans leur causer la mort.

L'eau-de-vie battue avec l'huile dissipe les douleurs causées par son inflammation.

3e Famille. LES HOLOTHURIES, *HOLOTHURIÆ*.

La tête de ces animaux est couronnée de deux à trente filets, mais leur corps est enfoncé par sa partie postérieure dans la terre. Il a, à cette partie, une ouverture pour l'anus et à la partie antérieure une autre pour la bouche.

Cette famille comprend sept genres, dont les plus remarquables sont :

1° Le veratillum ;

2° L'épipetron ;

3° L'holothurie ;

4° Le priape ;

5° Le mentule.

Le priape de mer, *priapus*, Wallisn, le membre marin, la verge marine, le concombre de mer, *cucumis marinus,* est un animal informe, semblable à un concombre oblong, comme anguleux, marqué, comme l'holothurie, de huit angles et susceptible de contraction et de dilatation.

Sa peau est coriace, très-épaisse, couverte de tubercules et percée de nombre de trous peu sensibles, par lesquels passent autant de filets cylindriques qui lui servent comme de suçoirs pour s'attacher aux sables ou aux pierres entre lesquels il est enfoncé.

Sa tête est environnée d'une vingtaine de filets dont deux plus longs que les autres, et n'a aucune sorte de dents. Son œsophage, qui a une couronne d'appendices, et son estomac sont peu différents des intestins, qui sont presque droits et répondent à l'anus. On n'y trouve que de la terre, quoique cet animal semble vivre aussi des coquillages et autres animaux qui tombent entre les filets de sa bouche.

Lorsqu'on le tire de l'eau, il lance avec force par l'anus, comme en jet d'eau, l'eau qu'il contenait, et il se contracte, mais d'un mouvement assez lent. Les muscles qui opèrent cette contraction sont au nombre de huit, rangés deux à deux, et ils vont de la tête à l'anus.

4ᵉ Sous-classe. LES MONOTUBES, *MONOTUBI.*

Les animaux de cette classe ont le corps mou, sans articulations, recouvert d'un tuyau pierreux ou membraneux; ils sont ovipares. J'y reconnais six genres, qui sont :

1º Le saccostole;   4º Le monocéphale;
2º Le tubistole;   5º Le kalara;
3º L'acétabule;   6º Le laringa.

Le saccostole, *saccostola, brachionus tubifera,* Pallas, *Zooph.*, 46, p. 91 ? Globuter, animalcule microscopique très-commun, au printemps et en automne jusqu'aux gelées, sur le *conferva articulosa glareosa* des tonneaux où l'on met séjourner l'eau de puits pour arroser dans les marais et jardins.

Sa longueur égale à peine le demi-diamètre d'un cheveu très-fin ou un trentième de ligne. Cet animalcule paraît consister en une espèce de sac cylindrique deux fois et demie aussi long que large, attaché par le bas sur les filets du *conferva.* Ce corps est blanc sale de chair, demi-transparent, veiné de veines en réseau, très-transparentes, et en dessus d'un trou qui lui sert de bouche, et attaché par le bas au fond du tube.

Il est dans un mouvement presque continuel de ressort sur sa base, ou il se ramène en globe dans des espaces inégaux de cinq à six secondes, ensuite il s'étend d'une longueur un peu moindre que son tube, souvent, en s'étendant, il se courbe sans communiquer aucun mouvement à son tube.

Il se multiplie par des œufs dont son réseau paraît marquer les linéaments.

Le TUBISTOLE est un animal microscopique en globe, qui a un tournoiement à sa bouche et à filet très-long, très-menu, sortant d'une galerie fine de boue pliée en zigzag.

L'ACÉTABULE, *acetabulum*, Aldrow., l'*androsace*, Matt.; le *callopilophorus*, est un animalcule à tête couronnée de trois rayons, renfermé dans un tube cylindrique de quatre lignes de diamètre, de substance cartilagineuse un peu pierreuse, attachée aux pierres par deux ou trois filets au fond de la mer Méditerranée.

Ses œufs sont contenus dans les rayons ou sillons du chapiteau.

Le KALARA ou la CORALLINE EN TUYAU D'AVOINE, est de cette classe; les tuyaux sont simples et l'animal a deux étages de filets, dont le premier en a vingt étendus, et le supérieur quinze rapprochés en pinceau.

DOUZIÈME CLASSE.

LES HYDRES, *HYDRÆ*.

Les animaux de cette classe se distinguent de tous les autres parce que leur corps est mou, composé de plusieurs têtes couronnées chacune de plusieurs filets, comme celles des méduses. Ils sont vivipares. Ils peuvent se diviser en quatorze familles, savoir :

1º Les PLUMES DE MER, *pennatulæ* : { corps mou, ramifié, dans un corps coriace ou gélatineux.

2º Les ALCYONS, *alcyonia* : { corps mou, ramifié, dans un corps friable.

3° Les ÉPONGES, *spongia* :	corps mou, ramifié, dans un corps corné, élastique et non friable.
4° Les TROCHITES, *trochitœ* :	corps mou, ramifié, enveloppant un pédicule articulé et ramifié, pierreux et cartilagineux.
5° Les CORALLINES, *corallinœ* :	corps mou, ramifié entre un corps pierreux dehors et un cartilagineux au centre, articulé.
6° Les CÉRATOPHYTES, *ceratophytœ* :	corps mou, ramifié, entre un corps pierreux ou crustacé, friable dehors et un cartilagineux au centre non articulé.
7° Les CORAUX, *corallia* :	corps mou, ramifié, entre un corps crustacé, friable dehors et un pierreux au centre.
8° Les LITHOPHYTES, *lithophyta* :	corps mou, ramifié, enveloppant un corps pierreux, à branches cylindriques, couvertes de cellules.
9° Les PORES et MADRÉPORES :	corps mou, ramifié, enveloppant un corps pierreux, à branches cylindriques, à cellules au bout seulement.
10° Les MILLÉPORES et ASTROITES :	corps mou, ramifié, enveloppant un corps pierreux en masse, non ramifié, couvert de cellules.
11° Les ESCARES, *escarœ* :	corps mou, ramifié, dans des tubes réunis en lames ou en branches cylindriques ou plates.
12° Les POLYTUBES, *polytubi* :	corps mou, ramifié, dans un tube cylindrique, cartilagineux, ramifié.
13° Les DICÉPHALES, *dicephali* :	corps mou, ramifié, nu, à deux têtes ou deux bras.
14° Les RAMISTOLES, *ramistoli*, ou zoophytes :	corps mou, ramifié, nu, à plus de deux têtes.

Ces animaux ont tous un corps commun à plusieurs têtes, qui sont comme autant de bouches qui portent la nourriture à ce corps, qui a dans quelques-uns un anus commun comme dans les plumes de mer ; et ce qui prouve que chacun d'eux est un animal à plusieurs têtes, quoique les gens qui ne sont pas accoutumés à voir ces sortes d'êtres les regardent comme un assemblage de plusieurs animaux différents, c'est que lorsqu'on touche à une de ces têtes les autres rentrent en même temps avec elle.

Non-seulement ces animaux sentent quand on les touche, et prouvent qu'ils sont sensibles en rentrant dans le corps celluleux qui leur sert d'abri, mais ils ont encore un mouvement spontané dans leur corps, dans leurs bras, par lequel ils cherchent leur nourriture, la saisissent, la retirent et la dévorent. Ils diffèrent donc beaucoup des plantes, avec lesquelles toute cette classe avait été confondue jusqu'en 1742, où les observations de MM. de Jussieu et Guettard confirmèrent les découvertes de Peyssonel, qui les avait reconnus pour des animaux.

Lorsqu'on a retiré ces divers animaux de la mer avec attention, sans les froisser ni les briser, il faut les mettre dans un vase de verre plein de la même eau; si l'on veut les observer un quart d'heure après, ils se montrent et sortent de leurs cellules pour chercher leur nourriture. Si on veut les conserver ainsi hors de leurs cellules, il suffit de verser autant d'eau bouillante qu'il y a d'eau froide dans le vase, ils meurent sur-le-champ, et on peut les mettre dans des bocaux d'esprit-de-vin bien clair, affaibli avec moitié d'eau.

1re Famille. LES PENNATULES OU PLUMES DE MER.

Ces animaux ont le corps mou, ramifié, contenu dans un corps coriace ou gélatineux, ce qui donne lieu à deux sections dont la première est celle des plumes de mer, contenue dans un corps coriace ou cartilagineux. Tous ont un anus commun à leur partie inférieure, si ce n'est peut-être la main de mer.

PREMIÈRE SECTION.

Cette section comprend quatre genres, parmi lesquels les plus remarquables sont le penkoria, la plume de mer et la main de mer.

La PENNATULE, OU PLUME DE MER, est un corps taillé en plume dont le bas ou la tige est coriace, nue, creuse intérieurement, percée au bas d'un trou qui sert d'anus, et enfoncée en terre ou entre les rochers, pendant que le haut est comme ramifié en plusieurs branches cartilagineuses qui portent d'un seul et même côté un grand nombre de têtes de polypes.

Le PENKORIA, Ad., *amphisbœna marina*, Jonst., *cynomorium*, diffère de la plume de mer en ce que son corps est un cuir formé en cylindre, à queue courte, percée en haut d'un grand nombre de trous, d'où sortent autant de têtes d'animaux à huit filets barbus et pleins d'œufs.

L'espèce appelée *amphisbœna marina*, par Jonston, a la partie supérieure nue, sans trous comme la queue.

La MAIN DE MER, la MAIN DE LADRE, OU MAIN DE LARRON, *manukoria*, ne semble différer du penkoria qu'en ce que son corps est ramifié en plusieurs branches, et attaché par sa partie inférieure aux rochers et aux coquillages.

DEUXIÈME SECTION.

Ces animaux ne diffèrent des plumes de mer qu'en ce que le corps qui les rassemble est gélatineux et sans anus en dessous.

Le POLYPE A FAMILLE, *polfa;* la *figue de mer*, Ellis, *pulmo marinus alter*, Rond.; *carnogloba*, Ad., le polype à panache, Trembley, *polyra*, Ad., et le *polystole*, Ad., *brachionus socialis*, Pallas, sont de ce genre.

II.   45

2ᵉ Famille. LES ALCYONS, *ALCYONIA.*

Elle comprend six genres d'animaux, qui se reconnaissent à ce qu'ils sont rassemblés dans une masse solide, comme cartilagineuse, mais friable.

L'alcyon des auteurs ressemble à une éponge fine percée de plusieurs trous, de chacun desquels sort une tête de polype qui fait corps avec ses semblables.

3ᵉ Famille. LES ÉPONGES, *SPONGIA.*

Les éponges ne diffèrent des alcyons qu'en ce que l'animal qui les forme est renfermé dans une masse cartilagineuse solide, non friable et informe, à peu près ovoïde.

La différence de leur forme donne lieu à six genres, qui sont :

1° L'éponge, *spongia*, en masse non ramifiée ;
2° L'éponge rameuse, cylindrique, *ramospongia,* en masse, non ramifiée ;
3° L'éponge plate, en éventail, *platisponqia ;*
4° L'éponge non rameuse, creusée en entonnoir ;
5° L'éponge rameuse, creusée en entonnoir, *tubospongia ;*
6° L'éponge rameuse, en réseau à jour.

L'animal qui les remplit a plusieurs têtes qui n'ont aucune sorte de filets, et qui ressemblent à des tubercules hémisphériques susceptibles d'un mouvement de contraction et de dilatation.

L'éponge est attachée aux rochers ; on en trouve dans toutes les mers des pays chauds, depuis la Méditerranée jusqu'aux tropiques.

Cette éponge est, avec le corail, presque la seule production marine de cet ordre qui nous rende des services. Pour les préparer il faut les faire macérer dans l'eau douce et les y faire bouillir. On leur donne de l'odeur en les arrosant plusieurs fois d'essence d'ambre et les laissant sécher à chaque fois, par ce moyen elles rendent une odeur agréable lorsqu'on se lave avec elles.

4e Famille. LES TROCHITES, *TROCHITÆ*.

Nous appelons de ce nom les trochites et les palmiers marins, *encrinus*, qui ont été jusqu'ici confondus mal à propos avec les étoiles rameuses. Les étoiles sont des animaux crustacés, marchant, à une seule tête, au lieu que les trochites dont il est question sont des animaux dont le corps mou recouvre un pédicule articulé, ramifié comme une plante, pierreux et cartilagineux, qui porte à son extrémité plusieurs têtes d'animaux à huit rayons.

La trochite est un animal de six pieds de longueur, qui se pêche à deux cent trente-six brasses de profondeur, dans la mer du Groenland ; sa tige est composée d'articulations à quatre angles arrondis, et ses branches ont les articulations à huit angles arrondis qui forment les trochites fossiles.

L'ENCRINE, *encrinus*, appelé aussi ASTROPHYTE, ou *lilium lapideum*, lis marin, palmier marin, se voit dans les mers de l'Amérique. Il diffère du trochite en ce que : 1° toutes ses articulations sont marquées sur leurs faces d'une impression en étoile; mais celles du milieu de la tige sont à cinq angles, pendant que celles de sa base et des branches sont arrondies comme les trochites ; 2° les têtes qui terminent chaque branche, lorsqu'elles sont formées, ressemblent à un bouton de fleur de lis, d'où lui vient son nom de *lilium lapideum,* ou plutôt à un épi de maïs.

5ᵉ Famille. LES CORALLINES, *CORALLINÆ*.

Cinq genres d'animaux composent cette famille, qui se reconnaît à ce qu'ils ont le corps mou, ramifié, placé entre une croûte pierreuse, crétacée, articulée, et entre un axe ou une tige cartilagineuse terminée par une cellule au bout de chaque branche.

Chaque articulation pierreuse, vue au miscroscope, paraît poreuse ou percée de trous, et lorsqu'on l'étend dans de l'acide nitrique, cette matière crétacée s'y dissout pendant que l'axe ou la charpente cartilagineuse du centre reste.

La médecine l'emploie comme absorbant, astringent, vermifuge, en le donnant en poudre contre les vers.

6ᵉ Famille. LES CÉRATOPHYTES, *CERATOPHYTA*.

Ne diffèrent des corallines qu'en ce que : 1° leur croûte est friable, moins pierreuse ou gélatineuse; 2° cette croûte est semée partout de cellules par où passent autant de têtes du même animal; chaque tête a huit cornes velues. On peut les diviser en cinq genres, qui sont :

1° L'unipates, à tige simple, non ramifiée ;
2° L'antipathès, à tige ramifiée à cellules opposées;
3° Le cératophyte, à tige ramifiée et cellules alternes ;
4° Le plocame, *plocamos,* ou éventail de mer, à rameaux anastomosés en réseau.
5° Le gluticeras, à tige ramifiée, cartilagineuse dedans et spongieuse dehors.

La substance intérieure de ces corps est dure comme la corne, ou plus dure que le bois, pleine intérieurement, formée par couches concentriques polies à la surface, insoluble dans les acides, brûlant sans cendres, mais laissant un charbon comme fait la corne brûlée.

Les plus grands cératophytes ont été trouvés jusqu'ici

dans la mer de Norwège ; on en a vu de seize pieds de hauteur.

7ᵉ Famille. LES CORAUX, *CORALLIA*.

Ont le corps mou, placé entre un corps pierreux et une croûte friable. Chaque tête a, comme les cératophytes, huit cornes velues. Nous en distinguons trois genres, qui sont :

1° Le LITHOCERAS, Ad., ou le CORAIL ARTICULÉ DE L'ILE DE FRANCE, *gonatode*, Donati, à axe noueux, cartilagineux et pierreux, alternativement ou dans les étranglements, il semble faire la liaison ou le passage des cératophytes aux coraux ;

2° Le LITHONODUS, Ad., ou CORAIL ROUGE DE MADAGASCAR, à axe noueux et pierreux entièrement ;

3° Le CORAIL à axe pierreux et non noueux.

Le CORAIL, *corallium*, a été longtemps regardé comme une végétation, dont les têtes d'animaux ont été prises pour autant de fleurs. Mais les végétaux n'ont ni mouvement ni organisation animale ; ils croissent en général attachés par des racines qui tendent vers le centre de la terre pendant que leur tronc s'élève vers le ciel. Le corail, au contraire, est un arbrisseau d'une substance pierreuse qui n'a point de racines, mais seulement un large empattement par lequel il est attaché intimement aux rochers, sa cime et ses branches pendantes en bas. On le trouve aussi quelquefois sur des dos de baleines, sur des têtes de bouteilles et autres corps semblables. Il est commun dans la Méditerranée, et ne se voit dans aucune autre mer à la profondeur de trois à cent cinquante brasses.

Les plus grands pieds de corail n'ont guère qu'un pied de hauteur sur un pouce de diamètre.

Sa pêche se fait depuis le commencement d'avril jusqu'à la fin de juillet, sur les côtes de Provence, de Catalogne et de Sicile. Pour cela, les pêcheurs coralliers se servent de la *salabre*, qui est une croix de bois lestée à son milieu dans un boulet ou un morceau de plomb, pour la faire plonger, et armée à chaque bout d'un filet en bourse, et de fils d'étoupes ; ils attachent cette croix à deux cordes, dont l'une tient à la poupe et l'autre à la proue d'une barque qu'ils laissent entraîner par le courant, autour des rochers où elle s'accroche aux branches ; cinq ou six hommes s'occupent du soin de remonter la salabre pour en retirer le corail qui est resté attaché à la filasse ou qui est tombé dans la bourse. Les autres plongent au fond de la mer pour y chercher celui qui y est tombé.

Lorsqu'on retire le corail de l'eau, il a l'écorce d'un rouge plus pâle que l'axe ou la pierre intérieure, et elle pâlit encore plus en séchant. Elle est semée çà et là d'un grand nombre de tubercules percés d'un petit trou en étoile à huit sillons par où passe une tête ou division de l'animal du corail, qui est comme une gelée blanche logée dans une petite cellule creusée au moins aux extrémités des branches. Cette gelée jaunit en séchant. L'écorce a à peine une demi-ligne d'épaisseur et se détache facilement de l'axe ; elle est crétacée.

L'axe qui forme l'arbre du corail a un pied fort court et est divisé en nombre de ramifications alternes. Lorsqu'on le dépouille de son écorce on voit qu'il est couvert de sillons ou de stries longitudinales. Il est formé de couches concentriques, ajoutées les unes aux autres et composées d'une partie mucilagineuse qui servait de soutien ou de charpente à la partie terreuse qui y était attachée ; cette structure se découvre aisément en laissant tremper une de ces branches dans de l'esprit de nitre affaibli par degrés avec cinq ou six parties d'eau, qui dissout sa portion calcaire.

Le corail se multiplie par des œufs extrêmement petits, d'abord mucilagineux, qui s'attachent sur différents corps, forme d'abord un mamelon simple rempli par une tête d'animal qui se ramifie peu à peu.

Quoique très-dur le corail est sujet à être vermoulu par les scolopendres de mer comme les coquillages.

De tout temps le corail a fait l'objet d'un commerce avantageux. On le polit avec le fil de chanvre, le blanc d'œuf ou l'émeril, pour en faire des manches de couteaux, des cuillers, des poignées d'épée, des grains de collier, de bracelets et de chapelets. Les mahométans de l'Arabie Heureuse comptent le nombre de leurs prières sur un chapelet de corail, et ils n'enterrent presque personne parmi eux sans lui mettre un de ces chapelets au cou.

Les nègres de toute l'Afrique en font leur principal ornement.

Enfin la médecine l'emploie aussi comme absorbant ou comme un alcali terreux. Avec sa poudre, faite dans un mortier de fer, tamisée et porphyrisée, on fait des trochisques. On en fait aussi une teinture et un sirop astringent. Dissous par l'acide du vinaigre, il donne un sel neutre, savoneux, tonique et diurétique.

8e Famille. LES LITHOPHYTES, *LITHOPHYTA.*

Diffèrent des coraux en ce qu'ils n'ont pas de croûte. Leur corps mou, semblable à une gelée, recouvre leur substance pierreuse, qui est ramifiée, à branches cylindriques couvertes de cellules d'un bout à l'autre, poreuses dans leur intérieur. Chacune de leurs cellules est marquée sur les bords de huit à vingt-quatre cloisons qui ne se réunissent qu'à son fond, où se termine chaque tête de l'animal.

Cette famille comprend le *calicaria* et les *lithophytes* ordinairement appelés *corne de cerf.*

Ces productions sont communes dans la Méditerranée, et surtout dans la mer des Indes, autour des îles de France et des îles Moluques. On en fait la chaux la plus légère et la moins caustique pour manger avec le bétel. Comme elles sont très-cassantes, il faut, pour les avoir bien entières, les faire pêcher par des plongeurs, car la drague et la selabre les brisent et n'en rapportent que des branches.

9ᵉ Famille. LES PORES ET LES MADRÉPORES.

Ne diffèrent des lithophytes qu'en ce que leurs cellules sont grandes et placées solitairement à l'extrémité des branches et non sur leur longueur.

Le porpite de luid, ou champignon de mer, le frondipore, ou œillet de mer, sont de cette famille.

Les étoiles de chaque branche contiennent chacune une tête, et ont depuis trente-deux jusqu'à quatre cents portions de cloisons formées par autant de lames pierreuses, tranchantes et quelquefois ondées ou dentelées.

Ces productions sont extrêmement communes dans la mer des Indes, et on en trouve beaucoup de fossiles en France et sur les côtes de la mer Baltique.

Le porpite fossile, déprimé ou usé, en forme de bouton ou de pièce de monnaie, ne se reconnaît pour être tel que par les cloisons rayonnantes qui se remarquent sur une de ses faces et qui se rendent toutes au centre qu'occupait l'animal.

Il y en a qui représentent si bien un champignon, une figue, un bonnet, qu'on leur a donné ces noms.

10ᵉ Famille. LES MILLÉPORES.

Se distinguent des lithophytes seulement à ce que leur masse est couverte de cellules en étoile et sans aucune ramification.

Le crustipore, le millépore, le globipore, l'érotulos ou cerveau, *meandrites* et l'astroite sont de cette famille.

Le MILLÉPORE, suivant quelques écrivains modernes, doit être percé de trous simples non étoilés au moins à l'œil; mais tous les observateurs et nous, n'avons encore vu aucune de ces cellules, si petites qu'elles soient, qui ne soient étoilées, c'est-à-dire marquées d'autant de sillons ou de cloisons que la tête d'animal qui la remplit a de filets ou de bras. Ainsi notre division, qui est l'ancienne, c'est-à-dire qui n'a compris jusqu'ici que des corps non ramifiés, doit subsister.

Le CERVEAU DE MER OU DE NEPTUNE, *erotulos menati*, ne doit pas être confondu avec l'astroite et encore moins avec le champignon de mer, qui est le porpite. Il n'est point composé d'une seule étoile comme le porpite, ni de plusieurs distinctes, ni étoilées comme celles de l'astroite. Il tient, pour ainsi dire, un milieu entre ces deux êtres. Ses étoiles, quoique distinctes, ne sont pas fermées et communiquent les unes aux autres, n'ayant de distinction réelle que par les sinuosités qu'elles forment.

11ᵉ FAMILLE. LES ESCARES, *ESCARÆ*.

Sont des animaux contenus dans des tubes ou cellules cartilagineuses ou pierreuses, réunies sous la forme d'une lame très-mince, simple ou ramifiée comme une plante.

On peut les diviser en six genres, savoir :

1º Le LAMESCARE, *lamescara*, — qui rampe, et s'étend et s'applique comme une lame sur les feuilles des plantes marines, sur les rochers.

2º L'ESCARE, — qui se ramifie lui-même comme une plante.

3º Le LATÉRIPORE, — qui n'a de cellules que d'un côté.

4º Le PLATYPORE, — qui est un peu plus épais, quoique ramifié comme l'escare.

5º Le FOLIIPORE, — qui est aussi en feuilles, mais à cellules d'un seul côté, comme le latéripore.

6º Le RÉTIPORE ou la MANCHETTE DE NEPTUNE, — qui est à jour comme un ouvrage à réseau.

12e Famille. LES POLYTUBES, *POLYTUBI.*

Nous avons imaginé ce nom pour désigner les animaux à plusieurs têtes renfermées dans des tubes qui ont été jusqu'ici confondus sous le nom de corallines, qui appartiennent, comme l'on a vu, de tout temps à ces productions animales pierreuses articulées qui ressemblent en quelque sorte au corail.

Cette famille comprend environ cent espèces d'animaux qui peuvent se diviser en douze genres en les considérant par la situation et le nombre de leurs cellules, par la distribution de leurs tuyaux ou branches, dont les unes s'articulent, les autres s'anastamosent.

Chaque tête d'animal a, pour l'ordinaire, huit bras; il y en a néanmoins qui en ont douze, d'autres quatorze, d'autres quinze, d'autres seize; d'autres, comme le dipolée, ou le polype à panache de Trembley, en ont cinquante à soixante, disposées en deux faisceaux en fer à cheval. Le mouvement de ces filets est tel qu'il fait tournoyer l'eau et qu'ils semblent tournoyer eux-mêmes; ils sont par ce moyen une espèce de gouffre pour tous les insectes qui entrent dans ce courant et qui les précipite dans leur bouche.

La plupart de ces animaux produisent de temps en temps, au-dessous de leurs cellules, des vésicules qui contiennent chacune une tête d'animal, qui l'ouvre quand il est entièrement formé, qui étend ses bras, qui se meut, se nourrit comme les autres pendant quelque temps, après quoi ils se détachent, tombent comme une graine pour aller multiplier ailleurs.

Le polype à panache se multiplie par des têtes ainsi détachées, mais sans former de vésicules; il se multiplie aussi d'œufs que chaque tête rend en grand nombre par la bouche, et qui deviennent autant d'animaux par la suite.

13ᵉ FAMILLE. LES DICÉPHALES, *DICEPHALI*.

J'appelle de ce nom cette famille nombreuse d'animaux à corps nu, sans enveloppe, partagé en deux têtes, tels que ceux des infusions, et les brachions ou les globators des eaux pourries où croît le *conferva*.

Les auteurs qui, comme MM. de Réaumur et Ledemesle, prétendent que ces animalcules sont produits par des animaux volatiles et qu'ils deviennent volatiles eux-mêmes, et par conséquent qu'ils subissent des métamorphoses, disent qu'ils vont pondre, pendant l'été, leurs œufs sur les plantes.

Mais ce sentiment ne peut se soutenir; on sait que ces animaux ne subissent aucune métamorphose, qu'ils ne deviennent jamais volatiles, et qu'ils se multiplient ordinairement par des œufs qu'ils pondent, et souvent par section.

Le BRACHION, *brachionus campanulatus*, Pallas, *globator*, Baker, qui vit sur le *conferva*, dans les tonneaux d'eau de puits destinés à l'arrosement des jardins, a à peine un trentième de ligne de grandeur.

Il ressemble à une cloche sphéroïde à deux branches, ou cornes, veiné en réseau, quelquefois sans pédicule, quelquefois surmontant un pédicule cylindrique.

Cet animalcule est dans un mouvement continuel de ressort soit sur son pédicule, soit sur lui-même, lorsqu'il n'a pas de pédicule. Il se contracte et s'allonge successivement dans des espaces de temps irréguliers de cinq à dix secondes, sans qu'on voie aucun pli sur son pédicule, qui paraît rentrer en lui-même jusqu'à sa moitié inférieure, qui est comme ailée et solide; les deux cornes rentrent et sortent à chacun de ces mouvements dans l'ouverture qui sert de bouche.

14ᵉ Famille. LES RAMISTOLES, *RAMISTOLI.*

Cette famille comprend tous les animaux nus ramifiés ou à plus de deux têtes, et c'est en cela seul qu'elle diffère de celle des dicéphales, qui n'ont que deux têtes, ou deux apparences de têtes. D'ailleurs ils se multiplient de même par section et par des œufs.

C'est dans cette famille que se trouve le *polype à bouquet* de M. Trembley, ramistole, Ad., qui a sur lui-même, c'està-dire sur son pédicnle, un mouvement de systole et de diastole, comme les brachions, et qui se divise et se multiplie en fendant d'abord sa première tête en deux, et cellesci successivement, jusqu'au nombre de huit, dans l'espace de trois jours. Ces têtes se détachent ensuite de leur pédicule, et, tombant au fond de l'eau sur les plantes, se multiplient en prenant un pédicule et se divisant de même; le pédicule ancien reste après la chute de ses têtes; il a un tiers de ligne de longueur au plus.

Chaque tête a en dessus un petit trou qui lui sert de bouche, et qui occasionne un mouvement de rotation dans l'eau.

Opestole. J'appelle ainsi un genre de ces animaux qui a à chaque tête un opercule bordé de filets rayonnants, et qui y tient au moyen d'un pédicule placé à son centre. Ces filets ont un mouvement en roue extrêmement prompt.

Cet animal est appelé *brachionus operculatus* par M. Pallas; il se trouve, mais rarement, dans les eaux tranquilles des étangs, sous les feuilles de la lentille d'eau.

TREIZIÈME CLASSE ET DERNIÈRE.

LES ORGANIQUES.

J'appelle de ce nom les animalcules, ou ces êtres animés qui ont le corps mou, sans membres et sans bouche au moins apparente.

Il y en a cependant qui sont comme velus ou entourés de poils, ce qui donne lieu à diviser cette classe en deux familles.

Tous ces animaux dépendent essentiellement du règne animal et du règne végétal. Il semble même qu'ils entrent dans leur composition et que ce ne sont que des molécules organisées toujours vivantes, quoique quelquefois sans mouvement, et qui n'attendent que certaines circonstances d'humidité ou de chaleur pour entrer en mouvement organique, qui semble tenir le milieu, entre les végétaux, par les tremelles et byssus, et les animaux, par les polypes.

Ce qui semble prouver que ces animalcules entrent dans la composition du corps animal, c'est que 1° on en trouve dans la semence de tous les animaux quadrupèdes, tant mâles que femelles, lorsqu'ils se portent bien, tels que l'homme, le chien, le loir, le lapin, le bélier, le bœuf, etc.; dans celle des oiseaux, comme le coq; dans celle des poissons et dans leur laite (brochet, morue); dans celle des grenouilles; enfin dans celle des insectes, tels que le ver à soie, la demoiselle, le scarabée, la sauterelle; dans l'eau des moules et des huîtres, etc. Ils ont tous la forme d'une massue, avec une longue queue qui semble les retenir dans leur mouvement, qui se fait de côté et d'autre par oscillations; 2° on en trouve dans les parties solides de ces animaux, mais il faut qu'elles aient subi quelque fermentation précédente , sans quoi on n'y trouve absolument rien tant qu'elles sont fraîchement coupées. Le sang n'en produit ni frais ni putréfié ; quelque putréfaction que je lui aie fait subir, jamais je n'ai pu parvenir à lui en procurer un seul tant que je n'y ai fait aucun mélange ; il reste toujours sans animalcules, ainsi que l'eau pure.

Les plantes ni leurs liqueurs exprimées ne contiennent pas plus de ces animalcules que les chairs des animaux; mais si on les fait fermenter soit dans leur suc, soit en les infusant dans l'eau, on voit alors paraître une quantité prodigieuse de ces êtres.

Il est de ces infusions qui, selon quelques auteurs, donnent des animalcules au bout de quatre heures : par exemple, l'eau qu'on donne à boire aux serins et aux oiseaux qui y détrempent la graine du millet, en produit de quatre ou cinq sortes en moins de quatre heures ; mais en général il faut cinq à six jours, ou même quinze jours, suivant la chaleur de l'air et la sécheresse des matières infusées, pour les produire.

Il ne faut ni pulvériser, ni macérer, ni écraser les fruits et autres parties des végétaux qu'on met en infusion, parce qu'elles rendraient la liqueur opaque trop épaisse, et qu'on n'y pourrait rien voir de distinct, comme il arrive quand on infuse du tabac râpé, du poivre ou du café en poudre, de la suie de cheminée. Ces infusions produisent des animalcules, mais si confondus avec la poussière de ces corps qu'on ne peut les voir clairement. On concasse grossièrement toutes les parties sèches, comme bois, feuilles, écorces, etc. A l'égard des fruits et des tiges charnues des plantes, on les exprime, on en rejette les parties grossières, ou le marc, et on met le suc seulement en infusion dans l'eau commune, qui en développe bientôt les animalcules.

Ces animalcules paraissent également dans les vaisseaux bouchés hermétiquement et dans ceux qui sont ouverts, pourvu qu'ils soient exposés à la même température.

On en a fait naître dans la chair mise en ébullition ou rôtie.

Néanmoins on a remarqué qu'il est un certain degré de chaleur qui les fait vivre et un autre, un peu plus fort, qui les tue. Ces degrés s'étendent entre le dixième et le vingt-cinquième ; au-dessus de vingt-cinq degrés, comme il arrive en juillet et août, ils périssent tous ; et au-dessous de dix degrés ils sont engourdis, sans mouvement ; quinze degrés paraissent être la température qui leur est le plus favorable, comme aussi est-ce au printemps que règne cette température, que la végétation est sensiblement plus prompte. Il n'est point ici question des animalcules spermatiques des animaux qui éprouvent une chaleur continuelle de trente-deux à trente-quatre degrés, mais seulement de ceux des infusions de matières soit animales, soit végétales. Ceux de l'infusion du poivre soutiennent le froid des hivers les plus rudes ; ils vivent au-dessous d'une glace épaisse de deux lignes, en s'enfonçant à mesure que l'eau se glace ; quinze jours après le dégel on voit ces animalcules en plus grand nombre qu'ils n'étaient auparavant.

On voit à peu près la même chose dans les matinées fraîches : ils plongent et ne remontent que lorsque le soleil a échauffé l'air de quinze à vingt degrés ; c'est pour cela qu'on les trouve alors en plus grand nombre à la surface de ces liqueurs. C'est le contraire de ce qui arrive au monocle, qui ne paraît que le matin à la surface de l'eau, et qui plonge dès que la chaleur du soleil augmente.

La durée de la vie de ces animalcules est proportionnée à la chaleur de la saison, par la raison qu'ils ne paraissent point, ou qu'en petit nombre, pendant les grandes chaleurs.

Ils vivent aussi beaucoup moins dans cette saison. Ainsi ils vivent deux tiers de mois en juin, juillet et août; un mois en mai et septembre; deux mois en mars, avril, octobre et novembre; trois mois en décembre, anvier et février.

On les fait périr dès qu'on verse quelques gouttes d'une liqueur acide quelconque, du vinaigre, par exemple, dans l'eau de l'infusion où ils vivent.

Lorsqu'on laisse évaporer et sécher une infusion pleine de ces animaux, quelques-uns y périssent, mais les autres ne font que perdre leur mouvement; il suffit de leur rendre de l'eau et de les humecter pour les voir revivre et nager de nouveau.

Quoique l'on soit parvenu, avec le secours des verres microscopiques, à grossir plus de quatre cents fois le diamètre des plus petits objets, il existe probablement dans l'eau des infusions nombre d'animalcules qui demeureront toujours invisibles, soit par la faiblesse de notre vue ou des instruments, soit par les différences qu'il y a à suivre ce qui se passe dans chaque infusion, c'est-à-dire par exemple ceux qui naissent dans l'infusion du tabac, de l'œillet, des calices de framboises du Sénégal, et qui sont si petits dans les premiers jours qu'on a peine à les apercevoir, même avec les microscopes les plus forts, ce qui semble indiquer qu'il peut y en avoir de si petits que nos meilleurs microscopes ne puissent les faire apercevoir, ou plutôt que le peu de lumière que ces animalcules réfléchissent dans nos yeux ne soit pas capable de les ébranler assez pour les faire apercevoir.

Ces animalcules commencent d'abord par un point invisible, puis ils se rendent un peu sensibles aux microscopes les plus forts; alors ils sont trente millions de fois plus petits qu'une mite ou qu'un ciron; ensuite ils grossissent de manière qu'on en voit quelques espèces à l'œil nu. Enfin, parvenus à leur dernier période de grandeur, ils périssent presque tout à coup par une dépourriture qui les dissout; cela leur arrive communément au bout de huit jours. Il ne reste plus que les plus petits ou les derniers développés de l'infusion, qui grossissent comme les premiers, et qui disparaissent de même dès qu'ils ont acquis la grandeur qui est propre à leur espèce.

Parmi ces animalcules, il y en a de très-petits qui en dévorent de plus gros, selon Joblat; néanmoins on ne leur a point encore vu de bóuche.

On ne connaît pas encore la multiplication de ceux qui ont le corps sphérique, mais on la découvre dans ceux qui ont le corps oblong comme une anguille.

L'anguille de l'infusion de l'écorce du chêne, par exemple, est vivipare; elle contient dans son corps une petite anguille quatre fois plus petite, qui va et vient dans toute la longueur de son corps.

La pontelle, au contraire, *pontella*, Ad., du *conferva* des pavés humides, est pleine d'œufs qu'elle pond par centaines, et qui grossissent comme leur mère; leur corps est si transparent qu'on les voit au travers.

L'anguille vivipare de la pâte aigrie est vivipare et ovipare en même temps; elle pond six petits vivants et vingt œufs à la fois. Pour les pondre, elle se sépare en deux portions, et laisse sortir avec les petits un corps figuré comme elle, qui est un amas de la farine dont elle s'est nourrie. Ces anguilles se voient aussi dans l'infusion de la farine, du blé niellé et dans la colle aigrie. Elles s'y conservent deux ou trois ans, et, quoique séchées pendant ce temps, on les fait reparaître en les humectant. Leurs petits prennent tout leur accroissement en deux jours. Les anguilles qui se sont coupées en deux réparent en peu de temps ce qui leur manque.

La farine de blé broyée et mise dans l'eau produit de petits filets rayonnants qui ont un mouvement oscillatoire, et d'autres filets en massue, ou semblables à des massues, qui rendent par leur extrémité quantité de petites molécules animées. Il sort des molécules pareilles d'entre les filets. Ces molécules ne changent pas de forme et ne deviennent pas des anguilles. Voilà donc deux ou trois sortes d'animaux ou de corps mouvants organisés qui sortent de la farine fermentante.

Tous ces animalcules quelconques des infusions ont un mouvement assez vif et très-varié, suivant les espèces, oscillatoire dans les uns, en avant dans d'autres, ondoyant dans d'autres, circulaire ou spiral dans d'autres, mais toujours spontané, car on en voit plusieurs qui semblent chercher à éviter de passer dans un endroit plutôt que dans un autre.

Quoique chaque plante produise quelquefois plusieurs espèces différentes d'animalcules, néanmoins nombre de plantes produisent aussi souvent les mêmes ; c'est ainsi que l'infusion du séné, celle du fruit de l'épine-vinette, celle des grains de verjus, donnent des molécules ovoïdes. L'écorce du chêne, au contraire, donne des animalcules ovoïdes, d'autres en larmes, d'autres en anguille.

Les animalcules de certaines infusions ne vivent pas toujours avec d'autres, néanmoins il en est qui s'accordent fort bien ; par exemple, en mêlant ensemble parties égales de l'infusion du séné, de celle des calices, des queues du framboisier, de celle du foin, une goutte de ce mélange examinée une demi-heure après, on y voit des animalcules de chacune de ces infusions, mais ils n'y subsistent pas aussi longtemps qu'ils auraient fait s'ils fussent restés chacun dans leur première infusion.

Pour prendre facilement ces animalcules en grande quantité dans une gouttelette d'eau, on plonge dans l'endroit de l'eau où ils sont plus abondants, comme à la surface, un pętit tube capillaire dont on bouche le haut avec le doigt, qu'on ôte quand le tube est au lieu désiré de la liqueur ; il en entre aussitôt une gouttelette qu'on force à rester en re-bouchant le tuyau avec le doigt et en le retirant pour met-tre cette goutte de liqueur sous le microscope.

Si l'on se rappelle ce qui a été dit ci-devant, que ces ani-malcules ne se trouvent ni dans l'eau pure, ni dans les liqueurs spiritueuses distillées, ni dans le sang des animaux, ni dans la séve pure des plantes, mais seulement dans les eaux dans lesquelles ont infusé, soit naturellement, soit ar-tificiellement, des parties animales ou végétales qui les con-tiennent, comme les eaux des étangs bourbeux pleins de poissons et de plantes, qu'ils croissent pendant une huitaine de jours, c'est-à-dire tant que la fermentation n'est pas pu-tride, et qu'ils disparaissent tout à coup dès qu'elle tourne à la putréfaction ; si l'on considère la nature de ces animal-cules, qui est constante sans mue, sans métamorphose à la grandeur près, on ne pourra se persuader, comme ont fait Goblet, Réaumur, Baker et plusieurs autres, que ces ani-maux vivent dispersés, soit parce qu'ils deviennent volatils comme les insectes, soit par leur ténuité et leur légèreté na-turelle, au point d'occasionner les miasmes qui règnent dans l'air et qui causent les diverses maladies, comme la gale, la fièvre, la peste, comme le prétend M. Linné. On se convaincra au contraire qu'ils appartenaient à ces corps comme faisant partie de leur essence, et que se trouvant dans la substance des végétaux, ils tendent pour ainsi dire à l'animaliser, mais dans un degré bien inférieur à celui que possèdent les animaux, dont ils forment la partie la plus considérable ; et c'est parce que ces êtres sont organisés et qu'ils tiennent un milieu entre les animaux et les végétaux, que nous avons dû les placer à la fin du règne animal en les regardant comme des corps organiques moins parfaits que les animaux, mais plus parfaits que les végétaux, qui n'ont ni le mouvement spontané, ni la manière de multiplier par génération ou par une ponte réelle aussi approchante de celle des animaux parfaits.

Il suit donc de là que plus on étudie la nature, plus on approfondit les plus petits objets, plus on est convaincu que c'est dans les objets les plus vils en apparence que la philosophie découvre des phénomènes dignes de sa curiosité et même de toute son attention.

On voit par cet exposé que ces animaux, qui sont les derniers du règne animal, sont aussi les plus petits (de même que les baleines sont les plus grands); ce sont deux extrêmes entre lesquels nous avons vu qu'il existe au moins trente mille espèces d'animaux de grandeur intermédiaire, suivant une grosseur sensiblement décroissante, et qui ne reconnaissent de plus petit qu'eux que ce que l'on appelle les éléments qui tous composent la sphère ou le règne inorganique minéral, tels que la terre, l'eau, dont nous parlerons après avoir parcouru le règne végétal, dont nous exposerons l'organisation dans la prochaine séance.

FIN DU TOME DEUXIÈME.

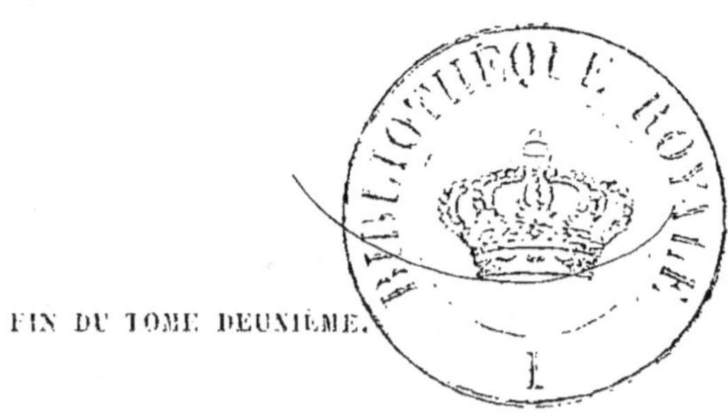

TABLE DES MATIÈRES.

Douzième séance. — Les reptiles. . . . . Page   1

Treizième séance. — Les poissons.   65

Quatorzième séance. — Les carpes, les muges, les saumons,
les silures, les raies.   129

Quinzième séance. — Les crustacés.   183

Seizième séance. — Les insectes. . . . . , ...   231

Dix-septième séance. — Les cigales, les punaises, les demoiselles, les vagvags, les fourmis-lions, les papillons, les ambulons, les phalènes, cossus, les teignes, les demi-teignes,
les lève-queues, les demi-arpenteuses et les arpenteuses.   327

Dix-huitième séance. — Les mouches à scie, les ichneumons,
les abeilles, les œstres, les tipules, les mouches, les micones,
les sumatres, les taons, les cousins, les asiles.   402

Dix-neuvième séance. — Les vers et les coquillages.   471

Vingtième séance. — Les vers pierreux, les lapillées, les
hydres et les organiques.   509

FIN DE LA TABLE.